AF500226

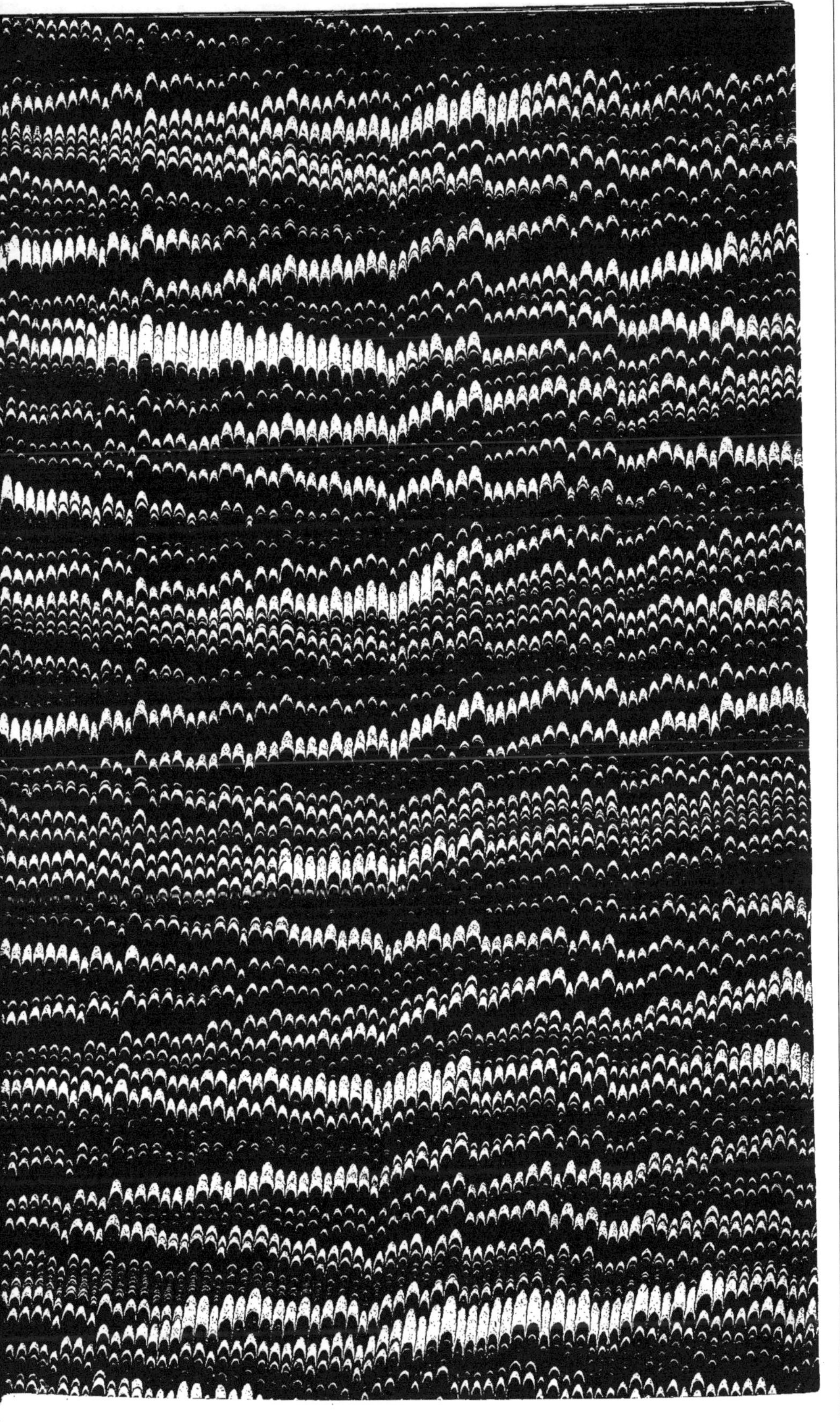

HYDRAULIQUE AGRICOLE

ET

GÉNIE RURAL

Paris. — Imprimerie F. Levé, rue Cassette, 17.

1841 — 1888

HYDRAULIQUE AGRICOLE

ET

GÉNIE RURAL

LEÇONS PROFESSÉES A L'ÉCOLE DES PONTS ET CHAUSSÉES

PAR

Alfred DURAND-CLAYE

Ingénieur en chef des Ponts et Chaussées

ET RÉDIGÉES

Par M. Félix LAUNAY

Ingénieur des Ponts et Chaussées

TOME PREMIER

PARIS

OCTAVE DOIN, ÉDITEUR

8, PLACE DE L'ODÉON, 8

1890

M. le comte de Salis, dans l'article nécrologique que la *Gazette Agricole* publia en juin 1888 sur Alfred Durand-Claye, disait : « L'agriculture française vient de perdre un de ses serviteurs les plus dévoués et les plus savants. M. Alfred Durand-Claye, ingénieur en chef des Ponts et Chaussées, vice-président de la section du génie rural et président de la commission des engrais de la Société des Agriculteurs de France est mort subitement, le 27 avril, au cours d'un rhumatisme articulaire qui ne laissait nullement prévoir une issue fatale..... La vaste étendue de ses connaissances agricoles et l'ardeur avec laquelle il développait son enseignement contribuèrent à faire, des élèves ingénieurs, de futurs auxiliaires de l'agriculture dans les départements où leur service les envoya à la sortie de l'école d'application. Son cours, autographié seulement d'après les notes des élèves, devrait être publié en dehors des cahiers distribués dans l'École, il contient, sous une forme succincte, une foule de documents utiles, coordonnés avec le plus grand soin... »

Je n'avais pas attendu ce vœu pour décider cette publication que mon pauvre mari devait commencer cette année ! et pour la confier aux soins de M. Launay. Alfred avait pu apprécier chaque semaine l'intelligence et le mérite dont celui-ci faisait preuve comme secrétaire de la commission de l'Hydraulique agricole au Ministère de l'agriculture. C'est lui qu'il avait chargé de corriger les projets de ses élèves quand la maladie le surprit ;

c'est lui qu'il avait demandé pour faire les études d'Achères, après le vote de la Chambre des députés. M. Bechmann, en prenant le service de l'assainissement, a suivi les idées de son prédécesseur, et c'est la prise de possession de son nouveau poste qui a un peu retardé M. Launay dans la publication de cet ouvrage.

Je ne saurais trop me louer pourtant du zèle qu'il y a apporté, et de la fidélité scrupuleuse avec laquelle il a suivi le texte des nombreuses notes que je lui ai remises, car, outre le cours qu'Alfred professait annuellement, j'avais une foule de documents, ramassés dans les voyages que nous faisions chaque été, voyages d'agrément où il ne perdait cependant jamais de vue ni l'hygiène, ni l'agriculture, et où le carnet de dessin du touriste ne se couvrait guère que de notes scientifiques.

Tout est bien absolument personnel dans cet ouvrage. Alfred pouvait, certes, se souvenir des leçons de M. Nadault de Buffon, dont il aimait à rappeler le nom, et qui fut le premier professeur d'hydraulique agricole à l'Ecole des Ponts et Chaussées ; mais son prédécesseur, M. Hervé Mangon, ayant refusé de lui donner aucune note, il fut obligé, quand il commença ce cours en 1880, de le constituer de toutes pièces ; ce fut peut-être heureux, car ses amis me répètent souvent : « On peut dire que c'est Durand-Claye qui a créé le cours d'Hydraulique agricole à l'École des Ponts et Chaussées. »

J'ai voulu qu'une plume plus autorisée que la mienne présentât ce cours au public ; j'en ai prié le vieux maître d'Alfred, celui qui avait décidé de sa carrière, et qui était fier de lui comme d'un de ses enfants : je suis seule, hélas ! maintenant, à lui dire notre affectueuse reconnaissance.

Ernestine Durand-Claye.

Décembre 1889.

Je ne veux pas laisser publier l'une des œuvres les plus importantes d'Alfred Durand-Claye, son cours d'Hydraulique agricole, sans rendre un hommage de profonde estime à cet esprit charmant avec lequel j'ai vécu quinze ans au début de sa carrière.

Je l'obtins comme adjoint presqu'à sa sortie de l'école des Ponts et Chaussées. Nous avions à étudier une question alors peu connue, l'utilisation des eaux d'égout. Le Préfet, M. Haussmann, voulait compléter la transformation créée par les eaux de sources et les collecteurs de M. Belgrand. Je me rappelle les réunions de chaque jour au laboratoire de Clichy; les connaissances de mon jeune associé, sa facilité de parole, de rédaction, de dessin, ses qualités aimables, son action d'entraînement sur le personnel, tout rendait les journées de travail pleines d'attrait.

Quand nous eûmes démontré que la solution de l'Épuration et de l'utilisation était dans l'irrigation d'un sol perméable et cultivé, l'horizon s'agrandit. Le jardin d'essai de Clichy devint la plaine de Gennevilliers, livrée hardiment à la culture libre; la clientèle gagnant toujours de proche en proche, malgré les résistances, on demanda l'assainissement de la Seine, l'utilisation complète des eaux d'égout. Il fallait dès lors se développer sur trois presqu'îles et s'assurer un modérateur sur le domaine d'Achères, au bas de la forêt de Saint-Germain. Une opposition formidable s'éleva dans le département de Seine-et-Oise qui voyait la voirie de Bondy transportée au cœur de la région de la villégiature la plus recherchée.

L'opposition fut vaincue une première fois dans les enquêtes que présida avec supériorité Henri Bouley, et où éclata la souplesse du talent de Durand-Claye, avocat, secrétaire, ingénieur, tout à la fois. Mais elle ne fut vaincue en 1876 que pour se ranimer et se reproduire pendant douze ans à tous les degrés de juridiction, en s'appuyant sur une préoccupation importante de l'opinion publique, l'écoulement direct des vidanges aux égouts dans Paris.

C'est alors que Durand-Claye entreprit cette campagne célèbre du « *Tout à l'Égout* » : il se dépensa dans des conférences sans nombre aux réunions populaires et aux congrès scientifiques, pendant qu'il prouvait la justesse de ses idées par les applications et les résultats d'évidence, aux hôpitaux, aux casernes, aux écoles, et même à l'Hôtel de Ville. Il est alors l'apôtre, prêchant partout; il a convaincu le Conseil Municipal, qui veut comme lui que le logement de l'ouvrier ait l'eau, l'air, la lumière pour introduire enfin la propreté et la santé dans le ménage parisien. Un membre plein d'énergie, M. Deligny, donne au réformateur le concours de ses vues, de son expérience, de son influence : le règlement de salubrité des maisons de Paris édicte la perte directe, en l'unissant aux irrigations d'un lien indissoluble.

Au milieu de cette guerre sans trêve, Durand-Claye trouve le temps d'être un professeur écouté et aimé à l'École des Beaux-Arts et à l'École des Ponts et Chaussées. Dans ses vacances, il se délasse en voyageant, en visitant Vienne, Moscou, Constantinople, Athènes; il voit des contrées nouvelles; il questionne les hommes spéciaux : les faits d'expériences sont contrôlés par la théorie la plus sûre.

Comment un cours d'Hydraulique agricole, médité, compris dans de telles conditions, ne serait-il pas l'expression de la science, à notre époque? Les soins religieux avec lesquels M. Launay a revu et classé les leçons du maître sont la dernière garantie donnée à cette belle publication.

Qu'on me permette une dernière réflexion : il y a, pour l'honneur du corps des Ponts et Chaussée, deux noms qu'on peut mettre l'un à côté de l'autre, Surell et Durand-Claye, brillants tous deux par les mêmes qualités, par les même services rendus aux classes souffrantes.

Surell, envoyé dans les Hautes-Alpes, se prend de pitié pour les malheureuses populations, décimées par les dévastations des torrents, et il laisse l'admirable étude, que suivent aujourd'hui les Ingénieurs des forêts pour dompter dans les montagnes les torrents exterminateurs.

Durand-Claye, encore simple élève à l'École polytechnique, chargé de porter les secours de la promotion aux pauvres ménages de la montagne Sainte-Geneviève, est saisi de tristesse, et se dit qu'il fera la guerre à la misère et à la maladie qui naissent dans un intérieur sans eau, sans air, sans lumière : il y met toute son âme : il devient l'apôtre du « *Tout à l'Égout* », de ce principe si combattu, et que la loi de 1889 a déclaré d'utilité publique, en l'unissant intimement aux Irrigations.

Le cours d'Hydraulique agricole arrive donc comme un complément de la loi.

MILLE,

Inspecteur général des Ponts et Chaussées en retraite.

SOMMAIRE

TOME PREMIER

TOME SECOND

HYDRAULIQUE AGRICOLE

ET

GÉNIE RURAL

INTRODUCTION

Objet du cours. — Le cours comprend deux parties :

1° L'*Hydraulique agricole*, c'est-à-dire la science de l'aménagement des eaux au point de vue de leur bonne répartition, de leur action salutaire sur la culture. On y traitera les questions hydrauliques non comprises dans les cours de Mécanique appliquée, de Navigation intérieure et de Travaux maritimes.

2° Le *Génie rural*, c'est-à-dire l'ensemble des questions relatives à l'agriculture et se rattachant à la mécanique et à la chimie.

On examinera d'abord la marche de l'eau, depuis le moment où elle tombe du ciel jusqu'à celui où elle retourne à la mer, après avoir produit son action bienfaisante.

L'eau tombe sous forme de pluie ou de neige ; on commencera donc par quelques notions de *Météorologie*.

La réception de l'eau à la surface du sol conduira à traiter, au point de vue spécial de l'agriculture, quelques questions de *Géologie*, de *Topographie*, de *Physiologie végétale*.

L'eau reçue à la surface du sol se divise en trois parties : l'une s'évapore, l'autre s'imbibe dans le sol, enfin la troisième ruisselle à sa surface ; la même division sera suivie dans la classification des phénomènes correspondants et conduira :

1° A l'*Étude de l'évaporation ;*

2° A l'*Étude des nappes et sources ;*

3° A l'*Étude des cours d'eau.*

Chemin faisant, on examinera l'influence de la *Perméabilité* et de la *culture du sol* sur cette répartition.

On s'occupera ensuite de la mise en état du sol par la régularisation des eaux nuisibles : *Desséchements, colmatages, polders, drainage*, ou par les *défrichements*, la *fixation des dunes.*

Le sol étant mis en état, il faut l'améliorer par la culture : à cette occasion on traitera les questions relatives aux *cultures diverses*, aux *engrais* et *amendements*, à l'*outillage agricole;* et par les *irrigations.*

Toutes ces questions ont une importance qu'on ne saurait méconnaître, et il serait regrettable que les grands travaux de chemins de fer entrepris en France en détournassent l'attention des ingénieurs ; il ne suffit pas de créer des voies de communication, mais il faut encore développer la richesse agricole du pays si l'on veut avoir quelque chose à transporter. La création du ministère spécial de l'agriculture (décembre 1881), auquel a été rattaché le service de l'hydraulique agricole, a donné une nouvelle impulsion aux travaux d'aménagement des eaux et permet d'espérer la continuation des progrès déjà réalisés et constatés par les étrangers à l'Exposition universelle de 1878. Voici, en effet, comment s'exprimait M. Bömches, ingénieur autrichien, dans un mémoire sur l'exposition du ministère des Travaux publics en 1878 (1) :

« Si nous comparons la dernière exposition du ministère des Tra- « vaux publics avec les expositions antérieures, nous lui trouvons « comme caractère essentiel de marquer une évidente tendance vers « la création de travaux d'une nature de plus en plus productive. « Ce caractère dominant se manifeste dans le soin particulier qui « est donné à la technique de l'agriculture, c'est-à-dire aux travaux « hydrauliques ayant pour résultats l'amélioration du sol et l'utili- « sation industrielle des eaux. »

État actuel de la France agricole. — Répartition des cul-

(1) Voyez *Annales des Ponts et Chaussées*, septembre 1879.

tures. — La France est un pays admirablement situé au point de vue agricole, en raison de la grande variété des climats et des aptitudes de son sol.

On peut à cet égard distinguer quatre régions différentes :

1° La *région de l'olivier* ou méditerranéenne, où l'on cultive aussi le palmier, le maïs et qui produit les vins de liqueur ;

2° La *région de la vigne* qui comprend les vallées du Rhône, de la Garonne, de la Charente et l'Auvergne ; on y cultive aussi le maïs ;

3° La *région du blé* comprenant la vallée de la Loire et la Beauce ; elle produit encore du vin, mais le cidre y apparaît ;

4° La *région du Nord* caractérisée par la culture de la betterave ; le vin y fait place à la bière.

Nous allons donner, au moyen de quelques chiffres, une idée de la répartition des cultures en France, d'après les résultats de l'évaluation du revenu foncier, faite, en 1879, par les soins du ministère des Finances ; nous mettrons en regard les différences avec le cadastre plus anciennement dressé :

	Superficie en hectares.	Différence avec le cadastre.	Valeur de l'hectare.
Terrains de qualité supérieure (vergers, jardins, etc.)........	668.515	+ 27.414	5 502 fr.
Terres labourables.............	25.452.452	+ 721.205	2.197
Prés et herbages................	4.804.440	+ 193.840	2.960
Vignes.........................	2.109.250	+ 211.283	2.968
Bois	8.144.718	+ 252.413	745
Landes, pâtures, terres vagues ..	8.108.306	— 1.361.506 (*)	207
Cultures diverses.......... ...	747.478	— 44.649	1.282
Totaux.........	50.035.157	»	1.830 fr.

(*) Cette différence provient de la disparition des landes de Gascogne.

La valeur totale de ces terres est de 91.583.960.000 francs et leur revenu est en moyenne de 2,89 0/0 ; la perte de l'Alsace-Lorraine nous a coûté 1.447.000 hectares de terres réparties en 1689 communes et peuplées de 1.600.000 habitants.

Quelle est maintenant la répartition des surfaces cultivées entre les diverses cultures ?

1° *Céréales.* — Elles occupaient, en 1883, 14.995.963 hectares ainsi répartis :

Froment..........	6.803 821	Avoine............	3.729.472
Méteil.............	366.926	Sarrasin...........	630.535
Seigle.............	1.719.666	Maïs..............	629.915
Orge...............	1.065.549	Millet.............	49.679

Le total a subi une décroissance ; il était

En 1851 de 16.440.191 hectares
En 1873 de 15.015.328 —
En 1877 de 14.998.085 —

La surface occupée par le blé a ainsi varié depuis 1815 :

1815........................	4.591.000	hectares
1830........................	5.011.000	—
1848........................	5.973.000	—
1868........................	7.034.000	—
1873........................	6.825.000	—

La surface occupée par le seigle a beaucoup diminué depuis 1815 où elle était de 2.574.000 hectares.

2° *Farineux.* — Ils occupaient, en 1883, 2.156.492 hectares ainsi répartis :

Pommes de terre..................	1.389.389	hectares.
Châtaignes........................	463.065	—
Légumes secs......................	304.038	—

La surface totale a augmenté ; elle n'était que de 1.981.424 hectares en 1873, et de 2.010.357 hectares en 1877 ; la pomme de terre, en particulier, a beaucoup progressé ; elle occupait 559.000 hectares en 1817 et 1.243.000 hectares en 1877.

3° *Cultures maraîchères.* — 474.061 hectares (statistique de 1873).

4° *Cultures industrielles.* — Elles occupaient, en 1883, 944.841 hectares se répartissant comme suit :

Betteraves à sucre........................	226.365	hectares.
Betteraves à fourrage......................	261.143	—
Houblon..................................	3.469	—
Colza....................................	122.860	—
Chanvre..................................	108.619	—
Lin......................................	81.234	—
Tabac....................................	12.487	—
Garance..................................	»	—
Olives...................................	128.664	—

On remarquera que la garance a disparu, tuée par l'aniline.

5° *Prairies.*—Elles occupaient 10.441.460 hectares en 1883, dont

4.492.119	hectares	en prairies naturelles.
2.586.851	—	en prairies artificielles (trèfle, luzerne, sainfoin).
231.257	—	en autres cultures fourragères (pois, vesces, etc.).
3.131.243	—	en pâturages et pacages (sans culture).

Il y a pour les prairies une légère tendance à l'augmentation ; en 1877, on comptait 4.224.103 hectares de prairies naturelles et 2.581.492 hectares de prairies artificielles. Il est à désirer que cette tendance s'accentue.

6° *Vignes.* — En 1883, elles occupaient une surface de 2.121.595 hectares. Le phylloxera a détruit une partie de nos vignobles :

En 1873	ils occupaient une surface de	2.582.716	hectares.
En 1877	— —	2.342 639	—
En 1879	— —	2.109.250	—
En 1887	— —	1.944.150	—

En 1879, il y avait 569.930 hectares atteints de la maladie, dont 231.762 ne donnant plus de revenu et 338.168 donnant un revenu réduit ; la valeur vénale de ces derniers était tombée de 2.968 francs à 1.637 francs et leur revenu de 130 francs à 56 francs.

7° *Bois et Forêts.* — La surface qu'ils occupent était de 9.185.310 hectares en 1877 et de 8.144.718 en 1879.

L'État a peu à peu aliéné une partie de son domaine forestier qui comprenait :

En 1795...............	2.592.706	hectares.
En 1820..............	1.214.566	—
En 1830..............	1.123.832	—
En 1883...............	967.120	—

8° Les jachères occupaient, en 1877, 4.863.222 hectares; les terrains non classés (rochers, plages, landes), 4.425.703 hectares et les cours d'eau, routes, habitations, 3.883.366 hectares.

Il est regrettable que la surface des terres incultes soit aussi considérable ; elle atteint, en effet, 6 millions d'hectares ; mais il y aurait cependant injustice à rabaisser la France qui n'a pas à rougir de la comparaison avec l'étranger. Voici en effet un tableau des surfaces effectivement cultivées dans les divers États de l'Europe (on a laissé en dehors les prairies naturelles, les terres incultes, les pacages, les jachères, etc.) :

Angleterre.......	55 0/0 du total.	Italie et Portugal.	30 0/0 du total.
France..........	54 0/0 —	Espagne.......	27 0/0 —
Belgique.......	48 0/0 —	Suède et Norwège	14 0/0 —

Intensité du travail agricole français. — *La France est un pays essentiellement agricole.* — En 1881, sa population se répartissait ainsi :

Agriculture	18.249.209
Industrie	9.324.107
Commerce	3.843.447
Transports et marine	800.741
Force publique	552.851
Professions libérales	1.585.358
Personnes vivant de leurs revenus	2.121.173
Sans profession	737.088
Profession inconnue	191.316
Total	37.405.290 habit.

On voit que l'agriculture représente la moitié de la population totale et occupe 5 fois plus de bras que le commerce, 2 fois plus que l'industrie. On a constaté néanmoins une tendance malheureuse à la dépopulation agricole, dont on peut chercher les causes dans la richesse même, le fils du fermier enrichi ne voulant plus travailler la terre ; dans l'influence de l'éducation générale ; dans l'influence du service militaire obligatoire qui fait connaître au paysan les séductions des grandes villes. Pour conjurer ce danger, la culture doit prendre un caractère essentiellement scientifique et industriel en ce qui concerne son outillage, ses engrais et ses méthodes. Si la division de la propriété, poussée très loin en France, est une sauvegarde contre la déchéance de l'agriculture, en ce qu'elle excite les petits propriétaires à tirer du sol le meilleur parti possible et à augmenter sa production au moyen des cultures intensives, par contre, elle constitue un sérieux obstacle à l'amélioration de l'outillage, laquelle exige des capitaux importants.

Répartition de la population agricole. — Cette population peut se diviser comme suit :

	Nombre —	Population totale. Patrons et employés (ouvriers, commis domestiques, familles) —
Propriétaires cultivant eux-mêmes	2.425.500	9.176.532
Fermiers, métayers et colons	1.010.999	5.032.425
Petits propriétaires travaillant pour autrui	772.339	3.522.036
Forestiers, bûcherons, charbonniers	112.200	518.216
Totaux	4.321.038	18.249.209

On voit combien est grand le nombre des propriétaires cultivant eux-mêmes, puisqu'il est supérieur à la moitié du nombre total des chefs d'exploitation.

La population agricole peut encore être répartie de la manière suivante :

Attachés directement à la profession agricole :

Patrons, chefs d'exploitation	4.321.038	4.757.861 Hommes.	6.455.416
Employés et commis	134.502		
Ouvriers, journaliers, manœuvres.	1.999.876	1.697.155 Femmes.	

Membres de la famille sans profession, vivant avec les précédents :

Famille.....	10.393.131	4.399.012 Hommes.	11.793.793
Domestiques attachés à la personne......................	1.400.662	7.394.781 Femmes.	
		Total...........	18.249.209

Cette seconde répartition fait également ressortir l'importance du nombre des patrons propriétaires, lesquels représentent les 2/3 des cultivateurs proprement dits.

Intensité du travail produit. — A raison de 200 journées utiles par tête, le travail annuel produit s'élève à plus d'un milliard de journées se répartissant de la manière suivante :

Culture des céréales.............	658	millions de journées
— vignes.............	120	— —
— pâturages...........	173	— —
— divers	114	— —
Total.......	1.065	millions de journées.

Le salaire correspondant s'élève à 2 milliards de francs ; c'est le double du travail produit par l'industrie.

Division extrême de la propriété. — Le morcellement de la propriété est mis en évidence par le tableau suivant :

Étendue des exploitations.	Nombre		Surface	
	Brut.	Pour cent.	Totale.	Moyenne.
Au-dessous de 5 hect.	1.815.558	56,29	12.097.074	4 hect. 922
5 à 10 hectares.....	619.343	19,19		
10 à 20 —	363.769	11,28		
20 à 30 —	176.744	5,49	9 677.560	15 hect. 75
30 à 40 —	95.766	2,98		
40 et au-dessus......	154.167	4,77	12.097.074	78 hect. 75
	3.225.847			

Les exploitations d'une étendue supérieure à 125 hectares n'occupent que 14 0/0 de la surface totale.

En dehors des propriétaires qui cultivent eux-mêmes les parcelles de terre qui leur appartiennent, il y a lieu de distinguer les fermiers et les colons.

Le fermier est celui qui dirige l'exploitation d'une propriété, à charge par lui de payer au propriétaire une redevance fixée par des conventions réciproques.

Le colon ou métayer tient du propriétaire la terre, les instruments d'exploitation agricole et les bestiaux; il lui sert, à titre de redevance, une partie (ordinairement la moitié) des fruits, semences prélevées. Le métayage existe surtout dans le Midi de la France et sur le plateau central; le fermage se rencontre principalement dans le Nord. Le nombre des colons est à celui des fermiers dans le rapport de 1 à 3.

Le propriétaire cultivant lui-même est maître, par petites parcelles, de la plus grande partie du territoire cultivé; ce résultat est mis en évidence par le tableau suivant, dont les chiffres se rapportent à l'année 1873 :

	Nombre d'exploitations.	Étendue totale.	Étendue moyenne.
Propriétaires cultivateurs.....	2.826.388	17.011.847 hect.	6 hect.
Fermiers................. .	831.943	11.959.351 —	14 4
Colons................	319.450	4.366.253 —	13 7
Totaux...........	3.977.781	33.337.451 hect.	8 h.4

Production totale. — Pour terminer ce qui est relatif à l'intensité du travail agricole, nous donnons quelques renseignements statistiques sur les diverses productions.

1° Céréales.

Froment

Années.	Production totale (en hectolitre).	Production par hectare.	Production par tête.	Observations.
—	—	—	—	—
1700	31.000.000	7,50	118 litres.	
1764	34.000.000	»	»	De 1815 à 1883, le poids a varié de 74 kil. 01 à 77 k. 33 l'hectolitre. Il est en moyenne de 76 kil.
1788	40.000.000	»	»	
1815	39.460.971	8,59	»	
1829	64.285.521	12,79	»	
1847	97.611.140	16,32	»	

Années.	Production totale (en hectolit.).	Production par hectare.	Production par tête.	Observations.
1868	116.783.000	16,53		Depuis 1868, les forts rendements contrebalancent les diminutions de surface.
1873	84.708.300	11,99	300 litres.	
1874	133.130.163	19,36		
1882	115.702.772	17,70		
1883	103.753.426	15,25		

La moyenne de la production totale pour la période 1874-1883 a été de 102.616.593 hectolitres, soit 14 hectol. 88 par hectare.

La valeur de l'hectolitre a varié de 15 francs à 30 francs, et la valeur de la production totale de 1 milliard 1/2 à 3 milliards.

	Production totale (en 1883).	Moyenne de la production totale (1874-1883).	Rendement moyen par hectare.
Méteil	5.688.537 hectol.	6.724.678 hectol.	15 h. 38
Seigle	24.842.602 —	25.323.166 —	13 86
Orge	20.726.587 —	18.394.069 —	17 57
Avoine	93.364.934 —	77.622.354 —	22 67
Sarrazin	10.749.972 —	10.148.663 —	15 45
Maïs	10.038.583 —	9.473.234 —	14 89
Millet	717.834 —	»	»

La production moyenne annuelle des céréales en France s'élève à 250.000.000 d'hectolitres. Les rendements par hectare tendent à augmenter ; toutefois ils sont soumis à des oscillations dues aux influences météorologiques.

Le tableau ci-dessous donne les variations du rendement par hectare pour la période comprise entre 1815 et 1876 :

Blé	11 hectol. 57	à	14 hectol. 58
Seigle	10 — 50	à	13 — 35
Avoine	16 — »	à	22 — 33
Maïs	10 — 82	à	14 — 87

2° Farineux.

	Moyenne de la production totale (1871-1880)
Légumes secs	4.242.000 hectolitres.
Châtaignes	6.626.000 —

	Moyenne de la production totale (1874-1883).	Rendement moyen.
Pommes de terre	123.969.193 hectolitres.	95 hectol. 63

La production des pommes de terre n'a cessé de s'accroître depuis 1817, époque à laquelle elle n'était que de 22.000.000 d'hectolitres.

3° Plantes industrielles.

	Production totale (1883).	Rendement par hectare (1883).
Betterave à sucre........	83.378.268 quintaux,	365,68
Betterave fourragère	80.405.532 —	307,89
	163.783.800 quintaux	

La production de la betterave à sucre a subi, dans ces dernières années, un accroissement exagéré; elle s'est élevée, en 1878, à 139.149.010 quintaux. C'est le résultat de la loi du 30 décembre 1873 qui, frappant d'un impôt l'importation des sucres étrangers, a imprimé à la culture de la betterave une nouvelle direction. L'agriculteur a intérêt, moins à produire beaucoup de betteraves qu'à récolter une betterave riche en sucre.

	Production.	Rendement.
Houblon......................	41.250 quintaux.	11,88
Colza (graines)................	1.273.773 —	10,36
Chanvre { graines............	165.692 —	4,32
Chanvre { filasse..............	446.222 —	6,34
Lin..... { graines............	192.060 —	6,36
Lin..... { filasse..............	363.994 —	7,34
Tabac........................	148.462 —	11,88

4° Fourrages.

	Production.	Rendement.
Prairies naturelles............	173.654.698 quintaux.	38,65
Trèfle..........................	48.237.936 —	42,87
Luzerne........................	42.379.248 —	48,24
Sainfoin........................	21.734.430 —	37,25
Divers..........................	16.974.278 —	73,40
Total pour les fourrages.....	302.980.590 quintaux.	

5° Vignes.

Production totale de vin en 1883	44.575.943 hectol.	Rend. par hect.	21,01
Production totale moyenne.....	59.778.312 —	Rend. moyen..	23,17

L'apparition et la propagation du phylloxera et de divers autres parasites de la vigne ont eu une influence désastreuse sur la production; c'est ce que met en évidence le tableau ci-dessous :

Production totale en	1866	63.000.000 hectolitres.
	1875	78.000.000 —
	1877	56.000.000 —
	1881	38.000.000 —
	1885	28.500.000 —
	1886	25.000.000 —
	1887	24.333.000 —

Cidre...	Production maximum...	(1870)	19.194.000	hectolitres.
		(1885)	19.555.000	—
	Production minimum...	(1871)	2.128.000	—
		(1880)	4.280.000	—
		en 1886	8.300.758	—
		en 1887	13.436.667	—

6° Fruits.

		Valeur annuelle.	Observations.
Arbres	à noyaux.......	21.829.427 fr.	Poids :
	à pépins.......	75.805.972	3.800 millions
Arbustes divers..................		7.241.298	de kilog.
Total................		104.876.697 fr.	

7° Animaux.

Chevaux (nombre total des têtes)...........	3.175.000	
Chevaux employés aux travaux agricoles....	2.868.723	
Mulets.................................	292.272	
Anes....................................	398.130	
Bœufs ou taureaux........................	2.427.780	11.756.572
Vaches...................................	7.487.300	
Veaux....................................	1.841.492	
Moutons..................................	23.495.845	
Porcs....................................	5.710.775	
Chèvres..................................	1.567.752	

En moyenne, il y a une tête d'espèce bovine par 3 habitants.

La production annuelle de viande est de 840.000 kilogrammes ou 23 kilogrammes en moyenne par tête et par an ; elle représente une valeur de 2 milliards. Dans les villes, la consommation annuelle est de 55 à 60 kilogrammes par tête ; elle n'était que de 20 kilogrammes en 1840.

Progrès à réaliser. — En résumé la valeur agricole totale est de 8 à 10 milliards, déduction faite de la nourriture des animaux.

La situation actuelle est d'ailleurs susceptible d'être améliorée et les divers moyens à employer sont indiqués dans le programme du cours ; les principaux sont les suivants :

Extinction des torrents. — Dans les régions montagneuses, les torrents exercent des ravages considérables ; c'est à leur action dévastatrice qu'est due la situation des départements des Hautes-Alpes et des Basses-Alpes dans lesquels on rencontre :

	13 0/0 de surfaces arides.
	38 0/0 de terrains vagues et pâtures.
	6 0/0 de montagnes pastorales.
Soit en totalité....	57 0/0 de terrains incultes.

Cet état de choses a pour conséquence le dépeuplement du pays; depuis 1846, 32.000 habitants, représentant les 11/100e de la population, ont abandonné le sol ; dans l'arrondissement de Barcelonnette, la dépopulation a atteint le chiffre de 19,5 0/0. Le remède consiste dans les travaux de correction des torrents, ainsi que dans le reboisement et le gazonnement des montagnes.

Aménagement des cours d'eau. — Le pays est sillonné d'un admirable réseau de cours d'eau; un meilleur aménagement des eaux réaliserait un progrès considérable.

En France il tombe, annuellement, une hauteur moyenne de pluie de 0m,75 ce qui représente 417 milliards de mètres cubes d'eau sur lesquels 237 milliards disparaissent par absorption ou évaporation tandis que le reste, soit 180 milliards de mètres cubes, alimente les cours d'eau.

Si cette quantité d'eau était entièrement consacrée à l'agriculture, elle suffirait pour irriguer 18.000.000 d'hectares représentant le tiers de la surface totale du pays. La plupart des cours d'eau charrient des matières limoneuses qui, déposées sur des terrains incultes, les transforment en terres labourables; c'est ainsi que le Var et la Durance transportent chacun chaque année 20.000.000 de tonnes de limon qui permettraient de déposer sur 20.000 hectares une couche de 0m,06 à 0m,07, suffisante pour former une terre d'un excellent rapport.

Le même cube d'eau disponible, consacré entièrement à l'industrie, fournirait pour une hauteur moyenne de chute de 2m,50, 12 millions de chevaux vapeur et assurerait, par conséquent, la marche de 19.000 usines d'une puissance de 10 chevaux.

Employée à l'alimentation des cours d'eau naturels et à la création de cours d'eau artificiels, elle suffirait à assurer la mise en état de navigabilité d'un réseau de 266.000 kilomètres.

Enfin, si l'on voulait tout d'abord prélever sur cette disponibilité la quantité d'eau nécessaire à l'alimentation et aux besoins sanitaires, en supposant qu'il faille par tête et par an, 35 à 75 mètres cubes tout compris, le cube correspondant à une population de

40.000.000 d'habitants serait seulement de 2.200.000.000 de mètres cubes, soit le 1/80e du cube disponible.

Il faut concilier ces divers intérêts ; d'où la nécessité d'une réglementation des eaux qui tienne compte de leur valeur agricole comparée à leur valeur industrielle.

L'aménagement des cours d'eau a aussi pour but d'éviter les désastres que produisent les inondations, les sécheresses ou les obstructions du lit.

Les inondations sont ruineuses ; en 1866, en France, les pertes de l'État se sont élevées à 27.000.000 de francs, celles des particuliers, à 170.000.000 de francs. En 1879, les inondations de Murcie ont causé une perte de 80.000.000 de francs. On aura plus loin l'occasion d'exposer et de discuter divers systèmes de protection contre les inondations : digues, déversoirs, réservoirs, etc.

Les sécheresses empêchent les progrès de la végétation, en même temps qu'elles causent l'arrêt de la fertilisation du sol, laquelle ne s'opère que sous l'influence de l'humidité, ainsi que l'a démontré M. Schlœsing (théorie de la nitrification). Il est aussi dans le rôle des réservoirs de combattre les sécheresses désastreuses.

L'obstruction du lit des cours d'eau favorise les inondations en s'opposant au libre écoulement des eaux ; on la combat soit au moyen de curages pour l'enlèvement des dépôts minéraux, soit au moyen de faucardements pour l'enlèvement des végétaux.

Ces opérations modestes ont une importance capitale qui a été mise en évidence par les excellents résultats qu'ont produits l'aménagement des cours d'eau de la Sologne et la création d'un réseau de fossés d'assainissement dans les Landes.

A la question d'aménagement des eaux se rattache celle de l'utilisation des eaux d'égouts des villes, éminemment propres à la fertilisation.

Les égouts de Londres déversent journellement 400.000 mètres cubes d'eau, renfermant 0k,080 d'azote par mètre cube ; ceux de Paris produisent un cube journalier de 300.000 mètres cubes renfermant 0,040 d'azote par mètre cube.

Ces chiffres correspondent :

Pour Londres, à 20 tonnes de fumier par 1.000 mètres cubes,

Pour Paris, à 10 tonnes de fumier par 1.000 mètres cubes,

soit, par jour, à 8.000 tonnes de fumier pour Londres et à 3.000 tonnes pour Paris.

Aménagement des eaux excédantes ou nuisibles. — Indépendamment des terrains susceptibles d'être inondés en cas de crues extraordinaires, il existe des terres qui sont recouvertes d'eau stagnante, soit d'une manière permanente, comme les marais, soit d'une manière temporaire; d'autres enfin souffrent d'un excès d'humidité du sous-sol. L'enlèvement de ces eaux s'opère soit au moyen de rigoles à ciel ouvert, soit au moyen de rigoles couvertes. Dans le premier cas, c'est un *desséchement*, dans le second cas, c'est un *drainage*.

Il existe en France 200.000 hectares de terrains susceptibles d'être desséchés; l'Italie en compte 231.000 hectares. En Russie, les marais de Polésie s'étendent sur 3.000.000 d'hectares. Les marais sont malsains; les miasmes qui s'en dégagent engendrent des fièvres paludéennes. En France, la vie moyenne, qui est de 35 ans, était tombée à 19 et même à 15 ans dans certaines parties des Dombes (département de l'Ain), avant que d'importants travaux de desséchement eussent été entrepris. De grands travaux ont été exécutés ou sont en cours d'exécution, non seulement dans les Dombes, mais encore dans le Forez, les Landes, la Sologne. En même temps qu'on rend ainsi à la culture de vastes étendues de terrain, on fait disparaître le germe des fièvres qui décimaient ces pays. En matière de desséchements, un exemple à citer et à suivre est celui de la Hollande qui, depuis 1566, a conquis un territoire de 219.000 hectares.

Il existe un mode spécial de desséchement connu sous le nom de *colmatage*, qui est surtout en usage dans le Midi; il consiste à amener sur les terres à dessécher des eaux limoneuses qui, lorsqu'elles perdent leur vitesse, déposent les matières solides qu'elles tiennent en suspension. On travaille actuellement au colmatage de 6.000 hectares, au moyen des eaux de l'Isère; avec les eaux limoneuses du Var, 500 hectares ont été colmatés et 1.000 hectares préservés des inondations; dans la vallée de l'Arve un colmatage de 3.500 hectares est en cours. Dans la vallée de la Basse-Seine, 8.600 hectares de prairies ont été conquis de cette manière.

Lorsque le colmatage s'applique aux lais et relais de la mer, on obtient ce qu'on appelle des *polders*. En France, il y a 100.000 hectares de terrains susceptibles d'être poldérisés. Quelques essais ont déjà été tentés dans la baie des Veys et au Mont Saint-Michel, sur une surface de 3.800 hectares et en Vendée, sur les polders de Bouin, d'une étendue de 700 hectares.

Le drainage est une opération souvent nécessaire. En France, actuellement, il n'y a pas moins de 100.000 hectares de terrains drainés. Dans le but d'encourager les agriculteurs, une loi du 17 juin 1856 a consenti en leur faveur un prêt de 100.000.000 de francs pour l'exécution de travaux de drainage. En réalité, les prêts effectués n'ont atteint que 1.604.500 francs, mais l'industrie privée a consacré à cette opération des sommes énormes et au moins égales aux 100.000.000 de francs prévus.

Aux desséchements se rattachent les *défrichements* et la *fixation des dunes*. En France, il reste encore 6.500.000 hectares à défricher. On peut citer comme un exemple les travaux de défrichement entrepris en Angleterre par le duc de Sutherland, sur une surface de 460.000 hectares.

La fixation des dunes a été obtenue au moyen de plantations de pins. Cette opération se poursuit actuellement sur 109.000 hectares dont 87.000 hectares dans les Landes de Gascogne (Brémontier).

Progrès agricole. — Rôle de l'ingénieur des Ponts et Chaussées. — Les travaux que nous venons d'indiquer brièvement sont destinés à mettre le sol en état de recevoir utilement les cultures. Ils ont comme objectif le *progrès agricole*, lequel comporte la part de l'agriculteur et la part de l'ingénieur.

L'agriculteur réalisera la part de progrès qui lui incombe par un choix judicieux et un agencement convenable des cultures, et en développant l'élève du bétail. En devenant franchement industrielle, l'agriculture pourra viser à la continuation du mouvement ascendant qui se manifeste dans le rendement de l'hectare ainsi que le fait ressortir le tableau suivant pour le froment :

Sous Louis XIV	7	hectol.	51	par hectare.
En 1830	10	—	53	—
1847-1857 (année moyenne)	13	—	99	—
1857-1867 (année moyenne)	14	—	13	—
1877	14	—	50	—
1880	14	—	62	—

Quelle est la part de l'ingénieur des Ponts et Chaussées? Il exécute des travaux du génie agricole ou rural, il fait un peu de culture directe (plantations des arbres sur les accotements des routes et les francs bords des canaux); il intervient surtout dans les questions relatives au choix des engrais, au matériel agricole et aux irrigations.

La question de l'emploi des engrais est d'une importance capitale. Pendant longtemps, on n'a connu qu'un engrais naturel : le fumier. Quoique sa production annuelle soit de 92.000.000 de tonnes, ce cube est insuffisant. D'ailleurs chaque plante a besoin d'un engrais spécial. Les travaux récents des agronomes ont montré que le fumier n'est pas la source unique de l'alimentation des récoltes et ont fait ressortir le rôle prépondérant des substances minérales : chaux, phosphore, potasse, azote, etc... On a par suite été amené à compléter l'action du fumier par l'emploi d'engrais artificiels et minéraux tels que le guano, les phosphates... dont le commerce annuel dépasse, en France, le chiffre de 20.000.000 de tonnes. L'ingénieur doit pouvoir éclairer le cultivateur sur l'emploi d'un engrais, indiquer l'engrais qui convient le mieux à une culture et à une terre déterminées; il doit également pouvoir indiquer les sources d'engrais et d'amendements, et savoir en faire une analyse sommaire.

En ce qui concerne le matériel agricole, l'ingénieur doit pouvoir venir en aide à l'agriculteur par ses conseils et être apte à remplir les fonctions de juré dans les comices agricoles ou les concours régionaux. Les cultivateurs ou propriétaires manquant trop souvent de notions de mécanique, l'ingénieur interviendra pour diriger les achats et présider aux essais méthodiques sur les machines et moteurs, surtout lorsqu'il s'agit de machines à vapeur.

En 1883, le matériel agricole français se composait de :

4.809.000	charrues.
1.727.000	herses et scarificateurs.
8.000	faneuses.
15.000	faucheuses.
18.000	moissonneuses.
200.000	batteuses.
60.000	hache-pailles.
55.000	coupe-racines
20.000	semoirs.

Le labourage à vapeur, qui convient principalement aux grandes exploitations, commence seulement à se répandre. La France ne compte, en effet, que 12 ou 15 charrues à vapeur, tandis que l'Angleterre en possède 2.000 et l'Allemagne 100.

La valeur totale du matériel agricole français est de 1.024.800.000.

Les irrigations ne sont encore appliquées régulièrement qu'à 200.000 hectares, bien que les canaux d'arrosage se soient beaucoup multipliés depuis quelques années.

Aux canaux anciens comme le canal d'Arles, le canal Crapponne qui datent du XVIe siècle sont venus s'ajouter les canaux de Carpentras, de Marseille, du Verdon, de la Bourne, de Pierrelatte, de la Neste, de Saint-Martony, du Forez, etc... Le cube régulièrement débité par ces canaux est de 99 à 117 mètres cubes par seconde, correspondant à une surface arrosable de 279.000 hectares. Comme exemples à imiter, on peut citer les irrigations de la Lombardie, de l'Espagne et surtout celles des Indes qui sont pour l'État la source d'un revenu de 37 millions.

A la question des irrigations se rattache celle de l'assainissement des cours d'eau dans la traversée des grandes villes, dont les détritus sont utilisables comme engrais. C'est ainsi que Paris produit par jour 2.500 mètres cubes de gadoues, 2.400 mètres cubes de vidanges et 300.000 mètres cubes d'eaux d'égout, ce qui représente 100.000.000 de mètres cubes par an.

Il nous reste à dire quelques mots des constructions rurales et des industries agricoles.

Économie et solidité doivent être les caractères principaux des constructions rurales.

Les principales industries agricoles de la France sont les suivantes :

Beurres et fromages. — En 1878, il a été exporté 33.458.000 kilogrammes de beurres et fromages, représentant une valeur de 81.000.000 de francs.

Fabrication du vin. — La vigne a été très éprouvée par l'apparition du phylloxera; on a vu précédemment que la production, qui était de 56.000.000 d'hectolitres en 1877, était tombée à 38.000.000 en 1881 et à 24.000.000 en 1887.

Le 9 janvier 1880, un arrêté ministériel déclarait phylloxérés 121 arrondissements, répartis dans 42 départements; un second arrêté du 11 décembre 1880 portait le nombre des arrondissements phylloxérés à 135, appartenant à 45 départements.

L'agriculture a lutté contre cette invasion par l'emploi du sulfure de carbone et des sulfo-carbonates, par les irrigations et par la submersion hivernale, enfin par des essais nombreux de plantations de cépages américains; c'est surtout dans les Landes et la Camargue que ces essais ont été tentés.

Sucre de betteraves. — Cette industrie s'est beaucoup développée dans ces dernières années; on en a donné plus haut la raison. En 1877, elle a produit 3.503.513 quintaux métriques de sucre et 1.540.091 quintaux métriques de mélasse; en 1878 les distilleries ont donné 1.413.706 hectolitres d'alcool.

Élève du bétail. — L'industrie du bétail est à développer; c'est une question intimement liée à celle de l'extension des irrigations; un grand nombre de vallées et les terrains du Midi de la France sont susceptibles de devenir d'admirables herbages; il faut encourager la transformation en herbages des terrains plantés en blés et dont le rendement est médiocre.

On ne peut parler d'industrie agricole sans toucher à l'importante question, sans cesse renaissante, des droits *protecteurs*, déguisés sous le nom de droits *compensateurs*. On s'effraie depuis quelques années de l'invasion du bétail étranger; il y a là une exagération que fait ressortir le tableau ci-dessous dont les chiffres s'appliquent à l'année 1883.

	Nombre de têtes de bétail.		
	Importés.	Exportés.	Différences.
Bœufs	84.655	28.385	56.270
Taureaux	4.670	754	3.916
Vaches	64.229	27.486	36.743
Génisses	7.447	3.277	4.170
Veaux	61.008	4.031	56.977
Moutons	2.280.109	24.232	2.255.877
Chèvres	7.013	»	»
Porcs	139.618	79.504	60.114

Comparées au chiffre de 46 millions de têtes que comprend le bétail français, ces différences sont de faible importance. D'ailleurs l'immense majorité des importations est consacrée à la boucherie, c'est-à-dire à l'alimentation et au bien-être.

Il y a lieu toutefois de remarquer que la moitié du nombre des vaches importées est destinée à la laiterie; c'est là une marque d'infériorité de nos éleveurs. La plus grande partie des bestiaux importés proviennent des lieux de pâturages, comme le montre le tableau ci-dessous :

	Espèce bovine.	Moutons.	Lieu de provenance.
	—	—	—
Italie.............	105.395	254.835	Pâturages des Alpes et Lombardie
Belgique.........	55 711	125.382	Plaines de Belgique et Hollande.
Autriche.........	»	607.459	Plaines de Hongrie.

Nous pourrions nous affranchir, dans une certaine mesure, de ce

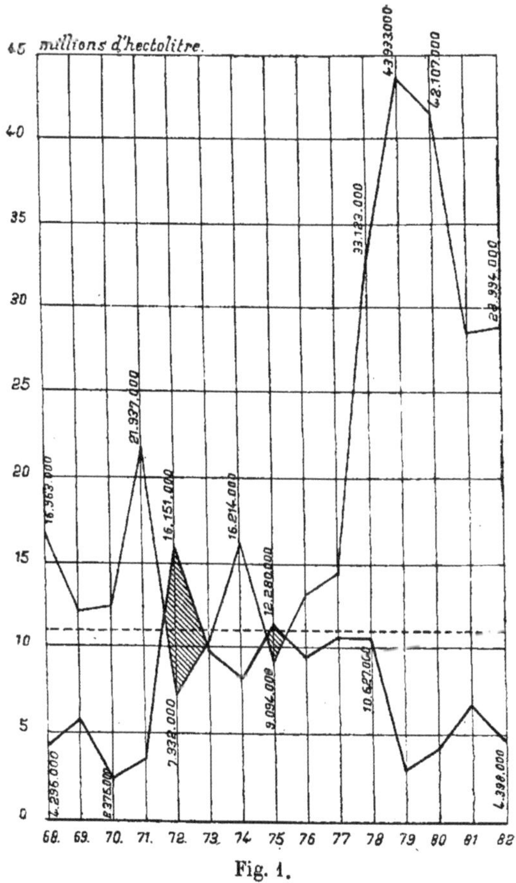

Fig. 1.

tribut annuel que nous payons à l'étranger en développant l'élève des bestiaux par l'extension des irrigations dans le Midi, et la substitution des herbages aux céréales dans le Nord.

L'Amérique, qu'on représente souvent comme le grand envahisseur de notre marché, ne figure cependant dans le total que par une quantité insignifiante. En 1883 elle nous a fourni : 296 bœufs, 40 taureaux, 4 vaches, 4 veaux, 8 moutons, 4 chèvres et 82 porcs.

L'importation des céréales étrangères excite au même point les fureurs des protectionnistes. Le diagramme de la figure 1 montre les variations annuelles des importations et des exportations de céréales depuis 1868.

On voit que déjà, dans la période de 1868 à 1871, les importations l'emportent sur les exportations; en 1872, par suite d'une excellente récolte, les exportations sont supérieures aux importations; de même en 1875, qui est la dernière année où l'exportation domine.

Depuis cette époque, les importations subissent un accroissement énorme, bien qu'aucune des récoltes n'ait été absolument mauvaise et cet accroissement correspond à une augmentation de la consommation.

Les années où la récolte a été le plus mauvaise sont 1876, 1879, 1880; par suite du libre jeu des importations, le déficit des récoltes a pu être comblé sans famine comme avant 1848, et même sans souffrance pour le pays. A partir de cette époque, les habitudes de faire appel aux céréales étrangères étaient prises par le commerce, tout un outillage était créé et les importations ont continué pendant les années suivantes, bien que les récoltes fussent meilleures, comme le montrent les chiffres du tableau ci-dessous :

	Quantités de blé	
Années.	Récolté.	Importé.
—	—	—
1881	96.810.356 hectol.	16.910.600 hectol.
1882	122.153.524 —	17.035.500 —
1883	103.753.426 —	13.265.100 —

La consommation totale augmente donc et le paysan qui, autrefois dans les années de mauvaises récoltes, se contentait d'un pain de seigle, le remplace aujourd'hui par un pain blanc de froment.

C'est en vain qu'on voudrait lutter contre le mouvement qui entraîne les nations à multiplier les échanges; n'y a-t-il pas tout avantage à tirer de chaque pays tout ce qu'on en peut obtenir économiquement? Profitons pour notre alimentation de la production des excellentes terres de la Hongrie et de la Russie, ainsi que de celle des terres vierges de l'Amérique, susceptibles d'un énorme rendement bien qu'elles ne produisent guère actuellement plus de

7 hectolitres. Profitons également des prairies immenses de ce pays qui alimentent 35.500.000 têtes de gros bétail.

Mais sans entrer dans des discussions que les économistes n'ont pas encore épuisées, contentons-nous de constater que l'ingénieur dont la mission est de travailler à unir les nations en supprimant les obstacles matériels qui les séparent, en perçant les isthmes et les montagnes et en créant les voies de communication, est libre échangiste par profession.

LIVRE PREMIER

LIVRE PREMIER

MÉTÉOROLOGIE

Objet et rôle de la météorologie. — La météorologie est la science du temps. Elle a pour base l'observation patiente et continue des mouvements de l'air, des variations de la température, des changements dans l'aspect du ciel; en un mot de tous les phénomènes ou météores nés dans le sein de l'atmosphère.

Le but qu'elle se propose est de reconnaître les qualités distinctives des divers climats, pour en retirer la plus grande somme d'utilité possible, de rechercher les causes de leur diversité et des accidents qui s'y produisent, et, finalement, d'arriver à la prévision du temps.

Cette définition fait nettement ressortir l'importance du rôle de la météorologie, au point de vue de l'hydraulique agricole. Cette science comprend, en effet, l'étude de la rotation continue des eaux qui s'opère sur notre globe. Elle suit le nuage depuis sa formation par l'évaporation de l'eau de la mer sous l'influence des rayons solaires, elle note son mouvement et son transport par les vents, elle recherche les causes et les conséquences de sa condensation sous forme de pluie ou de neige, puis elle observe la distribution des eaux qui tombent ainsi sur la surface du sol, et dont l'importance est capitale pour la culture. La formation et les mouvements de la neige, des glaciers, des nappes souterraines, des cours d'eau superficiels sont autant de sujets d'étude pour le météorologiste.

La culture n'est-elle pas aussi directement influencée par la chaleur solaire, la lumière, l'électricité atmosphérique, en un mot, par le climat de chaque contrée? Or l'étude du climat et l'observation de ses variations sont précisément du domaine de la météorologie. C'est donc bien par quelques détails sur cette science, sur ses procédés d'observations et sur ses résultats qu'il convient d'ouvrir le cours.

Stations météorologiques. — La météorologie est essentiellement une science d'observation : constater, enregistrer les phénomènes, tel est son champ de travail. De là, la nécessité d'établir des installations spéciales sur tous les points du globe et à toutes les hauteurs accessibles à l'homme, afin de poursuivre l'étude des phénomènes complexes de l'atmosphère.

Parmi les stations météorologiques les plus remarquables, on citera les suivantes :

En France, la station du Pic du Midi, dont le sommet est à l'altitude de 2.877 mètres et l'hôtellerie à 2.372 mètres; celle du Puy-de-Dôme, à l'altitude de 1.600 mètres et qui est d'ailleurs dans une situation médiocre; celle du Mont Ventoux, dans la région subalpine à l'altitude de 2.153 mètres et celle de l'Aygoual, dans les Cévennes, à l'altitude de 1.567 mètres. Cette dernière est due à l'initiative du général Perrier.

En Autriche, la station du Stelvio est à l'altitude de 2.543 mètres. En Sicile, celle de l'Etna est à la hauteur de 3.000 mètres; son caractère est plutôt astronomique.

En ce qui concerne les États-Unis, les renseignements suivants sont dus à un correspondant du *Boston Journal :* « Le point habité le plus élevé du globe est la station météorologique de Pikes Peak. dans les Montagnes Rocheuses (Colorado). Cette station, établie en 1873 par le gouvernement des États-Unis pour le service des signaux, est admirablement située et appropriée aux observations scientifiques. Trois officiers passent toute l'année au sommet du pic, dont l'altitude au-dessus du niveau de la mer atteint 4.700 mètres. Ils occupent une maison en pierre contenant quatre chambres. Aucune trace de végétation n'existe dans ces hautes régions, distantes d'environ 32 kilomètres de tout lieu habité. C'est à Pikes Peak qu'a été le mieux observée la dernière éclipse de soleil (20 avril 1879). »

Division du sujet. — Les phénomènes dont l'étude est du ressort de la météorologie peuvent être répartis en huit classes, savoir :

1° Constitution de l'atmosphère.
2° Température.
3° Lumière.
4° Pressions.
5° Vents.
6° Électricité.
7° Hygrométrie.
8° Pluviométrie.

CHAPITRE PREMIER

COMPOSITION DE L'AIR

L'air est essentiellement formé d'oxygène et d'azote mélangés dans la proportion suivante : En poids, 20,9 d'oxygène et 79,1 d'azote; en volume, 23,1 d'oxygène et 76,9 d'azote (le poids du mètre cube d'air est de 1k3). En outre, comme éléments accessoires, on y trouve : de l'ozone, de l'acide carbonique (0^{mc},0003 à 0^{mc},0006), de l'ammoniaque (10 à 30^{gr} pour $1.000.000^{k}$ d'air), de l'azotate d'ammoniaque, des gaz carbonés : oxyde de carbone, protocarbure d'hydrogène et des poussières : carbone, substances salines, vapeurs vésiculaires, etc.

Les variations dans la qualité de l'air dépendent seulement de ces éléments secondaires dont l'importance absolue paraît bien faible cependant si on la compare à celle des deux gaz constitutifs; mais leur influence sur les phénomènes de la végétation ou sur l'hygiène est aujourd'hui parfaitement établie.

Ozone. — L'ozone est de l'oxygène condensé ou, en d'autres termes, de l'oxygène dans son état de plus grande activité chimique.

Sa présence dans l'air atmosphérique est aujourd'hui parfaitement démontrée, surtout grâce aux expériences de M. Houzeau sur l'air de la campagne.

Dosage. — Le procédé de dosage de l'ozone de l'air, en usage dans les laboratoires, est le suivant : L'air est aspiré par le jeu d'une trompe à huit tubes et traverse un liquide formé de 20 c. c. d'eau distillée, 2 c. c. d'une dissolution titrée d'arsénite de potasse mélangé d'iodure de potassium pur, exempt d'iodate. L'oxygène ozonisé transforme partiellement l'arsénite en arséniate, l'iodure de potassium joue seulement le rôle d'intermédiaire destiné à activer la réaction. On évalue à l'aide d'une dissolution d'iode le poids d'arsénite restant, par suite, le poids d'arsénite transformé, et par conséquent, le poids d'oxygène qui a servi à cette transformation. Ce poids d'oxygène, multiplié par 3, donne le poids de l'ozone.

Voici quelques détails sur l'opération :

On fait barboter l'air dans la dissolution au moyen d'une boule percée de 20 trous. Le barbotage étant terminé, on retire du verre le bouchon qui porte le tube de platine servant à l'amenée de l'air, on égoutte ce dernier. Puis on verse dans le verre 2 c. c. d'empois d'amidon au $\frac{1}{100}$. Le verre est porté sous une burette graduée contenant une dissolution au millième d'iode. L'iode est versé goutte à goutte en agitant le liquide, jusqu'à ce que la coloration bleue produite par chaque goutte cesse de disparaître rapidement. On espace alors de plus en plus les gouttes jusqu'à ce que la liqueur prenne une légère teinte uniforme d'un bleu violacé. On remet en place le tube de platine et on le lave avec la liqueur qui se décolore généralement. Une ou deux gouttes suffisent pour faire reparaître la teinte bleue sensible.

On compare ensuite le volume d'iode versé à celui qui est nécessaire pour transformer entièrement les 2 c. c. d'arsénite en arséniate. Pour obtenir ce nombre repère, on recommence l'opération sans faire passer d'air dans la liqueur. La différence des deux lectures permet de conclure le poids d'arsénite transformé en arséniate et, par suite, le poids d'oxygène fourni par l'ozone.

Un compteur donne le volume d'air qui a passé dans le barboteur (1).

Si l'on peut se contenter de résultats moins précis, mais plus rapidement obtenus, on fait agir de l'air contenant des quantités déter-

(1) Voir pour plus de détails l'Annuaire de l'Observatoire de Montsouris.

minées d'ozone sur des papiers imprégnés de diverses substances ; on constitue ainsi pes échelles de teintes auxquelles on peut rapporter par comparaison un papier soumis à l'air ozoné dont on veut connaître la richesse. Ainsi un papier plongé préalablement dans une solution d'iodure de potassium bleuit sous l'influence de l'ozone par suite de la formation de l'iodure d'amidon résultant de la combinaison de l'iode mis en liberté avec l'amidon du papier; mais ce procédé n'est pas très exact, le chlore et les vapeurs nitreuses produisant sur ce papier la même réaction. On peut encore employer du papier de tournesol rougi, imbibé sur une moitié seulement d'iodure de potassium; sur cette moitié la potasse formée par l'action de l'ozone ramène le tournesol au bleu et la confusion avec les vapeurs ammoniacales n'est pas possible car elles bleuiraient tout le papier.

On se sert aussi de papiers imbibés soit d'une solution alcoolique de gaïac qui bleuit par l'action de l'ozone, soit d'une solution d'oxyde de gallium qui brunit.

Variations. — Les tableaux et le diagramme de la figure 2 indiquent les variations de la quantité d'ozone dans l'atmosphère.

1877	moyenne annuelle de	2mmg	0	dans 100mc d'air.
1878	—	1	7	—
1879	—	1	0	—
1880	—	0	6	—
1881	—	1	0	—

TABLEAU DES VARIATIONS MENSUELLES (1876 à 1882).

Janvier.... 1,0	Avril...... 1,0	Juillet.. ... 1,2	Octobre ... 1,0
Février.... 1,4	Mai 1,1	Août....... 1,1	Novembre.. 1,1
Mars...... 1,3	Juin....... 1,1	Septembre.. 1,0	Décembre . 0,7

La moyenne générale est de 1,1.

On remarque que les maxima correspondent à l'été, les minima au printemps; les pluies et les neiges ne sont peut-être pas sans influence sur le maximum exceptionnel de février.

La direction du vent a aussi son influence sur la proportion d'ozone ; les variations suivant la direction du vent sont indiquées dans le diagramme de la figure 3 qui a été dressé en 1878 à l'observatoire de Montsouris ; les vents de l'ouest au sud-est correspondent aux grandes quantités d'ozone, les vents du nord aux petites.

Une foule d'expériences et d'études ont été faites pour déterminer les conditions de la production de l'ozone atmosphérique, les causes

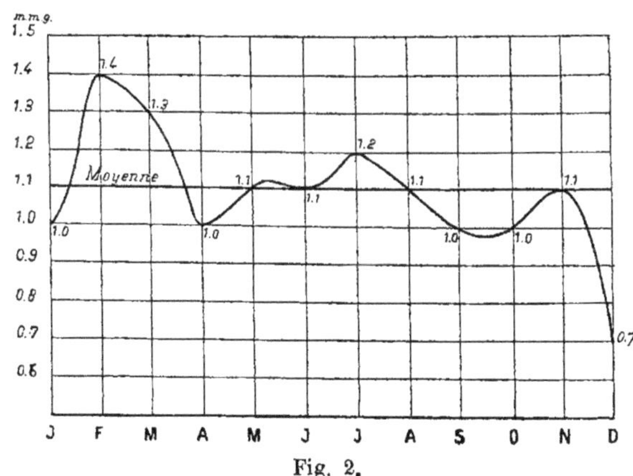

Fig. 2.

et les effets de ses variations. On a comparé ces variations à celles de l'état d'humidité, d'électricité ou d'agitation de l'atmosphère.

Bérigny, à Versailles, a observé que : 1° il ne survient pas un maximum d'ozone qui ne corresponde à une bourrasque en Europe ou dans l'Atlantique, à peu de distance des côtes de France ou d'Angleterre ; — 2° il se présente dans le même cas quelques minima ; mais alors la bourrasque s'est repliée vers le sud avant de toucher le méridien de Paris, traversant l'Espagne et les Pyrénées pour entrer dans la Méditerranée.

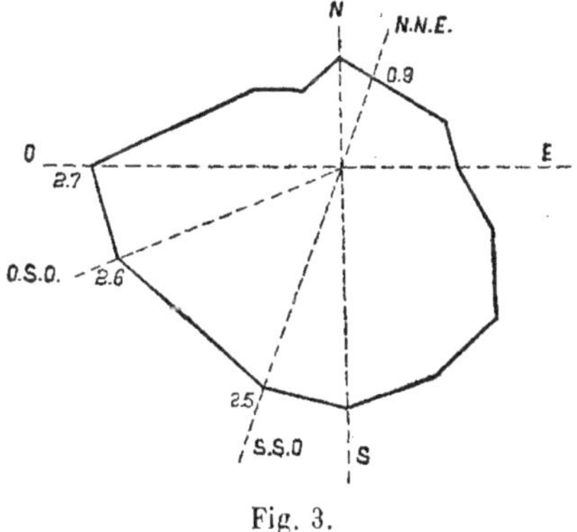

Fig. 3.

On rapporte quelquefois à la plus ou moins grande quantité d'ozone le sentiment qu'on exprime dans le langage courant, en disant que l'air est plus ou moins vif et pur.

On a conseillé l'emploi de l'ozone au point de vue hygiénique et thérapeutique pour combattre le choléra, les fièvres pernicieuses ;

c'est de l'oxygène ultra-actif, il a une tendance à détruire les corpuscules organiques. De là, la nécessité de favoriser la genèse de l'ozone dans les contrées marécageuses, en y créant des plantations spéciales, d'eucalyptus notamment. Les végétaux, en effet, sont des agents producteurs d'oxygène à froid et l'oxygène ainsi formé est plus ou moins ozoné.

Pasteur a proposé l'emploi de l'ozone pour vieillir les vins ; il produit sur les liqueurs alcooliques, en quelques instants, les métamorphoses estimées des gourmets qui, avec le seul concours de l'air, ne peuvent les attendre que du temps.

Acide carbonique. — On constate sa présence dans l'atmosphère en abandonnant à l'air de l'eau de baryte ; on ne tarde pas à voir l'eau se troubler par suite du précipité de carbonate de baryte. Son existence dans l'atmosphère est entretenue par la respiration de l'homme et des animaux (1 homme dégage 33 litres d'acide carbonique en une heure), par la respiration nocturne des parties vertes des plantes et enfin par toutes les combustions vives ou lentes.

Dosage. — On dose chaque jour le volume d'acide carbonique fixé dans une dissolution de potasse, par l'air qui traverse quatre barboteurs, du même type que ceux qu'on emploie pour le dosage de l'ozone. Le dernier ne retient jamais d'acide carbonique, le volume d'acide qui se dégage quand on soumet la liqueur de ce quatrième verre à l'analyse, est celui que contient la dissolution de potasse versée dans les verres, c'est-à-dire la lecture repère.

Le volume de l'air sur lequel on opère est mesuré dans un compteur.

Le procédé d'analyse est dû au chimiste Mohr ; en voici la description sommaire :

L'air pénètre successivement dans chacun des quatre barboteurs contenant 20 centimètres cubes d'une dissolution de potasse au 1/10 (100 grammes de potasse dans 1000 grammes d'eau) et quelques gouttes de teinture de tournesol. Le tournesol favorise la formation de la mousse dans l'alcali : l'acide reste donc plus longtemps en contact avec le liquide qui doit l'absorber. L'air sort des appareils après avoir totalement abandonné son acide carbonique à la potasse.

Pour doser le volume d'acide carbonique, on le dégage au moyen de l'acide chlorydrique. A cet effet, le tube de platine du barboteur B (fig. 4) est mis en communication avec une burette A remplie d'acide chlorydrique étendu de son poids d'eau; le tube à boule du même barboteur communique par une autre tubulure de caoutchouc C avec la partie supérieure d'un flacon D dont la tubulure porte un tube E terminé en pointe recourbée. Le flacon D est rempli d'eau recouverte d'une couche d'huile de pétrole destinée à empêcher la dissolution du gaz acide carbonique dans l'eau. Le tube E peut s'incliner de telle sorte que son extrémité soit au niveau du liquide dans le flacon. A ce moment, la pression du gaz dans l'appareil est égale à la pression atmosphérique; elle est donc connue par la lecture du baromètre.

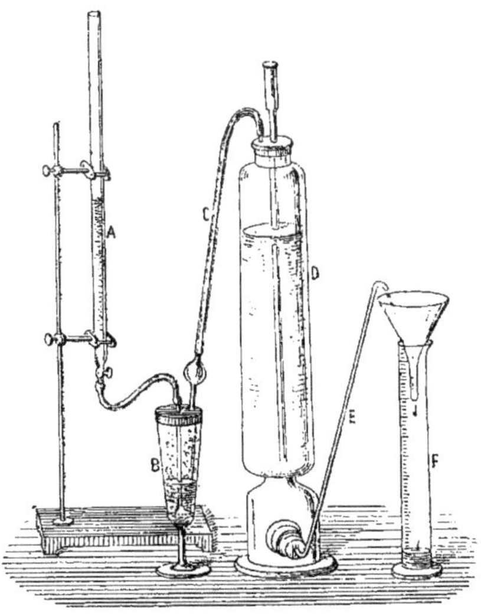

Fig. 4.

Pour faire le dosage, on ouvre le robinet de la burette graduée et on laisse écouler l'acide chlorhydrique lentement, en agitant doucement le barboteur; le volume d'acide versé est le même dans toutes les expériences.

Le gaz se dégage en refoulant l'eau du flacon D; on recueille celle-ci dans une éprouvette F. L'opération est terminée quand, après avoir suffisamment agité le barboteur, le liquide étant acide, l'eau ne s'écoule plus. A l'aide du tube coudé E, on rétablit à l'intérieur du flacon et à l'extérieur l'équilibre des pressions.

Le volume d'eau recueilli dans l'éprouvette F est égal au volume de gaz mis en liberté; on peut lire sur l'éprouvette le volume du liquide écoulé, ou mieux, peser ce liquide.

On opère de cette manière sur les quatre barboteurs; on fait la somme des volumes d'eau recueillis, après avoir retranché de chacune des lectures la lecture repère.

On ramène ce volume à la pression et à la température de l'air employé.

Résultats. — Le diagramme ci-dessous (fig. 5) indique la variation de la moyenne mensuelle des quantités d'acide carbonique contenues dans 100 mètres cubes d'air et exprimées en litres.

TABLEAU DES VARIATIONS MENSUELLES (1877 à 1882).

	l						
Janvier. ..	30,3	Avril......	30,0	Juillet.....	30,1	Octobre...	29,3
Février....	30,3	Mai.......	30,0	Août......	29,6	Novembre.	29,3
Mars......	29,9	Juin.......	30,7	Septembre.	29,9	Décembre.	30,3

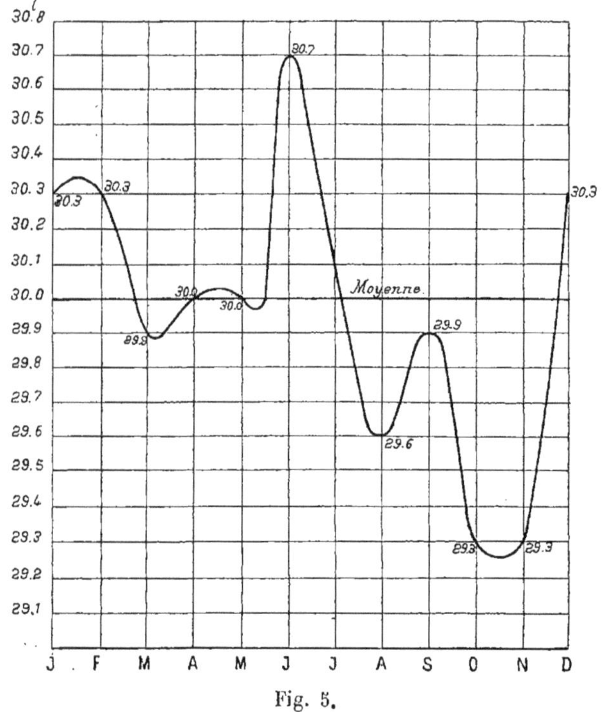

Fig. 5.

La moyenne générale est de 30 litres(pour 100 mètres cubes d'air).

Bien qu'il semble résulter de ces chiffres une constance dans la proportion d'acide carbonique, et un faible écart entre les moyennes partielles et la moyenne générale, on constate souvent des écarts considérables des éléments mensuels, suivant les années.

Ces différences sont mises en évidence par le tableau ci-après.

Années.	Maximum.	Minimum.	Observations.
1877	34,4 (décembre).	26,7 (avril),	
1878	35,5 (décembre).	32,2 (mars).	
1879	35,6* (janvier, mai, juin).	24,5* (décembre).	* Chiffres exceptionnels.
1880	29,2 (décembre).	24,3 (avril).	
1881	29,7 (janvier).	26,7 (mars).	

Les moyennes annuelles diffèrent beaucoup aussi d'une année à l'autre.

1877	moyenne annuelle	30,0
1878	— —	34,5
1879	— —	32,9
1880	— —	27,0
1881	— —	27,7

De l'examen de ces chiffres il paraît résulter une uniformité générale, à une même époque, de la quantité d'acide carbonique; les variations dont elle est susceptible d'une époque à l'autre sont dues, non à des causes locales qui n'ont qu'une faible importance, mais à des causes générales se rattachant aux grands mouvements de l'atmosphère.

Diverses causes secondaires influent sur la quantité d'acide carbonique contenue dans l'air.

Au voisinage de la mer on constate une constance remarquable; d'après les expériences de Reiset, à Dieppe, les variations sont de 3/100 au maximum. Ce fait est dû, suivant M. Schlœsing, à la réserve immense d'acide carbonique contenue dans l'eau de mer: 1 litre d'eau contient 98 milligr. 3 d'acide, spécialement à l'état de bicarbonate. Si la quantité renfermée dans l'air au-dessus de la mer vient à diminuer, les bicarbonates perdent une partie de leur acide carbonique qui rétablit la proportion primitive; la mer joue en cela le rôle de régulateur.

La lumière exerce une influence importante qui s'explique par l'action des plantes dont les parties vertes absorbent le gaz carbonique sous l'influence des rayons lumineux, et en dégagent dans l'obscurité.

Il en résulte 1° que la dose est plus forte la nuit (30.84) que le jour (28.91), 2° que cette dose augmente avec l'obscurité. MM. Muntz et Aubin ont trouvé, pour un jour du mois d'avril: à 9 heures du matin (temps clair), 27 l. 3 ; à 1 h. 30 (temps couvert), 29 l. 0 et à 4 h. 30 (temps couvert, pluie) 29 l. 9.

Par les temps de brouillard où voltigent dans l'atmosphère des vésicules chargées d'acide carbonique, la proportion atteint alors 34 litres.

Les influences physiologiques ne sont pas aussi importantes qu'on pourrait le croire; ainsi M. Reiset a trouvé 29 l. 17 d'acide carbonique dans le voisinage des bois, 31 l. 78 dans le voisinage d'un troupeau de 300 moutons; M. Dumas n'a pas trouvé plus de 28 litres d'acide carbonique au milieu des trèfles et luzernes en plein jour et en été, c'est-à-dire en plein foyer de réduction (action des parties vertes des plantes sous l'influence de la lumière). Enfin à Paris, au milieu de tant de sources d'acide carbonique, la proportion ne dépasse jamais le maximum de 35 l. 9 (Dumas).

Azote ammoniacal. — Son existence dans l'atmosphère est due aux décompositions organiques diverses dont la surface du sol est le théâtre.

Dosage. — On fait barboter un volume déterminé d'air dans une solution composée de 1 centimètre cube d'acide sulfurique au 1/10 et de 30 centimètres cubes d'eau distillée; cette eau recueille l'azote ammoniacal. Pour le doser, on distille le résultat du barbotage avec de la magnésie pure calcinée, et l'on recueille l'ammoniaque qui se dégage dans de l'acide sulfurique titré, coloré en jaune par quelques gouttes d'une solution alcoolique de cochenille; l'ammoniaque sature en partie l'acide sulfurique. Cet acide, repéré avant et après la distillation avec une liqueur alcaline titrée, indique, par la différence des volumes d'alcali versé, le poids de l'ammoniaque retirée de l'eau sur laquelle on opère.

La liqueur alcaline dont on fait usage est une dissolution très étendue d'ammoniaque (0 c. c. 4 d'ammoniaque pure dans 1 litre d'eau distillée). En versant goutte à goutte cette liqueur dans la fiole qui contient l'acide titré, on obtient aisément, à une goutte près, le virage au rouge violet de la cochenille colorée en jaune par l'acide.

Comme l'eau distillée qui sert à garnir les barboteurs n'est jamais exempte d'ammoniaque, elle est chaque fois soumise à l'analyse et la lecture correspondante sert de repère.

Résultats. — Les variations mensuelles de l'azote ammoniacal sont représentées par le diagramme ci-dessous (fig. 6) qui résume les observations faites à Paris de 1877 à 1882.

Les moyennes ont été pour 100 mètres cubes d'air :

Janvier....	1^{mgr} 9	Avril......	2^{mgr} 3	Juillet.....	2^{mgr} 2	Octobre...	2^{mgr} 2
Février....	2 2	Mai........	2 2	Août......	2 5	Novembre.	2 0
Mars......	2 5	Juin.......	2 3	Septembre.	2 3	Décembre.	2 0

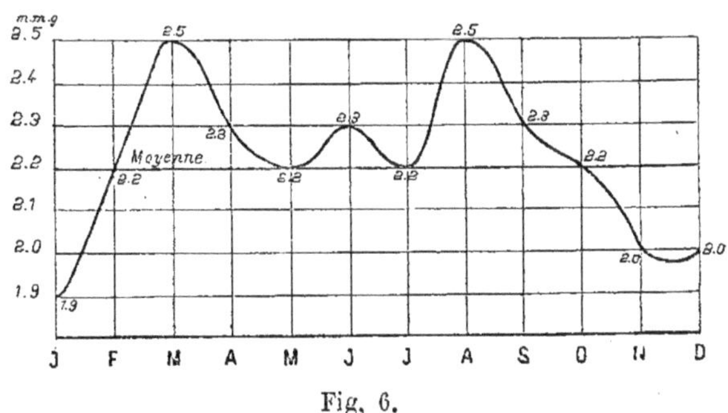

Fig. 6.

On constate une augmentation notable en été. Les maxima ont lieu au commencement du printemps, en avril, et à la fin de l'été, en août; ils coïncident avec l'époque du maximun de fermentation.

D'une année à l'autre les maxima et les minima changent de valeur.

Les moyennes annuelles sont les suivantes :

1877....................	3^{mgr} 2
1878....................	1 8
1879	2 1
1880....................	1 8
1881....................	2 2

Les variations dues aux influences locales sont assez importantes, comme le montre le tableau ci-dessous :

Parc de l'Observatoire de Montsouris..........	1,7 à 3,5
Clichy....................................	1,7 à 1,8
Gennevilliers..............................	2,2 à 6,2
Cimetière du Père-Lachaise.................	1,9 à 2,5
Hôtel-Dieu................................	5,3 à 9,0
Cabinets d'aisance........................	7,4 à 14,3
Égouts de Paris...........................	7,1 à 24,8

Azote organique et poussières. — L'air contient en suspension des poussières minérales et des poussières organiques. Ces dernières ont deux origines. Les unes proviennent des végétaux : cellules, graines d'amidon ou de pollen, filaments.., les autres des animaux : débris de poils, de cheveux, cellules épithéliales, êtres microscopiques et leurs œufs (cryptogames, moisissures, bactéries).

Dosage. — Le dosage de l'azote contenu dans ces matières s'opère de la manière suivante : on distille la liqueur à analyser (1) en présence de la magnésie pour en extraire l'ammoniaque. Le résidu de la distillation est traité, en présence de la potasse, par un grand excès de permanganate de potasse et distillé de nouveau. On obtient ainsi un supplément d'ammoniaque formé aux dépens de l'azote de la matière organique, qu'on recueille dans l'acide sulfurique titré et qu'on dose comme l'azote ammoniacal ordinaire.

On ne peut affirmer qu'en opérant ainsi, toute la matière organique soit oxydée, pas plus qu'on ne peut affirmer que l'azote des matières dites albuminoïdes soit entièrement transformé en ammoniaque. Ce n'est que par suite de l'absence d'une méthode plus sûre qu'on emploie ce mode de dosage.

Résultats. — Les variations mensuelles des quantités d'azote organique contenues dans 100 mètres cubes d'air sont données dans le tableau ci-dessous :

Janvier...	0^{mmg} 6	Avril.. ...	0^{mmg} 6	Juillet.....	0^{mmg} 5	Octobre...	0^{mmg} 6
Février..	0 7	Mai.......	0 7	Août......	0 6	Novembre.	0 4
Mars.....	0 7	Juin.......	0 5	Septembre.	0 7	Décembre.	6 6

La moyenne générale est de 0^{mgr},6 (fig. 7).

On voit que les variations sont faibles et il est à remarquer que les mouvements généraux sont à peu près parallèles à ceux que subit la quantité d'azote ammoniacal. Les minima ont lieu en été et au mois de novembre; les maxima en hiver et au mois de septembre ; il est possible qu'une des causes de ces maxima soit l'augmentation qu'on remarque aux mêmes époques dans la quantité des cryptogames et des bactéries de l'air.

(1) Eau distillée dans laquelle on a fait barboter un volume déterminé de l'air soumis à l'expérience.

Les variations annuelles sont peu sensibles : la moyenne a été de 0,5 pour l'année 1879 et de 0,6 pour l'année 1880.

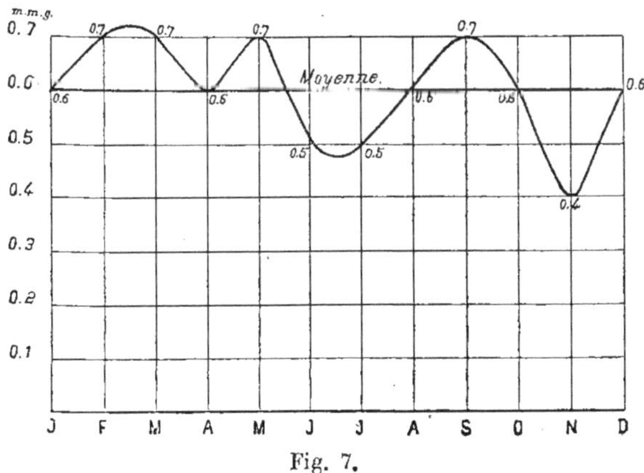

Fig. 7.

Les variations locales, beaucoup plus importantes, sont mises en évidence par le tableau ci-dessous :

Parc de l'Observatoire de Montsouris...........	0,3 à 1,4
Hôtel-Dieu..................................	1,4 à 4,1
Égouts de Paris.............................	2,7 à 21,1

Des microbes. — Le microscope révèle, partout où les déjections organiques provenant des agglomérations urbaines se répandent et entrent en décomposition, la présence d'organismes infiniment petits auxquels les découvertes récentes de la science attribuent un rôle des plus importants dans la nature et une influence profonde sur les conditions de la vie.

On les distingue en deux classes ; les levûres ou moisissures, sortes de champignons qui se développent par bourgeonnement, vivent et respirent à la manière des végétaux, et les bactéries (micrococcus, bacilles, vibrions, etc.), qui par leur richesse en matières albuminoïdes se rattachent au règne animal, sont doués de mouvement, absorbent l'oxygène de l'air et rejettent de l'acide carbonique.

Les micro-organismes (Pasteur l'a suffisamment démontré) pullulent dans l'atmosphère ; on en trouve sur tous les objets imaginables, jusque dans le mercure. Si l'air des hautes montagnes en renferme moins que l'air des villes et des habitations, il n'en est cependant pas complètement dépourvu.

La nature vivante de ces organismes parasitaires, ferments et bactéries, est hors de conteste. Empruntant au milieu qu'ils occupent certains matériaux dont ils se nourrissent, à la suite des phénomènes chimiques dont ils sont le siège, ils rendent à ce milieu des matériaux altérés, transformés. Il est essentiel de faire l'étude biologique des divers micro-organismes, de savoir comment ils vivent, quels aliments leur sont nécessaires, comment ils respirent, enfin quels produits ils excrètent.

On n'a pas à parler ici des expériences à faire et qui consistent à étudier le milieu le plus favorable à la culture du microbe, à rechercher quelles actions produisent sur lui l'eau, l'air, l'oxygène, la chaleur et le froid, quelles substances lui sont nuisibles, etc.

Nous nous bornons à étudier les microbes au point de vue de leur nombre dans l'atmosphère.

On peut se servir, pour recueillir les microbes, d'un appareil formé d'un cône directeur communiquant avec un aspirateur. On fait passer lentement un volume déterminé d'air à travers cet appareil; le courant d'air vient buter sur une feuille de papier humide ou mieux une lamelle imprégnée d'un mélange de glycérine et de glucose sur laquelle les cryptogames se déposent. La récolte opérée, recouverte d'une lamelle de verre mince, est examinée à des grossissements de 500 à 1.000 diamètres. On compte le nombre de ces cryptogames et on en déduit la quantité par litre d'air.

L'appareil peut aussi se placer dans une girouette et reçoit alors un cube indéterminé d'air.

Spores cryptogamiques ou moisissures. — Les variations mensuelles du nombre par litre d'air des moisissures ou spores cryptogamiques d'un diamètre variant de $0^{mm},001$ à $0^{mm},002$ sont données par le tableau ci-dessous :

Mois.	Nombre (par litre).	Températures.	Mois.	Nombre (par litre).	Températures moyennes.
1878 Octobre..	15,2	11°8	1879 Avril.	7,8	8°4
Novembre	10,2	4°7	Mai.......	8,0	10°6
Décembre	6,2	0°9	Juin......	44,2	16°2
1879 Janvier...	6,4	0°1	Juillet.....	37,1	16°2
Février...	6,3	7°2	Août......	28,0	18°7
Mars... .	3,6	7°1	Septembre	13,9	15°0

La moyenne générale est de 15,5.

Le nombre des spores de moisissures a son minimum en hiver, puis augmente jusque vers le mois de juin ou de juillet ; il varie, par suite, dans le même sens que la température. On constate, en outre, qu'il augmente en temps de pluie.

C'est ainsi qu'au mois de juin 1878, on a constaté les résultats suivants :

Du 1er au 7	20,4	Quantité de pluie	16$^{m}/^{m}$ 3
Du 8 au 14	103,0	—	40 0
Du 15 au 21	35,8	—	16 2
Du 22 au 28	14,4	—	1 0

Le nombre des moisissures est moins élevé dans l'air des égouts et des lieux habités que dans l'air libre. En temps de neige, elles disparaissent complètement (1 par litre d'air).

Bactéries. — Ces germes microscopiques que l'air transporte ont la propriété de se développer en masse, lorsqu'ils rencontrent des milieux favorables comme le bouillon de bœuf.

On peut facilement constater la présence de ces microbes dans l'air. Prenez une ampoule dans laquelle vous portez à l'ébullition un liquide composé de 1 litre d'eau et 50 grammes de bouillon Liebig neutralisé par de la soude caustique à chaud ; les germes préexistants sont ainsi détruits. Fermez pendant l'ébullition les extrémités A et B, puis laissez refroidir. Le liquide ainsi préparé se conservera limpide. Mais venez-vous à casser les pointes A et B, et à faire passer un courant d'air, vous verrez se produire un trouble dû à la multiplication des bactéries de l'air arrêtées par le bouillon.

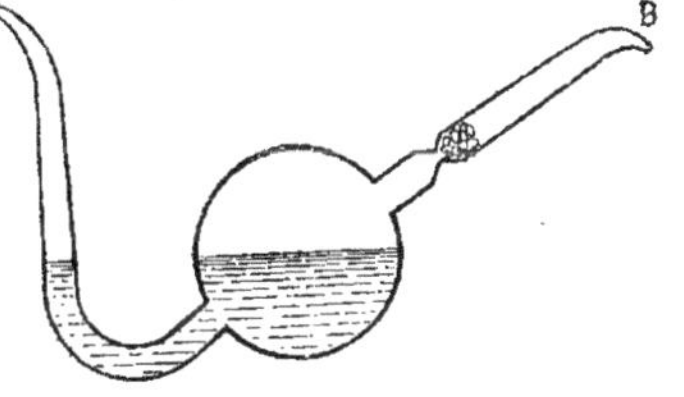

Fig. 8.

Parmi les bactéries, on distingue les micrococcus qui se développent très rapidement dans les milieux de culture par division du microbe primitif ; les bacilles qui se développent moins rapidement et qui disparaissent en présence de l'oxygène ; les vibrions qui se distinguent par une extrême mobilité, etc. On peut recueillir ces microbes, soit directement comme les moisissures, soit en faisant passer l'air dans un milieu de culture bien défini.

Résultats. — Lorsqu'il pleut, le nombre des microbes dans l'atmosphère s'abaisse, car l'eau les entraîne sur le sol. Ce n'est donc pas sans raison que l'on dit : la pluie purifie l'air.

Voici un tableau des variations mensuelles du nombre des bactéries par mètre cube d'air, observées de 1880 à 1883 à Montsouris.

Janvier.......	48	Avril.........	55	Juillet	95	Octobre.....	169
Février	43	Mai..........	105	Août.........	80	Novembre...	128
Mars.........	67	Juin	51	Septembre ...	103	Décembre...	50

La moyenne générale est de 82.

Les moyennes annuelles, observées à Montsouris, sont les suivantes :

1879......	97	par mètre cube.
1880......	89	—
1881......	62	—

soit, en moyenne, 82 bactéries.

Les variations locales sont fort importantes; tandis que la moyenne, pour 1881, à l'observatoire de Montsouris, a été de 62 bactéries, elle a été de 620 pour l'air de la rue de Rivoli. On a trouvé dans l'air de cette même rue 820 bactéries en 1882 et 1.540 au mois de juin 1881.

Leur nombre varie rapidement en sens inverse de l'altitude.

Pour le trimestre de juin à septembre 1882, on a trouvé :

Place du Panthéon (altitude 134^m)..............	198	bactéries.
Observatoire de Montsouris (altitude 62^m)........	320	—
Rue de Rivoli (altitude 44^m).....................	3.220	—

La pluie agit différemment sur les spores ou les bactéries. Tandis que le nombre des spores varie sensiblement comme la hauteur de pluie, le nombre des bactéries varie en sens inverse.

La direction du vent a également son influence ; à l'observatoire de Montsouris, le maximum a lieu quand le vent souffle du nord-est. Au Panthéon, on a trouvé :

Par le vent du Nord........	544	bactéries.
— Est..........	360	—
— Sud.........	245	—
— Ouest	170	—

On a remarqué que leur nombre varie en raison inverse de la quantité d'ozone.

Dans les lieux confinés, les bactéries se multiplient; au moyen d'expériences simultanées, on en a trouvé 51 dans le parc de Montsouris, 525 dans une pièce de l'observatoire, 680 rue de Rivoli, 5.260 dans une chambre à coucher (rue Monge), 11.000 à l'hôpital de la Pitié (et même 13.280 pendant l'hiver).

Dans les lieux fermés, en effet, le nombre des microbes augmente pendant l'hiver; les fenêtres étant closes, ils ne peuvent se répandre au dehors ; l'air est alors plus pur à l'extérieur.

Lors de l'épidémie de fièvre typhoïde de 1882, on a pu constater que le nombre des décès épidémiques croissait avec celui des bactéries.

Un gramme de poussière renferme jusqu'à 1 million de microbes. Un homme aspire par jour, dans un hôpital, 80.000 moisissures et 125.000 bactéries; dans la rue, 300.000 moisissures et 2.500 bactéries.

Poussières et substances minérales. — La quantité contenue dans l'air en est absolument variable. On trouve dans l'atmosphère de l'oxyde de carbone, du protocarbure d'hydrogène provenant des marais, des fermentations, des eaux d'égout. On y trouve également des particules solides, débris de petits cristaux de silice, sulfate et carbonate de chaux, fer, charbon, etc... Ces poussières déposent, par an, sur un hectare, jusqu'à 147 kilogrammes de matières solides.

Dans les villes, l'atmosphère est souvent chargée de matières provenant des industries locales. Dans le désert africain, la silice domine dans les poussières entraînées par les vents violents, sirocco et simoun.

CHAPITRE II

TEMPÉRATURES

La température joue un rôle capital dans le développement de tous les êtres organisés et dans la plupart des phénomènes agricoles.

Les plantes exigent, pour leur développement, une certaine quantité de chaleur; d'autre part, l'état hygrométrique de l'air, en relation directe avec la pluie, dépend de l'intensité plus ou moins grande des radiations solaires.

Il faut distinguer la température à l'ombre et la température au soleil. La température à l'ombre mesure l'échauffement moyen de l'atmosphère; la température au soleil, ou plutôt la quantité de chaleur et de lumière reçue par les plantes, est l'élément qui intervient directement dans la végétation.

L'intensité des radiations solaires dépend de plusieurs causes : des taches du soleil, de l'état nuageux du ciel, de l'atmosphère elle-même, qui peut absorber une grande partie des rayons solaires. Les radiations calorifiques sont absorbées même par des corps invisibles. On se rappelle, en effet, l'expérience de Tyndall qui mesurait la quantité de chaleur absorbée par de l'essence d'anis ou d'orange contenue dans un tube de 2 mètres de long, et constatait qu'elle absorbait les 3/4 de la chaleur incidente. On a d'ailleurs constaté l'influence des champs de menthe sur la quantité de chaleur reçue par les cultures voisines.

Mesure des quantités de chaleur. — Pyrhéliomètres. — Pour mesurer la quantité de chaleur reçue par une surface déterminée, on peut employer le pyrhéliomètre qui consiste en un tube terminé par une surface plane recouverte de noir de fumée (fig. 9). Dans l'intérieur du tube est un liquide dont un thermomètre donne la température. Le nombre de degrés dont monte le thermomètre donne une idée de la quantité de chaleur absorbée par le disque recouvert de noir de fumée.

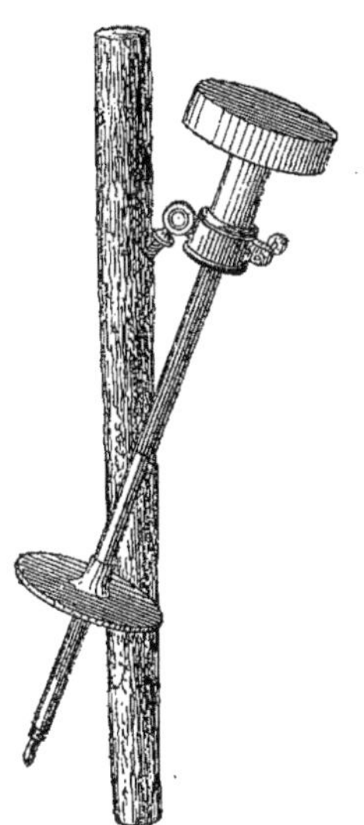
Fig. 9.

Il faut avoir soin de placer le disque normalement aux rayons solaires. Cet appareil n'est pas d'une grande exactitude ; le noir de fumée n'absorbe pas toute la chaleur incidente ; la communication de la chaleur de la surface à la masse se fait très lentement ; ainsi, retire-t-on l'appareil après cinq minutes d'exposition, on voit le thermomètre monter néanmoins encore pendant une demi-minute.

Mesure des températures. — On définit arbitrairement la température en mesurant un de ses effets : nous voulons parler de la dilatation. On l'exprime par un nombre de degrés du thermomètre ; c'est un simple phénomène d'ascension d'un liquide contenu dans un récipient et qui se dilate plus ou moins suivant la quantité de chaleur qu'il reçoit, liquide dont on a constaté la situation préalablement dans deux circonstances parfaitement définies : 1° la congélation de l'eau ; 2° son ébullition. On partage l'intervalle compris entre les niveaux du liquide dans le tube capillaire où il se meut en un certain nombre de parties égales, 100 généralement (thermomètres centigrades), et l'on appelle *degré* l'élévation de température qui produit le déplacement d'une division.

Thermomètres. — Nous ne parlerons pas de la construction des thermomètres, des précautions qu'elle exige, nous bornant à renvoyer aux traités de physique.

Dans la pratique des observations météorologiques ayant en vue la mesure de la température de l'air, on se sert du thermomètre ordinaire en verre, soit à mercure, soit à alcool; la graduation est gravée sur la tige en verre, pour éviter l'influence perturbatrice des supports en bois ou en métal.

On vérifie le thermomètre d'expérience sur un thermomètre étalon à grande course.

Les thermomètres à minima sont formés d'une colonne à l'extrémité supérieure de laquelle est placé un index d'émail que l'alcool entraîne à sa suite en descendant et qu'il abandonne quand la colonne s'élève. Le renversement du tube après lecture ramène l'index.

Les thermomètres à maxima sont de deux sortes : 1° un thermomètre à mercure porte à l'extrémité supérieure de sa colonne un index en fer que le mercure pousse devant lui et qu'il abandonne quand la température s'abaisse ; 2° le thermomètre Négretti porte à l'extrémité inférieure du tube, près du réservoir, un étranglement où la colonne se divise d'elle-même. La température étant ascendante, le mercure sort du réservoir par gouttelettes très fines qui se réunissent immédiatement à la colonne ; mais, quand la température s'abaisse, le mercure ne peut plus rentrer de lui-même dans le réservoir ; la colonne reste telle qu'elle se trouvait au moment du maximum dont on prend note. Mais si l'on redresse l'instrument, la tige en haut, le poids de la colonne, aidé au besoin d'une secousse, fait rentrer le mercure dans le réservoir : l'instrument est prêt pour une seconde observation. On le suspend dans une position presque horizontale, le réservoir un peu plus bas que la tige.

On peut encore employer pour la détermination des températures maxima un thermomètre horizontal dont la tige présente une inflexion coudée en V renversé qui retient le mercure au moment du retrait dû au refroidissement (fig. 10).

Fig. 10.

Pour les observations continues, on emploie des thermomètres enregistreurs. L'observatoire de Montsouris en utilise de plusieurs modèles :

1° Le modèle construit par MM. Richard frères est représenté par les figures 11, 12 et 13; l'organe sensible aux variations de température est un tube courbe en laiton, de section méplate,

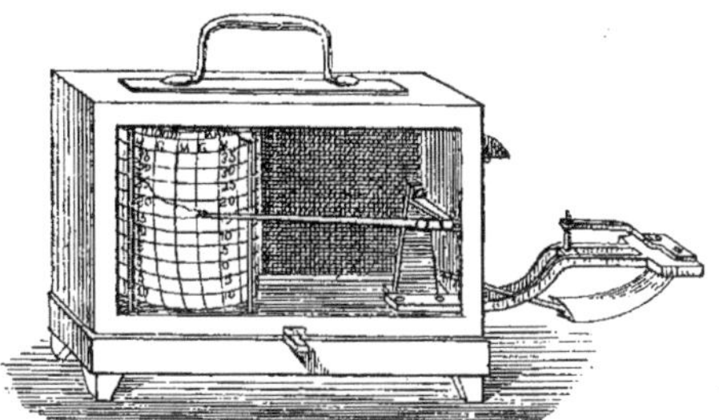

Fig. 11.

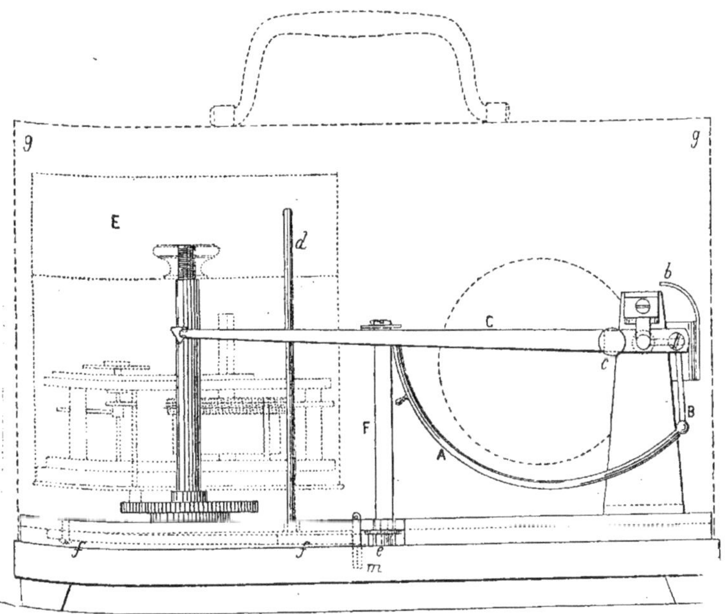

Fig. 12.

A, tube en métal, aplati et recourbé, du système Bourdon. Ce tube renferme de l'alcool.

B, bielle transmettant le mouvement de l'extrémité libre du tube A au levier portant la plume.

C, levier en laiton portant la plume D.

E, tambour portant une feuille de papier quadrillé et contenant le mouvement d'horlogerie, accomplissant sa révolution en une semaine.

Ce tambour, figuré en plan, n'est qu'indiqué en élévation.

F, pièce portant l'extrémité fixe du tube Bourdon. Cette pièce repose sur une platine *f*, *f*, dont la position est réglée par une vis mobile *m*.

b, pièce servant à protéger l'extrémité du levier C.

c, vis servant à régler la pression de la plume sur le tambour.

d, tige servant à écarter le levier C.

e, levier servant à manœuvrer la tige *c*.

g, cage en tôle protégeant l'instrument, figurée en pointillé.

hermétiquement fermé, dit de Bourdon, que l'on a rempli de 3 à 4 grammes d'alcool absolu, sans y laisser la moindre bulle d'air. Le

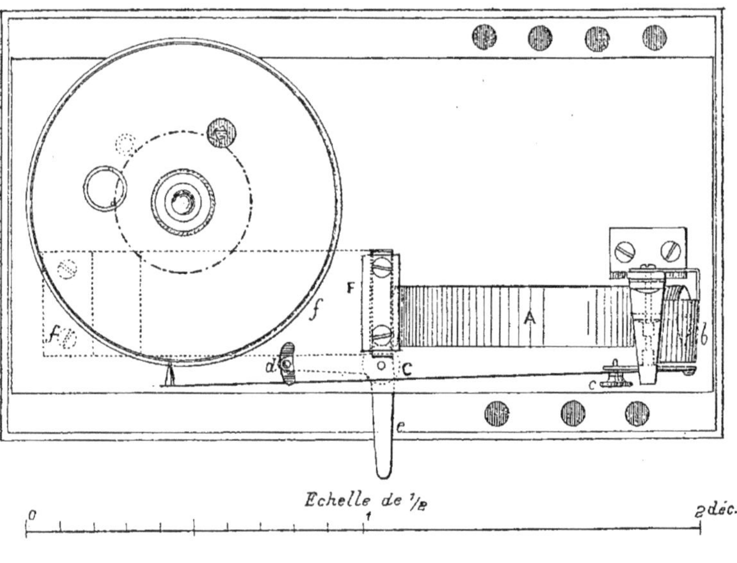

Fig. 13.

remplissage étant fait à des températures beaucoup plus basses que celles qu'on pourrait avoir à subir, il y a toujours à l'intérieur un grand excès de pression. La chaleur, en dilatant l'alcool, fait changer la courbure du tube dont l'une des extrémités est absolument fixe, tandis que l'autre se déplace en actionnant une petite bielle, laquelle transmet le mouvement à un levier en laiton portant une plume. Cet index inscripteur se déplace devant un tambour mû par un mécanisme d'horlogerie et recouvert d'une bande de papier tout préparé, à ordonnées curvilignes.

2° Le tube méplat de Bourdon, au lieu d'être replié en une courbe plane circulaire, est tordu autour de son axe, en surface héliçoïdale; la dilatation de l'alcool qui le remplit le détord d'un angle proportionnel à cette dilatation. On fixe le tube à sa partie supérieure; la partie inférieure porte directement l'aiguille qui va enregistrer sur un cylindre mû d'un mouvement uniforme les variations de la température (fig. 14).

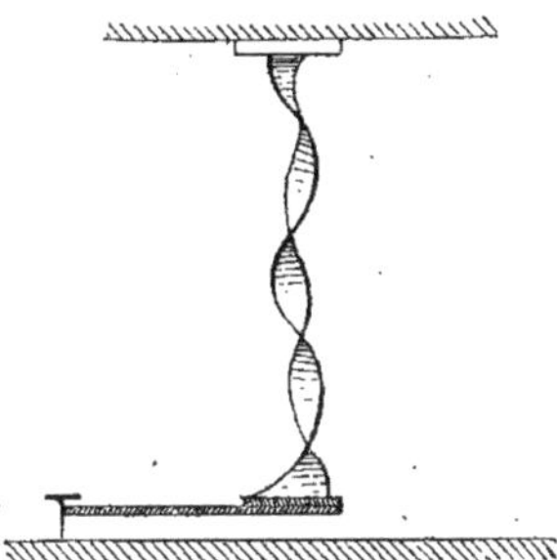
Fig. 14.

Citons aussi le thermomètre enregistreur de Bouziat : un fil de 50 mètres de longueur et de 0^{m},002 de diamètre fixé à une extrémité passe sur une petite poulie à son autre extrémité qui porte un poids tenseur (fig. 15).

Pour une élévation de température de 1 degré, ce fil éprouve un allongement de 0^{m},0012 pour 100 mètres, soit 0^{m},006; le déplacement est transmis avec amplification à une aiguille tournant autour d'un axe commandé par le fil et dont l'extrémité inscrit les variations sur un cylindre mis en mouvement par un mécanisme d'horlogerie.

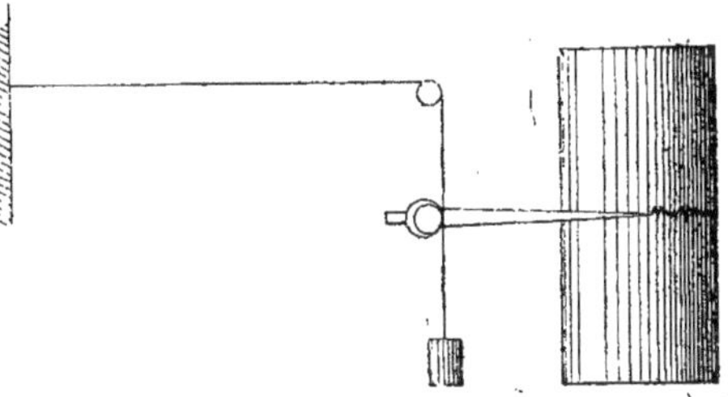
Fig. 15.

Signalons maintenant quelques appareils destinés à mesurer la température à distance.

S'agit-il d'un point inaccessible quant aux lectures? Par exemple veut-on mesurer la température à une certaine hauteur au-dessus du sol? On emploie le thermomètre électrique de Becquerel : on dispose un câble composé d'un fil de fer et d'un fil de cuivre entre le point soumis à l'expérience et le cabinet de l'observateur; une des soudures fer et cuivre de l'appareil thermo-électrique est placée à l'extrémité d'un mât de la hauteur voulue; la seconde soudure est au cabinet de l'opérateur, dans un tube de verre plein de mercure à une température connue. Le fil de cuivre du circuit est composé de deux parties reliées par le fil d'un galvanomètre très sensible et par un interrupteur. Artificiellement on abaisse la température du mercure jusqu'à ramener le galvanomètre à zéro; la lecture du thermomètre plongé dans le mercure donne alors la température extérieure du point inaccessible.

M. Hervé-Mangon a imaginé un thermomètre compensateur à longue portée : on place au point inaccessible à observer une capacité C allongée (fig. 16) remplie d'air, qui communique par un long tube très fin en cuivre, A, avec un manomètre à mercure, simple tube en V où la différence des niveaux du mercure permet de calculer la température.

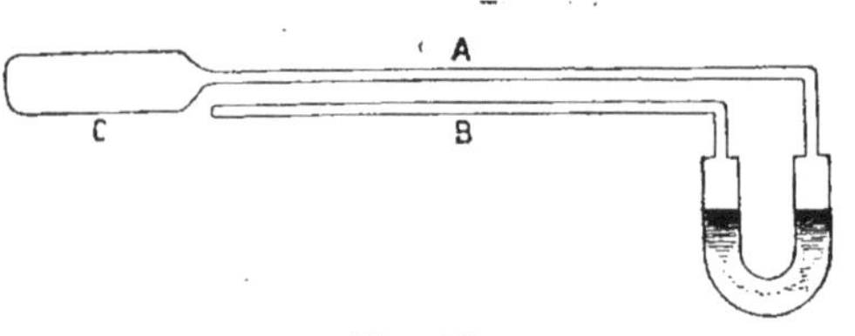

Fig. 16.

La deuxième branche du manomètre communique avec un tube en cuivre B fermé à son extrémité, parallèle et identique au tube A; soumis aux mêmes influences que ce dernier, il a pour but de corriger les variations qui peuvent provenir de ce tube intermédiaire. Cet appareil est gradué empiriquement.

Quelques précautions sont indispensables dans la mesure de la température propre de l'air ambiant; les radiations directes sont, en effet, la cause d'erreurs assez importantes; il faut installer le ther-

Fig. 17. — Abri des thermomètres de Montsouris.

momètre à 20 mètres environ de tout bâtiment, sous un abri formé d'une double feuille de tôle de 1 mètre carré d'étendue, inclinée suivant la colatitude du lieu; des écrans latéraux (plaques de tôle) et des arbustes verts disposés à l'entour, à l'exception du côté nord, servent à abriter les instruments et le sol lui-même des rayons du soleil; ce sol doit être gazonné (fig. 17).

Pour obvier plus simplement aux inconvénients des radiations directes, Arago avait conseillé l'emploi de thermomètres auxquels on imprime un mouvement de fronde. Par ce moyen, l'écart assez marqué qui existe entre la température du thermomètre et celle de l'air se trouve sensiblement réduit. Le thermomètre fronde est le seul qui puisse donner la température de l'air en mer, la mobilité des navires ne permettant pas d'installation fixe; c'est aussi un thermomètre d'excursion pour les météorologistes.

Pendant le jour, le thermomètre fronde accuse une température un peu plus élevée que le thermomètre abrité; pendant la nuit la tendance est inverse.

Résultats généraux. — La température moyenne de la France est de 12 degrés; celle de Paris (moyenne de 83 ans) est de 10°,8. Les températures les plus basses observées à Paris ont été : — 23°,5 en 1795; — 21°,3 en 1871 et — 23°,9 en 1879; au pôle Nord, la température minimum est — 58 degrés. Les températures les plus élevées qu'on ait constatées à Paris sont 38°,4, à l'ombre, en 1793, 38°,4, en 1874 et 37°,2, en 1881. A l'équateur, la température maximum est 48 degrés à l'ombre.

La température des eaux (conduites, sources, rivières, égouts) est loin de présenter des variations aussi considérables que celles de l'air ambiant; elle est plus basse en été et plus élevée en hiver.

Variations diurnes. — Dans une même journée, la température passe par une série de valeurs représentées à chaque instant par les ordonnées d'une courbe sinussoïdale (fig. 18).

Le tableau ci-dessous représente les variations diurnes de la

Indication des années.	Température de l'air extérieur à											Moyenne de l'air.	Moyenne de l'eau d'égout.	Moyenne de la Seine.
	2 h. m.	5 h. m.	6 h. m.	8 h. m.	10h. m.	Mid.	2 h. s.	5 h. s.	6 h. s.	9 h. s.	10h. s.			
Moyenne générale de 5 années (1868-1872).	6°3	8° 0	9° 0	10°6	12°3	13°8	15°2	13°7	12°5	10°0	9°8	11°1	12°5	12°9

température moyenne générale de 5 années (1868-1872) (fig. 19).

Température moyenne. — La température moyenne d'un jour est, en pratique, la moyenne arithmétique des températures observées, pendant un temps donné, à des intervalles aussi rapprochés que possible. En théorie, si l'on avait une courbe continue AMB (fig. 18) dont les ordonnées représentassent les températures et les abscisses les temps, la température moyenne serait représentée par la hauteur CD du rectangle ayant même base et même superficie que le contour CAMBE.

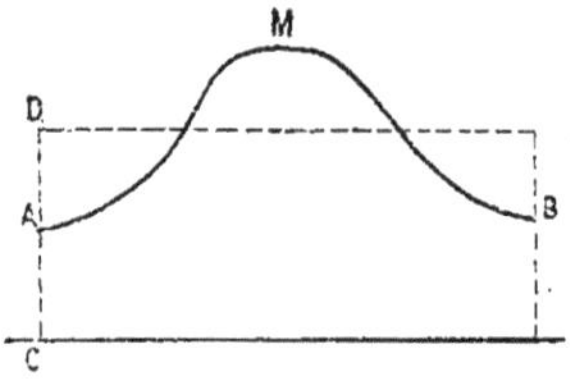

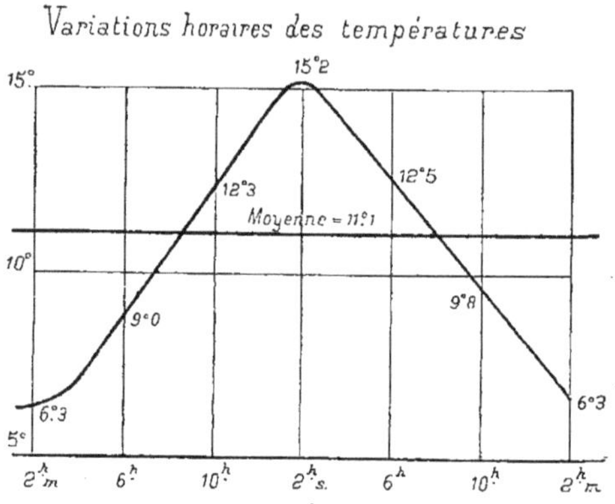

Fig. 18.

Fig. 19.

On a remarqué que la température observée entre 8 et 9 heures du matin est à peu près égale à la température moyenne. Si l'on veut avoir cette dernière avec plus d'exactitude, on peut faire des observations de 4 en 4 heures, ou bien encore se contenter de deux observations faites soit à 10 heures du matin et 10 heures du soir, soit à 4 heures du matin et 4 heures du soir. La courbe des thermomètres enregistreurs permet de trouver facilement la température moyenne. Enfin, on peut trouver la température moyenne d'un jour au moyen de la formule empirique :

$$t_{moy} = t_{min} + C(t_{max} - t_{min})$$

dans laquelle le coefficient C est déterminé expérimentalement ; il est compris suivant le mois, entre 0,357 et 0,388 ; les observations des thermomètres à maxima et à minima dans une même journée fournissent les autres éléments du calcul.

Variations mensuelles. — Si l'on considère la courbe obtenue avec un thermomètre enregistreur dans le courant d'une année, on remarque que cette courbe est formée d'une série de sinussoïdes correspondant chacune à un jour ; elle présente un minimum vers le 15 janvier et un maximum vers le 15 juillet.

Les températures moyennes *mensuelles* pour une série de 10 années (1868-1877) sont données ci-dessous pour l'air à Paris, l'eau de la Seine et celle des égouts (fig. 20 et 21).

Mois.	Année normale (Marié Davy).	Moyennes.			Maxima.			Minima.		
		Air.	Seine.	Égouts.	Air.	Seine.	Égouts.	Air.	Seine.	Égouts.
Janvier	2,4	3,25	4,53	6,52	19,00	6,45	8,87	1,00	2,00	4,50
Février	4,5	4,55	5,30	6,55	8,52	7,59	8,41	1,12	2,58	4,28
Mars	6,4	5,08	7,40	8,13	8,78	9,81	10.52	1,95	5,15	6,00
Avril	10,1	10,41	11,91	11,43	13,15	12,71	12,42	7,33	11,00	10,10
Mai	14,2	13,58	15,66	11,48	17,30	19,20	17,30	10,86	12,80	12,20
Juin	17,2	17,96	19,40	17,51	21,60	22,30	21,88	15,30	17,40	15,60
Juillet	18,9	21,00	21,93	19,18	23,70	23,60	21,00	16,86	19,74	17,40
Août	18,5	19,39	21,03	19,54	22,16	23,03	22,06	17,00	18,99	17,85
Septembre	15,7	15,77	17,97	17,30	17,27	20,13	21,53	14,20	15,60	14,80
Octobre	11,3	10,38	12,93	13,26	13,45	14,83	14,74	9,04	10,70	11,30
Novembre	6,5	5,75	7,70	9,07	8,90	10,83	10,13	2,48	5,27	6,86
Décembre	3,7	3,86	5,08	6,93	9,10	7,80	9,26	0,27	1,83	4,47
Moyennes	10,8	11,53	12,86	12,68	15,24	14,85	14,84	8,11	10,25	10,44

On voit que l'eau de la Seine, à Paris, a une température moyenne

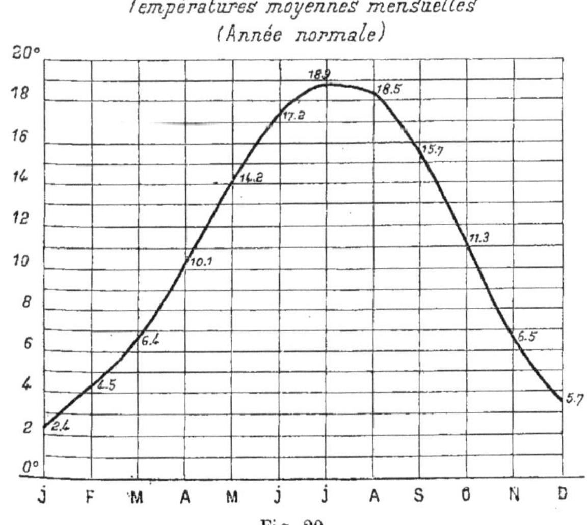

Fig. 20.

plus élevée que celle de l'atmosphère à l'ombre ; elle est, en effet, exposée directement aux radiations solaires; cette température subit des variations notables dans le courant d'une année.

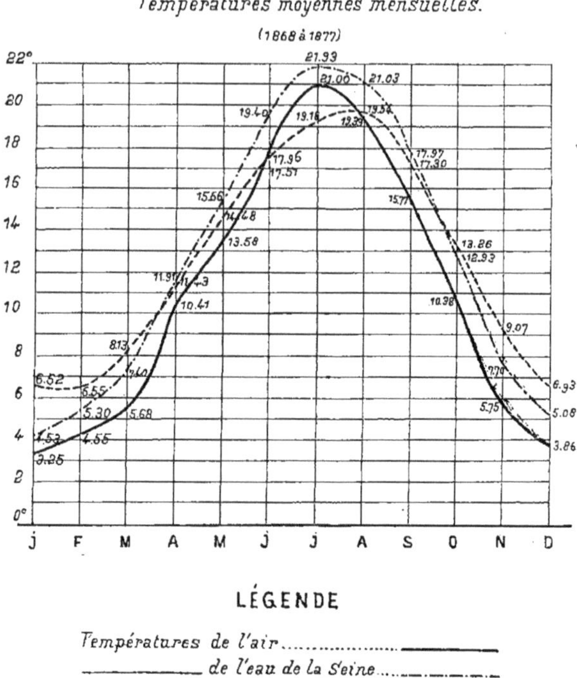

Fig. 21.

La température de l'eau des égouts est exposée à des variations beaucoup plus faibles que celles de l'air ou de l'eau de Seine.

Quand on parle de la température moyenne, il faut avoir bien soin de spécifier s'il s'agit de la température à l'ombre ou au soleil. La température au soleil est plus ou moins fonction de l'instrument employé pour la mesurer; elle a plutôt la valeur d'un renseignement que d'une mesure.

Le diagramme ci-contre met en regard les résultats obtenus en 1869 avec des instruments assez comparables l'un à l'autre (fig. 22).

En hiver, il y a quelquefois égalité entre la température à l'ombre et la température au soleil, ou même infériorité de cette dernière; ainsi pour le mois de décembre, on a constaté des moyennes à l'ombre de 3°,2 et au soleil de 2°,9.

La température moyenne pour l'année est de 11°,3 à l'ombre et de 15°,4 au soleil.

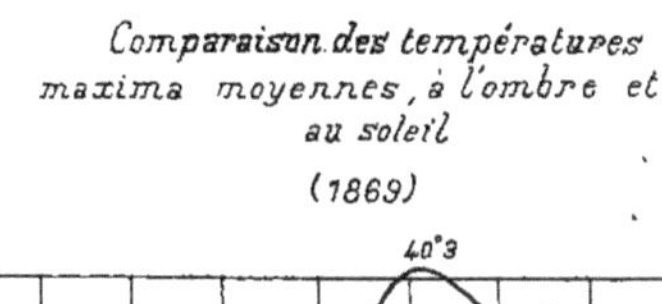

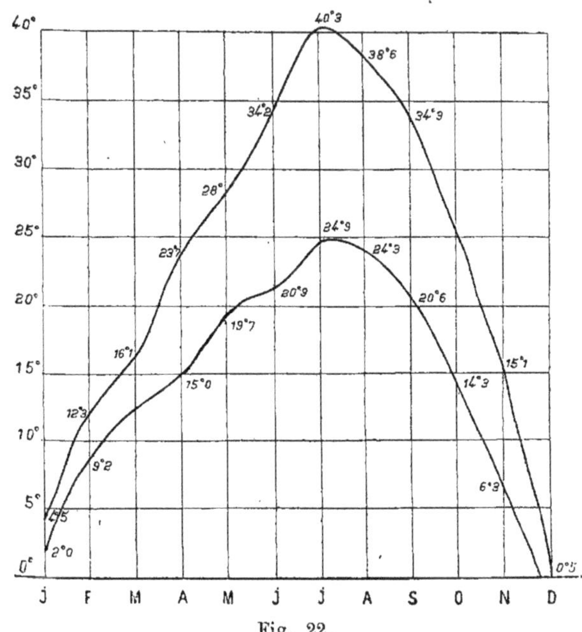

Fig. 22.

L'écart entre les températures moyennes à l'ombre et au soleil est d'autant plus marqué qu'on descend au sud (1).

Variations annuelles. — Le tableau suivant donne les tempéra-

Périodes.	Moyennes.	Minimum des températures moyennes annuelles.	Maximum des températures moyennes annuelles.
1735 — 1740	10°7	9°1 (1740)	11°6 (1736)
1763 — 1785	11°2	8°7 (1766)	14°2 (1781)
1804 — 1832	10°7	9°1 (1829)	12°1 (1822)
1833 — 1861	10°7	9°2 (1838-1860)	12°3 (1834)
1862 — 1871	10°8	10°8 (1874-1871)	11°7 (1868)
1872 — 1884	10°8	8°7 (1879)	11°6 (1872)

(1) Ainsi, à Orange (Vaucluse) les mêmes températures sont de 12 degrés et 19°,9.

tures moyennes pendant les périodes de plusieurs années, ainsi que le maximum et le minimum des températures moyennes annuelles pendant chaque période.

La moyenne annuelle de la France est d'environ 12 degrés.

Les tableaux suivants sont relatifs aux variations extrêmes des températures observées jusqu'ici à Paris. Le premier donne la moyenne des extrêmes des températures élevées, ainsi que le maximum de ces températures, pendant les périodes indiquées. Le deuxième, la moyenne des plus basses températures et la plus basse des températures pendant les mêmes périodes.

	Périodes	Moyenne des extrêmes	Maxima
Chaleur	1699 — 1730	30°4	40°0 (1720)
	1731 — 1760	34°2	37°7 (1757)
	1761 — 1790	34°9	40°0 (1765)
	1791 — 1820	32°3	38°4 (1793)
	1821 — 1853	32°9	36°6 (1842)
	1854 — 1885	33°3	38°4 (1874)

	Périodes.	Moyenne des extrêmes.	Maxima.
Froid	1699 — 1730	— 7°	— 19°7 (1716)
	1731 — 1760	— 9°9	— 16°5 (1742)
	1761 — 1790	— 11°3	— 21°5 (1788)
	1791 — 1820	— 10°8	— 23°5 (1795)
	1821 — 1853	— 10°1	— 19°8 (1838)
	1854 — 1884	— 9°5	— 23°9 (1879)

Le nombre moyen de jours de gelée par hiver a été de :

46,2 pour la période de 1788 à 1820
47,0 — — 1821 à 1853
46,2 — — 1854 à 1885

Les nombres moyens de jours de gelée consécutifs ont été, pendant les mêmes périodes, de 14,5, 15,7 et 12,9, le maximum a été de 58 jours consécutifs dans le terrible hiver 1788-1789.

Hiver 1879-1880. — Cet hiver a été particulièrement rigoureux.

Le tableau suivant contient les températures des différents mois de l'année 1879.

Janvier........	0°24	Juillet..........	18°0	(Moyenne de l'année 9°5.)
Février........	3°7	Août............	23°0	
Mars............	6°8	Septembre......	16°6	
Avril..........	8°5	Octobre.........	10°6	
Mai............	11,3	Novembre.......	4°5	
Juin...........	18,2	Décembre.......	—7°6	

On a observé, à Clichy, —25°,6, le 10 décembre; à Paris, — 21 degrés, — 23°,9 dans le courant du même mois et — 31 degrés à Fontainebleau.

Il y a eu 28 jours consécutifs de gelée en décembre 1879 et 24 en janvier 1880.

Les moyennes des températures aux différentes heures de la journée sont contenues dans le tableau suivant :

Heures.	Décembre 1879.	Janvier 1880.
2 heures du matin.	— 10°5	— 3°8
6 —	— 9°6	— 4°1
10 —	— 6°5	— 3°6
2 heures du soir.	— 4°8	— 2°6
6 —	— 6°0	— 2°1
10 —	— 7°5	— 3°0

On constate un écart de 10 degrés avec la température normale du mois de décembre.

La température moyenne du mois de janvier 1880 fut de — 3°,2, celle de février + 5°,0.

Il faut remarquer que le mois de décembre 1879 a été caractérisé par une pression barométrique constamment très élevée et par la continuité des vents d'entre Est et Nord, ce qui a contribué pour beaucoup au maintien de l'abaissement de la température.

Température des eaux souterraines. — Pendant le mois de décembre 1879, l'eau de la Seine, à Paris, est restée presque constamment à 0 degré; sa température moyenne a été de 1°,6.

La moyenne des températures des eaux d'égout, à Paris, a été de 6°,1 pendant le même mois, et son minimum + 5 degrés.

La température relativement élevée des eaux d'égout est due au réchauffement qu'éprouve l'eau, même la plus froide, en circulant dans des galeries souterraines. La durée moyenne de circulation de l'eau, entre la chute aux bouches d'égout et la sortie à Clichy est de 4 heures environ.

La chaleur relative des eaux d'égout a sa répercussion sur la congélation de la Seine. Ainsi, sur la moitié droite de son parcours, la Seine n'a jamais été prise entre Clichy et Épinay; la moitié gauche était, au contraire, entièrement prise et, à l'amont du débouché du collecteur, vers le pont du chemin de fer à Asnières, la glace était assez épaisse sur toute la largeur pour qu'on pût effectuer la traversée du fleuve. Cette influence des eaux d'égout pourrait, le cas échéant, être utilisée dans la traversée même de Paris; on n'aurait qu'à faire déboucher pendant quelques jours, le long des quais, les eaux des collecteurs.

Grâce à la température élevée des eaux d'égout, leur utilisation agricole n'a pas été interrompue par les gelées excessives de décembre. L'usine de Clichy a élevé 322.000 mètres cubes d'eau pour l'irrigation de 31 hect. 75 à raison de 634 mètres cubes par jour et par hectare. Elle a fonctionné pendant 16 jours, en élevant 20.125 mètres cubes par jour de marche et l'on a pu cultiver les terres ainsi débarrassées de la neige par la fusion obtenue à l'aide des eaux d'égout.

Une autre série d'observations a été faite sur les eaux de la nappe souterraine d'infiltration qui se trouve sous la plaine de Gennevilliers, à des profondeurs variant de 2 à 4 mètres. Il a été établi, dans cette nappe, de forts drains de 0^{m},45 de diamètre intérieur, pour en abaisser le niveau. La température des eaux souterraines que débitaient ces drains a été trouvée constamment, pendant toute la durée des grands froids de décembre, comprise entre + 11° et + 13°. Ces chiffres se rapprochent de ceux qui ont été indiqués pour la température du sous-sol par divers auteurs. Au moment de la débâcle et de la crue de la Seine, il a fallu suspendre l'écoulement des drains à la rivière dont le niveau s'était brusquement élevé, et fermer les vannes disposées ad hoc en tête de chacun d'eux. Le mouvement de circulation et d'évacuation des eaux s'est trouvé suspendu; à chacun des regards communiquant avec l'atmosphère, l'eau de la nappe s'est trouvée immobile; la température de cette eau s'est alors abaissée, quoique l'air se fût relativement réchauffé. Le 5 janvier, la température de l'eau aux divers regards était de 3°,8 à 4°,7, la Seine marquant 3 degrés; le 9 janvier, la nappe marquait aux regards 3°,1 à 3°,9, pour une température de 2°,8 en Seine.

Pendant toute la durée de leur écoulement en Seine, les drains qui débouchaient sur la rive gauche du fleuve produisaient, en petit, dans la masse de glace qui couvrait le fleuve de ce côté, un effet analogue à celui des collecteurs sur la rive droite; sur une longueur de 80 à 150 mètres et sur une largeur de 8 à 10 mètres, la Seine était libre de toute glace. Le débit de ces drains avait notablement baissé pendant cette période et était tombé, pour les deux principaux, de 8.000 mètres cubes environ par jour à 1.800 mètres cubes. et 3.000 mètres cubes.

Abstraction faite de quelques points de sa surface tels que ceux dont nous venons de parler, la Seine gela en 1879-1880, sur une épaisseur de $0^m,10$ à $0^m,30$.

Phénomènes de débâcle. — Nous sommes amené ainsi à parler de ces phénomènes dus au relèvement des températures et à la baisse des pressions qui se produisirent au commencement de janvier 1880.

Sur la Loire, en amont de Saumur, les glaçons étaient venus s'entasser sur un banc de sable, sur une longueur de 8 kilomètres, une largeur de 1 kilomètre et une profondeur de 6 à 7 mètres, formant une masse de 50.000.000 mètres cubes. Pour éviter les dangers de la débâcle, on eu soin de pratiquer à la dynamite un chenal pour faire écouler peu à peu les glaçons.

A Lyon-Vaise, il s'était formé dans la Saône un véritable glacier; la glace descendait presque jusqu'au fond de la rivière, créant ainsi un barrage qui releva le plan d'eau de $3^m,07$. Le volume de cette masse de glace était d'environ 5.000.000 mètres cubes.

Sur la Seine, tout le monde se rappelle la débâcle du 3 janvier qui bouleversa les fondations du pont des Invalides, à Paris.

Variations géographiques. — On appelle *lignes isothermes* le lieu des points qui ont la même température moyenne annuelle. Les lignes *isothères* sont les lignes d'égale température moyenne d'été. Enfin, les lignes *isochimènes* ont la même température d'hiver.

On a remarqué que pour deux points dont les latitudes diffèrent de 2 degrés, la variation de température moyenne est de 1 degré.

La position des lignes isothermes n'est pas fonction de la latitude seulement; il y a d'autres causes de perturbations. C'est ainsi que le courant de Gulf-Stream [qui, sortant de la mer des Antilles se divise en deux autres : l'un longeant l'Afrique et revenant à son point de départ, l'autre s'élevant et se perdant au Nord des Iles Britanniques], infléchit vers le nord les lignes isothermes à la hauteur de l'Europe.

Il y a aussi des courants d'eau froide venant des pôles, qui produisent une sinuosité de la ligne isotherme, mais en sens contraire. Ainsi, le Canada, situé à une latitude égale à la nôtre a, pour la raison que nous venons d'indiquer, une température moyenne inférieure.

Si l'on projette le globe terrestre sur le plan de l'équateur, on remarque que, la température moyenne diminuant, les courbes isothermes se rétrécissent et semblent tendre vers des points limites qu'on appelle *pôles* du froid.

Pendant les froids prolongés, comme ceux de décembre 1879, on a constaté que les courbes de basse température coïncident avec les fortes pressions. L'effet inverse se produit pour les cyclones d'été.

En France, les lignes isothères s'infléchissent généralement vers

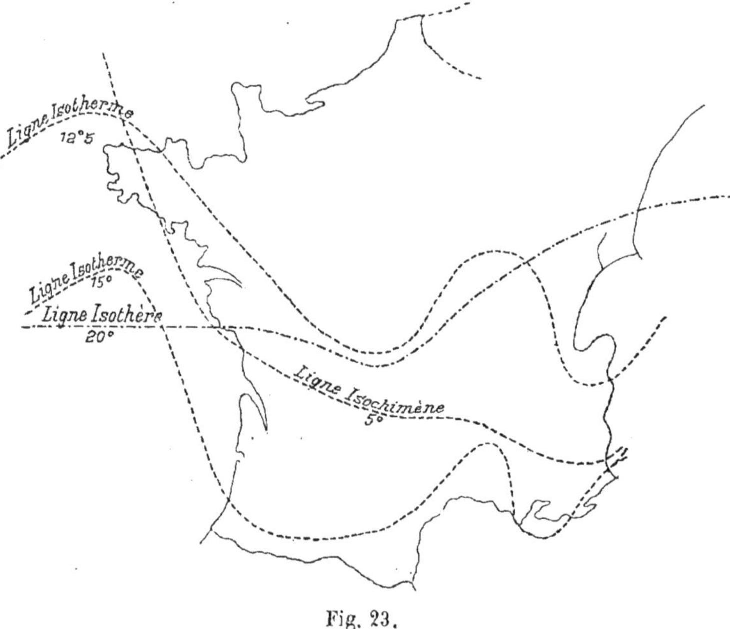

Fig. 23.

le nord, les lignes isochimènes, au contraire, s'infléchissent vers le sud (fig. 23).

En un lieu déterminé les variations de la température moyenne, d'un siècle à l'autre, sont toujours faibles malgré des changements divers de détails (forêts, canaux, desséchements, etc.).

A Paris, les températures moyennes dans la première moitié du siècle ont été de :

	Année.	Été.	Hiver.
Minimum........	10,7	17,6	3°2
Maximum.......	10,9	18,6	3°8
Moyennes.......	10,7	18,3	3°7

Variations topographiques. — La température baisse à peu près de 1 degré quand on s'élève de 160 à 180 mètres, mais l'exposition a aussi son influence. En général, la température augmente quand la surface qui reçoit les rayons du soleil se rapproche de la position normale à ces rayons.

Si l'on place un pyrhéliomètre de manière que le disque enduit de noir de fumée reçoive normalement les rayons solaires, on constate que 1 centimètre carré absorbe 876 calories en un jour ; si le disque est horizontal, il n'absorbe plus que 574 calories. On peut dire que la valeur productive d'un terrain est proportionnelle à la projection du terrain sur un plan perpendiculaire à la direction moyenne des rayons solaires.

MM. Becquerel ont fait des expériences sur la température du sol à diverses profondeurs pendant une année (1873-1874). En voici les résultats.

Profondeurs.	Maximum mensuel.	Minimum mensuel.	Moyenne mensuelle.
Dans l'air.......	22°01	3°57 (décembre)	11°44
A 1m de profond.	16°69	6°97	11°98
6 —	13°38	11°20	12°30
11 —	11°90	12°05	12°13
16 —	12°42	12°15	12°33
21 —	12°30	12°47	12°40
26 —	12°38	12°80	12°59
31 —	12°55	22°45	12°49
36 —	12°55	12°60	12°69

On voit qu'à partir de 10 mètres de profondeur, la température varie très peu ; à partir de 26 mètres elle reste constante.

Le gazonnement du terrain rend les températures moins variables à l'intérieur du sol; ainsi à 10 centimètres de profondeur, au-dessous d'un terrain gazonné, la variation n'est que de 1 degré pour une variation extérieure de 12 degrés.

La neige joue un rôle analogue, en protégeant la terre comme un manteau qui lui permet de garder sa chaleur; ainsi, en décembre 1879, la neige qui recouvrait le sol l'a préservé des basses températures de l'atmosphère.

Influence des températures sur la végétation. — La quantité vraie de chaleur reçue est la seule qui influe réellement sur les plantes. La différence entre la quantité de chaleur envoyée et reçue par la terre varie suivant la quantité de vapeur d'eau, de poussières, etc... contenue dans l'air.

La quantité de chaleur envoyée par le soleil à la terre (qu'elle recevrait si l'atmosphère n'existait pas) est de 2 calories 54 par minute (1) et par centimètre carré (Expérience de Desains) (2).

La quantité de chaleur envoyée annuellement par le soleil à la terre est donc de $365 \times 24 \times 60 \times 2.54 \times S = 17 \times 10^{23}$ calories, S représentant la surface d'un méridien en centimètres carrés. Cette quantité de chaleur serait capable de fondre une couche de glace qui envelopperait la terre et aurait 42 mètres d'épaisseur.

Le développement de la végétation est en relation directe avec les phénomènes météorologiques; l'action de la chaleur sur la végétation est incontestable; mais souvent elle a été fortement exagérée en ce sens qu'on lui attribue des faits qui ont une tout autre origine.

En général, dans la pratique agricole, on entend par chaleur l'état thermométrique du milieu dans lequel vivent les plantes et de ces plantes elles-mêmes.

Il est démontré que, pour chacune de celles-ci, il est une température au-dessous de laquelle toute végétation cesse; au-dessus de ce degré l'activité de la végétation croît avec la température jusqu'à

(1) Calorie rapportée au gramme.

(2) Il semblerait résulter d'observations faites au sommet du Mont-Ventoux (1.900^{m}), par MM. Orova et Houdaille, que l'intensité calorifique de la radiation solaire atteindrait même 3 calories. (Voir *Comptes rendus de l'Académie des sciences*, 7 janvier 1889.)

une certaine limite au delà de laquelle la plante commence à souffrir. Ces limites extrêmes, généralement mal définies, changent d'ailleurs d'une espèce à l'autre ; pour une même plante elles changent encore avec l'âge et avec les conditions de sol et de lumière dans lesquelles elle se trouve placée. La solubilité dans l'eau du sol des substances que ce sol contient, qui influe sur la richesse des sucs absorbés par la plante ; l'activité des phénomènes endosmotiques qui favorisent cette absorption des sucs et leur circulation dans la plante ; le jeu des affinités chimiques d'où dépend la nature ou la qualité des produits formés par la plante : toutes ces causes, qui concourent à la production des phénomènes complexes de la végétation, sont sous la dépendance de la température ; mais ces phénomènes eux-mêmes sont dominés par une autre cause.

Si, au contraire, on donne au mot chaleur le sens que les physiciens attachent à cette expression comme désignant l'agent lui-même et non plus son degré d'énergie, chaleur et lumière se confondent dans une même idée de vibration pouvant se transmettre dans l'espace vide ou plein et transporter ainsi d'un point à un autre, du soleil à la terre, une certaine somme d'énergie disponible. Rayons calorifiques, rayons chimiques, rayons lumineux sont des manifestations diverses d'un même rayonnement qui est la source réelle du travail végétal. La température elle-même dépend du rayonnement solaire, mais elle n'en dépend pas uniquement et d'une manière directe. Il en résulte que, si l'on compare la marche de nos récoltes avec les seules variations du thermomètre, on est exposé à des erreurs qui rendent cette comparaison très souvent illusoire.

C'est sous le bénéfice des observations qui précèdent, que nous allons examiner les rapports qui existent entre les températures et la végétation.

Répartition des végétaux.

De 0° à 20° de latitude on cultive les bambous.
De 24° à 36° — le dattier, le cotonnier (dattier de Nice à 44°).
De 42° à 45° — le maïs, la vigne (vins à liqueur).
Jusqu'à 44° — l'oranger.
— 46° — l'olivier.
De 46° à 50° — le maïs.
De 48° à 50° la vigne (qui correspond à l'isothère de 18°).

Sous les températures moyennes de 10 à 15 degrés (Paris), le maïs disparaît, on cultive les autres céréales (blé), la betterave, les fruits à pépins.

Sous les températures moyennes de 5 à 6 degrés au-dessus du Nord de la France, on ne rencontre plus de fruits à pépins; l'orge et l'avoine dominent.

Enfin dans la zone polaire, la végétation n'est plus représentée que par des lichens.

En France les lignes de séparation des cultures se relèvent vers le Nord.

La nature des cultures dépend aussi de l'altitude; ainsi la vigne ne se rencontre pas au-dessus de 500 mètres d'altitude; le chêne, l'orme au delà de 800 mètres; le sapin, le bouleau, le frêne au delà de 1.800 mètres; les gentianes bleues au delà de 2.300 mètres. A 2.700 mètres toute végétation cesse, les neiges éternelles apparaissent.

Dans quelques cas exceptionnels, cet ordre est renversé. Ainsi, aux environs de Trieste, on trouve des sortes d'entonnoirs (dolines) qui ont plusieurs kilomètres d'ouverture; dans le fond de ces entonnoirs, soustraits à l'action des rayons solaires, on trouve quelquefois de la glace et la végétation suit une échelle identique mais décroissante par rapport aux essences de montagnes. Dans le fond de l'entonnoir se trouvent des pins nains, des rhododendrons; pendant l'été on y trouve de la glace.

La répartition des végétaux dépend aussi de l'exposition. Les limites que nous venons d'indiquer remontent de 170 mètres quand le flanc de la montagne est exposé au sud. Sur l'Etna, la même végétation s'élève à 350 mètres plus haut du côté sud que du côté nord.

Maturation. — On a cherché à se rendre compte de la quantité de chaleur nécessaire pour conduire les diverses opérations de la pousse et de la fructification. Anciennement, on évaluait le nombre de degrés en multipliant la température moyenne par le nombre de jours; ce procédé n'est pas exact car les quantités de chaleur reçues ne sont pas proportionnelles aux températures; de plus les températures moyennes dépendent du zéro de l'échelle thermométrique qui est absolument arbitraire; enfin on ne tient pas suffisamment compte de la lumière qui a une importance extrême en agriculture; disons à ce propos qu'il est regrettable que l'usage de l'actinomètre soit encore si peu répandu (voir plus loin : Lumière).

Le tableau suivant donne le minimum de température nécessaire pour la germination, ou l'apparition des feuilles :

1° Germination :	Moutarde blanche	0°
	En général pour les autres	8° à 16°
2° Feuilles :	Groseille	3°
	Lilas	5°
	Saule	6°
	Pommier	8°
	Vigne	10°
	Chêne	12° à 13°
	Blé	6°

La température de floraison est variable. Ainsi, pour le blé, elle est de 8°84 à 9°90 à l'ombre et de 11 degrés au soleil.

La floraison a lieu tantôt avant l'apparition des feuilles, comme pour le saule, tantôt après.

La température de maturation est aussi très variable. Ainsi les groseillers peuvent mûrir en Suède ; pour la vigne, il faut une température de 22°5 pendant plusieurs jours.

M. de Gasparin a cherché la quantité de chaleur nécessaire pour amener le blé à maturation complète (depuis le moment où il commence à végéter jusqu'à la coupe) ; voici les résultats qu'il a obtenus :

	Nombre de degrés.		Durée de la végétation.
	Mesurés à l'ombre.	Mesurés au soleil	
A Orange	1.601	2.468	117 jours.
Paris	1.970	2.433	138 —
Lynden (70° de latitude).	675	1.582	72 —

Mais, pendant la nuit, la plante soustraite à l'action des rayons solaires ne doit pas mûrir ; il faut donc retrancher des nombres précédents le produit de la durée de la nuit par la température moyenne, ce qui fournit les résultats suivants :

Orange	1.590°
Paris	1.590°
Lynden	1.582°

Donc, pour une même plante, la même quantité de chaleur semble nécessaire pour la maturation sous tous les climats.

D'autres plantes ont été l'objet d'expériences analogues et l'on a trouvé :

Pour le Maïs	4.000°
l'Avoine	2.197°
l'Orge	1.810°
le Sarrazin	1.579°
la Pomme de terre	3.000°

On pourra donc obtenir plusieurs récoltes ou plusieurs coupes si la quantité totale de chaleur disponible représente plusieurs fois la constante caractéristique de la plante. La végétation pourra d'ailleurs être activée par des engrais, des arrosages, etc... Ainsi l'on obtient 3 coupes de luzerne à Paris, 4 ou 5 dans le Midi, 6 à 7 en Algérie, 8 à 9 dans les marcites arrosées avec les eaux d'égout de Milan.

Il y a une corrélation mathématique entre la température moyenne et l'époque de la maturation. C'est ainsi que la luzerne met 145 jours pour mûrir à Marseille et 166 jours dans les Hautes-Alpes; la température moyenne étant de 22 degrés à Marseille, celle des Hautes-Alpes est donnée par l'équation :

$$145 \times 22 = 166 \times x \qquad x = 18^{\circ}6.$$

Il y aura retard dans la maturation suivant le climat et suivant l'altitude; ainsi l'on a constaté un retard de 2j2 pour l'efflorescence par chaque élévation de 33 mètres (loi de Candolle).

Toutes les indications qui précèdent n'ont pas un caractère d'exactitude mathématique, mais elles révèlent l'influence des circonstances les plus diverses. Une conclusion s'en dégage cependant : c'est que les phénomènes de végétation sont soumis aux influences les plus complexes; si l'on veut leur appliquer des formules, il faut le faire avec la plus extrême prudence et avec beaucoup d'intelligence, en ayant soin de ne négliger aucun des éléments qui peuvent intervenir, et dont l'omission fausse les déductions (1). Il en est d'ailleurs ainsi presque toujours en agriculture; c'est ce qui explique les difficultés de la science agricole et pourquoi les progrès de l'agri-

(1) Donnons un exemple : Veut-on se rendre compte de l'influence de la température en janvier sur la végétation ? Il faut se garder de faire entrer dans le calcul les températures inférieures à zéro; la moyenne qui pourrait être inférieure à zéro n'aurait aucune signification; les températures supérieures à zéro intéressant seules la végétation.

culture ont été si lents tant qu'on ne lui a pas appliqué les méthodes raisonnées de l'observation scientifique. C'est heureusement la voie dans laquelle l'engagent de plus en plus les travaux des agronomes, et la seule où elle puisse trouver le salut dans la lutte qu'elle a à soutenir contre les difficultés que lui créent le développement des moyens de communication, l'abaissement du prix des transports et la concurrence étrangère.

CHAPITRE III

LUMIÈRE

Rôle de la lumière solaire. — Les végétaux ne peuvent vivre sans lumière, les champignons exceptés.

La partie lumineuse du spectre solaire a une influence considérable sur la vie végétale; cette influence se traduit surtout par la quantité d'eau évaporée et par la décomposition de l'acide carbonique de l'air; la lumière solaire est même l'agent indispensable de cette décomposition qui cesse pendant la nuit.

Sous l'influence de la lumière solaire, les parties vertes des plantes décomposent l'acide carbonique de l'air, s'assimilent le carbone et laissent dégager l'oxygène. Une surface de 1 décimètre carré décompose en une heure 7 centimètres cubes d'acide carbonique au soleil, et 3 centimètres cubes à l'ombre. En moyenne elle décompose 5^{cc}3 à l'heure.

Dans la lumière solaire, on distingue, d'après leur action, les rayons lumineux, les rayons calorifiques et les rayons chimiques (1); on peut concevoir, à côté de ces trois spectres, un

(1) On a reconnu que les rayons de diverses couleurs du spectre solaire n'agissent pas tous de la même manière sur la végétation; en plaçant une plante dans une petite caisse et en la promenant dans le spectre, on a constaté que les rayons jaunes et oranges jusqu'au rouge activent la végétation, tandis que les rayons violets et ultra-violets l'arrêtent.

quatrième spectre, que nous appellerons spectre végétatif. N'a-t-on pas, en 1808, par un brouillard très intense, constaté que la décomposition de l'acide carbonique par les parties vertes des plantes, et par suite la végétation, n'étaient pas interrompues? Le brouillard et les nuages qui interceptaient les rayons lumineux étaient donc transparents pour les rayons végétatifs.

Quoi qu'il en soit de cette hypothèse, les rayons calorifiques, les rayons lumineux et les rayons chimiques sont des manifestations diverses d'un même rayonnement qui est la source du travail végétal. La température, telle qu'elle est indiquée par les divers thermomètres, dépend du rayonnement solaire, mais non uniquement; elle n'en donne pas la mesure; l'*actinométrie* a pour objet la mesure de l'intensité des rayons qui, émanant du soleil, parviennent jusqu'à nous.

La quantité absolue de lumière et de chaleur envoyée par le soleil à la terre est à peu près constante, mais la portion de ces rayons qui parvient jusqu'à nous est variable; l'air, surtout s'il est humide, et les nuages arrêtent en route une fraction notable des rayons qui nous sont destinés.

Actinométrie. — L'actinométrie est envisagée différemment par les physiciens et les agronomes. Les premiers cherchent surtout à mesurer la quantité absolue des rayons qui nous arrivent directement du soleil; leurs appareils sont de véritables calorimètres qui peuvent fournir des résultats rigoureusement comparables entre eux. C'est à l'aide de ces instruments que l'on doit étudier les lois de la transparence de l'atmosphère et l'influence des causes qui tendent à l'altérer. Mais cette méthode laisse entièrement de côté l'illumination du ciel et les rayons qui sont diffusés par les nuages ou les objets terrestres; elle est inapplicable pendant les temps couverts, c'est-à-dire pendant une grande partie de l'année.

Le météorologiste, qui se place au point de vue de la climatologie appliquée à l'agriculture, doit s'efforcer, au contraire, de mesurer la somme de rayons que le ciel nous livre par tous les temps, même pendant les pluies, parce que la végétation utilise tous ceux qu'elle reçoit. Les instruments et les méthodes sont donc d'un ordre tout différent.

La recherche des variations de la transparence de l'air a une grande importance, soit par elle-même, soit par ses applications à la prévision du temps. La masse d'air traversée par les rayons solaires absorbe ou diffuse une partie de ces rayons avant leur arrivée jusqu'au sol; mais les éléments qui entrent dans sa composition normale ou qui s'y trouvent accidentellement mélangés interviennent très inégalement dans l'affaiblissement des rayons directement transmis. La vapeur d'eau gazeuse toujours mêlée à l'air en proportion variable est douée d'un pouvoir absorbant beaucoup plus grand que celui de l'air pur, et comme elle agit spécialement sur certains rayons d'une réfrangibilité déterminée, elle épure, en quelque sorte, les rayons solaires. Il en résulte qu'un faisceau de ces rayons qui a traversé, soit une couche de vapeur d'eau, soit une épaisseur équivalente d'eau liquide, acquiert, par cela même, la propriété d'être moins affaibli par son passage au travers d'une seconde couche d'eau ou de vapeur d'eau.

M. Desains a démontré, d'autre part, que l'action de l'eau sur les rayons qui la traversent est indépendante de son état liquide ou gazeux; qu'elle ne dépend que de sa masse. Il résulterait de cet ensemble de faits un moyen précieux d'évaluer avec une certaine approximation le poids total de vapeur d'eau contenue dans toute l'épaisseur de la couche atmosphérique, alors que les hygromètres ne peuvent accuser que celle qui est mêlée à la couche d'air en contact avec le sol. Aussi l'hygromètre ne peut-il que très imparfaitement renseigner sur les changements de temps qui se préparent et que la méthode actinométrique pourra faire connaître quand elle aura atteint un degré de précision suffisant.

L'actinométrie est fondée sur les propriétés connues d'absorption et d'émission de la lumière. Herschell, remarquant qu'un thermomètre noirci exposé aux rayons solaires monte plus vite qu'un thermomètre ordinaire, plaçait ce thermomètre noirci dans un ballon où le vide avait été fait; puis il l'exposait au soleil; la température s'élevait pour atteindre une limite fixe; à cet instant d'équilibre, il y a égalité entre les quantités de chaleur absorbées d'une part et émises de l'autre; de plus, l'excès de température du thermomètre sur l'enceinte vide est proportionnel à la quantité de chaleur reçue par rayonnement solaire (Loi de Newton).

Cet excès de température donne donc une mesure de ce rayonnement ou degré actinométrique *réel*. On peut, d'autre part, calculer le degré actinométrique *théorique* d'après la hauteur du soleil et l'épaisseur de l'atmosphère. Leur différence mesure l'absorption : tel est le principe de la méthode.

L'actinomètre se compose de deux thermomètres à mercure aussi semblables que possible et à réservoir sphérique. L'un des réservoirs a été noirci au noir de fumée, l'autre est nu. Chaque thermomètre est renfermé dans une enveloppe de verre où l'on a fait le vide sec ; il est important que la tige du thermomètre noir soit elle-même noircie jusqu'au dehors de l'enveloppe sphérique. La fraction des rayons solaires qui se trouve arrêtée par défaut de transmission du verre, est ici complètement négligeable.

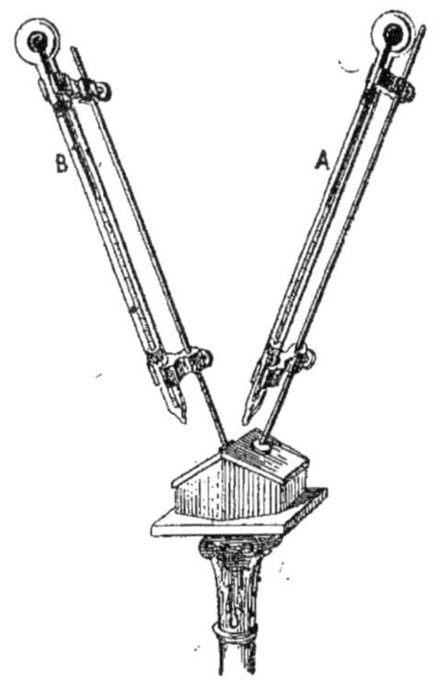

Fig. 24.

Ces deux thermomètres sont placés à côté l'un de l'autre, à 2 mètres environ du sol gazonné et loin de tout abri. Les deux enveloppes ont donc la même température ; mais les deux thermomètres ne marchent d'accord que dans l'obscurité. Dès que le jour s'élève, et même dans les jours où le ciel est complètement couvert, le thermomètre à boule noircie marque toujours une température T plus élevée que celle t du thermomètre à boule non noircie. La différence $T - t$ est le degré actinométrique réel ; c'est une première approximation.

Pour calculer le degré actinométrique théorique, on emploie la formule générale de Bouguer :

$$\theta = T - t = Ap^{\varepsilon}$$

dans laquelle p représente le coefficient de transparence de l'atmosphère, A la différence des températures qui seraient marquées par les deux thermomètres aux limites de l'atmosphère et ε l'épaisseur de l'atmosphère ; par conséquent A est la valeur de θ pour $\varepsilon = 0$.

Ce terme A est sensiblement constant, sa variation de l'été à l'hiver étant négligeable ; mais il est inconnu. On pourrait éliminer cette constante si p était également constant, au moins pour deux valeurs de ε assez différentes pour que le calcul d'élimination ne fût pas trop incertain ; or p est variable avec les heures du jour même le plus pur. Alors même, en effet, que la tension de la vapeur ne change pas d'une manière sensible dans la couche en contact avec le sol, le poids total de vapeur contenu dans les hauteurs de l'atmosphère est sans cesse changeant. Cette source de complications est particulièrement difficile à écarter dans nos climats tempérés ou dans le voisinage des mers. Aussi faut-il multiplier les séries d'observations et faire un choix de celles pendant lesquelles la transparence de l'air a éprouvé le moins de changements. A cet effet, il convient d'opérer à midi et à des heures équidistantes du milieu du jour : par exemple 6 heures et 9 heures du matin, 3 heures et 6 heures du soir ; les valeurs de θ doivent rester sensiblement égales pour une même hauteur du soleil, sauf un léger excès dans la matinée.

Parmi les données recueillies à l'aide des deux thermomètres conjugués dans le vide, on choisit celles qui ont été obtenues par des temps clairs, à ciel bleu sans nuages. En construisant une courbe ayant pour ordonnées les valeurs de θ et pour abscisses les valeurs correspondantes de ε, on obtient divers points d'une courbe irrégulière ; on rectifie à la main cette courbe, ce qui revient à écarter un certain nombre de résultats influencés par des vapeurs souvent invisibles, bien que leur action sur l'actinomètre soit très marquée. A la suite de cet examen préliminaire il ne reste plus qu'un nombre restreint de résultats.

Dans la formule de Bouguer mise sous la forme

$$lg\,\theta = \varepsilon\, lg\, p + lg\, A$$

on remplace θ et ε par leurs valeurs successives et en éliminant A par différence, on en tire une série de valeurs de p.

On a trouvé pour l'instrument fonctionnant à l'Observatoire de Montsouris $p = 0{,}875$ et la valeur correspondante de A est $A = 23°5$, cette dernière valeur change d'ailleurs pour chaque actinomètre qui doit être soumis à l'étalonage.

Le nombre moyen $p = 0{,}875$ est notablement plus élevé que celui auquel conduisent tous les actinomètres appliqués à la mesure directe des radiations solaires. Cela se comprend : tout voile, quelque léger qu'il soit, jeté sur le soleil, affaiblit sans compensation sa radiation directe ; mais, pour nous, cet affaiblissement est en partie compensé par un plus fort éclairement du ciel.

Les degrés actinométriques n'ont donc rien d'absolu : ce sont des valeurs relatives proportionnelles aux sommes des radiations que le soleil et le ciel envoient à l'instrument. Aussi, pour que le coefficient de proportionnalité soit le même pour tous les actinomètres, le plus simple est-il de les comparer entre eux d'une manière directe.

La valeur ε de l'épaisseur de l'atmosphère est, d'autre part, donnée par la formule de Lambert :

$$\varepsilon = \sqrt{h^2 + 2rh + r^2 \cos^2 z} - r \cos z$$

dans laquelle z représente la distance zénithale du soleil, h l'épaisseur de l'atmosphère mesurée sur la verticale et prise égale à 80 rayons terrestres et r le rayon de la terre. La hauteur de l'atmosphère h est en réalité beaucoup plus grande que 80 rayons, mais au delà de cette distance, la densité de l'air est très faible, la sécheresse très grande et, par suite, l'action absorbante est négligeable.

Pour éliminer de la constante solaire la constante instrumentale qui la fait varier d'un instrument à l'autre, on remplace A par le nombre arbitraire 100, ce qui oblige à multiplier les diverses valeurs de θ par le nombre obtenu en divisant 100 par la valeur de A correspondant à l'instrument (23,5).

On peut ainsi dresser des tables des valeurs de θ, c'est-à-dire des degrés actinométriques théoriques pour les diverses latitudes, à l'heure de midi. En comparant les valeurs de θ aux valeurs correspondantes θ' des degrés actinométriques réels, on a la mesure de la pureté de l'atmosphère $\left(\text{rapport } \frac{\theta'}{\theta}\right)$.

Résultats. — Pendant la période de 1872 à 1878 les valeurs mensuelles de $\frac{\theta'}{\theta}$ ont été à l'observatoire de Montsouris :

Mois.	Valeurs		Mois.	Valeurs	
	extrêmes.	moyennes.		extrêmes.	moyennes.
Octobre	0,41 à 0,57	0,49	Avril	0,45 à 0,62	0,53
Novembre ...	0,26 à 0,40	0,38	Mai	0,49 à 0,63	0,56
Décembre	0,24 à 0,34	0,29	Juin	0,59 à 0,70	0,60
Janvier	0,29 à 0,41	0,35	Juillet	0,61 à 0,73	0,67
Février	0,31 à 0,43	0,37	Août	0,49 à 0,64	0,57
Mars	0,42 à 0,55	0,48	Septembre	0,51 à 0,61	0,56

Dans la même période, le maximum des sommes mensuelles des

valeurs de θ' a été de 1.702 degrés (juillet 1873) et le minimum de 276 degrés (novembre 1872).

En réalité la quantité de chaleur et de lumière absorbée dans le passage à travers une couche d'air ordinaire de 1 mètre d'épaisseur varie de 0,3 à 1,3 0/0. Le passage à travers une épaisseur de 1,000 mètres des couches d'air de la nature de celles qui sont voisines du sol suffit pour amener l'extinction presque complète.

Il peut arriver que le rapport $\frac{\theta'}{\theta}$ soit supérieur à l'unité; cette anomalie apparente est due à l'existence de nuages légers (cumulus) qui renvoient de la lumière au détriment des lieux sur lesquels ils portent ombre et donnent un éclairement supérieur à l'éclairement théorique.

Les poussières de l'air possèdent un pouvoir absorbant considérable; la pluie les entraîne en tombant, c'est pourquoi, après la pluie, l'atmosphère paraît plus claire, les objets nous apparaissent avec plus de netteté, bien que l'air humide ait un pouvoir absorbant très supérieur à celui de l'air sec.

Il faut remarquer que le rapport $\frac{\theta'}{\theta}$ entre l'éclairement vrai et l'éclairement théorique correspondant n'a qu'une valeur secondaire au point de vue agricole. Ce qui importe surtout, c'est l'éclairement vrai qui, directement mesuré par l'actinomètre, est indépendant de toute considération théorique sur la variation de transparence de l'air avec la hauteur du soleil. L'enregistrement de cette donnée, très désirable, est assez difficile à réaliser; on peut se servir, à cet effet, du radiomètre totalisateur de M. Hirn (*Comptes rendus de l'Académie des sciences*, séance du 11 février 1884).

On doit à M. Cornu une nouvelle méthode d'actinométrie fondée sur l'étude des raies du spectre (Académie des sciences, 6 novembre 1882), et sur la comparaison des raies telluriques à intensité variable suivant l'état et l'épaisseur de l'atmosphère et des raies à intensité fixe (raies métalliques). M. Cornu a étudié les raies telluriques du groupe voisin de la raie D de Frauenhofer; il a trouvé que leur intensité était fonction de la quantité de vapeur d'eau contenue et de l'épaisseur de l'atmosphère; il a comparé ces raies aux raies métalliques voisines.

CHAPITRE IV

PRESSIONS

Action de la pression atmosphérique sur la végétation. — L'influence de la pression atmosphérique sur les phénomènes de la végétation est peu connue. Il résulte toutefois des expériences de Paul Bert, que, sous une pression de 2 atmosphères, la germination ne se produit pas et que, si l'on maintient des plantes sous une forte pression, elles périssent rapidement.

Le sol contient une quantité plus ou moins grande d'air qui joue un certain rôle dans la végétation, on conçoit donc que les variations de la pression atmosphérique puissent réagir sur cet air enfermé dans les pores de la terre et, par suite, sur les phénomènes de la végétation.

Enfin les variations de la pression sont intéressantes à connaître pour l'agriculteur, parce qu'elles correspondent aux changements atmosphériques, pluie ou vent; la pression est en relation avec l'état hygrométrique et avec le temps. Une baisse de pression amène généralement des vents humides et de la pluie. Un mouvement lent du baromètre indique un temps durable. La statistique a constaté que la baisse du baromètre est suivie de pluie 85 fois sur 100. Les indications du temps à Paris peuvent se résumer ainsi :

Lorsque le baromètre marque	la chance de pluie est de
de 0,728 à 0,738	0,70 (neige 0,22).
0,738 à 0,742	0,58 (neige 0,04).
0,742 à 0,751	0,46
0,751 à 0,760	0,19 (neige 0,01).
0,760 à 0,771	0,00

Mesure des pressions. — La pression de l'atmosphère, qui se compose de son poids et des composantes verticales résultant de l'état dynamique de l'air et de sa force d'inertie, se mesure au moyen du baromètre.

On distingue deux sortes de baromètres : les baromètres ordinaires et les baromètres enregistreurs.

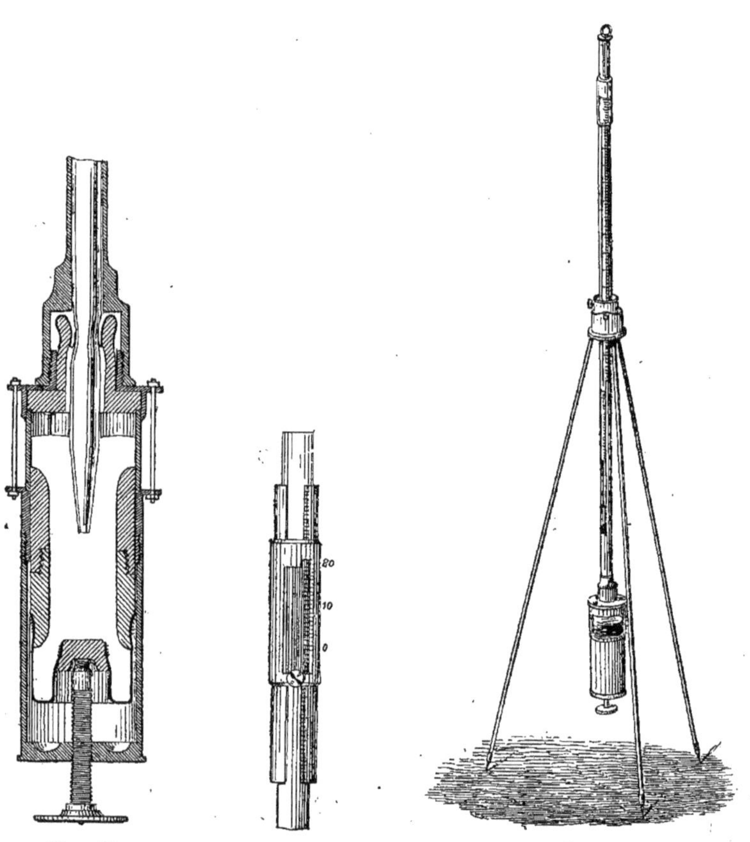

Fig. 25. Fig. 26. Fig. 27.

Parmi les baromètres ordinaires, le plus employé par les météorologistes est le baromètre de Fortin, parce qu'il est à la fois exact et facilement transportable; sa description est dans tous les traités de physique, auxquels nous renvoyons le lecteur (fig. 25, 26 et 27).

L'observatoire de Montsouris possède un baromètre étalon (construit par Salleron) qui donne des indications très précises et permet de vérifier le vide (fig. 28).

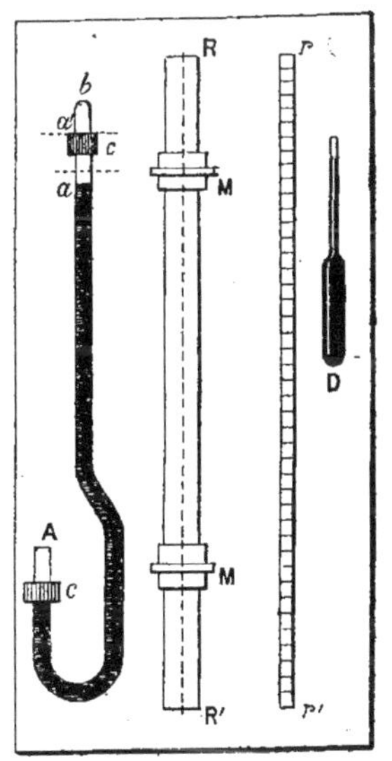

Fig. 28.

Sur une même tablette sont placés un baromètre à siphon A *b* et un thermomètre à mercure plongé dans un bout de tube D plein de mercure, d'un diamètre égal à celui du tube barométrique (afin que la température lue sur le thermomètre se rapproche le plus possible de celle de la colonne mercurielle).

Entre eux sont placées une règle rr' divisée en demi-millimètres et, à égale distance de cette règle et du baromètre, une autre règle triangulaire RR' portant deux microscopes MM au moyen desquels on établit la différence des niveaux dans les deux branches du baromètre qui portent chacune, à cet effet, un curseur *c*. A la partie supérieure du baromètre sont gravés deux traits a, a' tels que $ab = 2\,a'b$.

Pour se servir de l'instrument, on commence par verser du mercure par l'ouverture A, en quantité suffisante pour que la colonne ascendante vienne affleurer le trait *a*, on mesure la différence des niveaux dans les deux branches; puis on ajoute du mercure jusqu'à l'affleurement en a', et on fait de nouvelles lectures. S'il n'y a pas d'air dans la branche barométrique, les deux résultats, après avoir subi les corrections relatives à la température (on ramène les observations à la même température 0°) sont identiques. Les microscopes portent chacun un fil micrométrique permettant d'évaluer la position des niveaux à 1/100 de millimètre.

Baromètres enregistreurs. — Le baromètre enregistreur de Bréguet se compose de 4 boîtes renfermant de l'air raréfié (système Vidie). Ces boîtes transmettent leur mouvement au moyen d'un

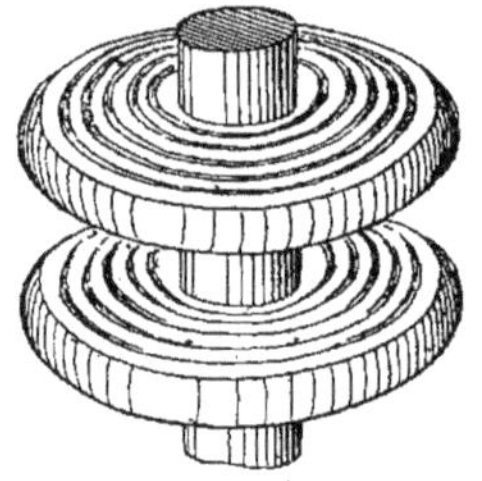

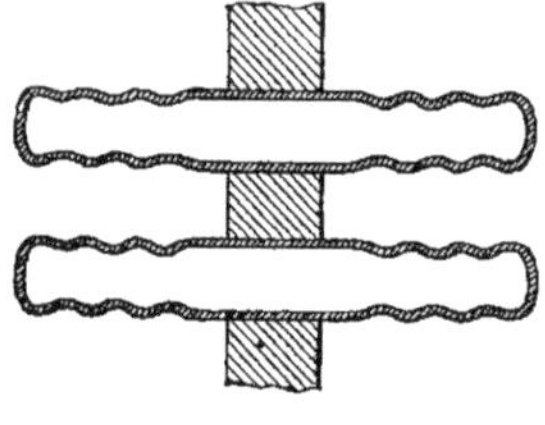

Fig. 29. — Boîtes Vidie.

bras de levier E (fig. 30) soutenu par un ressort en hélice, à une aiguille A qui se déplace devant une feuille de papier glacé noircie au noir de fumée et enroulée sur le pourtour d'un cylindre mû par un mouvement d'horlogerie. La courbe tracée en blanc sur fond noir est ensuite fixée par l'immersion de la feuille dans une dissolution très faible de gomme laque dans l'alcool (1). Un électro-aimant trace sur le papier noirci une ligne de repère avec indication des heures.

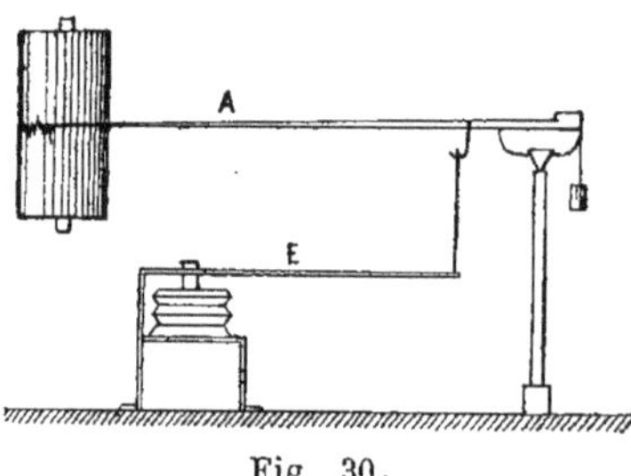

Fig. 30.

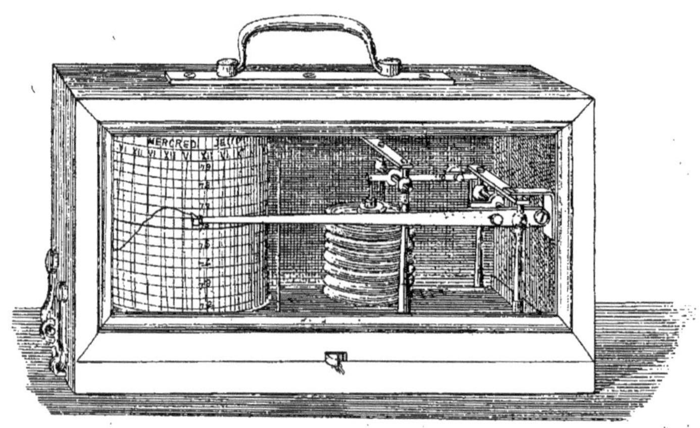

Fig. 31.

(1) Cet artifice d'enregistrement est fréquemment employé.

Ce genre de baromètre est très sensible aux changements de température si le vide est complet dans les boîtes; pour le compenser, il faut y laisser de l'air à une pression assez élevée qu'on détermine par expérience. Dans ces conditions, sa marche est régulière.

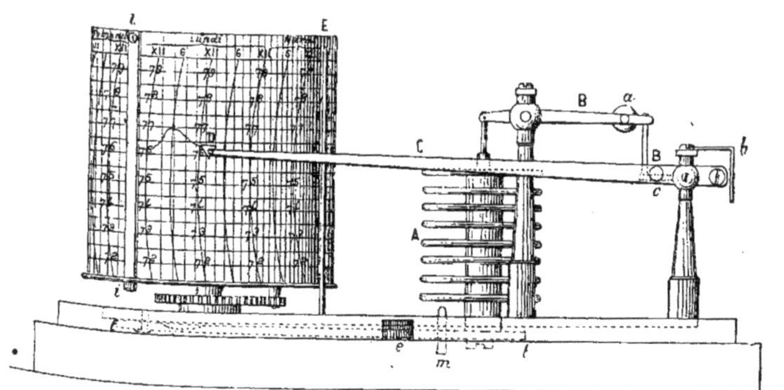

Fig. 32.

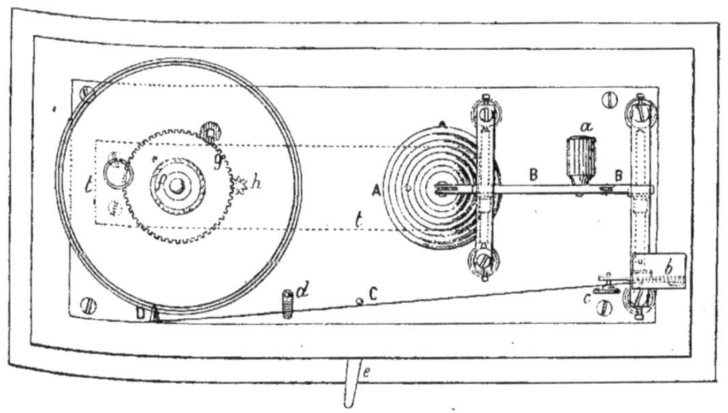

Fig. 33.

BAROMÈTRE ENREGISTREUR

Fig. 32. Elévation de l'appareil.
Fig. 33. Plan de l'appareil.

A, boîtes anéroïdes ou coquilles vides d'air superposées et vissées les unes aux autres; la pression atmosphérique est équilibrée par des lames de ressort logées dans la partie centrale. Chaque boîte agit isolément; la boîte inférieure repose sur une platine *t*, *t*, dont on peut régler la position au moyen d'une vis mobile *m*.

BB, leviers de transmission.

C, levier en aluminium portant la plume D chargée d'encre d'aniline mélangée de glycérine.

E, tambour entouré d'une feuille de papier quadrillé et contenant un mouvement d'horlogerie, accomplissant sa révolution en une semaine.

a, contrepoids équilibrant le système des leviers.

b, pièce servant à protéger l'extrémité du levier portant la plume.

c, vis servant à régler la pression de la plume sur le tambour.

d, tige se déplaçant en restant verticale et servant à écarter le levier qui porte la plume, quand celle-ci ne doit plus tracer.

e, levier servant à manœuvrer la tige *d*.

f, axe du tambour portant la roue planétaire, il est fixé au socle de l'appareil.

g, roue planétaire.

h, pignon engrenant avec la roue *g* et commandé par le mouvement d'horlogerie du tambour. Ce pignon est calé à frottement gras sur son axe pour permettre la mise à l'heure du papier quadrillé.

i, *i*, tige flexible en laiton s'accrochant sur le tambour et permettant d'y fixer le papier quadrillé.

Le baromètre enregistreur Richard (fig. 31, 32, 33) est surtout précieux par son prix peu élevé. Sa construction est fondée, comme celle du baromètre de Bréguet, sur l'emploi de boîtes métalliques entièrement vides d'air. La légende au bas de la figure 33 indique suffisamment le mécanisme de ce baromètre, qui sans être un instrument d'une grande précision rend de grands services à la météorologie usuelle.

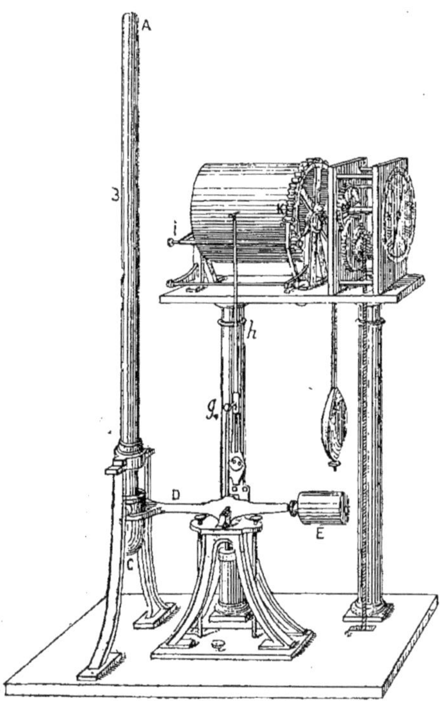

Fig. 34. — Baromètre enregistreur de Montsouris, construit par Salleron.

Le barographe-balance de Salleron (fig. 34) se compose d'un tube barométrique fixe en fer embouti B de 0 m. 03 de diamètre intérieur; la cuvette C est d'ailleurs assez large pour que les forces capillaires y soient négligeables, comme dans le tube lui-même. Cette cuvette C, contrainte par son mode de suspension sur pivots, à garder la position verticale est mobile à l'une des extrémités d'un fléau de balance D dont l'autre extrémité est munie d'un contrepoids E. Quand le baromètre baisse, une certaine quantité de mercure du tube descend dans la cuvette; celle-ci agit sur le fléau de la balance dont l'aiguille se déplace. Devant l'aiguille, toujours ramenée à une même position d'équilibre pour une même pression, se déplace un cylindre conduit par un mouvement d'horlogerie lequel donne en outre, toutes les heures, un signal électrique laissant des repères équidistants en face de la ligne sinueuse qui représente les variations barométriques.

Résultats. — La hauteur du baromètre, à peu près constante dans les régions voisines de l'équateur, est au contraire extrêmement variable dans nos climats tempérés. C'est en janvier que ses écarts sont le plus considérables et en juillet qu'ils le sont le moins. Les écarts en plus sont généralement inférieurs aux écarts en moins, mais, par contre, ils sont plus durables. C'est que les grandes baisses barométriques accompagnent toujours le passage du centre d'une tempête tournante, phénomène accidentel et transitoire malgré sa fréquence. C'est aussi dans l'hiver que ces accidents acquièrent le plus d'ampleur et d'intensité.

Au lieu d'envisager les variations extrêmes du baromètre, si l'on considère les hauteurs elles-mêmes, qu'on les compare et qu'on prenne des moyennes, on voit ces moyennes se rapprocher beaucoup les unes des autres. Les différences considérables que l'on rencontre dans les températures des diverses heures du jour ou des divers mois de l'année disparaissent presque entièrement pour les pressions barométriques. Il en reste toutefois encore quelques traces visibles.

Dans nos climats tempérés et variables, les mêmes saisons présentent d'une année à l'autre des caractères très divers de sécheresse ou d'humidité, auxquels correspondent des hauteurs inégales de la colonne barométrique. Ces inégalités peuvent même s'étendre à des années entières considérées dans leur ensemble. La moyenne des hauteurs barométriques observées à 9 heures du matin a été de 754^{mm},4 dans l'année pluvieuse de 1816; elle a été de 758 millimètres dans l'année 1825, dont l'été a été extrêmement sec. A des époques plus récentes, des différences du même ordre ne sont pas rares, accusant la prédominance soit du courant équatorial, soit du courant de retour.

Variations diurnes. — La cause des variations diurnes du baromètre est intimement liée au mouvement de la chaleur dans les couches de l'atmosphère en contact avec le sol. Dans la matinée, l'air s'échauffe et tend à se dilater, mais, pour y parvenir, il lui faut refouler les couches supérieures; de là l'excès de pression du matin. Un peu plus tard, l'obstacle à la dilatation de l'air compense de moins en moins l'effet de la dilatation elle-même et de la diminution de densité qui en résulte; le baromètre baisse jusqu'au moment où, l'air inférieur ayant commencé à se refroidir et à se contracter, les couches supérieures vont subir le mouvement de recul qui en est la conséquence : c'est le moment du minimum. L'oscillation diurne du baromètre sera donc d'autant plus grande que la variation diurne du thermomètre sera plus prononcée, que l'air sera plus calme ou animé d'un mouvement général plus régulier et que les mouvements de l'air dans le sens vertical seront moins favorisés par la configuration générale du terrain. A cette oscillation diurne, en succède généralement une seconde. Le mouvement de recul une fois établi, persiste jusqu'à ce que l'excès de pression qu'il produit ait pu l'arrêter : de là un second maximum du soir; puis, pendant la nuit, une partie de la vapeur d'eau se condense en rosée, en brouillard et la force élastique de cette vapeur ainsi disparue forme un manque, d'où résulte le second minimum. Mais ce dernier est beaucoup moins net et plus variable que le précédent. L'oscillation barométrique diurne en un lieu n'est pas le résultat des seules conditions topographiques et climatériques de ce lieu individuel, mais de la région dans laquelle il se trouve; à des altitudes très différentes, les apparences sont très modifiées.

On attribue ces oscillations du baromètre à une sorte de marée atmosphérique résultant des actions du soleil et de la lune (Bouquet de la Grye).

Dans les chaudes régions qui avoisinent l'équateur, et particulièrement dans celles où soufflent les vents alizés, les irrégularités du baromètre sont à peu près inconnues. La marche annuelle de l'instrument suit son cours uniforme et, pendant la durée de chaque jour, la colonne mercurielle éprouve une double oscillation dont la constance est telle, en certains lieux, qu'on pourrait presque en déduire la marche des heures. Cette oscillation y est, en outre, à sa valeur maximum; elle diminue en général, à mesure qu'on s'éloigne de la zone équatoriale et que le climat devient plus tempéré; en même temps elle se noie dans les irrégularités croissantes de la marche du baromètre.

L'influence de la latitude est mise en évidence par le tableau suivant :

Latitudes.	Localités.	Différences diurnes.	Latitudes.	Localités.	Différences diurnes.
0° 14'	Quito	2m/m 82	45°34'	Chambéry	1m/m 00
4° 35	Santa-Fé de Bogota.	2 39			0 76
22° 54	Rio-de-Janeiro	2 34	48° 50	Paris	0m/m 86 en 1874-75
23°	Amérique-centrale.	2 55			1m/m 09 en 1873-74
30° 2	Le Caire	1 75	54° 43	Kœnigsberg	0m/m 30
43° 36	Toulouse	1 20	59° 56	St-Pétersbourg	0 20

La pression moyenne, à la surface de la mer, est généralement admise comme égale à 760 millimètres.

En général, dans nos contrées, le baromètre monte depuis quatre heures du matin jusque vers dix heures, moment où il atteint un premier maximum; puis il descend jusque vers quatre heures du soir à un premier minimum; à dix heures, on observe un second maximum et un deuxième minimum, à quatre heures du matin. Les heures des maxima et minima se nomment heures tropiques : elles varient un peu avec la saison.

Variations annuelles. — A Paris, à l'altitude de 78 mètres au-dessus du niveau de la mer, les hauteurs moyennes du baromètre à 0° sont, d'après 66 années d'observations :

Janvier	755m/m 9	Juillet	755m/m 5
Février	755 8	Août	755 1
Mars	754 5	Septembre	755 2
Avril	753 6	Octobre	754 4
Mai	754 2	Novembre	754 5
Juin	755 5	Décembre	756 0

La moyenne pour l'année entière est de 755 millimètres.

Les valeurs extrêmes constatées dans ces dernières années ont été : au minimum 747,3 (moyenne d'avril 1878) et au maximum 769,0 (moyenne de décembre 1879).

Les moyennes annuelles ont été :

En 1873	753 m/m 3		1878	755 m/m 9
1874	756 9		1879	752 1
1875	755 7		1880	757 2
1876	754 6		1881	754 6
1877	753 3		1882	756 9

Nivellement barométrique. — La pression diminue quand l'altitude augmente. Diverses formules ont été proposées pour calculer l'altitude en fonction de la hauteur barométrique; une des plus simples est celle de Babinet $z = 32\ (500 + t + t')\left(\frac{h - h'}{h - h'}\right)$ dans laquelle t et t' représentent les températures aux deux stations, h et h' les hauteurs barométriques correspondantes. La formule est facile à retenir et son calcul n'exige pas de tables.

La variation de la pression avec l'altitude peut être utilisée à l'étude sommaire du relief d'un pays accidenté. On suppose dans tous les calculs de cette nature que les hauteurs barométriques sont déjà corrigées de toutes les erreurs qui tiennent aux instruments et réduites à la température 0°, c'est-à-dire qu'elles représentent pour chaque point la pression atmosphérique vraie; ainsi dans la formule de Babinet on suppose que h et h' ont été ramenés à la même température; il suffit pour cela de multiplier la hauteur de la colonne barométrique à la station supérieure par $1 + \frac{T - T'}{6200}$ (T T' représentant les températures des baromètres).

Mouvements généraux de l'atmosphère. — Prévision du temps. — L'application de la météorologie à la prévision du temps est de date récente; elle ne pouvait d'ailleurs devenir réellement pratique avant que le télégraphe électrique eût facilité l'établissement de communications nombreuses et rapides entre les principales villes du globe.

La nature du temps en un lieu déterminé dépend principalement de la direction du vent, le vent étant l'agent qui transporte d'un point à un autre les particularités que présente l'air au point où le vent prend naissance; or la direction du vent est déterminée par la distribution de la pression; le baromètre va donc nous renseigner sur les mouvements généraux de l'atmosphère et l'on conçoit que la prévision du temps à courte échéance doive s'appuyer principalement sur l'étude des pressions barométriques.

Dans les temps de calme, la hauteur du baromètre, ramenée au niveau de la mer, varie très peu dans une grande étendue de pays. Les courbes qui passent par les points où la pression est la même, ou les courbes *isobares*, sont des lignes à peu près parallèles dont la forme est déterminée par des causes permanentes, telles que l'inégal échauffement de la terre par le soleil, la distribution des continents et des mers. En Europe, par exemple, la pression diminue en général du sud au nord.

Il arrive souvent, au contraire, que la pression atteint un minimum sur une certaine région, pour augmenter autour de ce centre dans toutes les directions d'une manière plus ou moins régulière et que les courbes isobares se disposent en cercles plus ou moins parfaits et concentriques. C'est une dépression barométrique, ou, comme on la désigne souvent, une aire de basse pression.

Si l'air avait une densité constante, l'atmosphère en temps calme serait limitée à sa partie supérieure par une surface presque parallèle à celle du sol, tandis que les aires de basse pression dénoteraient la présence d'affaissements de la surface atmosphérique en forme de cônes renversés, analogues aux concavités que les remous produisent souvent à la surface des cours d'eau (fig. 35).

L'analogie des deux phénomènes est presque complète, sauf cette différence que les changements de pression dans l'air tiennent à des variations de densité et non à une modification de la surface terminale supérieure.

De même que les tourbillons sur une rivière sont animés d'un mouvement de rotation et suivent le courant général, de même aussi les dépressions atmosphériques sont accompagnées d'un vent qui tourne autour du centre, et elles se transportent dans un certain sens.

Ces grands mouvements tournants, qui peuvent amener des perturbations profondes dans les différents phénomènes météorologiques, sont désignés, suivant leur importance, par les noms de dépressions simples, bourrasques ou cyclones.

Une bourrasque désigne un tourbillon nettement défini et d'une certaine énergie, et l'on réserve le mot de cyclone pour les plus grandes perturbations.

Le transport des bourrasques est le phénomène le plus net qui puisse actuellement servir de guide dans la prévision du temps.

Bourrasques et cyclones. — On n'est pas bien fixé sur l'origine et le mode de formation de ces vastes mouvements giratoires qui se promènent d'un continent à l'autre et vont se perdre vers les pôles.

M. Faye les explique ainsi : On sait aujourd'hui que les régions supérieures de l'atmosphère sont incessamment sillonnées, comme la mer, par de vastes courants, de véritables fleuves allant de l'équateur aux pôles, par une route fortement courbée et toujours semblable à elle-même. On commence à comprendre que, dans ces courants comme dans nos fleuves, les inégalités de vitesse des filets parallèles engendrent de vastes mouvements giratoires tournant invariablement de droite à gauche, en sens inverse des aiguilles d'une montre, sur notre hémisphère, et de gauche à droite sur l'hémisphère opposé. On sait que les spires de ces tourbillons des-

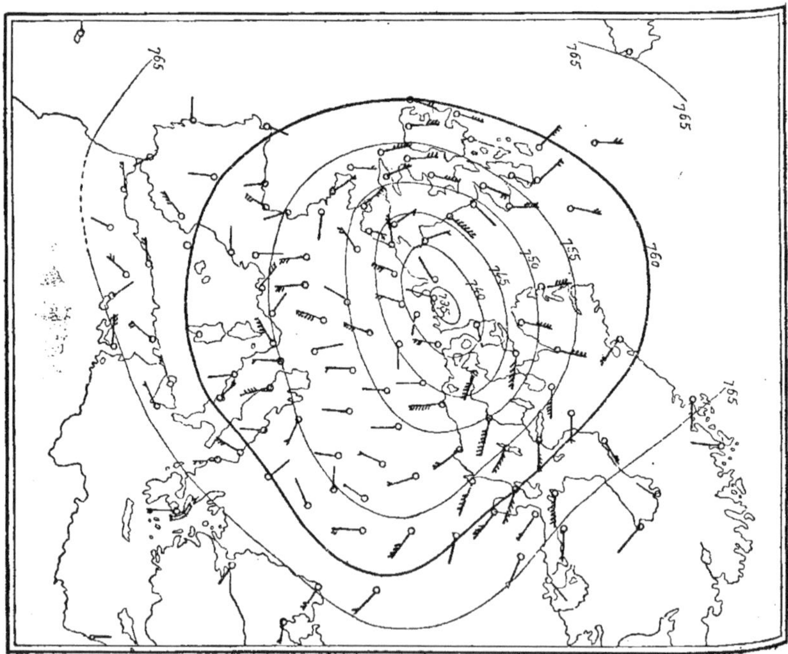

Fig. 35. — État atmosphérique le 15 novembre 1878 à 8 heures du matin. Les dépressions se sont réunies ; elles forment un immense cyclone dont le mouvement de rotation est très énergique et dont le mouvement de translation est extrêmement faible.

cendent verticalement, en se resserrant à mesure qu'elles pénètrent dans les couches basses et denses de l'atmosphère, jusqu'à ce qu'elles atteignent le sol : alors elles épuisent sur les obstacles du sol l'énorme force vive qu'elles ont puisée dans les courants supé-

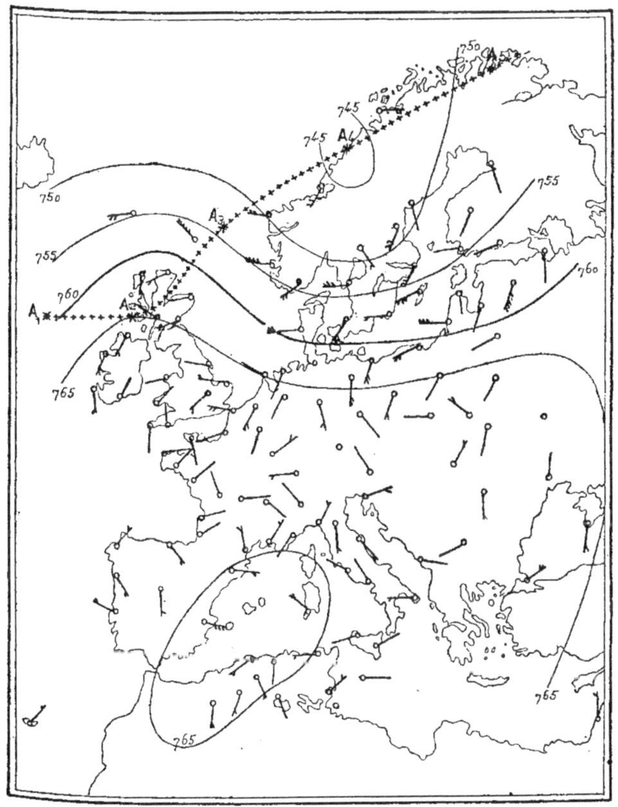

Fig. 36. — État atmosphérique le 12 octobre 1878 à 8 heures du matin. La bourrasque s'éloigne par la Norwège; mais l'inflexion des isobares et la rétrogradation des vents au sud de l'Irlande indique l'arrivée d'une nouvelle perturbation.

rieurs. Ces vastes tourbillons circulaires, ces cyclones, suivent dans leur marche les courants supérieurs où ils ont pris naissance et où ils puisent la force qui les alimente. Ils se transportent ainsi à la surface du sol en y dessinant la trajectoire des courants supérieurs et avec la vitesse même de ces courants.

Quoi qu'il en soit, l'on a constaté que dans notre hémisphère le centre de ces dépressions suit une marche généralement régulière ; sa trajectoire est dirigée de l'ouest-sud-ouest vers l'est-nord-est, son origine est ordinairement le golfe du Mexique, elle passe au nord de la France sur les Iles-Britanniques pour remonter vers la

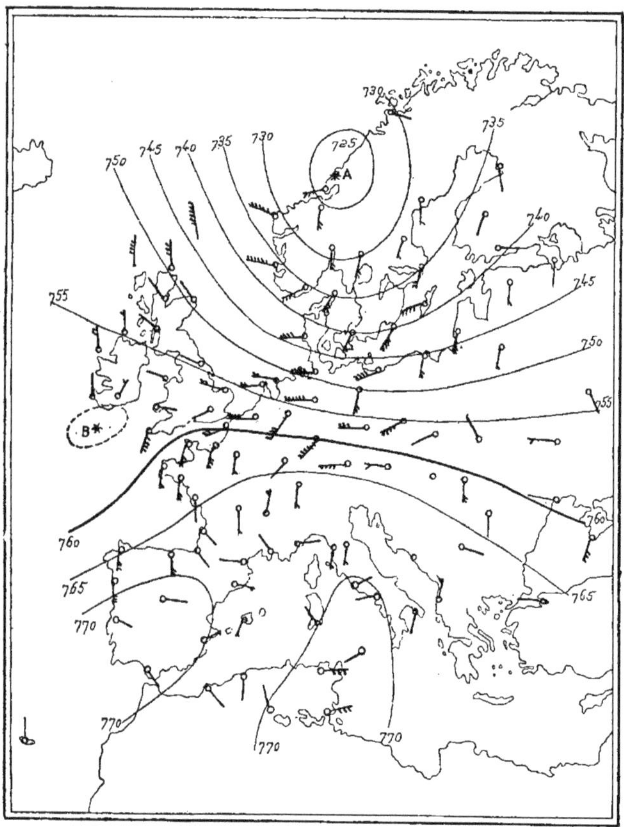

Fig. 37. — État atmosphérique le 1er janvier 1879 à 8 heures du matin. Une bourrasque principale A étend son action sur toute l'Europe septentrionale. Une bourrasque secondaire B apparaît au sud de l'Irlande.

Norwège (fig. 36) ; d'autres dépressions moins fréquentes partent des Açores et gagnent la Méditerranée en traversant l'Espagne ou le nord de l'Afrique. Enfin des dépressions secondaires se forment fréquemment, soit comme dérivations de bourrasques principales, soit à cause de certaines configurations du sol, comme celles qui se manifestent sur la Manche (fig. 37), le golfe du Lion ou le golfe de Gênes (fig. 38).

Cette constance dans les trajectoires a suggéré l'idée de prévenir télégraphiquement du passage des bourrasques, lorsqu'un de ces

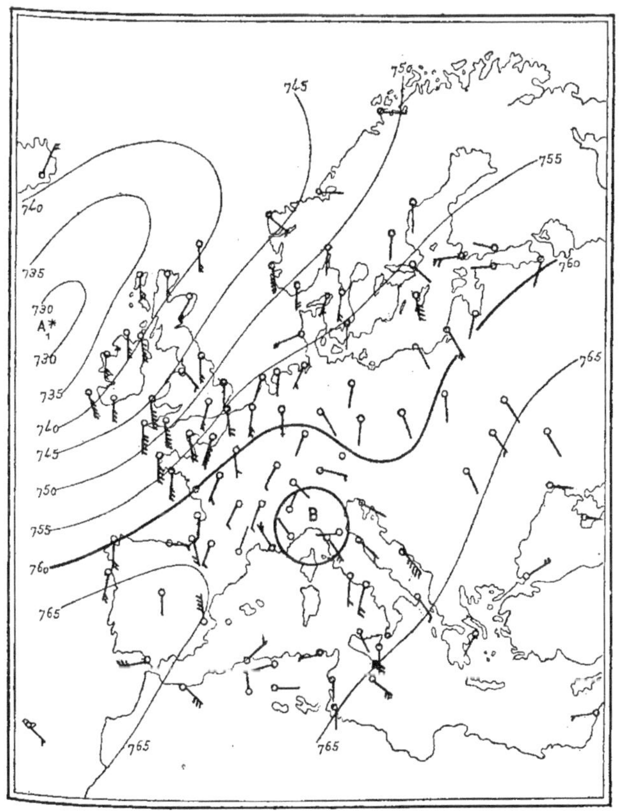

Fig. 38. — État atmosphérique le 9 octobre 1878 à 8 heures du matin. A bourrasque principale. B dépression secondaire sur le golfe de Gênes.

phénomènes se manifeste quelque part et qu'on a pu en déterminer le centre. C'est ce qui a été réalisé entre les États-Unis et l'Europe. Le *New-York Herald* a installé un bureau météorologique qui envoie à Valentia, point le plus occidental de l'Europe (1), les aver-

(1) Au sud-ouest de l'Irlande.

tissements relatifs à la marche des bourrasques, laquelle est calculée en se guidant sur les indications qu'une longue expérience a pu recueillir. De Valentia, l'arrivée des bourrasques est annoncée à l'Europe.

Les trajectoires des tempêtes sur l'hémisphère austral sont aussi régulières que sur notre hémisphère; bien plus, elles en suivent la forme, avec cette particularité qu'elles sont symétriques par rapport au plan de l'équateur.

Caractères des bourrasques. — L'étendue des bourrasques est variable; leur diamètre descend rarement au-dessous de 1.000 kilomètres. Les bourrasques sont animées d'un mouvement de translation à la surface du globe et d'un mouvement de rotation autour de leur centre; il faut se garder de confondre la vitesse de translation (25 kilomètres à 40 kilomètres à l'heure, en général; 80 kilomètres au maximum), absolument indépendante de la force du vent, avec la vitesse des vents, qui peuvent être extrêmement violents, bien que la course du cyclone soit lente.

Le sens de la rotation autour du centre de la dépression est de droite à gauche, c'est-à-dire inverse du mouvement des aiguilles d'une montre, dans l'hémisphère nord; c'est le contraire dans l'hémisphère austral.

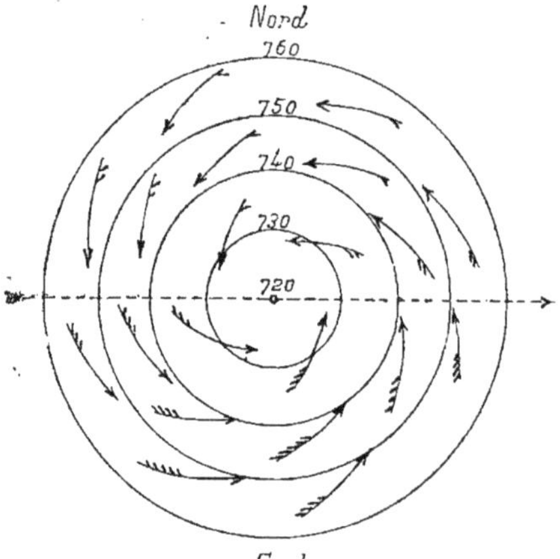

Fig. 39.

La figure 39 rend compte du phénomène; elle représente une bourrasque théorique de l'hémisphère nord; elle montre que la direction des vents n'est pas en chaque point tangente aux isobares, parce que l'air, outre son mouvement giratoire, est entraîné vers le centre et tend à combler le vide qui s'y forme. Si l'on considère une bourrasque théorique, on voit que le vent est animé de deux vitesses qui se composent : une vitesse giratoire et une vitesse centripète dirigée vers les basses pressions; de la constance du sens de la rotation du vent autour d'un centre de dépression, résulte la relation suivante, connue sous le nom de loi de Buys-Ballot, entre la direction du vent et la pression barométrique dans l'hémisphère nord : Tournez le dos au vent, les basses pressions et le centre de la bourrasque seront à votre gauche.

En un même point, la direction du vent passe par des phases diverses, par suite de la loi de rotation, à mesure que la bourrasque progresse. Examinons en effet les variations de la direction du vent en un point O, situé à droite de la trajectoire XX (fig. 40) d'une

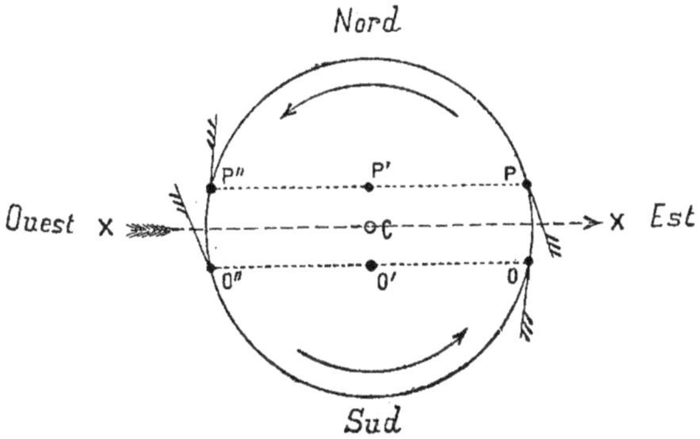

Fig. 40.

bourrasque qui va de l'ouest à l'est; lorsque le point O est atteint, le vent souffle du sud; la bourrasque avançant le vent sera de l'ouest, lorsque le centre C sera au plus près du point O; enfin il soufflera du nord lorsque le point O sera atteint par la partie postérieure O'' de la bourrasque; le vent aura donc passé du sud au nord par l'ouest. C'est ainsi que le phénomène se présente pour l'Europe occidentale, qui se trouve généralement au sud de la trajectoire moyenne des centres de dépression.

Pour un point P, situé au nord de la trajectoire (à gauche), on voit que le vent aura tourné du sud au nord par l'est, ce qui caractérise la rotation inverse; aux points situés sur la trajectoire, le vent saute brusquement du sud au nord au moment du passage du centre.

La figure 41 montre que les vents sont forts à droite de la trajectoire suivie par le centre et faibles à gauche. En effet, le mouvement réel de l'air en un point se compose du mouvement général de translation et du mouvement de rotation autour du centre ; la résultante, c'est-à-dire la vitesse absolue du vent, a donc une intensité variable : à droite de la trajectoire, les vitesses s'ajoutent, les vents

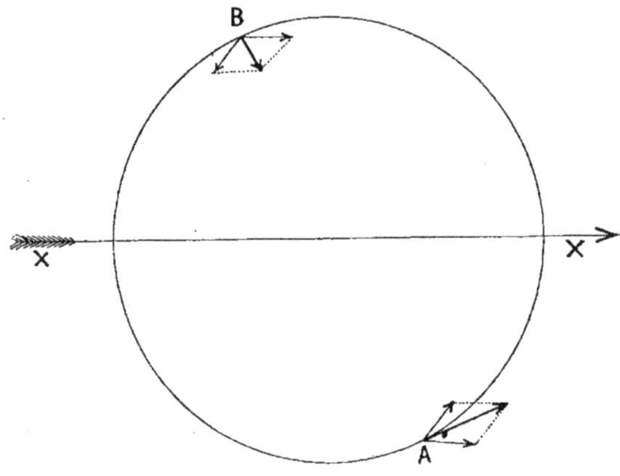

Fig. 41.

sont forts (c'est le bord dangereux) ; à gauche, au contraire, elles se retranchent, les vents sont faibles (c'est le bord maniable).

Toutes choses égales d'ailleurs, la vitesse du vent autour d'un cyclone est en raison de la pente atmosphérique ; elle est d'autant plus grande que les courbes isobares sont plus rapprochées l'une de l'autre.

En menant par un point quelconque une perpendiculaire aux isobares, on obtient la direction suivant laquelle se produit la plus grande différence de pression entre deux stations voisines ; si les isobares sont des cercles concentriques, cette perpendiculaire est un rayon. On est convenu d'appeler *gradient barométrique* la diminution maximum du baromètre autour d'un point pour une distance déterminée ; ou encore le gradient barométrique, comme la plus grande pente en topographie, est le rapport entre la différence des hauteurs du baromètre, observées simultanément en deux stations situées sur la même perpendiculaire aux isobares, et la distance qui sépare ces deux stations.

On exprime la valeur du gradient par le nombre de millimètres dont la pression diminue par 60 milles nautiques (le mille nautique vaut 1.852 mètres; 60 milles mesurent un arc du méridien de 1° ou 111 kilomètres).

La force du vent dépend de la valeur du gradient; pendant les tempêtes les plus violentes, les gradients atteignent rarement 4.00; un gradient de 1.8 correspond à une forte brise.

C'est dans la portion dangereuse des bourrasques que se produisent les orages; le plus souvent, les orages se transportent comme la bourrasque elle-même.

Il arrive fréquemment aussi qu'en été des dépressions restent stationnaires (spécialement vers le golfe de Gascogne); la température de l'air est très élevée et son état hygrométrique voisin du point de saturation; des orages éclatent alors, nombreux et étendus.

Il arrive quelquefois que les isobares se disposent autour d'un point où le baromètre est le plus élevé; c'est ce que certains météorologistes appellent un anticyclone, par analogie; le caractère des anticyclones est la stabilité; ils accompagnent les périodes de beau temps ou de froid persistant.

En résumé, la prévision du temps à courte échéance, basée sur les propriétés des bourrasques, rend aujourd'hui de grands services à nos populations maritimes et agricoles; la valeur de ses indications s'accroît d'année en année, à mesure que l'expérience fournit de nouvelles données.

Nous ne passerons pas à un autre sujet sans signaler ici le rôle important du bureau central météorologique de France et les travaux de son éminent directeur, M. Mascart; c'est ce bureau qui centralise les observations et distribue les avertissements maritimes et agricoles.

CHAPITRE V

VENTS

Rôle du vent en agriculture. — La fréquence et la force du vent tiennent le premier rang parmi les éléments caractéristiques d'un climat. Les végétaux sont fortement influencés par les mouvements de l'atmosphère. On peut dire, d'une manière générale, que les vents modérés, en renouvelant l'air et en imprimant aux plantes une certaine agitation, compatible avec leur élasticité propre, sont favorables à la végétation ; ils mettent au contact des végétaux des masses d'air toujours nouvelles, dans lesquelles les plantes puisent les composés ammoniacaux contenus en si grande quantité dans l'atmosphère. Mais les vents secs et les vents régnant avec trop de force ou de continuité dans une direction déterminée fatiguent les plantes et leur impriment des caractères spéciaux. Les arbres plantés au bord de la mer, par exemple, offrent un aspect caractéristique : la tête s'incline du côté opposé au vent, les branches s'allongent dans ce sens, les racines s'accroissent et prennent, dans la direction opposée, un développement tout à fait anormal.

Enfin, les mouvements généraux de l'atmosphère effectuent le transport des masses d'eau qui forment les pluies, les neiges, les glaciers, les banquises des pôles.

Instruments de mesure. — La direction des vents s'observe au moyen de girouettes plus ou moins perfectionnées; leur vitesse s'étudie à l'aide d'anémomètres. Les anémomètres, pour fonctionner convenablement, doivent être placés sur un mât à l'abri des influences locales. C'est là une des grandes difficultés de l'installation; les indications qu'on recueille dans l'intérieur des villes sont presque toujours erronées, les édifices produisant des tourbillonnements qui empêchent de constater le véritable mouvement de l'air.

La pression du vent se mesure d'après l'effort qu'il exerce normalement sur un mètre carré de surface; mais cette pression peut se déduire de la vitesse, car on admet généralement que la pression varie proportionnellement au carré de la vitesse. Les anémomètres de pression ne sont généralement pas adoptés.

L'anémomètre de Robinson (fig. 42) est un des plus employés; il consiste en une croix légère formée par quatre bras égaux, à l'extrémité desquels sont fixées quatre demi-sphères creuses dont la partie concave est dirigée dans le sens du mouvement de la croix. Le centre de cette croix est invariablement fixé à un axe qui tourne avec elle; quelle que soit la direction du vent, il rencontre toujours une demi-sphère, qui lui présente sa partie concave, tandis que la demi-sphère opposée lui présente sa partie bombée; et, comme le vent agit avec plus de force sur la première que sur la deuxième, sur laquelle il ne fait que glisser, la croix prend un mouvement de rotation dans le sens des surfaces convexes. On a constaté que la vitesse du centre de chaque demi-sphère est le tiers de celle du vent.

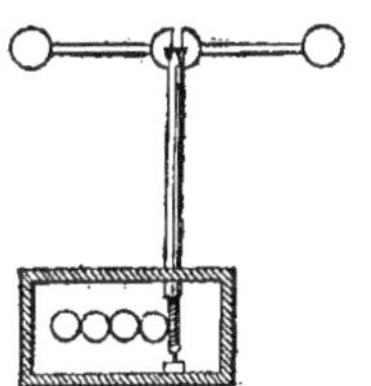

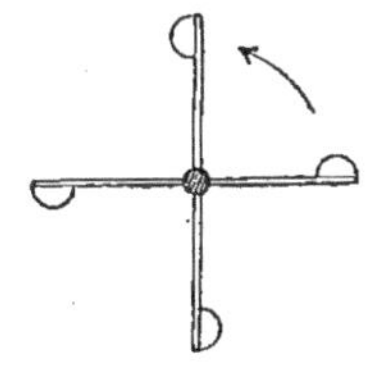

Fig. 42.

Afin de permettre de compter le nombre des révolutions que fait la croix dans un temps donné, l'anémomètre est muni d'un compteur analogue au compteur de la sirène.

Pour faciliter le comptage, une des roues du compteur est munie d'une pointe métallique qui, à un moment donné, vient en contact avec le fil d'un électro-aimant; le courant est ouvert et soulève un petit marteau à stylet, qui retombe sur un papier mû d'un mouvement uniforme. Ainsi, après chaque centaine de tours de la girouette, le marteau électrique marque un point; le mouvement uniforme du papier étant connu, l'espacement des points permet de mesurer la vitesse du vent.

Anémomètre enregistreur de Bourdon (fig. 44). — Le vent est reçu dans un système de deux tubes formés chacun de deux troncs de cône accolés par leur petite base; le tube intérieur est exactement sur l'axe du tube extérieur; l'extrémité divergente du second tube est placée au point où la veine d'air atteint son maximum de contraction en traversant le tube qui lui sert d'enveloppe. Lorsqu'un

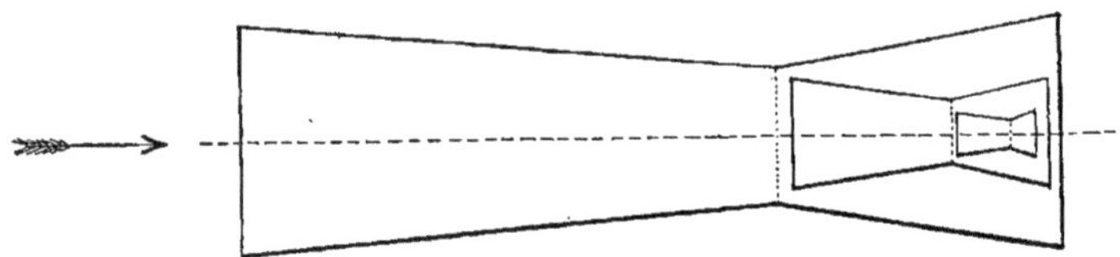

Fig. 43. — Anémomètre Bourdon à 3 tubes.

courant d'air traverse ce système, il se produit dans la section étranglée du plus petit tube une diminution de pression, qu'on peut rendre plus considérable en augmentant le nombre des tubes emboîtés (ces tubes sont tous de même forme et de dimensions décroissantes). C'est sur cette propriété qu'est basé le fonctionnement de l'anémomètre (fig. 43).

Le tube extérieur, muni d'ailettes, est monté sur un axe mobile et s'oriente de lui-même dans la direction du vent régnant. Le vent, en traversant le petit tube de succion A, placé au point d'intersection des deux troncs de cône qui forment le tube intérieur, détermine dans le tube BD, placé à l'intérieur du mât, une aspiration d'autant plus énergique que la vitesse du vent est plus grande. Le tube BD est en communication en D avec un tube E, qui aboutit à un vase de verre cylindrique, relié à sa partie inférieure à un autre réservoir semblable. Ces deux vases communicants sont montés sur une pièce de métal qui oscille comme le fléau d'une balance. L'aspiration fait monter l'eau dans le vase de droite et détermine l'abaissement de ce vase; en s'abaissant, il fait mouvoir un crayon F, porté à l'extrémité d'une tige fixée au milieu du fléau de la balance. Ce crayon inscrit ainsi une courbe sur un disque de papier vertical qu'un mouvement d'horlogerie fait régulièrement mouvoir autour de son axe.

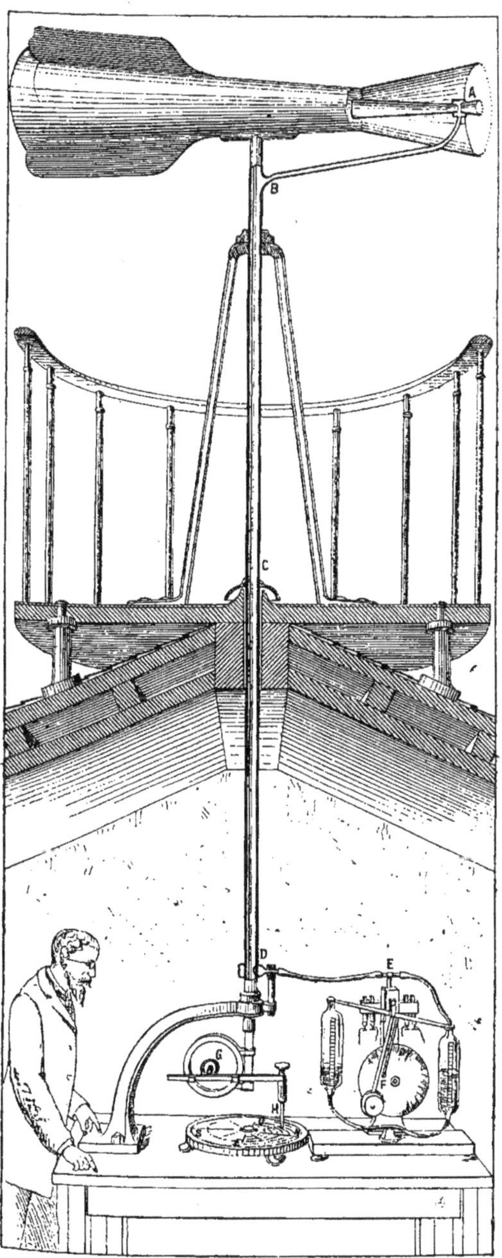

Fig. 44. — Anémomètre multiplicateur de Bourdon.

L'appareil enregistre aussi la direction du vent. Dans ce but, sur le pied de l'arbre tournant BD, est embranché un bras muni d'un autre crayon H, qui trace sur un disque horizontal S. Un mouvement d'horlogerie G, porté sur le pied de l'axe et tournant avec lui, fait avancer ce bras uniformément et dans un laps de temps de vingt-quatre heures, depuis un point rapproché de l'axe jusqu'à une région voisine de la circonférence du disque de papier.

Pour faire la lecture du diagramme, on lui superpose un rapporteur en verre, qui a la forme du disque et sur lequel sont tracées les vingt-quatre circonférences correspondant aux diverses heures.

Le tracé résultant de la vitesse du vent peut être aussi interprété à l'aide d'un rapporteur en verre gradué numériquement en fonction de la vitesse. Il est plus simple d'employer chaque jour des papiers divisés circulairement et proportionnellement aux temps (fig. 45).

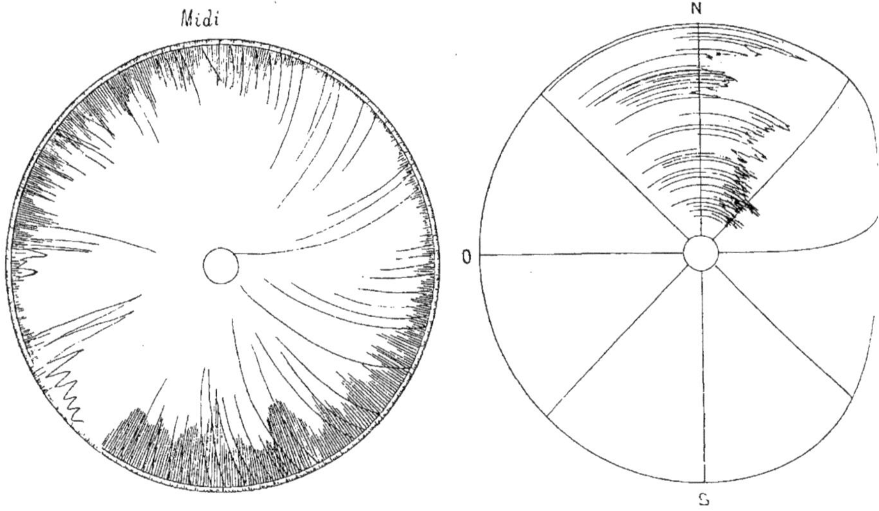

Fig. 45.

Spécimen d'un tracé de la vitesse du vent obtenu avec l'anémomètre multiplicateur (9 octobre 1880).

Spécimen d'un tracé de la direction du vent avec l'anémomètre multiplicateur (1er décembre 1875).

Anémomètre enregistreur électrique. — Cet appareil se compose de deux parties distinctes : l'*anémomètre* proprement dit, qui n'est autre que celui de Robinson précédemment décrit, et l'*enregistreur*, dont

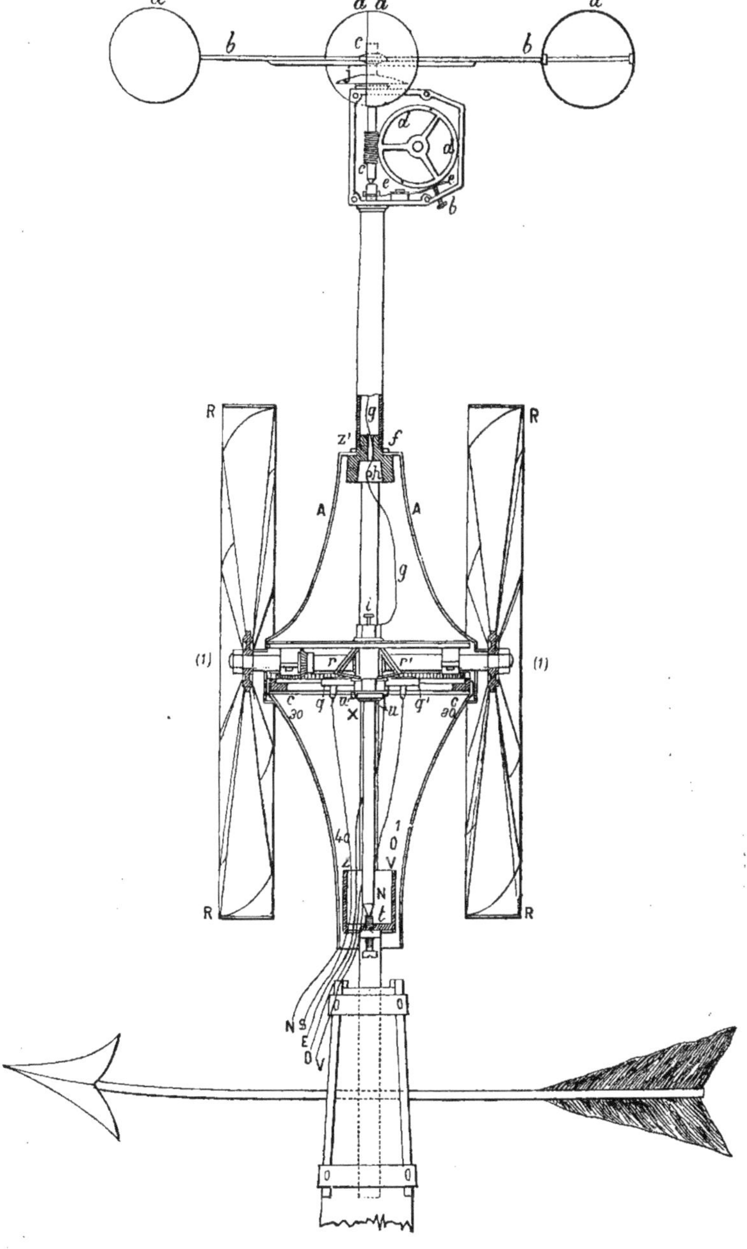

Fig. 46. — Coupe de l'anémomètre.

les dispositions ont été imaginées par Hervé Mangon (fig. 46, 47, 48, 49, 50, 51).

L'arbre vertical mobile *cc*, à l'extrémité supérieure duquel se trouvent les quatre demi-sphères creuses, est terminé à sa partie inférieure par une vis taraudée, qui commande une roue dentée de deux cents dents *dd*. Cette roue porte deux chevilles métalliques fixées aux extrémités d'un diamètre et qui viennent successivement toucher l'extrémité d'un ressort isolé *ee*. Ce contact établit, par l'intermédiaire d'un fil métallique recouvert de gutta-percha *gg*, une communication électrique dans le circuit de l'électro-aimant qui enregistre les vitesses, comme nous le verrons plus loin. Ce con-

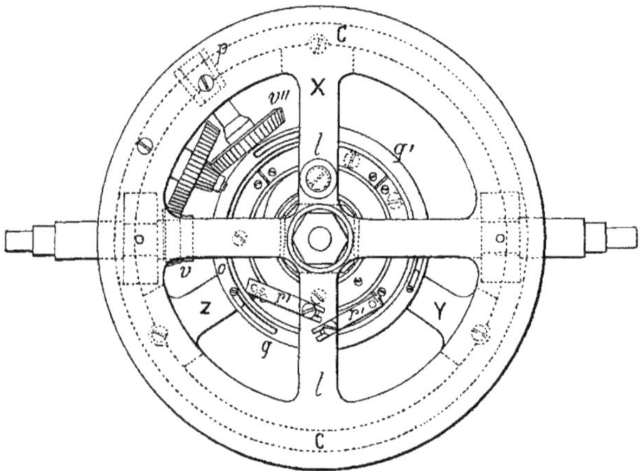

Fig. 47. — Plan et coupe suivant (I-I) les ailes enlevées.

tact a lieu deux fois pour une révolution entière de la roue, c'est-à-dire toutes les fois que le moulinet a fait cent tours.

La partie de l'instrument qui donne la direction du vent est basée sur le principe de l'anémoscope d'Œsler; elle se compose de deux ailes ou roues RR, montées sur un même arbre. Elles sont mises en mouvement par le vent aussitôt que sa direction est inclinée sur leur plan. Ce mouvement est transmis à un pignon P, qui engrène avec la roue dentée fixe *cc*. Deux ressorts *rr'*, fixés à la traverse *ll*, frottent successivement sur quatre segments métalliques séparés les uns des autres et incrustés dans le disque isolant *gg'*. Ces quatre segments correspondent aux quatre aires du vent.

L'appareil enregistreur se compose de cinq pointes d'acier mises

Fig. 48. — Élévation et coupe suivant (I-I) de l'enregistreur.

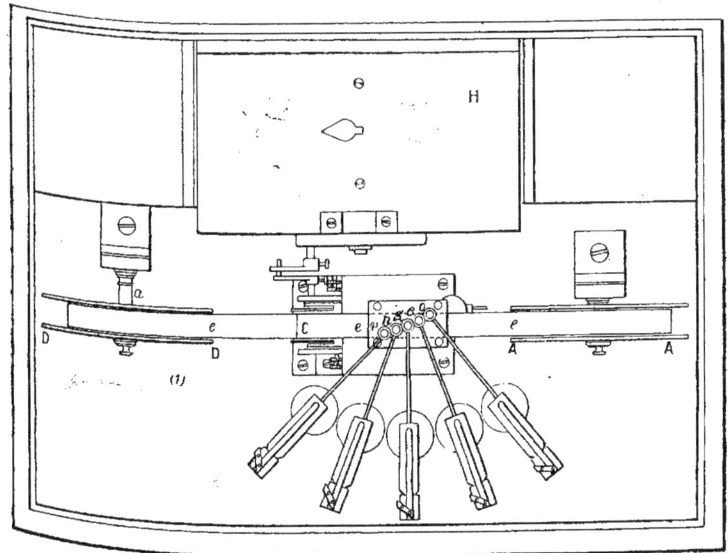

Fig. 49. — Plan de l'enregistreur.

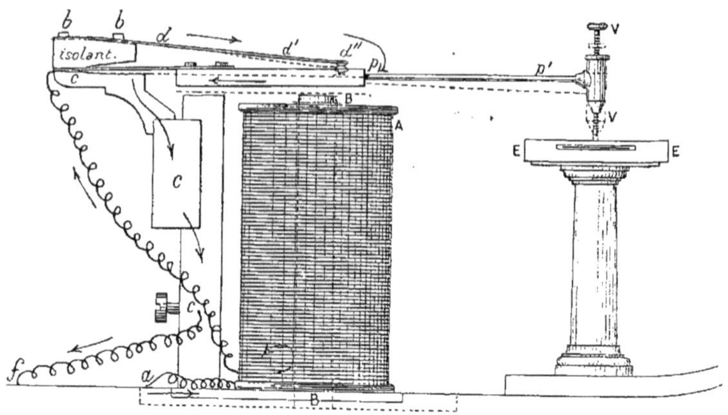

Fig. 50. — Électro-aimant trembleur.

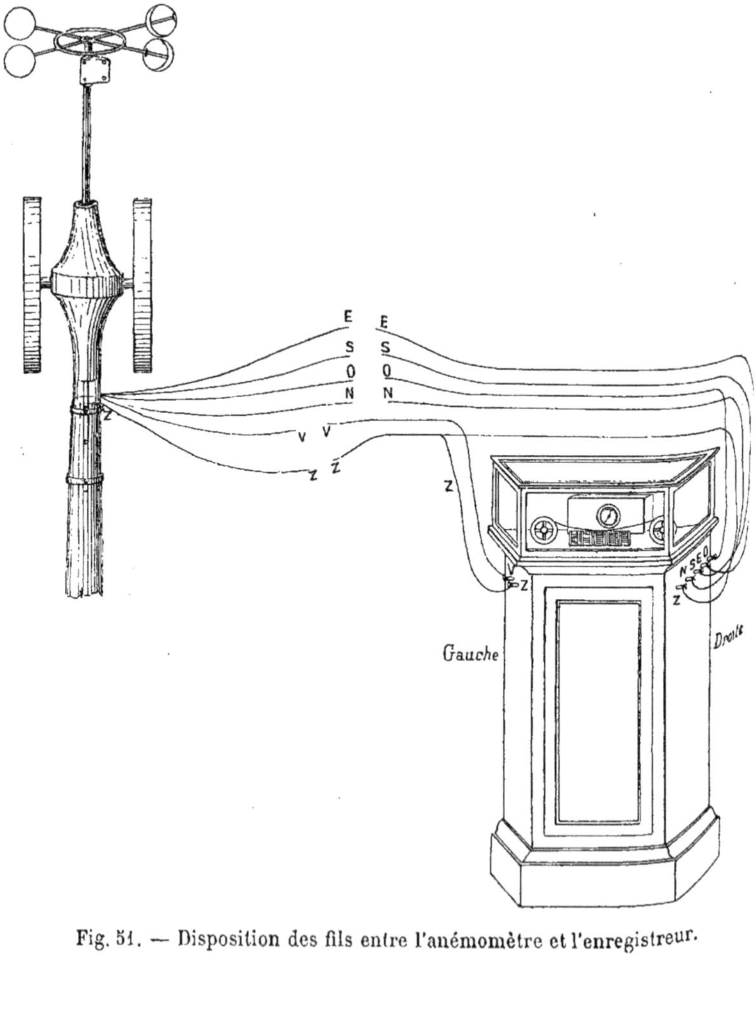

Fig. 51. — Disposition des fils entre l'anémomètre et l'enregistreur.

en mouvement par le passage du courant électrique dans un ou plusieurs des cinq électro-aimants qui correspondent à chacune de ces pointes.

Une bande de papier, placée en rouleau sur une bobine A, se déroule d'une manière continue, passe sur l'enclume B et va s'enrouler sur une poulie D. La pointe V, qui enregistre la vitesse, frappe le papier toutes les fois que le courant est fermé par le contact de la goupille de la roue *dd* et du ressort *ee*.

Quant à l'enregistrement de la direction du vent, il se réalise de la manière suivante : les quatre segments incrustés dans le disque *qq'* communiquent, par l'intermédiaire des fils N, S, E, O, avec les quatre autres pointes d'acier. Les ressorts frotteurs *r*, *r'* sont toujours en contact avec un, ou au plus deux, des quatre segments répondant aux aires du vent. Il en résulte que le courant passe par un, ou au plus deux, des quatre électro-aimants correspondants. Les traces laissées sur la bande de papier indiquent les directions successives du vent.

Une disposition spéciale de l'appareil permet de n'observer la direction que de dix en dix minutes pour ne pas trop fatiguer les électro-aimants.

Intensité du vent. — Les variations journalières de l'intensité du vent sont très irrégulières ; on constate cependant un maximum pendant le jour et un minimum pendant la nuit. Le tableau ci-dessous (fig. 52) donne les moyennes des deux années 1875 et 1876, à l'observatoire de Montsouris :

Heures.	Vitesse à l'heure.	Pression par mètre carré.
6 heures du matin	10 kilom. 35	0 kg 71
9 heures —	11 — 49	0 88
Midi	14 — 93	1 48
3 heures du soir	15 — 80	1 66
6 heures —	14 — 83	1 46
9 heures —	12 — 50	1 06
Minuit	11 — 55	0 90
Moyennes	12 kilom. 73	1 kg 06

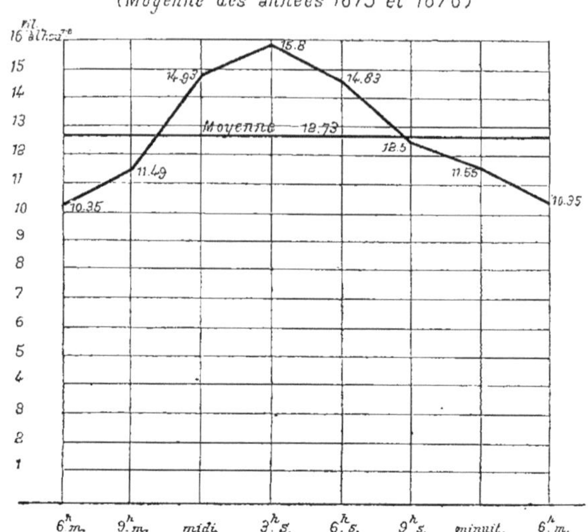

Fig. 52. — Variations journalières de la vitesse du vent.

Les météorologistes ont coutume d'appeler :

1	Vent léger,	un vent de	16	kilomètres à l'heure.	
2	— modéré	—	40	—	
3	— frais	—	64	—	
4	— fort	—	88	—	
5	— violent	—	112	—	
6	— tempête	—	136	—	

Ces dénominations n'ont évidemment rien d'absolu.

Le tableau ci-dessous montre la relation qui existe entre la vitesse du vent et la pression exercée par mètre carré.

Vitesses.	Pressions.	Observations.
11 kilom. 0	1 kg 15	
12 — 1	1 37	
12 — 9	1 56	
13 — 1	1 62	
14 — 1	1 88	
17 — 1	2 76	
17 — 9	3 02	
18 — 5	3 22	
25 — 6	6 16	
79 — 0	75 0	Grand frais.
95 — 0	85 0	
104 — 0	120 0	Coup de vent.
133 — 0	180 0	Tempête.
166 — 0	280 0	Ouragan.

L'influence exercée par la dimension d'une surface sur la pression qu'elle subit pour un vent d'une force donnée n'est pas bien déterminée.

Lors de la reconstruction du pont du Forth, qui fut emporté par une tempête, on a admis comme pression maximum pouvant être exercée par le vent : 272 kilogrammes par mètre carré. Il résulte des expériences faites aux abords de l'emplacement de ce pont qu'en général, plus la surface exposée au vent est grande, moins la pression par unité de surface est considérable.

Dans le cas d'un coup de vent, on observe en général trois maxima dont le deuxième est le maximum maximorum (fig. 53).

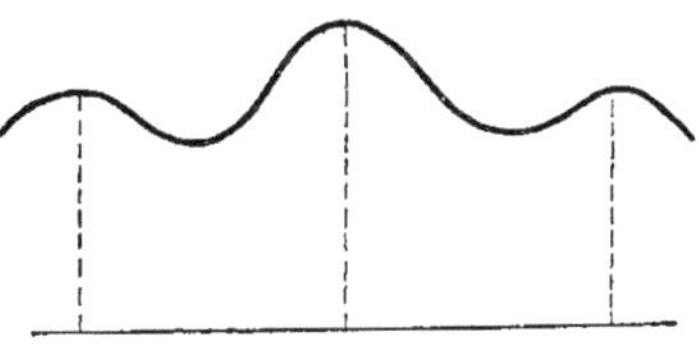

Fig. 53.

Comme exemple de vents extrêmement violents on peut citer ceux qui ont été observés en septembre et décembre 1869 et dont la vitesse était de 180 kilomètres à l'heure, le 18 janvier 1866 (166 kilomètres) et le 26 janvier 1884 (137 à 162 kilomètres). Ce dernier chiffre, 162 kilomètres, correspond à la plus grande vitesse qui ait été observée à Paris. La vitesse du vent a atteint 250 kilomètres à Sydney le 10 septembre 1876.

Les variations mensuelles sont aussi des plus irrégulières.

Voici les moyennes des vitesses pour les différents mois de la période 1873-1884 :

Janvier...	14 k. 0	Avril......	15 k. 5	Juillet....	12 k. 5	Octobre....	13 k. 5
Février...	15 5	Mai.......	15 5	Août.....	14 0	Novembre..	15 5
Mars.....	16 0	Juin.......	13 5	Septembre	13 0	Décembre.	14 0

La moyenne est de 14 kil. 5.

Les résultats d'une année d'observation (1860-1861) ont été, d'après Hervé-Mangon :

		Vitesse moyenne.	
		Par seconde.	Par heure.
Hiver...	Jour........................	3 m. 35	12 k. 06
	Nuit........................	3 15	11 34
Été.....	Jour........................	3 09	11 12
	Nuit........................	1 89	6 80
	Moyenne.................	2 64	9 50

En ce qui concerne la fréquence annuelle des vents suivant leur vitesse, Hervé Mangon a trouvé :

Une vitesse de	2 m.	pendant	818	heures.		Une vitesse de	7 m.	pendant	327	heures.
—	3	—	736	—		—	8	—	286	—
—	4	—	612	—		—	9	—	245	—
—	5	—	491	—		—	10	—	164	—
—	6	—	409	—						

On voit que la fréquence diminue d'une manière continue quand la vitesse augmente.

Les vitesses moyennes annuelles pendant les années successives de 1875 à 1886 ont été les suivantes (à l'observatoire de Montsouris, à 20 mètres au-dessus du sol) :

1875	15 k.	3	1881	15 k.	2
1876	15	3	1882	13	7
1877	14	9	1883	13	8
1878	15	5	1884	16	4
1879	15	3	1885	14	4
1880	15	5			

Les moulins à vent ne marchent bien qu'avec un vent d'une vitesse de 7 à 8 mètres à la seconde. Lorsque la vitesse atteint 10 mètres à la seconde, on doit les arrêter.

La hauteur du baromètre et la direction du vent sont liées l'une à l'autre par une loi complexe mais dont les effets sont faciles à constater. Lorsqu'un vent souffle du sud vers le nord, il est chaud et chargé de vapeurs et, par suite, moins pesant que celui qui marche des régions polaires vers l'équateur. Il résulte, en effet, de nombreuses expériences poursuivies à Paris par Bouvard, de 1816 à 1826, que c'est par les vents du sud que règne le minimum de la hauteur barométrique et par les vents du nord, le maximum. L'écart des moyennes est d'environ 7 millimètres.

La vitesse du vent semble augmenter avec l'altitude; on comprend que l'absence des obstacles que le vent rencontre à la surface du sol et aussi la diminution du frottement que subissent les couches d'air aient cette conséquence. Des expériences ont été faites à ce sujet en 1877 pendant une traversée de *la Magicienne;* on a mesuré la vitesse du vent à des hauteurs de 8 mètres et de 36 mètres au-dessus du niveau de la mer; les nombres trouvés étaient dans le rapport de 10 à 12. On tient compte de ces constatations

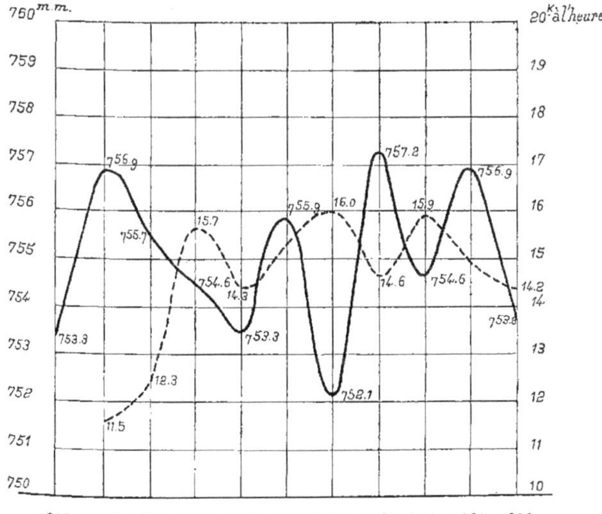

Fig. 54. — Relation entre les pressions barométriques et l'intensité du vent.

dans la construction des nouveaux clippers en augmentant la surface des voiles les plus élevées.

Il y a une tendance de la vitesse du vent à varier en sens contraire de la pression atmosphérique (fig. 54).

Direction du vent. — La question de la direction générale des vents est connexe de celle de l'origine des bourrasques. L'action du soleil s'exerce inégalement aux diverses latitudes du globe, puisque la surface terrestre qui, dans le voisinage de l'équateur, est frappée normalement par les rayons du soleil, ne les reçoit plus qu'horizontalement vers le pôle. C'est à cette inégalité dans les quantités de chaleur reçues qu'il faut attribuer les grands courants de l'atmosphère comme les grands courants de l'Océan.

Si la terre était parfaitement sphérique, à surface homogène et chauffée également de toutes parts, l'atmosphère gazeuse qui la surmonte demeurerait immobile et se disposerait par couches concentriques dont la densité irait en décroissant d'une manière continue à partir du sol; mais cette régularité de formes et cette constance dans la quantité de chaleur reçue n'existent pas; l'état d'équilibre est sans cesse troublé et l'atmosphère est animée de mouvements perpétuels.

L'air absorbe peu les rayons calorifiques, il s'échauffe ou se refroidit au contact du sol; les couches voisines de la terre en s'échauffant se dilatent et tendent à s'élever en déterminant un afflux d'air plus lourd et plus froid; de là, un mouvement général de l'atmosphère que l'on peut surtout observer à la surface de l'Océan, parce que là les courants atmosphériques se développent et se meuvent en toute liberté.

Le maximum de cet échauffement a lieu sous l'équateur, dans la zone torride où les rayons du soleil sont verticaux; il s'y produit donc un courant ascendant qui détermine un appel d'air venant des pôles; l'air échauffé, une fois élevé, se dirige vers les pôles pour revenir ensuite vers l'équateur en suivant une rotation continue; on conçoit donc que la différence de température du pôle et de l'équateur donne naissance à deux courants généraux : 1° un courant *équatorial* d'air chaud et humide dans les parties élevées de l'atmosphère; 2° un courant *polaire* d'air froid et sec à la surface du globe. C'est à cet appel d'air que nous devons les vents alizés : ce sont les vents inférieurs rasant la mer.

Ces mouvements généraux de l'atmosphère, des pôles vers l'équateur et de l'équateur vers les pôles, sont modifiés dans leur allure par des causes perturbatrices qui les font dévier de leurs directions nord-sud et sud-nord. Ces causes perturbatrices viennent de l'influence de la rotation de la terre sur les molécules d'air qui se meuvent à la surface du globe et de la force centrifuge propre à ces molécules.

La vitesse de rotation de la terre est, comme on sait, maximum à l'équateur (460 mètres environ à la seconde) et diminue jusqu'aux pôles où elle est nulle. Une molécule d'air marchant de l'équateur vers le pôle nord rencontre des couches dont la vitesse de rotation de l'ouest à l'est va en diminuant; elle a donc un excès de vitesse de l'ouest à l'est sur le milieu qu'elle rencontre; cet excès de vitesse suivant le parallèle se compose avec la vitesse de translation suivant le méridien; par suite le courant tend à dévier vers l'est et à souffler du sud-ouest au nord-est. En général l'influence de la rotation de la terre se traduit par une force qui agit perpendiculairement à la trajectoire de la molécule d'air et la fait dévier à droite dans l'hémisphère nord et à gauche dans l'hémisphère sud; elle est d'autant plus grande que le point considéré est plus éloigné de l'équateur.

Cette action perturbatrice est indépendante de la direction du vent, mais son importance est proportionnelle à la vitesse de l'air.

Le courant polaire inverse du courant équatorial est au contraire infléchi vers l'ouest par la rotation de la terre, de sorte qu'au nord de l'équateur les alizés soufflent du nord-est.

En résumé, dans notre hémisphère, les courants équatoriaux vont du sud-ouest au nord-est, et les courants polaires du nord-est au sud-ouest.

A Paris, on compte, en un an, cent vingt-six jours de vents polaires et deux cent trois jours de vents équatoriaux. La courbe ci-dessous (fig. 55) est relative à la fréquence relative des vents de diverses directions à Paris, exprimée en jours par an; si l'on compose toutes les fréquences, comme des forces, on trouve que la résultante, c'est-à-dire la direction moyenne du vent à Paris, passe entre l'ouest et le sud-ouest à 21° de l'ouest (S. 69° O.). C'est donc un courant équatorial qui vient réchauffer les côtes de la France.

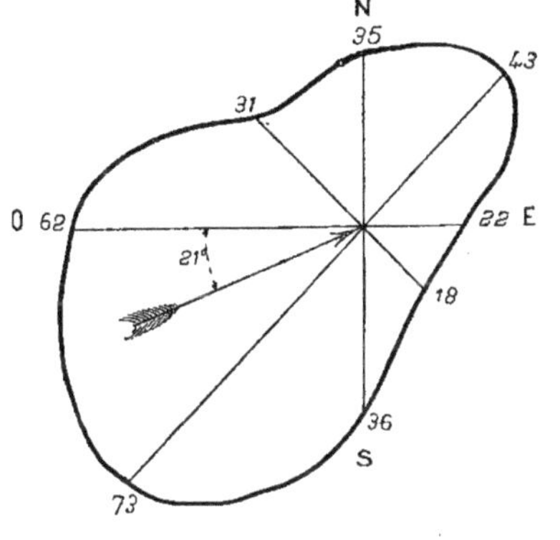

Fig. 55.

A Paris, on a constaté la prédominance du vent du nord en été et du vent du sud en hiver, circonstances qui contribuent à tempérer le climat.

Dans l'hémisphère nord, le vent tourne en général dans le sens des aiguilles d'une montre; il va de l'ouest à l'est en passant par le nord (loi de Dove).

Vents spéciaux. — Parmi les vents spéciaux les plus remarquables, on peut citer : pour la France, le vent d'ouest, qui est le vent des tempêtes sur nos côtes, et le mistral. Ce dernier est un vent du nord, qui souffle dans la vallée du Rhône. Il est sec et froid et a souvent une violence extrême. C'est un vent desséchant très désagréable. Le golfe du Lion doit surtout au mistral cette agitation qui le fait particulièrement redouter des navigateurs.

Sur l'Algérie et la Tunisie, souffle assez fréquemment un vent très chaud qu'on nomme le siroco. Il vient du sud-est et il arrive en Algérie après avoir traversé les déserts brûlants du Sahara. Aussi est-il à la fois très chaud, très sec et chargé de sable très fin. Son approche est annoncée par des caractères auxquels les gens du pays ne se trompent point : la température est tiède, l'atmosphère lourde, pas un souffle dans l'air; enfin le vent arrive, et, pendant toute sa durée, la température reste très élevée (35°), même pendant la nuit.

Le siroco exerce une action desséchante extrêmement énergique; aussi est-il très redouté par les viticulteurs. Dans l'espace de quelques heures, il peut maltraiter les vignes de manière à réduire la récolte de moitié ou même davantage. Heureusement, sa durée ne dépasse ordinairement pas deux ou trois jours.

CHAPITRE VI

ÉLECTRICITE

L'électricité atmosphérique se manifeste surtout pendant les grandes pluies; elle accompagne les orages et la grêle. Son rôle, au point de vue de la physiologie végétale, n'est pas bien défini.

Si l'on réfléchit à l'influence que les phénomènes électriques exercent sur les animaux et les composés chimiques, on comprend qu'il n'est pas déraisonnable d'admettre qu'elle peut agir sur les phénomènes de la végétation et qu'il est intéressant de suivre les variations incessantes de l'agent électrique.

C'est aux phénomènes électriques que l'on doit attribuer l'existence de l'acide azotique dans l'atmosphère; l'électricité a également une influence sur la formation de l'ammoniaque.

Ajoutons que Berthelot a montré que les effluves électriques jouent un rôle important dans le maintien de la fertilité du sol par la fixation directe de l'azote de l'air sur les matières organiques.

Instruments de mesure. — Électromètres. — L'un des appareils employés pour mesurer les quantités d'électricité atmosphérique est l'électromètre à veine d'eau : un vase rempli d'eau et isolé par trois pieds d'ébonite vernis à la gomme laque est percé d'un petit trou; une veine s'en échappe; l'écoulement du filet d'eau ne donne lieu à aucun dégagement d'électricité sensible; les gouttelettes se mettent en équilibre électrique avec l'air ambiant; on les reçoit sur des armatures métalliques dont on mesure ensuite la tension.

On se sert le plus généralement de l'électromètre de Thomson, modifié par Branly (fig. 56); il se compose d'une caisse à base carrée, de $0^m.18$ de largeur sur $0^m.28$ de hauteur, dont les parois latérales sont formées de glaces; la table supérieure est en ébonite (caoutchouc durci) et porte en son centre un tube de verre de $0^m.28$ de hauteur, surmonté d'une douille en cuivre ; sur cette douille peut tourner un tambour dont le fond porte une pince à vis de serrage. A la même table supérieure, sont fixées quatre tiges de cuivre verticales, portant à leur extrémité inférieure quatre secteurs, séparés les uns des autres par un intervalle de 1 à 2 millimètres. L'ensemble de ces quatre secteurs forme un plan horizontal *mn*, au-dessus duquel est suspendue, au moyen d'un fil de platine sans torsion, une plaque mince d'aluminium taillée en forme de 8. Deux des secteurs placés en diagonale communiquent ensemble et avec l'un des pôles d'une pile; les deux autres communiquent ensemble et avec l'autre pôle. Enfin, au-dessous de l'aiguille en 8, et mobile avec elle, se trouve un miroir plan vertical dont une lunette, munie d'une règle divisée horizontale, permet de suivre les plus petits mouvements. Quand il n'y a pas d'électricité sur l'aiguille, elle est dans l'intervalle des secteurs; dès que l'aiguille se charge d'électricité, elle est attirée par deux des secteurs, repoussée par les deux autres, elle tend à les recouvrir; elle se déplace d'un angle proportionnel à sa charge électrique.

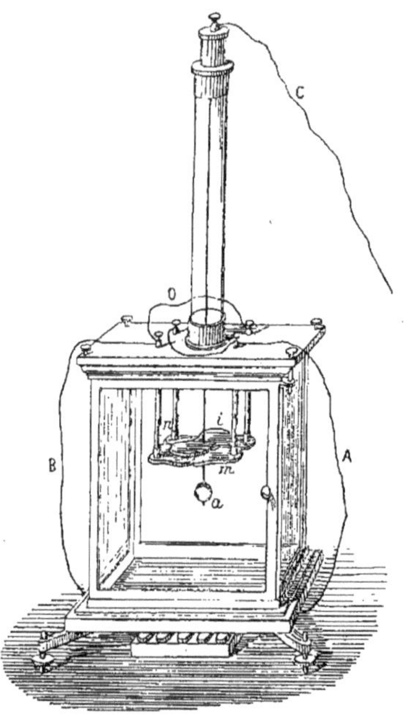

Fig. 56.

A l'Observatoire de Montsouris, on prend pour unité la différence des potentiels des deux pôles d'un élément Daniell dont les deux pôles ne communiquent pas entre eux.

L'électricité atmosphérique que mesurent les électromètres se recueille au moyen de *collecteurs*. Le collecteur employé à Montsouris est une mèche ronde de lampe à pétrole; cette mèche, préalablement enduite de nitrate de plomb pour la rendre combustible, est fixée par une pointe de cuivre à l'extrémité d'une canne longue de 2^{m}.50, qui sort au travers d'une ouverture percée dans une des vitres des fenêtres de l'Observatoire (la canne sort de 2 mètres environ). Chaque bout de mèche a 4 centimètres de longueur et est allumé au moment de l'expérience; sa combustion dure dix minutes. La pointe qui porte la mèche communique d'ailleurs avec l'électromètre intérieur, au moyen d'un fil métallique établi le long de la canne.

La combustion de la mèche (dont le potentiel est zéro) n'a d'autre effet que de tendre à mettre l'électromètre en équilibre électrique avec le milieu ambiant au point où se trouve la mèche; l'équilibre de charge a lieu quand il y a égalité entre la perte par les supports, et le gain résultant de l'action continue du collecteur; le potentiel de l'électromètre est alors en rapport avec celui de l'atmosphère.

Dans les observatoires, on se sert de l'électromètre enregistreur de M. Mascart (1).

Constatations. — L'électricité atmosphérique est généralement positive en temps ordinaire; elle devient négative en temps de pluie. A Montsouris, on a remarqué que l'électricité, positive en général, devient négative quand la vapeur des locomotives du chemin de fer de Ceinture est poussée vers le collecteur; en effet, la vapeur qui s'échappe d'une chaudière en plein air est de signe contraire à l'électricité atmosphérique.

La courbe de la figure 57, qui s'applique à l'année 1875, établit les variations diurnes du potentiel électrique de l'air. On constate une sorte de marée électrique se traduisant par deux maxima : l'un à 9 ou 10 heures du matin, l'autre à 9 ou 10 heures du soir.

(1) Voir le *Traité de l'Électricité*, par Mascart et Joubert.

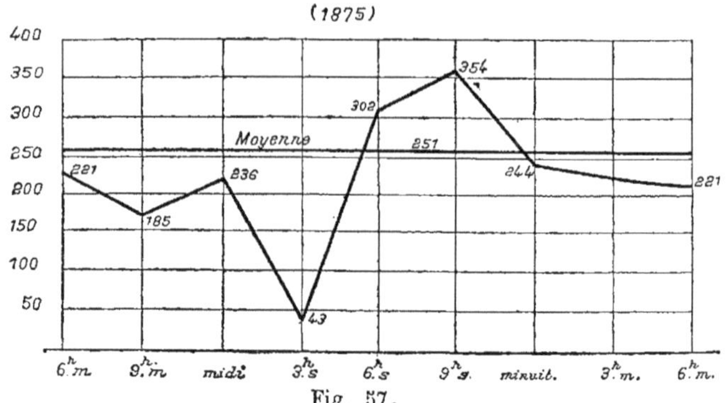

Fig. 57.

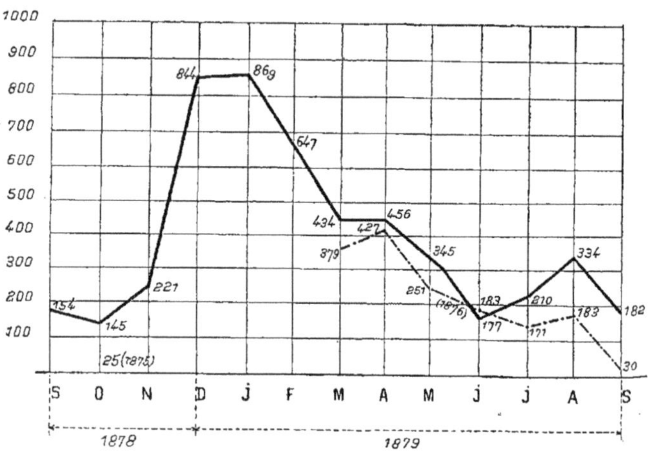

Fig. 58.

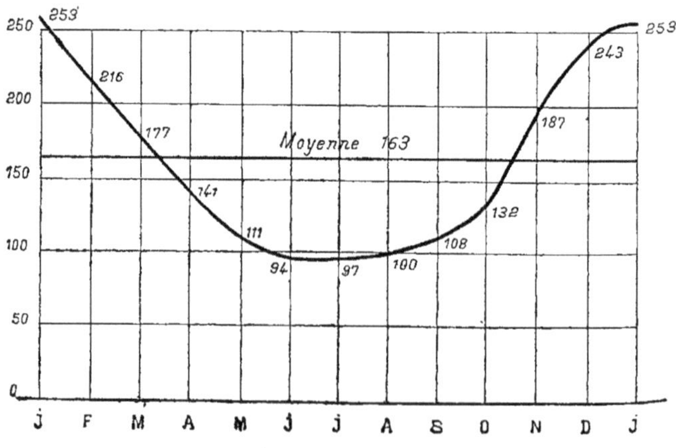

Fig. 59. — Électricité en rase campagne.

6 heures du matin.....	221	unités.	9 heures du soir	43	unités.
9 —	185	—	6 —	302	—
Midi	236	—	9 —	354	—
			Minuit...............	244	—

La moyenne est de 251 unités.

Les variations annuelles sont beaucoup plus considérables; la figure 59 et le tableau ci-dessous en donnent une idée.

Mois.	Dates.	Mesures.	Moyennes.	Mois.	Dates.	Mesures.	Moyennes.
Janvier	1	255	253	Juillet	1	95	97
	11	255			11	98	
	21	248			21	98	
Février	1	230	216	Août	1	99	100
	11	216			11	100	
	21	202			21	105	
Mars	1	188	177	Septembre	1	103	108
	11	178			11	108	
	21	164			21	114	
Avril	1	152	141	Octobre.......	1	121	132
	11	142			11	131	
	21	130			21	145	
Mai	1	120	111	Novembre	1	164	187
	11	110			11	187	
	21	102			21	210	
Juin..........	1	97	94	Décembre.....	1	228	243
	11	92			11	247	
	21	94			21	253	

Observations. — Les mesures sont exprimées en éléments Daniell. Pour l'année entière la moyenne est de 163.

On a remarqué que l'électricité atmosphérique est maximum par les vents du sud-est, plus considérable au soleil qu'à l'ombre, et par le beau temps qu'en temps de pluie.

Pendant les périodes de beau temps, quand le ciel est dégarni de nuages, le potentiel électrique de l'air croît proportionnellement à la hauteur de la couche considérée au-dessus de la surface du sol ou des objets qui le recouvrent.

Si l'on appelle *surface de niveau électrique* ou *équipotentielle* une surface telle que l'atmosphère y ait partout le même potentiel, la surface O coïncide avec la surface du sol et suit tous les contours des objets qui le recouvrent. Sur un sol plan, horizontal et nu, les surfaces de niveau, 1, 2, 3.... seront planes, horizontales et équidistantes. Sur un sol nu, mais ondulé, les couches de niveau seront aussi ondulées; mais leurs distances relatives diminueront à partir des points en saillie, de telle sorte que les ondulations des surfaces équipotentielles s'affaiblissent à mesure qu'on pénètre dans des couches d'un ordre plus élevé. La même chose a lieu au-dessus des édifices.

Influence de l'électricité sur la végétation. — L'électricité atmosphérique contribue à la formation d'azote nitrique et d'azote ammoniacal. Les graminées agissent comme pointes pour décharger, en quelque sorte, l'atmosphère; ainsi, il est impossible de charger une machine électrique dans une prairie, et même au voisinage d'un pot rempli d'herbes.

On a constaté, en analysant des récoltes, qu'il s'y trouve quelquefois plus d'azote qu'on n'en a donné à la terre sous forme d'engrais; on a été ainsi conduit à attribuer l'existence de cet excès d'azote à une absorption de l'azote de l'air par les plantes, sous l'influence des effluves électriques.

On a observé d'ailleurs cette absorption par les corps ligneux ou par la dextrine humide, sous l'action d'effluves électriques à forte tension.

M. Berthelot, pour démontrer l'action de l'électricité atmosphérique sur la fixation de l'azote, prenait deux tubes à armatures métalliques formant gaines (fig. 60); le tube intérieur était en communication avec un collecteur d'électricité atmosphérique; le tube extérieur, avec le sol; la matière à azoter était en A dans le tube extérieur, avec de l'air ou de l'azote. Après une série d'effluves, on a constaté, en traitant la matière par la chaux sodée, un dégagement d'ammoniaque provenant de la fixation de l'azote. La proportion d'azote fixé était plus forte avec les petits végétaux (algues microscopiques). Ainsi, l'on trouve une cause de fixation directe de l'azote dans l'électricité atmosphérique, agissant non plus accidentellement par ses décharges subites et ses étincelles violentes, qui donnent naissance à l'acide azotique et à l'azotite d'ammoniaque pendant les orages, mais engendrant peu à peu des composés azotés complexes, par une action lente, continue, en vertu des faibles tensions électriques qui existent en tout temps et en tout lieu à la surface du globe.

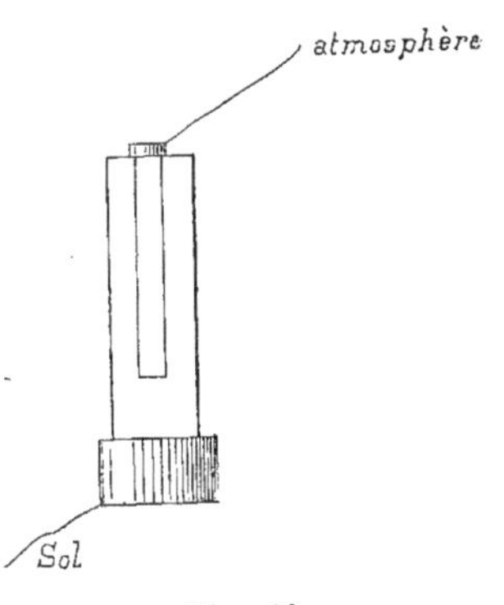

Fig. 60.

M. Grandeau suppose que l'électricité a une influence directe favorable sur la végétation ; pour le prouver, il a comparé deux prairies de même surface, dont l'une était soustraite à l'action de l'électricité atmosphérique, au moyen d'une cage métallique munie de pointes en réseau serré. Ce résultat n'est pas encore bien acquis ; des expériences faites par M. Naudin semblent le contredire.

Action de la lumière électrique. — La lumière électrique exerce une action sensible sur la végétation : elle peut fournir aux plantes une partie des rayons utiles du spectre ; elle est donc susceptible d'activer pendant le jour ou de prolonger pendant la nuit l'action de la lumière solaire.

Des expériences ont été faites à ce sujet par M. Siémens, à l'exposition d'électricité (1881).

Une source de 1.400 bougies, à 2 mètres de distance, semble exercer sur la plante une influence analogue à celle de la lumière du jour, sans que l'on constate aucune souffrance due à l'absence du repos que la nuit procure à la végétation.

CHAPITRE VII

HYGROMÉTRIE

L'humidité de l'air a une influence certaine sur la végétation. Les eaux météoriques ont pour origine la vapeur d'eau qui existe toujours en quantité notable dans l'atmosphère ; le degré d'humidité de l'air, son *état hygrométrique* (1) est aussi un élément caractéristique de l'état du temps ; il y a tendance à la pluie dans un air déjà humide approchant de la saturation.

Instruments de mesure. — On peut les ramener à trois types :

1° *Hygromètre à cheveu.* — L'hygromètre à cheveu de Saussure (fig. 61) est bien connu ; il est gradué de 0 à 100 (air sec, air saturé) ; l'allongement du cheveu, de 0 à 100, est d'environ 1/40 de sa longueur ; les variations dues à la température sont négligeables (3/4 de degré de l'instrument pour une variation de température de 33°).

(1) Rapport entre la quantité de vapeur d'eau contenue dans l'air ou entre sa force élastique et les mêmes quantités, si l'air était saturé, à la même température.

Cet hygromètre est d'une observation facile mais ses indications sont sujettes à caution : le cheveu est délicat, s'allonge sous un faible effort de traction et se rompt facilement (on prend de préférence un cheveu blond) ; enfin les allongements du cheveu ne sont pas proportionnels aux états hygrométriques vrais ; ainsi à des degrés de l'hygromètre 5, 25, 50, 75, 95 correspondent les états hygrométriques 0.022, 0.120, 0.278, 0.538, 0.891 (Gay-Lussac).

On peut remédier dans une certaine mesure à ces inconvénients en accouplant 3 ou 4 cheveux sur la poulie (ou en substituant un crin de cheval au cheveu) et en remplaçant la poulie par un levier

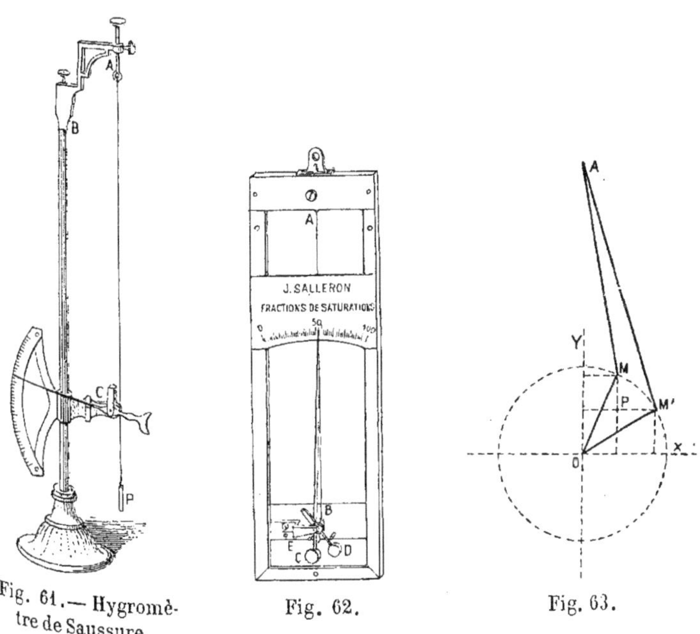

Fig. 61. — Hygromètre de Saussure.

Fig. 62.

Fig. 63.

mobile (fig. 62) ; les cheveux en faisceaux sont articulés à l'extrémité du levier autour du centre O duquel tourne une aiguille qui se meut devant un cadran ; l'extrémité M (fig. 63) décrit un cercle et les allongements suivent, par rapport aux arcs décrits par l'aiguille, la loi de variation des sinus, car aux deux positions OMA OM'A correspond sensiblement un allongement MP qui représente la variation du sinus de l'angle MOX. Les arcs décrits sont donc

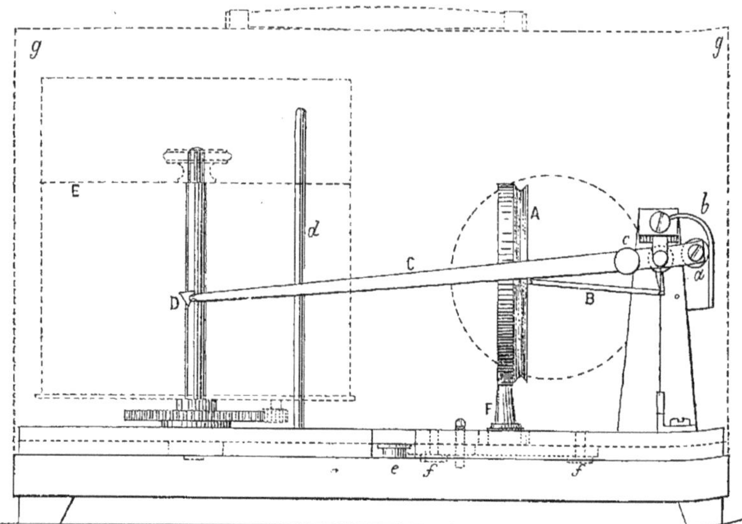

Fig. 64.

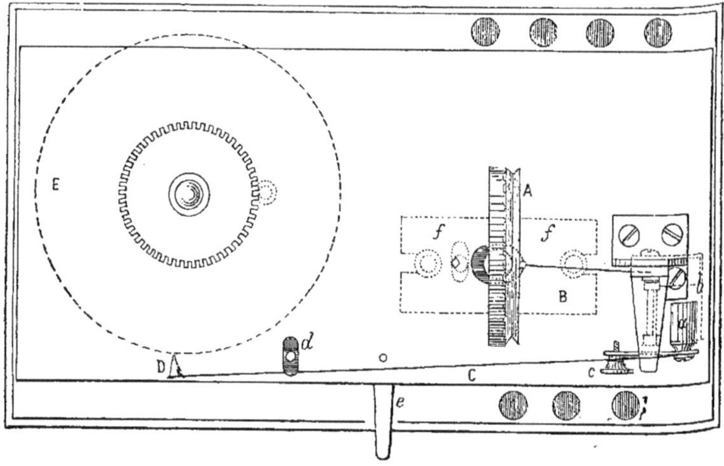

Fig. 65.

Fig. 64. Elévation de l'appareil.

Fig. 65. Plan de l'appareil.

A, membrane en baudruche tendue sur un tambour métallique.

B, bielle transmettant le mouvement du centre de la membrane, par l'intermédiaire d'un petit levier, au levier portant la plume.

C, levier en laiton portant la plume D.

E, tambour portant une feuille de papier quadrillé et contenant un mouvement d'horlogerie.

Ce tambour n'est qu'indiqué en plan et en élévation.

F, colonne sur laquelle est fixé le tambour portant la membrane. Cette colonne repose sur une platine *f* dont on peut régler la position au moyen d'une vis mobile.

a, contrepoids équilibrant le système des leviers.

b, pièce protégeant l'extrémité du levier C.

c, vis servant à régler la pression de la plume sur le tambour.

d, tige permettant d'écarter le levier C.

e, levier servant à manœuvrer la tige C.

f, cage en tôle, figurée en pointillé.

d'autant plus grands pour un même allongement que le point M est plus voisin de la verticale OY. On peut ainsi corriger les inégalités d'allongement des cheveux en passant de la sécheresse à l'humidité et faire en sorte que les arcs varient sensiblement comme l'état hygrométrique vrai.

Dans l'hygromètre enregistreur (fig. 64 et 65), une membrane en baudruche tendue sur un tambour métallique accuse les variations de l'état hygrométrique en les inscrivant automatiquement au moyen d'un jeu de bielle et de leviers.

2° *Hygromètres à condensation.* — Leur principe est le suivant : L'air, quelle que soit sa température, n'est ordinairement pas saturé de vapeur d'eau. Tout excès, comme il s'en produit lorsque surgit une cause suffisante de refroidissement, sans que pour cela le poids absolu de la vapeur diminue, détermine une condensation. Les objets métalliques, plus prompts à se refroidir, se couvrent les premiers de rosée. On peut produire ce dépôt de rosée artificiellement et si l'on connaît exactement la température de la surface sur laquelle la vapeur d'eau a commencé à se précipiter, la tension maximum de la vapeur d'eau correspondant à cette température, donne la force élastique de la vapeur dans l'air considéré et, par suite, le rapport entre cette tension et la tension maximum pour la température de l'air ambiant donne l'état hygrométrique.

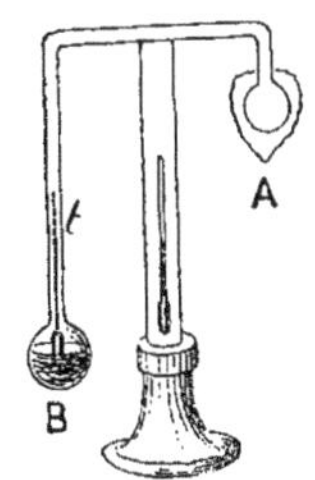

Fig. 66.

L'hygromètre de Daniell (fig. 66) se compose d'un tube en verre deux fois recourbé et terminé par deux boules contenant de l'éther; l'une des boules B, en verre bleu, contient un thermomètre. On verse de l'éther à la surface de la boule A; l'évaporation de l'éther produit un refroidissement qui amène une condensation partielle de la vapeur dans l'intérieur de l'appareil : de là une vaporisation nouvelle à la surface du liquide dans la boule B et par suite un refroidissement. On note la température du thermomètre au moment où la rosée apparaît sur le ballon B et la température de l'air extérieur.

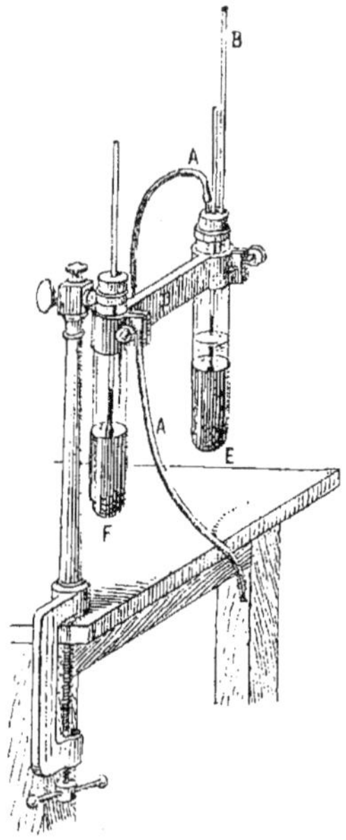

Fig. 67.

L'hygromètre de Regnault (fig. 67) est formé de deux dés en platine renfermant chacun un thermomètre; dans l'un de ces dés qui contient de l'éther, on fait passer un courant d'air jusqu'à la formation de la rosée sur le dé et l'on note, à ce moment, les températures des deux thermomètres. L'aspect brillant du second dé qui reste à la température de l'air sert à mieux juger par le contraste de l'instant où la buée commence à se déposer.

L'hygromètre Alluard est une modification du précédent : le dé prismatique, en laiton doré poli, est encadré dans une lame de même nature qui ne le touche pas et qui, n'étant jamais refroidie, conserve tout son éclat et forme contraste; le thermomètre non mouillé est à l'air libre.

3° *Psychromètre.* — Les hygromètres à condensation ne sont pas des instruments d'observation courante; aussi se sert-on plus généralement du psychromètre pour les observations météorologiques.

Le psychromètre (fig. 68) permet de mesurer l'état hygrométrique par la comparaison d'un thermomètre ordinaire et d'un thermomètre mouillé; les deux thermomètres, à mercure, aussi semblables que possible, sont suspendus parallèlement; l'un est nu et l'autre recouvert d'une mousseline dont l'humidité est entretenue par une mèche de coton communiquant avec un petit réservoir d'eau. L'évaporation qui se produit à la surface du réservoir mouillé est une cause de refroidissement d'autant plus active que l'évaporation est elle-même plus rapide et, par suite, que l'air est plus chaud, plus sec et plus agité; toutefois si le vent hâte l'évaporation et le refroidissement qui en est la conséquence, il met plus d'air en contact avec le réservoir; et comme cet air est plus chaud que le réservoir, il lui cède plus de chaleur. Les deux effets opposés se compensent à peu près complètement, en sorte que l'abaissement de température du thermomètre mouillé dépend principalement de la température de l'air qui l'enveloppe et de la quantité de vapeur qu'il contenait dans ses parties voisines.

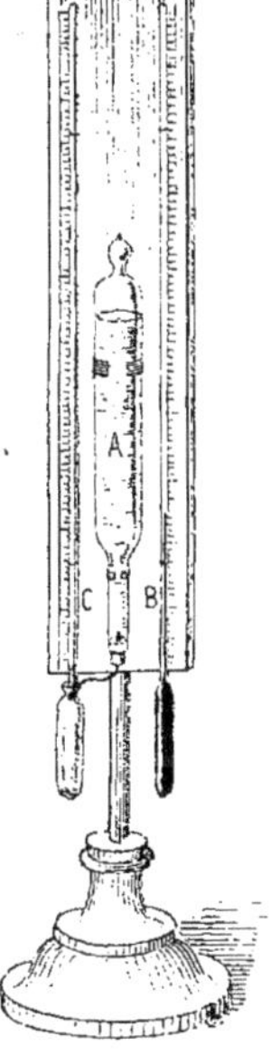

Fig. 68.

Si l'on désigne par x la tension actuelle de la vapeur contenue dans l'air, par t la température du thermomètre libre, par f' la tension maximum de la vapeur d'eau correspondant à la température t' du thermomètre mouillé et par h la pression barométrique, x est donné par la formule:

$$x = f' - 0{,}000635\,(t - t')\,h\ (1).$$

Lorsque $t = t'$, l'air est saturé, x représente alors la valeur de la tension maximum de la vapeur d'eau à la température t. On marque 100° ou 1° pour le degré hygrométrique correspondant; dans le premier cas les degrés hygrométriques s'expriment par des nombres entiers, dans le second cas par des nombres fractionnaires.

Dans cette formule le coefficient de $(t - t')\,h$ varie avec diverses circonstances, notamment avec l'exposition de l'appareil; on le détermine par comparaison avec l'hygromètre de Regnault.

Variations de l'état hygrométrique. — Les variations journalières sont assez faibles; on a constaté cependant que l'état hygrométrique est plus élevé pendant la nuit; ainsi, en hiver, on a en moyenne 81° à 6 heures du matin et 70° à 3 heures du soir; en été, 74° à 6 heures du matin et 56° à 3 heures du soir.

Le graphique (fig. 69) et le tableau ci-après sont relatifs aux variations mensuelles de l'état hygrométrique de l'air, à Paris, pendant les périodes de 1875 à 1878 et de 1872 à 1882.

(1) h est exprimée en millimètres.

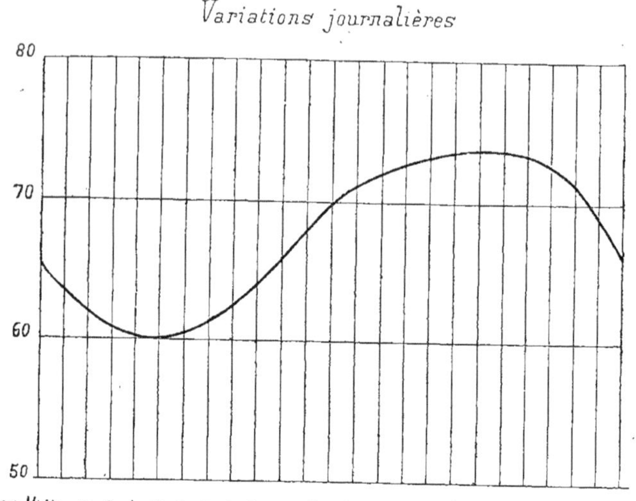

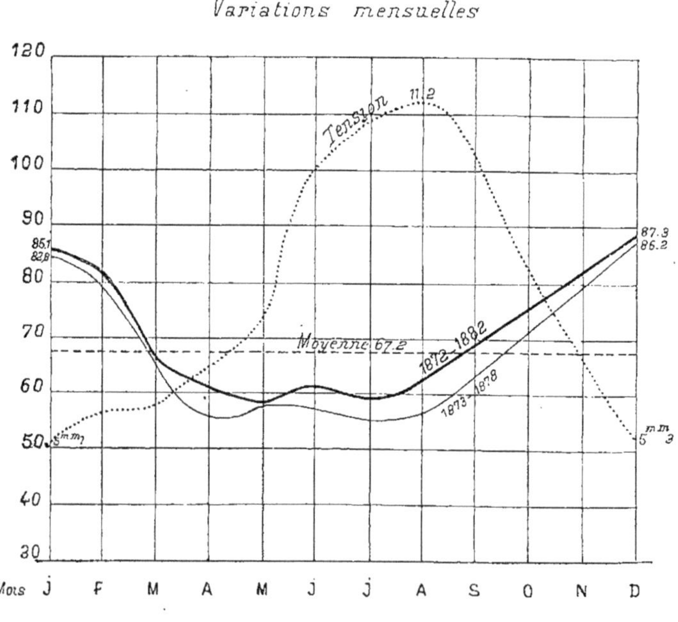

Fig. 69. — Hygromètre enregistreur.

Mois.	Moyennes mensuelles.	
	1873-1878.	1872-1882.
Janvier	82° 8	85° 1
Février	79° 4	81° 7
Mars	65° 8	66° 6
Avril	55° 6	60° 9
Mai	57° 2	57° 4
Juin	56° 8	61° 0
Juillet	54° 8	58° 59
Août	56° 9	62° 1
Septembre	63° 1	68° 8
Octobre	71° 1	75° 0
Novembre	78° 3	81° 2
Décembre	86° 2	87° 3
Moyennes	67° 2	70° 5

Le maximum a été de 91° (décembre 1878), le minimum de 43°5 (avril 1875).

Les moyennes annuelles pour la période de 1873 à 1882 ont été :

En 1873.....	de 71° 1		En 1878.....	de 72° 8	
1874.....	65° 9	(min.)	1879.....	74° 8	(max.)
1875.....	68° 9		1880.....	68° 2	
1876....	69° 9		1881.....	70° 5	
1877.....	71° 1		1882.....	71° 9	

Le degré hygrométrique est variable d'un lieu à l'autre; on a trouvé, pour les moyennes du mois d'avril 1878 :

A Versailles..............	71°	A Aubervilliers...........	85°
A Saint-Maur..............	71°	A Montsouris	77°

Il faut remarquer que l'état hygrométrique de l'air paraît varier en raison inverse de la tension absolue de la vapeur d'eau. En effet, dans la période de 1873 à 1882, les moyennes annuelles ont été pour la tension absolue de la vapeur d'eau :

En janvier................	5m/m	1	En juillet................	10m/m	9
» février................	5	6	» août....................	11	2
» mars	5	7	» septembre.	10	2
» avril..................	6	4	» octobre................	8	1
» mai	7	3	» novembre...............	6	7
» juin...................	10	1	» décembre...............	5	3

La moyenne est de 7mm7 (fig. 69).

Pendant la même période de 1873 à 1882 les moyennes annuelles ont été les suivantes :

1873	7m/m	85	1878	8m/m	15
1874	7	42	1879	7	57
1875	7	77	1880	7	42
1876	7	51	1881	7	64
1877	8	13	1882	7	60

Les instruments dont nous avons parlé donnent l'état hygrométrique à la surface de la terre, mais ne nous renseignent pas sur l'hygrométrie moyenne de l'atmosphère dont les parties supérieures échappent aux expériences directes.

On a cherché à déterminer la quantité moyenne de vapeur d'eau contenue dans l'atmosphère, soit par l'examen du spectre solaire (Janssen), soit en rapprochant la température de l'air de la quantité de chaleur fournie par le soleil (Desains) et en admettant l'égalité entre la quantité de chaleur solaire absorbée par la vapeur d'eau ou par la lame d'eau provenant de la condensation de cette vapeur.

Le degré hygrométrique diminue quand l'altitude augmente; dans son ascension aérostatique, Gay-Lussac a constaté, à une hauteur de 7.000 mètres, que l'état hygrométrique descendait à 0,125.

CHAPITRE VIII

PLUVIOMÉTRIE

La pluie. — Lorsque l'eau contenue dans l'air à l'état de vapeur passe à l'état liquide ou solide, elle prend le nom de pluie ou de neige. C'est généralement sous la première de ces deux formes qu'elle se présente dans nos climats.

La pluie tombe lorsqu'un vent relativement chaud transportant de l'air humide rencontre un milieu plus froid.

Il est superflu d'insister sur l'importance du rôle de la pluie dans la nature; c'est elle qui donne naissance aux cours d'eau, aux nappes souterraines, aux glaciers; elle est le trait d'union essentiel de la grande rotation de l'eau à la surface du globe.

Nuages. — Avant de tomber sous forme de pluie l'eau constitue les nuages; ce sont des agglomérations de petits globules d'eau ou vésicules qui flottent dans l'air; ils sont même quelquefois formés de fines aiguilles de glace. Comment les nuages se forment-ils? Tantôt ils sont dus à l'ascension d'un courant d'air chargé d'une grande quantité de vapeur d'eau; tantôt c'est la rencontre de deux masses d'air, l'une froide, l'autre chaude et humide, ou encore la condensation de la vapeur d'eau opérée par les cîmes des hautes montagnes, qui leur donne naissance.

L'épaisseur des nuages est de 200 à 300 mètres; elle atteint quelquefois 2.000 mètres.

La forme des nuages est très variée; on distingue quatre formes principales, savoir : les *cirrus* composés de filaments légers ressemblant à des barbes de plume ou à de la laine cardée; ce sont les nuages les plus élevés (8.000 mètres) et ils sont formés de fines aiguilles de glace; les *stratus*, nuages bas qui paraissent à l'horizon sous forme de bandes; leur forme stratifiée est due à un effet de perspective; les *cumulus*, gros nuages blancs floconneux qu'on voit en été dans nos contrées; enfin les *nimbus*, masses reconnaissables à leur teinte grise ou noire et à leurs bords frangés; ce sont des nuages à averses et à orages. Un nuage quelconque en s'abaissant et en se résolvant en pluie devient un nimbus.

Pluviomètres. — Le pluviomètre le plus ancien et le plus simple se compose d'un seau en zinc de $0^m.20$ de diamètre (fig. 70), sur lequel on place un entonnoir également en zinc; la surface de réception est un cercle de $0^m.20$ de diamètre; l'eau tombe dans l'entonnoir A et passe en B, où elle se trouve à l'abri de l'évaporation. Pour mesurer la hauteur de pluie tombée, on verse le contenu dans une éprouvette graduée dont chaque division correspond à 1/10 de millimètre d'eau pluviale. On peut aussi se servir d'un tube latéral indicateur de niveau.

Le bord des pluviomètres doit être tranchant et taillé droit à l'intérieur, le biseau étant réservé pour l'extérieur, afin d'éviter les déperditions par rejaillissement des gouttes.

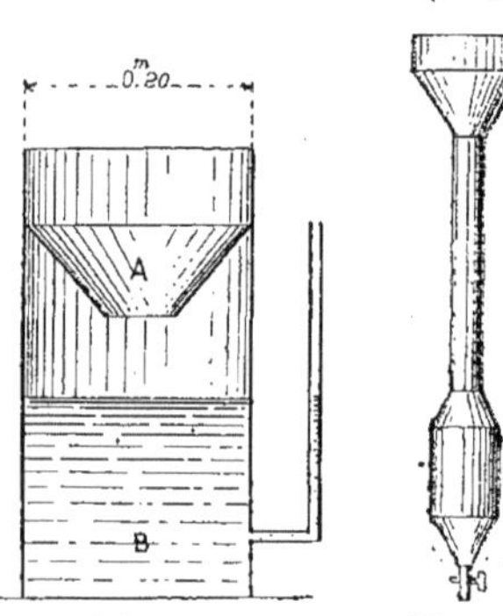

Fig. 70. Fig. 71.

On emploie quelquefois le pluviomètre multiplicateur (fig. 71); au-dessous de l'entonnoir est un tube gradué plus étroit, sur lequel se font les lectures; les sections étant à peu près dans le rapport de 1 à 10, ou mieux de 1 à 4, pour ne pas augmenter outre mesure la longueur du tube; la hauteur d'eau tombée est ainsi multipliée par 10 ou par 4.

En France, on adopte généralement aujourd'hui une surface de 4 décimètres carrés pour les pluviomètres.

Le pluviomètre totalisateur de Hervé Mangon (fig. 72) offre un moyen de contrôle; l'entonnoir *a* porte à sa base un robinet *b*; cet instrument s'adapte directement sur la virole *c* ou bien il est mis en communication avec elle par un tube en caoutchouc. C'est dans le tube de verre *d* que l'on mesure la hauteur de pluie tombée. L'observation faite, on tourne le robinet *e*; l'eau recueillie tombe dans le réservoir *f* où elle est emmagasinée; ce réservoir est muni d'un robinet *g*, fermé par un cadenas, que seul l'observateur principal peut ouvrir; ce dernier a ainsi le moyen de vérifier si le cube d'eau contenu dans *f* est bien d'accord avec le total des hauteurs notées par l'observateur.

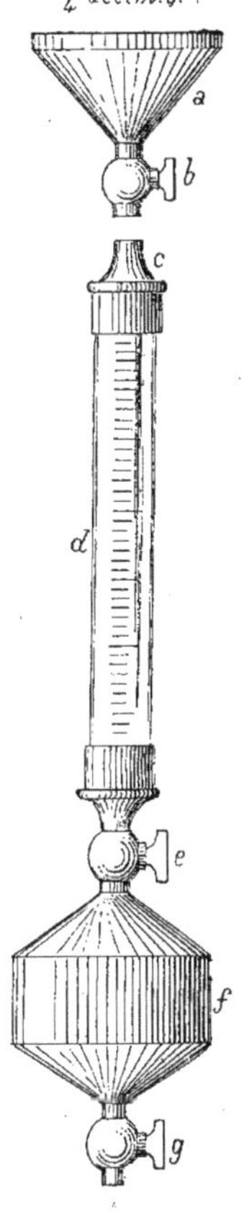

Fig. 72.

Si l'on veut distinguer du total des pluies les sommes partielles afférentes à des averses, il faut avoir recours au pluviomètre enregistreur (fig. 73). Dans un cylindre communiquant par un tuyau avec le récepteur de la pluie, se trouve un flotteur dont la tige engrène avec une roue dentée. Sur l'axe de cette roue est fixé un colimaçon *d*, sur le pourtour duquel appuie l'aiguille indicatrice *b*. Lorsque, sous l'action des pluies, l'aiguille est arrivée au haut du cylindre, elle retombe pour commencer une nouvelle excursion.

La mise en station d'un pluviomètre demande quelques précautions; il faut choisir un endroit bien découvert et faire en sorte que l'ouverture de l'entonnoir soit à $0^m.10$ ou $0^m.15$ seulement au-dessus du sol. Quand on établit le pluviomètre sur les toits, on recueille une quantité d'eau moindre (1); ainsi le pluviomètre de la terrasse de l'Observatoire donne des résultats inférieurs à ceux du pluviomètre de la cour, à cause de l'action des remous qui se produisent autour des

(1) L'inverse se produit quelquefois; il en est ainsi lorsque le pluviomètre du sol est placé près d'un pignon qui l'abrite des temps pluvieux.

appareils placés sur les toits, action qu'il ne faut pas confondre avec celle de l'altitude.

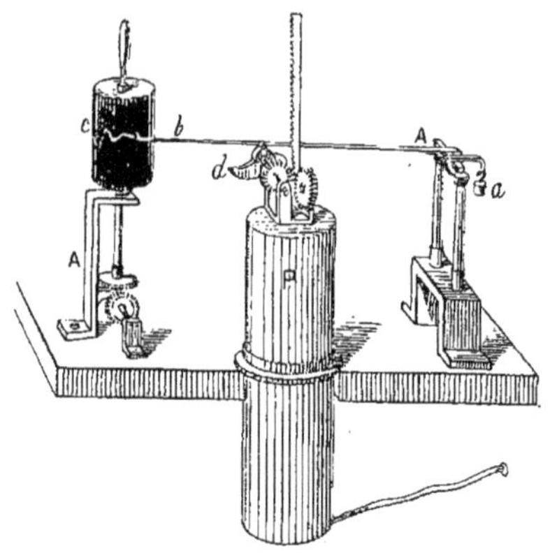

Fig. 73.

Si l'on veut mesurer les petites pluies auxquelles les pluviomètres ordinaires sont insensibles, et qui ne font qu'humecter l'entonnoir, on a recours à l'artifice suivant : (fig. 74) un disque A tourne autour d'un axe X d'un mouvement réglé par un mécanisme d'horlogerie ; il est percé d'un trou O, par lequel passent les gouttes de pluie pour tomber sur une feuille de papier B frottée d'un mélange de sulfate de fer, de noix de galle et de sandaraque ; à chaque goutte correspond une tache d'encre. Cet appareil ne donne pas de renseignements précis sur la quantité d'eau tombée.

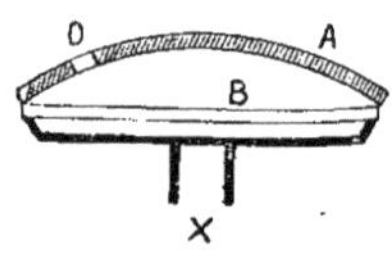

Fig. 74.

Observations relatives à la pluie. — Suivant la grosseur des gouttes, la pluie prend le nom de pluie fine, d'ondée ou d'averse ; le poids d'une goutte varie de $0^{gr}.001$ à $0^{gr}.5$ et même 1 gramme.

A Paris, la hauteur d'eau tombée en 24 heures est de $0^{m}.05$ au maximum.

Le tableau suivant contient des exemples de pluies exceptionnelles.

TABLEAU.

Localités.	Dates.	Hauteur totale.	Durée.	Quantité par heure.	Observations
Chambéry	29 août 1865	22m/m5	6 h.	3m/m75	
Fécamp	4 juin 1874	23	1	23	
Chambéry	8 août 1862	29	5	5 8	
Rouen................	24 juillet 1872	38 5	1 45′	22	
Buénos-Ayres	Déc. 1867	40	» 45′	53	
Paris....	»	48	2 30′	19 6	50 mill. en 1 à 2 h. (28 juin 1885)
Alger................	24-25 sept. 82	72	3	24	
Elbœuf...............	5 juin 1874	75	2	37 5′	
Wilmington (États-Unis).	29 juillet 1834	125	2 30′	50	
Buénos-Ayres..........	Mars 1870	146	4	36 5	
Rome.................	14 nov. 1878	154	»	»	
Fairfield (États-Unis) ...	12 août 1861	200	11	18 2	
Buénos-Ayres	1er mai 1875	219	28	7 8	
Hatbusle (États-Unis)...	22 août 1843	225	8	28 1	
Castkill (États-Unis)	26 juillet 1819	375	6	62 5	
Joyeuse...............	29 oct. 1827	790	24	32 9	
Rajkite (Inde)..........	26 juillet 1850	1m 075	33	32 6	Maximum 117 mill. en 1 heure.

Le nombre des jours de pluie par an est :

A Paris de.............	211
Bordeaux	150
Marseille	60

A Paris, les hauteurs d'eau relatives à chaque saison sont les suivantes :

Été, 157 millimètres; automne, 137 millimètres ; printemps, 125 millimètres; hiver, 95 millimètres.

A Marseille, l'ordre des saisons est le suivant : automne, hiver, printemps, été.

En France, la hauteur moyenne est de 0m.68 à 0m.80 par an, correspondant à 6.800 ou 8.000 mètres cubes par hectare. (En Patagonie, il tombe annuellement 60.000 mètres cubes d'eau par hectare, soit une hauteur de 6 mètres.)

La répartition des pluies, à Paris, dans le cours d'une année, est indiquée par le tableau ci-contre.

Il ressort de ce tableau que les hauteurs de pluie varient en sens inverse du nombre des jours de pluie.

Mois.	Nombres de jours de pluie.			Hauteurs d'eau tombée.		
Octobre	18 j. 3			50 m/m 9		
Novembre ...	21 2	59 7		37 3	123 2	
Décembre ...	20 2			35 0		
Janvier......	19 9		115 0	38 1		217 2
Février	18 5	55 3		22 1	94 0	
Mars........	16 9			33 8		
Avril	16 2			38 4		
Mai	14 6	48 7		53 2	145 5	
Juin	17 9		96 0	53 9		296 9
Juillet	15 4			54 6		
Août........	15 9	47 3		48 1	151 4	
Septembre ..	16 0			48 7		
Moyenne annuelle...	211 j. 8			514 m/m 1		

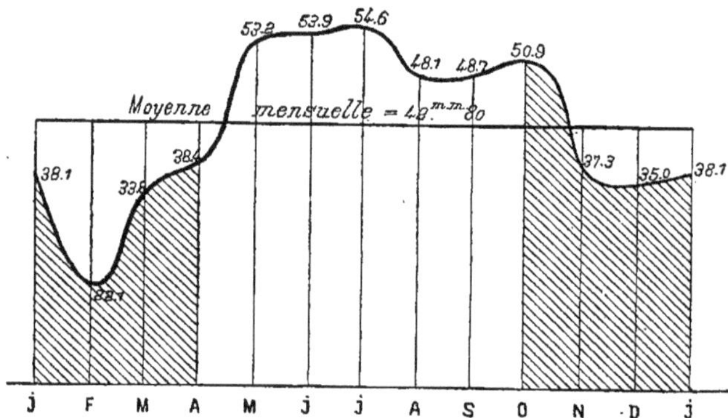

Fig. 75. — Quantités d'eau tombée à Paris.

Une répartition pratique des hauteurs totales d'eau tombée est celle qui distingue la saison chaude (avril à septembre) de la saison froide (octobre à mars).

Années.	Saison froide.	Saison chaude.	Total moyen.
De 1689 à 1717.................	203 m/m	299 m/m	502
1718 1747.................	163	225	388
1748 1755.................	233	271	533
1773 1788.................	219	315	424
1789 1797.................	203	222	502
1804 1818.................	234	268	502
1819 1848.................	223	288	511
1849 1872.................	217	297	514
1873 1879.................	284	314	598

La hauteur de pluie tombée annuellement a été minimum.

En 1723	229 m/m	9
1731	276	6
1786	307	5
1793	330	6
1864	366	1

Les années suivantes correspondent au contraire à des maxima :

En 1711 la quantité totale de pluie tombée a été de	681 m/m	5
1872	686	8
1878	682	6

Influence de la répartition des pluies. — L'été est la saison où il pleut le plus dans notre climat, et cependant la pluie d'été a peu d'effet, à cause de l'activité de l'évaporation et de la facilité avec laquelle le sol absorbe l'humidité. En hiver, au contraire, les pluies engendrent presque immédiatement des inondations, l'eau étant difficilement absorbée par un sol déjà humide.

Les inondations ne dépendent pas seulement des quantités de pluie tombées quelques heures avant la crue. Belgrand a montré que les pluies antérieures avaient aussi une influence; c'est ce qu'il appelle les *pluies préparatoires*.

Si l'automne a été très humide, des pluies un peu considérables pourront amener des inondations en automne et en hiver; si l'automne est sec, les crues d'hiver n'existent pour ainsi dire pas.

Si l'on examine la courbe des hauteurs pluviométriques pour l'année 1879 (fig. 76), on voit que cette année a été très pluvieuse

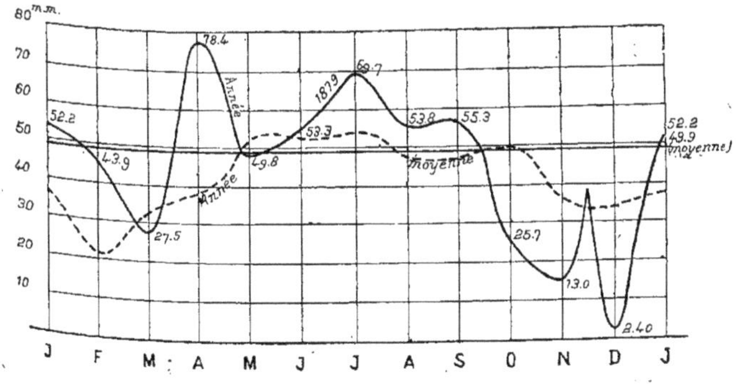

Fig. 76.

dans son ensemble; et cependant il n'y a pas eu de crue de la

Seine en automne ni en hiver, grâce à la sécheresse exceptionnelle

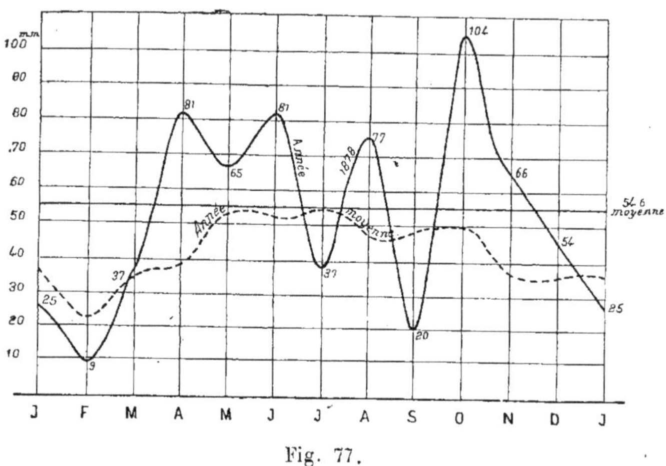

Fig. 77.

des mois de septembre et de décembre. Pour l'année 1878, au contraire (fig. 77), qui a été signalée par une longue crue d'hiver, on voit que l'automne avait été très pluvieux.

Des pluies persistantes à la fin de l'hiver et au printemps peuvent amener des crues de printemps et préparer même des crues exceptionnelles d'été.

Variations topographiques et géographiques. — C'est de la distribution annuelle des pluies que dépend le caractère agricole d'un pays ; à ce point de vue les météorologistes partagent la France en cinq grandes régions : le climat vosgien, le climat séquanien, le climat girondin, le climat rhodanien et le climat méditerranéen.

En France, les vents pluvieux sont ceux du nord-ouest et du sud-ouest pour le bassin de l'Océan, ceux du sud-est pour la vallée du Rhône.

Vers l'équateur, il y a deux saisons des pluies, l'une au printemps, l'autre en automne, et sous les tropiques, une seule ; cette régularité se retrouve dans le régime quotidien : les orages et la pluie surviennent lorsque le soleil est au voisinage du zénith ; les nuits sont claires au contraire parce que les courants ascendants ont moins de force que pendant le jour.

A l'intérieur des continents, le maximum des pluies se produit en été; il a lieu au contraire en hiver sur les côtes; en effet, en été, le courant équatorial des vents, imprégné des vapeurs du gulfstream, rencontre nos côtes qui sont plus chaudes qu'eux; ils se dilatent et n'abandonnent pas leur vapeur d'eau, qui va s'épancher sur l'Europe occidentale; tandis qu'en hiver, les côtes sont plus froides et déterminent la condensation. Ces faits sont mis en évidence par le tableau suivant :

	Hauteur totale annuelle de pluie.	Nombre de jours pluvieux.	
		En été.	En hiver.
Côtes anglaises	0m 960	30 0/0	20 0/0
France (Paris)	0 550	24 0/0	25 0/0
Allemagne (Erfurt).............	0 330	23,6 0/0	28 0/0
Sibérie	»	8 0/0	43 0/0

La hauteur totale annuelle de pluie est plus considérable sur les côtes occidentales de l'Europe qu'à l'intérieur du continent; les côtes jouent en effet le rôle des premières chambres de condensation. Tous ceux qui ont voyagé en Bretagne savent que Brest, à ce point de vue, mérite bien sa réputation.

Les dispositions topographiques des lieux peuvent modifier les règles précédentes.

Les obstacles opposés au vent ont une influence majeure sur le phénomène de la pluie; lorsque les nuages rencontrent une éminence qui les force à s'élever, il se produit un double effet : l'ascension de l'air dans des couches plus froides amène une dilatation par suite de la diminution de pression, partant, un refroidissement et une condensation; en outre, le courant atmosphérique, dévié de sa direction, subit un frottement contre la surface refroidie de la terre, et la pluie est, comme on l'a dit, exprimée des nuages.

Cette influence des obstacles est indépendante de leur hauteur absolue; c'est donc à tort qu'on avait cru pouvoir affirmer que la hauteur d'eau annuelle était proportionnelle à l'altitude; cette loi est inexacte, comme le prouvent les chiffres suivants :

		Altitude.	Pluie.
Jura..	Saint-Rambert..........	310	1m 592
	Pontarlier...............	840	0 970
	Saint-Cergues	1.045	1 560

Mais on peut admettre, avec Cézanne, que « la tranche pluviale est d'autant plus épaisse que le courant atmosphérique, arrêté par un obstacle, est forcé de s'élever plus rapidement ».

On comprend donc l'influence des caps; la hauteur de pluie est plus grande sur les côtes à cap que sur les côtes ouvertes. Ainsi, à Bergen (Norwège), il tombe annuellement 2 mètres d'eau; à Cherbourg, 0m.830.

Lorsque le vent pluvial est arrêté brusquement par une muraille de rocher, il se dépose un maximum de pluie.

Le mouvement des nuages dans les montagnes présente des phénomènes très particuliers : les nuages paraissent collés contre le faîte, malgré le vent; il se forme à la cime de la montagne un panache, comme au-dessus de la cheminée d'une locomotive (1).

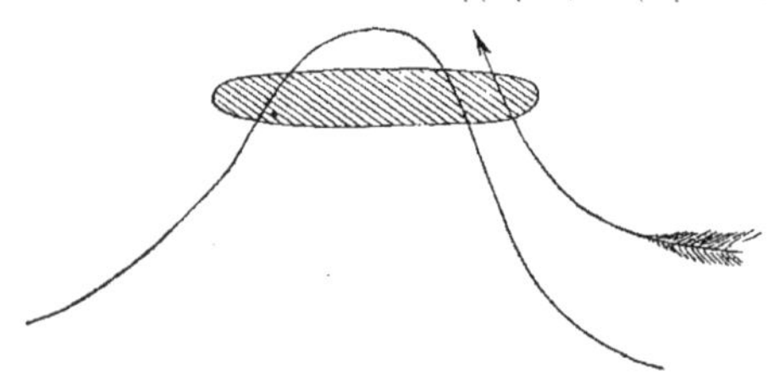

Fig. 78.

Au Saint-Gothard, la température et par suite la tension maximum de la vapeur d'eau sont plus élevées sur le versant italien que sur le versant suisse; de sorte que, si un nuage est à cheval sur le faîte, il peut arriver qu'il pleuve du côté de la Suisse avec beau temps du côté italien.

Le lecteur a compris par les explications qui précèdent que le relief du sol a une grande influence sur la répartition des pluies et par conséquent sur la délimitation des climats. Ainsi, la vallée de la Durance, abritée par les Alpes contre les vents pluvieux qui soufflent de l'est, est d'une sécheresse remarquable (38 jours de pluie par an).

Les vents qui amènent la pluie sont ceux qui viennent de la mer; lorsqu'ils rencontrent une chaîne de montagnes, ils se brisent

(1) En mer, les marins reconnaissent à de grandes distances les îles élevées et montagneuses par le panache de nuages qui plane au-dessus d'elles.

contre le versant qu'ils rencontrent; mais l'autre versant est protégé et ne reçoit rien.

Lorsque les vents pluvieux enfilent une vallée et la remontent, la quantité d'eau tombée va en croissant à mesure qu'on s'élève. Mais si une vallée est placée transversalement aux courants plu-

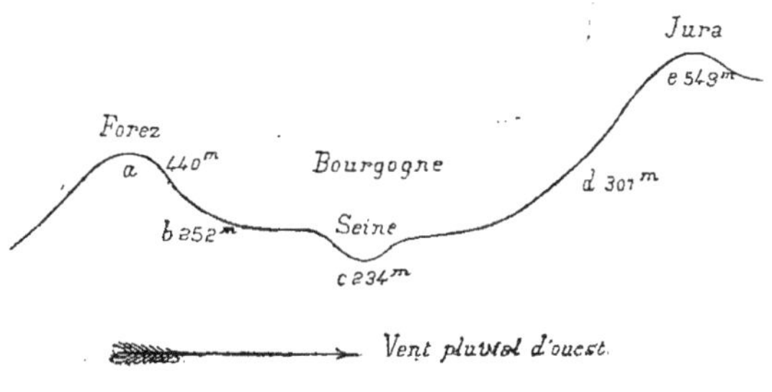

Fig. 79.

vieux, le versant opposé à la direction du vent est le plus frappé. La figure 79 représente le profil en travers de la vallée de la Saône;

On voit que la hauteur annuelle de pluie en			
On voit que la hauteur annuelle de pluie en		*a* est de	0,764
—	—	*b*	0,696
—	—	*c*	0,730
—	—	*d*	1,087
—	—	*e*	1,358

En général les longs plateaux correspondent à des minima de hauteur de pluie: citons comme exemple la Beauce (Chartres 0^m540) et la Brie (Meaux 0^m4).

Sur un plateau, si l'on rencontre des vallées, la pluie suit ces dépressions; on ne peut mieux comparer la répartition des pluies dans ce cas qu'à un cours d'eau débordé où le maximum du débit correspond au thalveg ordinaire.

Application au bassin de la Seine (fig. 80). — Le régime de la pluie dans le bassin de la Seine a été étudié avec le plus grand soin par Belgrand. Indiquons-en les caractères principaux.

Voici d'abord le tableau des hauteurs pluviométriques pour chaque bassin :

Désignation des bassins partiels.	Superficie de chaque bassin partiel.	Hauteur moy. de pluie (1868-1880).
Bassin de l'Yonne, jusqu'à Montereau..........	11.135 kil. q.	768 mill.
La Haute-Seine, jusqu'à Montereau.......	10.250	742
La Marne..............................	13.700	763
L'Aisne................................	8.501	637
L'Oise.................................	8.699	645
Le Loing..............................	4.625	599
La Seine entre Montereau et l'Oise.......	6.610	573
La Basse-Seine (rive gauche)...........	10.580	663
La Basse-Seine (rive droite)............	4.550	775
Moyenne annuelle pour la période de 1868-1880.		696

Observations. — Ce tableau donne les moyennes *géométriques* des hauteurs de pluie observées, en tenant compte des surfaces occupées dans chaque bassin partiel par les différentes formations géologiques ; mais le chiffre afférent à chaque formation géologique a été obtenu par la moyenne *arithmétique* des pluviomètres observés dans la région correspondante.

En prenant les moyennes arithmétiques on aurait pour l'année 1868: moyenne arithmétique 0,695, pour la moyenne géométrique 0,656.

Le mieux serait de partager le bassin par un réseau à mailles égales.

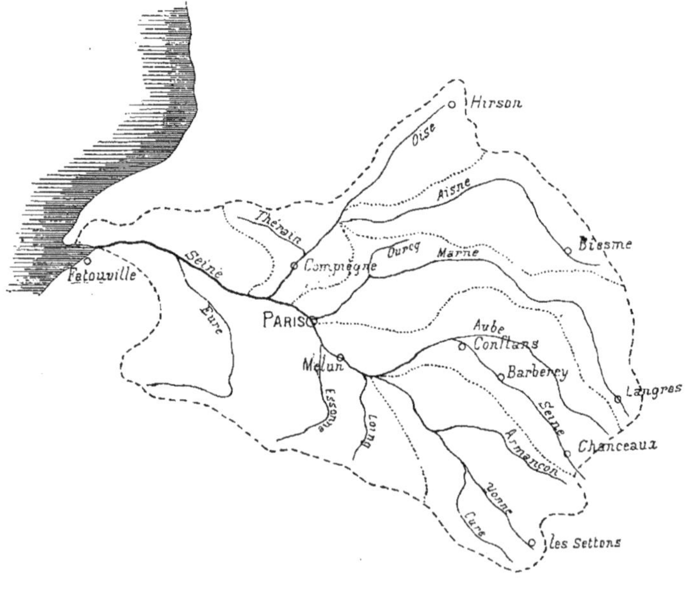

Fig. 80.

Le bassin de la Seine est dominé par le vent océanien venant soit de la Manche, soit de l'Océan et amenant la pluie; le vent pluvieux se refroidit d'abord au premier contact des côtes qu'il arrose abondamment, c'est donc aux falaises de Normandie qu'a lieu le maximum de pluie; les hauteurs annuelles vont ensuite en décroissant à mesure qu'on s'avance sur le plateau qui va jusqu'à l'Oise; elles augmentent lentement vers la Champagne, puis progressivement à mesure qu'on s'élève vers l'amont (voir le tableau ci-dessous dont les chiffres résultent de 20 années d'observation : 1866 à 1885).

Désignation des localités.	Altitudes.	Hauteurs moyenne des pluies.	Observations.
Phare de Fatouville (Eure)	96m	0,859 mill.	Bassin de la Basse-Seine.
Compiègne (Oise)	35	0,590	Bassin de l'Oise.
Paris (écluse de la Monnaie)..	33	0,550	
Melun (Seine-et-Marne).......	40	0,555	Bassin de la Haute-Seine.
Conflans-sur-Seine (Marne)....	71	0,645	Bassin de la Seine.
Barberey (Aube)..............	100	0,617	Hassin de la Haute-Seine.
Hirson (Aisne)	196	0,946	Bassin de l'Oise
Biesme (Marne)	243	0,729	Bassin de l'Aisne.
Langres (Haute-Marne)	463	0,970	Bassin de la Marne.
Chanceaux (Côte-d'Or)........	457	1,018	Bassin de la Haute-Seine.
Les Settons (Nièvre)	596	1,794	Plateau du Morvan.

Les hauteurs pluviométriques ne croissent pas directement avec l'altitude car la distribution des pluies est influencée par des circonstances locales (relief du sol, forêts, orientation, etc.), qui masquent l'effet de l'altitude. En deux points très rapprochés elles peuvent être très différentes. Ainsi dans Paris on a trouvé à la Villette 0m583 (observations de 1867 à 1869), à Passy 0m480.

Les hauteurs de Bougival et la butte Montmartre interviennent dans la répartition de la pluie à Paris.

M. Victor Fournié a cherché à établir que les quantités de pluie sont à peu près proportionnelles dans des localités voisines; mais cette règle n'est pas assez précise, même appliquée à des stations appartenant à une région naturelle homogène, pour pouvoir donner une approximation un peu précise.

Observations générales. — En résumé les variations des hauteurs pluviométriques sont indépendantes, dans leur ensemble, des incidents locaux et notamment du voisinage des forêts.

Sur certains points on a accusé le déboisement d'avoir amené une augmentation de la hauteur de pluie : ainsi à Viviers (Cévennes) la hauteur annuelle qui était de 0.842 en 1778 s'est élevée à 1.012 en 1817. Mais cette action des forêts ne paraît nullement établie (1) et il faut suivant l'heureuse expression de M. Cézanne la reléguer parmi les infiniment petits de la météorologie.

On a émis cette hypothèse que la quantité d'eau tombée annuellement sur le globe tout entier est constante, de sorte qu'à la sécheresse d'une région correspondent des pluies abondantes dans une autre; ainsi, sans sortir même de la France, on a constaté que les années 1877, 1878, 1879 humides dans le Nord ont été des années sèches pour le Midi; en 1882, le premier semestre a été très sec, le second très humide.

Terminons en mettant en regard dans le diagramme ci-après (fig. 81) les variations annuelles de la température, de la pluie, de l'état hygrométrique et de la tension de la vapeur d'eau; on voit que les fortes pluies d'été coïncident avec les hautes températures, donnent une tension de vapeur élevée et un état hygrométrique faible; c'est l'inverse qui a lieu en hiver.

Neige. — C'est une forme solide de la précipitation de la vapeur d'eau; les pluviomètres se prêtent mal à sa mesure à cause de la légèreté des flocons. On se sert généralement d'une plaque de zinc convexe de surface connue que l'on place sur le sol; on recueille la neige qui la recouvre, on la fait fondre et on la pèse.

La neige est la forme habituelle de la précipitation sur les hautes montagnes et à de fortes altitudes; elle devient de plus en plus rare quand on s'avance vers le sud.

A Stockholm on compte	64	jours de neige par an.
Bruxelles —	20	—
Paris —	13	—
Marseille —	2 1/2	—

Aux environs de Laghouat (Algérie) l'hiver 1879-1880 a été signalé par une tourmente exceptionnelle de neige.

La neige tombe à l'état de petits cristaux réguliers et très nets lorsqu'elle se forme à de grandes hauteurs (3 ou 4.000 mètres); à 800 ou 1.000 mètres seulement, les cristaux sont diffus et tombent

(1) Au contraire le reboisement des Landes paraît avoir produit à Bordeaux une augmentation de la hauteur pluviométrique annuelle (0.670 pour la période 1751-1760 et 0.820 pour la période 1851-1860).

sous forme de flocons; le froid dans ce dernier cas est moins durable.

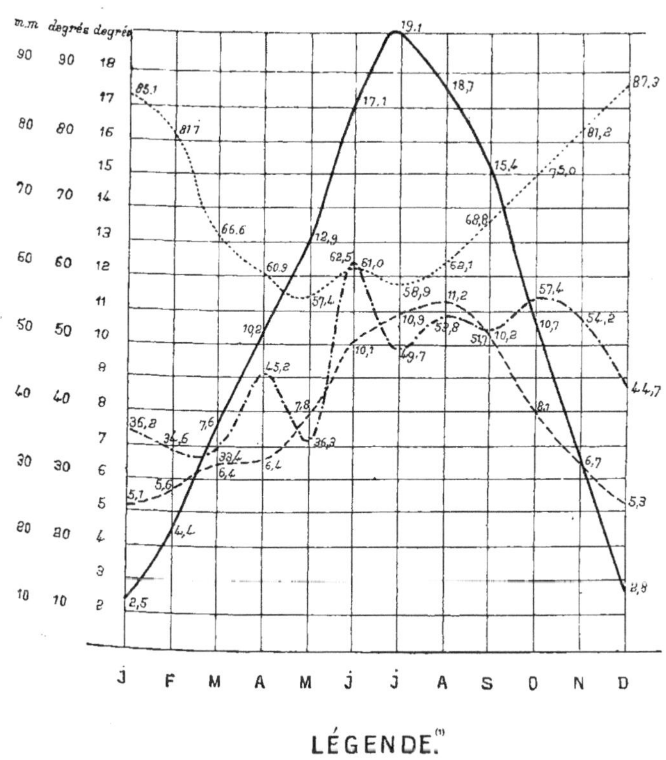

LÉGENDE.(1)

Températures ————

Pluie (en millimètres) —·—·—·—

Tensions (en millimètres) — — — —

Hygrométrie (en degrés) ··········

Fig. 81.

La densité de la neige fraîchement tombée varie de 1/10 à 1/14; au moment du dégel la neige étant tassée, elle peut atteindre 1/4.

En couches épaisses la neige augmente considérablement le poids

(1) Remarques : 1° Les températures sont les moyennes des minima et maxima.
2° Les chiffres correspondent aux moyennes de 1872 à 1882.

des toitures; aussi doit-on se préoccuper de cette circonstance dans le calcul des fermes.

La neige joue un rôle utile en agriculture; comme un manteau elle protège la terre et les plantes qu'elle recouvre contre le refroidissement de l'air et la gelée; elle apporte et retient des principes fertilisants; ainsi l'on a constaté qu'elle renferme en tombant 1 à 2 milligrammes d'ammoniaque et jusqu'à 10 et 15 milligrammes après son séjour sur le sol. L'on a donc pu attribuer avec raison la fertilité de certaines années à cette circonstance que la terre était restée longtemps recouverte de neige pendant l'hiver précédent.

Dans les grandes villes, à Paris notamment, la neige peut apporter une entrave considérable à la circulation; pendant l'hiver si rigoureux de 1879-1880, la ville de Paris a consacré 2.500.000 francs à l'enlèvement des neiges. Depuis cette époque ce service a été bien amélioré par l'emploi du sel marin jeté à la volée sur les chaussées pour produire un dégel rapide.

Verglas. — Lorsqu'une pluie relativement chaude tombe sur un sol dont la température est inférieure à 0°, il se produit à la surface du sol et des objets qui le recouvrent une couche de glace à laquelle on donne le nom de verglas; le verglas se produit aussi lorsque la pluie tombe avec une température inférieure à zéro par suite du phénomène de la surfusion.

Le verglas est heureusement assez rare à Paris; qui ne se rappelle celui du 1er janvier 1875! L'hiver de 1879 a offert l'un des plus remarquables exemples que l'on puisse citer à cet égard, par son intensité et les dégâts qui en ont été la conséquence; il a donné lieu à des observations intéressantes, notamment de la part de M. le capitaine d'artillerie Piébourg à Fontainebleau (22, 23 et 24 janvier 1879).

La relation suivante du phénomène lui est empruntée :

« Le 22 janvier, vers dix heures du matin, une pluie froide « commença à tomber et, quelques minutes après, le sol était déjà « devenu assez glissant pout rendre la marche difficile.

« Cette pluie continua presque sans interruption, jusqu'au len- « demain vers dix heures du soir, c'est-à-dire pendant une durée « de 36 heures; la température a d'ailleurs pendant tout ce temps

« été à peu près constante, de 3° seulement au-dessous de zéro.
« Une couche de glace de 2 à 3 centimètres d'épaisseur a couvert « complètement le sol, à tel point que, dans les rues de la ville, bien « des gens circulaient en patinant. Cette couche de glace adhérait « aux toits, même les plus inclinés, elle s'attachait en outre en de « très nombreux endroits aux parois verticales des murs, et nous « avons vu des perrons dont les contremarches en étaient revêtues « sur une épaisseur presque aussi grande que les marches elles-

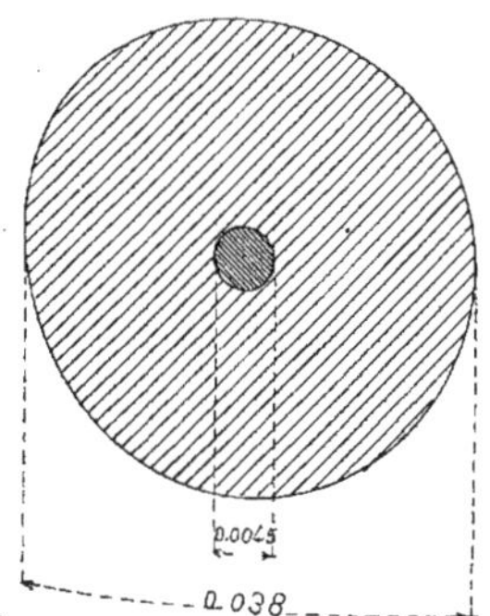

Coupe en vraie grandeur d'un fil télégraphique entouré de sa gaine de glace.

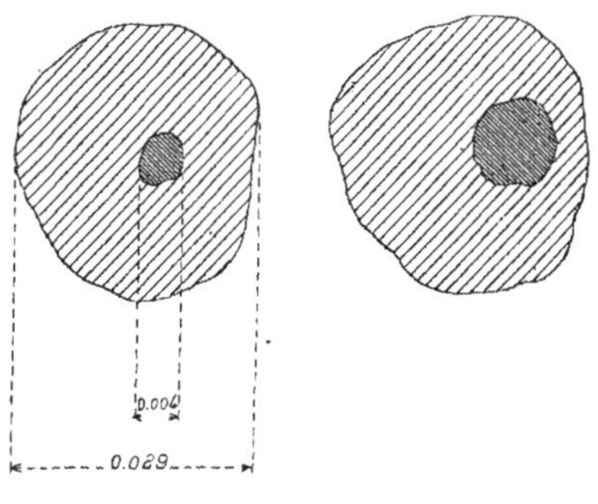

Coupe de petites branches entourées de leur gaine de glace.

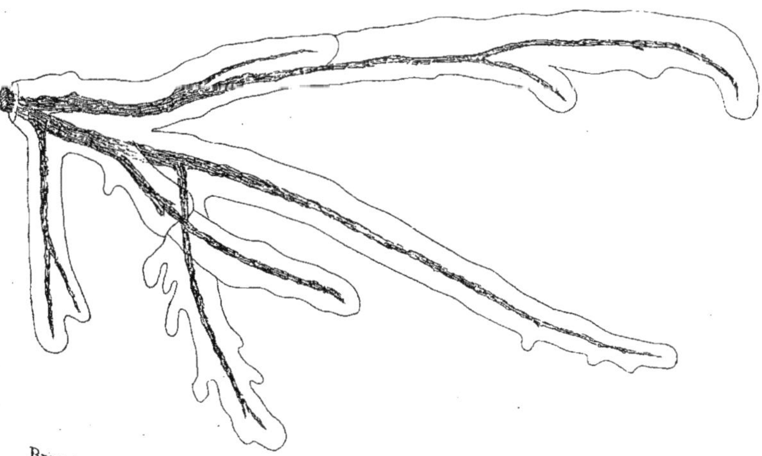
Branche de bouleau; poids (chargée de glace) 700 gr., (la glace étant fondue) 50 gr.

Fig. 82.

« mêmes. La glace se moulait sur tous les objets qu'elle recouvrait « et, à toutes les parties horizontales et saillantes des édifices, « étaient suspendues des stalactites, de longueur et d'espacement « très réguliers.

« Mais l'effet le plus remarquable a été celui observé sur les « arbres et la végétation.

« Sur les pelouses chaque brin d'herbe était entouré d'une gaine « de glace de 15 à 20 millimètres de diamètre en moyenne ; on en a « même observé ayant 3 centimètres (fig. 82).

« Des massifs d'arbustes à feuilles persistantes, tels que rhodo- « dendrons, alaternes, lauriers-cerises, etc., ne formaient qu'un « seul bloc de glace, à travers lequel on distinguait très nettement « les feuilles et les branches.

« L'aspect était assez analogue à celui-là pour les arbres verts, « tels que sapins, épiceas, etc., dont chaque couronne de branches « s'était affaissée sur la couronne immédiatement inférieure, la « plus basse reposant elle-même sur le sol et le tout ne faisant « qu'une immense pyramide de glace : les branches se soutenaient « ainsi mutuellement ; aussi ces arbres ont-ils généralement pu « résister à l'énorme poids qui les surchargeait.

« Quant aux arbres à feuilles caduques, leurs moindres branches « étaient complètement entourées d'une gaine de glace d'une « grande épaisseur. Pour les menus branchages, le diamètre de « cette gaine allait jusqu'à 4 ou 5 fois celui de la partie enveloppée, « la proportion était naturellement moindre pour les grosses bran- « ches et, quant aux troncs, quoique verticaux, quelques-uns « portaient une couche variant de 1 à 2 centimètres : mais géné- « ralement cette couche n'était pas continue et adhérait du côté « exposé à l'est et au nord-est. L'énorme poids de cette glace a « fait ployer et rompre un nombre considérable de branches de « toutes dimensions, et même des arbres tout entiers, parmi les « plus gros du parc, ont été soit brisés soit complètement courbés « jusqu'à voir leur cime toucher la terre, soit enfin arrachés, dans « les endroits où le sol sablonneux était moins résistant ; nous en « avons mesuré un, entre autres, qui n'avait pas moins de 2^m20 de « circonférence à la base et de 37 mètres de hauteur, lequel était « rompu à 4^m50 environ au-dessus du sol. C'est surtout dans la « nuit du 23 au 24 que tous ces arbres se brisèrent avec un fracas

« épouvantable, mais ces chutes avaient déjà commencé dans la « journée du 23 et continuèrent pendant celle du 24.

« Nous avons pu, dans la journée du 24, estimer le rapport « entre le poids de quelques branches et celui de la glace qu'elles « avaient à supporter. Voici quelques-uns de ces résultats cons- « tatés sur des branches prises tout à fait au hasard.

	Poids avec la charge de glace.	Poids après avoir fait fondre la glace.
Branche d'alaterne..................	200 gr.	7 gr.
Branche de rhododendron....................	360	13
Brance d'épicea.........	660	30
Branche de bouleau..........................	700	50
Autre branche de bouleau de 0,05 cent. de diamètre ayant rompu sous le poids de.........	29 kil.	4 kil.

« La température étant montée à zéro le samedi 25 vers midi, « le dégel a commencé et a continué pendant les jours suivants. « Il ne paraît pas qu'il ait occasionné de nouveaux bris d'arbres « à feuilles caduques qui, au contraire, se sont senti peu à peu « alléger. Mais il n'en a pas été de même des arbustes à feuilles « persistantes : la glace qui reliait entre elles les différentes têtes « de rhododendrons, par exemple, ayant fondu d'abord, chaque « branche a été entraînée par le poids de la tête encore chargée « d'une couche assez épaisse. Les branches qui ne se sont pas bri- « sées ne paraissent d'ailleurs pas avoir souffert du froid et ont « repris l'aspect qu'elles avaient quelques jours auparavant. »

« Nous ajouterons que les fils télégraphiques de 4 millimètres « de diamètre étaient entourés d'une gaine cylindrique de glace « d'épaisseur très régulière de 38 millimètres de diamètre; il « n'est donc pas étonnant que les fils télégraphiques aient été « rompus en un nombre considérable d'endroits. »

Grêle. — La grêle est une forme peu fréquente de la précipitation; elle consiste en un noyau entouré de différentes couches sphériques de glace de transparences diverses. On connaît mal le mécanisme de la formation des grêlons; leur poids varie entre 3 et 5 grammes; leur grosseur, qui est ordinairement celle d'un pois, peut atteindre celle d'un œuf de perdrix (100 et même 150 grammes).

La quantité de grêle tombée est quelquefois prodigieuse : il a suffi d'un orage à grêlons pour combler une tranchée du canal de Saint-Quentin.

La répartition de la grêle se fait suivant des lois bizarres; certaines localités semblent plus particulièrement exposées à ce fléau, alors que d'autres voisines en sont absolument indemnes. Certains météorologistes prétendent que les orages à grêle suivent la lisière des forêts. En France, c'est surtout au printemps, à l'époque des giboulées, que se manifeste ce phénomène; les orages à grêle semblent suivre des trajectoires rectilignes avec inflexions : ainsi, dans le golfe de Gascogne, ils vont de l'ouest à l'est, puis s'élèvent vers le nord jusqu'en Belgique et se dirigent ensuite du sud-ouest au nord-est vers la Norwège.

Rosée. — Le pouvoir émissif du sol étant supérieur à celui de l'air, lorsque la nuit est claire, le refroidissement du sol, par suite du rayonnement vers les espaces célestes, est supérieur à celui de l'air; dès que la température de la surface terrestre devient inférieure à celle qui correspond à une tension maximum de la vapeur d'eau égale à celle de la vapeur contenue dans l'air, cette dernière se sépare des couches basses de l'atmosphère et se dépose sur les objets refroidis, sous formes de petites gouttes : c'est la rosée.

Quand le point de rosée est inférieur à celui de la congélation, l'eau se dépose en cristaux de glace séparés : c'est la gelée blanche.

La rosée est abondante dans les pays découverts où le rayonnement n'est pas contrarié; elle est surtout sensible sur les matières qui abandonnent facilement leur chaleur, comme l'herbe, par exemple; sous un abri qui empêche le rayonnement céleste ou lorsque le ciel est couvert, la rosée ne se dépose pas.

Dans les régions tropicales où l'eau est rare, c'est à la rosée qu'est presque exclusivement due la vie végétale.

Dans le Midi de la France, il y a en moyenne cent jours de rosée par an, correspondant à une hauteur d'eau de $0^{m}.0064$; dans le département de la Manche, une nuit dépose, sous forme de rosée, l'équivalent d'une tranche d'eau de $0^{m}.0001$ à $0^{m}.0005$.

Brouillards. — Le brouillard se produit facilement quand il y a une différence entre la température de la surface de la terre et celle de l'air contenant de la vapeur d'eau; le brouillard se forme dans les parties basses de l'atmosphère par la condensation de la vapeur d'eau en petites bulles creuses qui peuvent flotter dans l'air, et ce genre de condensation est favorisé par la présence des poussières que contient l'air.

Le brouillard peut devoir sa naissance à l'arrivée de vents humides soufflant sur une région de la surface terrestre plus froide que l'air, on bien à cette circonstance que la surface de la mer ou d'une étendue d'eau quelconque est plus chaude que l'air; les brouillards qui se forment le soir au-dessus des étangs et des parties humides du sol ou dans les vallées des fleuves appartiennent à cette deuxième catégorie; cette propriété peut être appliquée à la recherche des sources.

Les brouillards des villes sont particulièrement épais; leur odeur est très prononcée; les poussières de l'air jouent un rôle prépondérant dans leur formation; n'est-il pas probable que la fumée du charbon de terre est pour beaucoup dans la réputation méritée d'ailleurs des brouillards de Londres?

Conséquences de la pluie. — La précipitation de la vapeur d'eau donne naissance aux glaciers dans les régions polaires et sur les hautes montagnes; plus bas, elle donne naissance, d'une part. aux sources et au ruissellement qui produisent les cours d'eau d'autre part, aux nappes souterraines.

La chute des eaux météoriques se traduit, pour la France (surface, 53.000.000 hectares), par un cube annuel de 397.500.000.000 mètres cubes, soit 12.614 mètres cubes à la seconde (la hauteur moyenne annuelle est comprise entre $0^m.75$ et $0^m.80$). Une partie de cette eau retourne immédiatement à l'atmosphère par l'effet de l'évaporation; l'autre se répartit entre les cours d'eau et les nappes souterraines, en proportions variables suivant la nature des terrains perméables ou imperméables. La répartition de cette quantité d'eau est loin d'être régulière, et cette irrégularité a un contre-coup immédiat sur le régime des cours d'eau; c'est ce qui amène les crues. Les crues ont lieu en été pour les cours d'eau qui, comme le Rhône, sont alimentés par des glaciers; elles se produisent en hiver sur les rivières à sources liquides et à affluents nombreux, telles que la Seine; le

Rhin a un caractère mixte, il a ses crues d'été et ses crues d'hiver.

On comprend de quelle importance est le problème de l'annonce des crues; les éléments les plus divers interviennent dans sa solution, mais on peut dire que les observations des pluviomètres dans toutes les vallées du bassin et des échelles de hauteur sur les affluents jouent un rôle prépondérant.

Les pluies excessives amènent derrière elles de grands désastres : débordements des torrents dans les montagnes, grandes crues et inondations des cours d'eau.

Une bonne répartition de la pluie est nécessaire pour l'agriculture; la végétation souffre de la sécheresse comme de l'excès d'humidité; l'aridité est le caractère des climats secs, les prairies caractérisent les climats humides. Dans un même pays, il peut se produire de longues périodes de sécheresse et de longues périodes pluvieuses; il y a eu en France des sécheresses exceptionnelles : ainsi, en 994, la Loire était asséchée; en 1137, il ne tombait presque pas d'eau en France, de mars à septembre; de même en 1204, du mois de février au mois d'avril.

L'excès d'humidité, pour les céréales, pousse au développement de la paille, au détriment de la quantité de grains; les automnes humides favorisent la production des fourrages (le prix du foin varie, suivant les années, de 50 francs à 80 francs les 100 kilogrammes).

La pluie précipite et répand sur le sol les éléments fertilisants contenus dans l'air; mais les pluies trop abondantes délavent la terre et entraînent les éléments solubles au grand préjudice de la végétation.

Composition des eaux de pluie. — Circulation de l'azote. — La composition de l'eau de pluie est très variable avec les contrées, les saisons, etc... L'eau de pluie provenant de la condensation des vapeurs semblerait devoir se présenter dans un état de pureté parfaite ; il est loin d'en être ainsi. Avant même de tomber sur le sol, elle se charge de gaz empruntés à l'air ambiant, de particules solides, et très souvent elle est plus riche en matières organiques que les eaux recueillies après un long parcours dans l'épaisseur des terres. Ce fait s'explique d'ailleurs sans peine, si l'on songe que l'atmosphère reçoit toutes les impuretés provenant de la respiration des plantes et des animaux, de la décomposition des matières organiques, etc., que les vents entraînent et mettent en suspension, des poussières de toute nature. Aussi l'eau de pluie recueillie en mer est-elle plus pure qu'à l'intérieur des terres, en rase campagne que dans le voisinage des villes. Les premières gouttes de pluie sont beaucoup plus chargées que celles qui tombent ensuite ; les brouillards et les gelées blanches, qui se forment dans les couches basses de l'atmosphère, sont particulièrement riches en matières organiques.

L'eau de pluie est toujours aérée, et il ne saurait en être autrement, puisque, avant de tomber sur le sol, elle a traversé dans un état de division extrême une tranche épaisse d'air atmosphérique ; elle contient de 20 à 40 centimètres cubes de gaz dissous par litre, composés en grande partie d'oxygène, d'azote et d'un peu d'acide carbonique. Enfin et surtout elle renferme de l'ammoniaque, de l'acide azotique et des matières organiques. Outre l'acide nitrique formé dans l'atmosphère et entraîné par les pluies, il s'en forme aussi dans le sol, qui est un milieu oxydant, par suite de la transformation en nitrates des nitrites en dissolution dans l'eau. Une partie de cet acide est entraînée par les cours d'eau, l'autre est absorbée par les plantes. L'ammoniaque se forme également dans l'atmosphère à la surface du sol, par la putréfaction des matières organiques.

On sait quel est le rôle important de l'azote dans la vie des êtres organisés ; c'est donc au point de vue spécial de la teneur en azote que l'agriculture recherche la composition des eaux de pluie. Mais avant de faire connaître les résultats obtenus à cet égard, il n'est peut-être pas sans intérêt de mentionner ici une note de M. Schlœsing, publiée dans les comptes rendus de l'Académie des sciences (janvier 1875), note dans laquelle il explique avec la plus grande netteté le mouvement circulatoire de l'azote à la surface du globe.

Le sol est un milieu essentiellement oxydant, où la nitrification est très active ; une partie des nitrates formés et de l'ammoniaque est entraînée vers la mer en quantité assez considérable, puisque l'eau de mer a donné à l'analyse : de $0^{mmgr}.2$ à $0^{mmgr}.3$ d'acide nitrique par litre et de $0^{mmgr}.4$ à $0^{mmgr}.5$ d'ammoniaque par litre. Contrairement aux eaux terrestres, les eaux marines contiennent moins d'azote nitrique que d'azote ammoniacal ; il faut donc admettre, suivant M. Schlœsing, que les nitrates ainsi charriés ne s'accumulent pas dans la mer, mais servent à la végétation, et que la décomposition des êtres organisés, source de nitre sur les continents, devient une source d'ammoniaque dans un milieu aussi peu oxygéné que la mer.

On comprend alors la circulation d'acide nitrique et d'ammoniaque à la surface du globe : l'acide nitrique arrivé à la mer est converti en ammoniaque ; c'est la forme la plus propre à la diffusion de l'azote, qui passe ainsi dans l'atmosphère et y voyage pour aller rencontrer les êtres végétaux, à la nutrition desquels il doit contribuer.

« En admettant, dit M. Schlœsing, que le volume de la mer soit « égal à une couche de 1.000 mètres d'épaisseur étendue sur le « globe entier, et en lui supposant un titre uniforme de $0^{mmgr}.4$ d'am- « moniaque, on trouve qu'à chaque hectare de la surface corres- « pondrait une provision de 4.000 kilogrammes d'ammoniaque. La « mer est donc, selon l'observation de M. Boussingault, un immense « réservoir d'azote combiné. J'ajoute qu'elle est aussi le régulateur « de sa distribution annuelle sur les continents par les courants « aériens. »

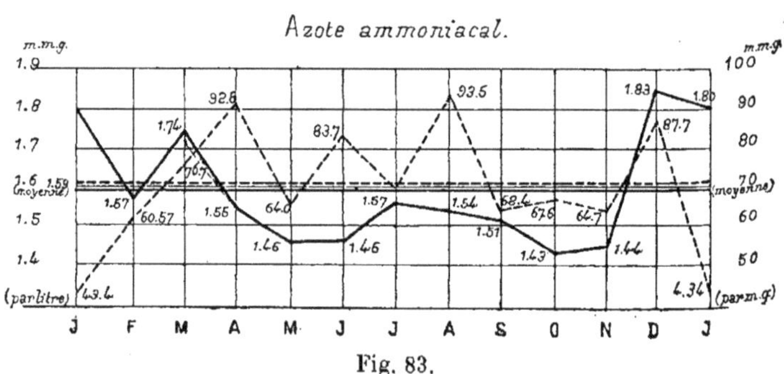

Fig. 83.

Azote ammoniacal. — L'azote ammoniacal contenu dans l'eau de pluie se dose par le même procédé que celui de l'air (voir ci-dessus page 36). Le poids contenu dans 1 litre d'eau, exprimé en milligrammes, multiplié par la hauteur en millimètres de pluie tombée, donne en milligrammes l'azote ammoniacal reçu sur un mètre superficiel; les quotients obtenus en divisant le total des

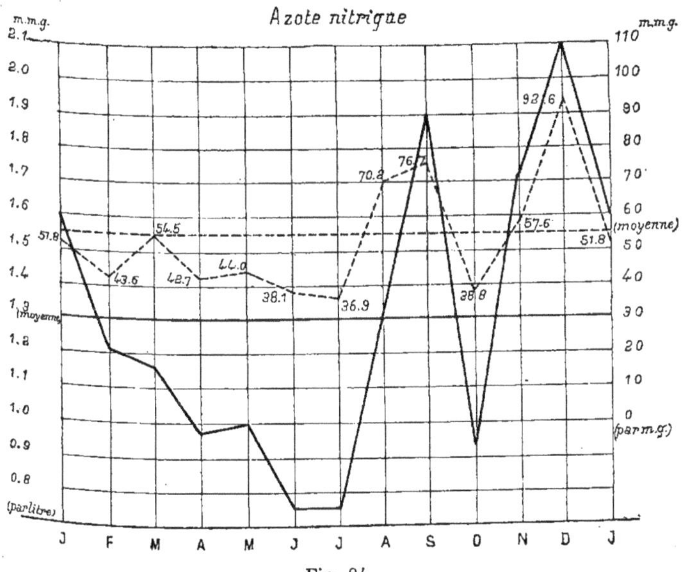

Fig. 84.

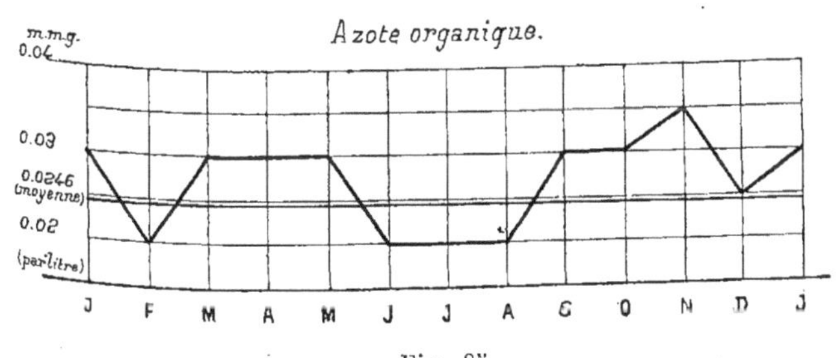

Fig. 85.

poids obtenus pendant un certain temps, par la hauteur d'eau tombée dans le même temps, donnent les moyennes par litre.

Voici la moyenne des résultats obtenus à Montsouris pour 13 années d'observations (1875-1887).

	Moyenne par litre.	Total par mètre carré.	Hauteur de pluie.
Saison froide (septembre à février).	1mgr 82	487mgr 1	268m/m 1
Saison chaude (mars à août).......	1 87	520 5	279 0
Moyenne et totaux..........	1mgr 845	1.007mgr 6	547m/m 1

La quantité d'azote ammoniacal par litre est à peu près la même dans la saison froide que dans la saison chaude, mais par suite de la prédominance des pluies de cette dernière saison, la quantité totale est plus grande dans la deuxième que dans la première.

Durant la même période, les valeurs annuelles extrêmes ont été :

	Moyenne par litre.	Total par mètre carré.	Hauteur de pluie.
Maximum (année 1877)	2^{mgr} 70	125^{mgr} 1	465$^{m/m}$ 0
Minimum (année 1878-1879)	1 20	787 3	635 3

Les années très pluvieuses, comme 1878-1879, correspondent généralement à un minimum de la quantité d'azote ammoniacal, à la fois dans l'atmosphère et dans l'eau de pluie; on comprend en effet que la pluie en grande quantité délave l'atmosphère et y laisse peu d'azote ammoniacal; cependant la quantité par litre d'eau de pluie reste peu importante par suite de la grande hauteur pluviométrique.

Les variations topographiques ont peu d'importance. Les moyennes par litre pendant les deux années 1878-1879 ont été :

	En 1878.	En 1879.
A Montsouris..	1^{mgr} 24	0^{mgr} 73
Au Buttes-Chaumont..................................	1 25	0 74
A Auteuil...	1 17	»
A la Gare du Nord...................................	1 26	»
Au Dépotoir...	1 21	0 82
Au Jardin d'Acclimatation...........................	1 25	0 78
A Gennevilliers.....................................	1 24	1 25

Des expériences ont été faites en 1877 à Mettray par M. Leclerc. Il y a eu, dans le courant de l'année, 132 jours de pluie et la hauteur d'eau tombée a été de 0^{m}759; cette eau a restitué au sol un poids de 3^{kg}776 d'ammoniaque par hectare (3^{k}109 d'azote) équivalent à 14^{k}80 de sulfate d'ammoniaque valant 7 fr. 85.

C'est au commencement de la pluie que l'eau renferme la plus grande quantité d'ammoniaque (0^{gr}002.711 par litre); le moins qu'on en ait trouvé a été de 0^{gr}000.108. Dans les brouillards, la quantité varie de 0gr001.434 à 0gr003.768 (0gr000.256 d'acide azotique).

La direction du vent influe sur la quantité d'ammoniaque; les vents venant de la mer sont les plus riches; le tableau ci-dessous met cette influence en évidence :

Est	0mgr 428	par litre.
Sud	0 501	—
Sud-Ouest	0 567	—
Sud-Est	0 686	—
Nord-Est	0mgr 730	par litre.
Nord	0 841	—
Nord-Ouest	0 907	—

Azote nitrique. — Le procédé de dosage est le même que celui qui a déjà été décrit à propos de l'analyse de l'air.

La quantité d'azote nitrique que renferme l'eau de pluie est plus faible que celle d'azote ammoniacal; on en trouve plus dans la saison froide que dans la saison chaude; dans les mois de juin et de juillet, en particulier, la dose par litre est faible, mais la quantité de pluie étant plus forte, intervient pour maintenir l'importance de la quantité totale.

Voici la moyenne des résultats obtenus à Montsouris pour 11 années d'observations (1877-1887).

	Moyenne par litre.	Total par mètre carré.	Hauteur de pluie.
Saison froide (septembre à février)	0mgr 72	192mgr 2	268m/m 0
Saison chaude (mars à août)	0 63	177 5	279 8
Moyenne et totaux	0mgr 675	369 7	547m/m 8

Pendant la même période, les valeurs extrêmes ont été :

	Moyenne par litre.	Total par mètre carré.
Maximum (année 1879)	1mgr 23	657mgr
Minimum (année 1878)	0 24	160

Azote organique. — Les procédés chimiques ne permettent pas de rien spécifier sur la nature des matières organiques tenues en suspension dans les eaux météoriques; on ne peut obtenir le poids total qu'au moyen de méthodes longues et délicates. Le plus souvent, pour doser l'azote renfermé dans les matières organiques (azote albuminoïde), on se borne à évaluer le poids d'oxygène nécessaire pour brûler à 100°, pendant un temps déterminé, la matière organique contenue dans l'eau ou encore à mesurer la quantité d'ammoniaque produite par l'oxydation; on en déduit le poids d'azote.

Il semble résulter des expériences faites, en 1877, sur les eaux de diverses stations pluviométriques de Paris, que les matières organiques contenues dans l'eau, malgré leur composition et leur nature peut-être très variables, semblent exiger, pour être brûlées, le même poids d'oxygène. La proportion d'azote albuminoïde contenue dans les eaux de pluie semble être à peu près constante et varier de $0^{mg}022$ à $0^{mg}031$ par litre.

Les eaux météoriques renferment toujours des bactéries, surtout au début des averses. Les pluies les plus chargées de germes s'observent dans les mois les plus chauds de l'année; ce sont surtout les premières pluies d'orages ou celles qui succèdent à une suite de jours secs qui sont le plus chargées de bactéries.

Le tableau ci-dessous donne les quantités de microbes contenues dans différentes eaux.

	par mètre c.		par mètre c.
Eau de condensation.......	0,2	Eau de Seine.............	1.200
Eau de pluie..............	35	Eau d'Égout..............	20.000
Eau de la Vanne..........	62	Eau du drain de Gennevilliers	16

On a essayé d'établir une relation entre les quantités de pluies et la mortalité due aux maladies contagieuses, la fièvre typhoïde par exemple; lors de l'épidémie de 1882, il y eut des alternatives de pluie et de sécheresse qui ont pu contribuer au développement de la maladie dont le maximum d'intensité coïncida avec la sécheresse du mois d'octobre, alors que l'air renfermait une grande quantité de matières organiques prêtes à entrer en fermentation; les pluies du mois de novembre lavèrent l'atmosphère et le sol, et l'épidémie diminua d'intensité (fig. 86).

La recherche de l'azote ammoniacal et de l'azote nitrique contenus dans l'eau de pluie intéresse au plus haut point l'agriculture. A Montsouris, la hauteur de pluie qui tombe annuellement est, en moyenne, de 547 millimètres; cette pluie apporte au sol, par hectare, un poids de 10k244 d'azote ammoniacal et un poids de 3k780

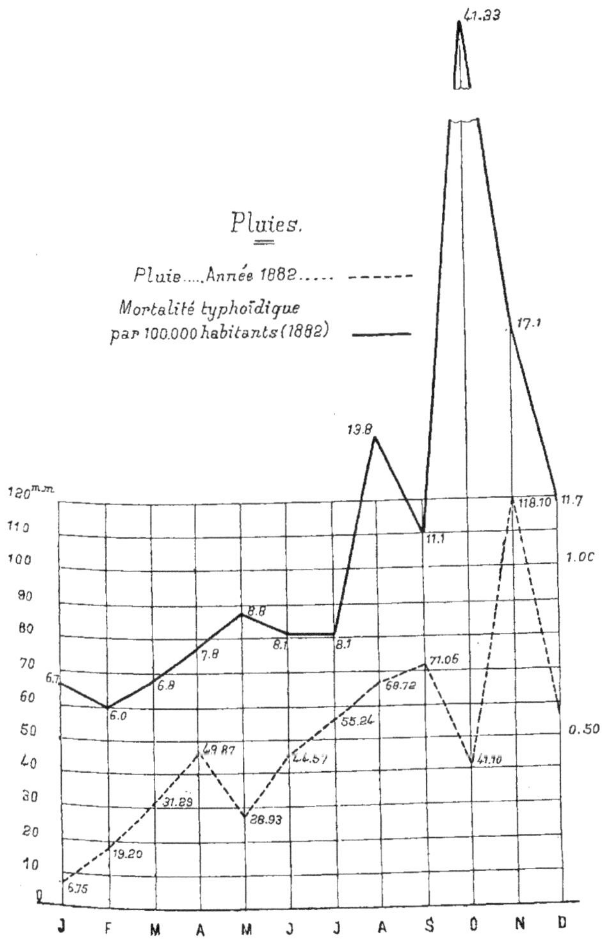

Fig. 86.

d'azote nitrique soit, au total, un poids de 14 kilogrammes d'azote. Dans leur mémoire sur la composition de la pluie recueillie à Rothamstead, MM. Lawes, Gilbert et Warington font observer que, en moyenne, la quantité d'azote restituée au sol par la pluie dans l'espace d'une année s'élève environ à 11k500 par hectare avec une hauteur d'eau de 675 millimètres.

Dans une note publiée le 26 octobre 1885, aux comptes rendus de l'académie des sciences, M. Berthelot a montré que certains terrains argileux peuvent fixer directement l'azote atmosphérique.

La récolte annuelle d'une prairie ou d'une forêt enlève au sol de 50 à 60 kilogrammes d'azote par hectare. L'azote nitrique, formé dans l'air à la suite de décharges électriques, n'apporte au sol qu'un poids extrêmement faible : 3k9 par hectare et par an. Cet azote nitrique est d'ailleurs formé comme nous l'avons déjà dit (voir ci-dessus page 117) par une action lente, en vertu des faibles tensions électriques existant à la surface du globe, laquelle engendre des composés azotés complexes.

En étudiant cette réaction M. Berthelot a découvert que l'azote atmosphérique peut aussi se fixer par l'action lente et continue des sols argileux et des organismes microscopiques qu'ils renferment.

L'apport en azote de l'atmosphère au moyen des pluies étant de 10 à 15 kilogrammes par hectare et par an, la déperdition annuelle serait encore de 40 à 50 kilogrammes par suite de l'enlèvement de la récolte.

« A la vérité, dit M. Berthelot, la terre végétale y suffit pendant « un certain temps, parce qu'elle renferme de 1 gramme à 2gr5 « d'azote par kilogramme, c'est-à-dire 50 à 100 fois autant qu'il « s'en est fixé en une saison, sur les terrains argileux que j'ai « étudiés. Mais il est incontestable que la terre végétale d'une « prairie ou d'une forêt s'appauvrirait peu à peu, par le fait de la « végétation joint à l'enlèvement des récoltes, s'il n'existait pas de « causes compensatrices, plus énergiques que les apports météo- « riques, pour régénérer à mesure les composés azotés. En fait, « et malgré ces déperditions incessantes, toutes les fois qu'on « n'épuise pas la terre par une culture intensive, la vie végétale « se reproduit dans les prairies et dans les forêts, en vertu d'une « rotation indéfinie. Or les expériences actuelles mettent en évi- « dence l'un des mécanismes de cette régénération, indispensable « pour rendre compte de la fertilité continue des sols naturels. « Elles expliquent en même temps comment des sables argileux,

« presque stériles au moment où ils sont amenés au contact de « l'atmosphère, peuvent cependant servir de support et d'aliment « à des végétations successives, de plus en plus florissantes, parce « qu'elles utilisent à mesure l'azote fixé annuellement par ces « sables et celui des débris des végétations antérieures, accumulés « et associés aux mêmes sables argileux, de façon à constituer à « la longue la terre végétale. »

LIVRE DEUXIÈME

LIVRE DEUXIÈME

GÉOLOGIE HYDRAULIQUE ET AGRICOLE

Son importance. — La géologie hydraulique et agricole s'occupe surtout de la constitution de la couche superficielle de la terre; c'est celle qui, en effet, intéresse directement l'agriculture. Nous étudierons donc la constitution, la composition et les propriétés de la terre arable, qui est le siège de la végétation.

Les couches de terre arable n'ont pas toutes la même origine et varient suivant la constitution géologique des terrains sous-jacents; il est donc intéressant d'établir la relation qui existe entre la géologie et l'état agricole d'un pays.

La géologie intéresse encore l'agriculture à un autre point de vue; entre le moment de sa précipitation et celui où elle retourne à la mer, l'eau circule soit à la surface du sol, soit souterrainement, et sa répartition entre les nappes et les cours d'eau dépend de la nature des terrains, notamment de leur plus ou moins grande perméabilité.

Enfin, les phénomènes d'entraînement, de désagrégation des terrains par les eaux et les divers agents atmosphériques, relèvent de la géologie hydraulique et agricole.

CHAPITRE PREMIER

CONSTITUTION ET COMPOSITION DU SOL

Constitution générale du sol. — Au point de vue agricole, le *sol* proprement dit est la couche supérieure du terrain jusqu'à la profondeur où elle conserve la même nature minérale.

Le *sol* proprement dit se divise en : 1° *sol actif*, c'est celui qui est mêlé de matières organiques, de terreau, qui est en relation directe avec l'atmosphère, dans lequel se passent les phénomènes de la végétation, où vivent et se développent les racines des plantes, et qui est atteint par les labours; 2° *sol inerte*, c'est celui qui, au-dessous de la première couche dont il a la même composition minérale, et privé de matières organiques, n'est pas entamé par les cultures.

Au-dessous du *sol*, on rencontre une couche de composition minérale différente; c'est là que commence le *sous-sol*, qui peut lui-même être composé de plusieurs couches variables dans leur composition, jusqu'à ce qu'on trouve la couche imperméable.

L'épaisseur du sol proprement dit est excessivement variable; elle dépend, dans une certaine mesure, de la profondeur à laquelle on remue la terre; réduite à quelques centimètres dans les mauvais terrains, elle atteint 0m.25 à 0m.35 dans les sols profonds et même 0m.50 dans de bonnes terres.

La profondeur du sol actif dépend exclusivement de la profondeur des labours; elle est de 0m.15 à 0m.20; c'est la partie où pénètrent les radicelles des cultures courantes. Suivant la composition relative du sol actif et du sol inerte, il peut y avoir plus ou moins d'avantage à ramener à la surface une partie de ce dernier.

S'il est assez voisin de la surface, le sous-sol influe sur la valeur du terrain, soit par sa composition même, soit par son action sur l'écoulement des eaux.

Cette division en sol et sous-sol n'est pas toujours bien caractérisée; il peut arriver que le sol actif disparaisse; dans d'autres cas, c'est le sous-sol qui fait défaut. Ainsi, dans les montagnes, le rocher est souvent à nu; dans les Landes, la couche superficielle est formée de sable; inerte, elle ne peut être transformée en sol actif qu'au moyen de certains travaux.

La géologie et la minéralogie s'occupent de l'étude complète de l'écorce terrestre; notre programme est plus restreint, car, pour l'objet que nous avons en vue, il nous suffira d'étudier le sol et le sous-sol qui, seuls, nous intéressent au point de vue de la végétation, de la perméabilité et de l'existence des nappes souterraines.

Composition du sol. — Le sol actif est généralement formé d'une substance d'aspect noirâtre, à laquelle on a donné le nom d'humus. Sous sa forme la plus riche, dépouillé de toute matière minérale étrangère, l'humus constitue le terreau des jardins maraîchers.

Le terreau ou l'humus est le produit de l'altération et de la décomposition des matières organiques par l'action combinée de l'oxygène de l'air, de l'humidité et d'une sorte de fermentation. Sa composition mal définie varie d'un endroit à l'autre; mais on retrouve toujours ce caractère qu'il est plus riche en carbone et moins riche en eau que les matières végétales. On peut représenter la décomposition de la matière organique par la formule suivante :

$$\underbrace{C^{24}\,H^{20}\,O^{20}}_{\text{cellulose}} = \underbrace{C^{24}\,(HO)^{9}}_{\text{humus}} + 11\ HO$$

La cellulose est composée de 44 0/0 de carbone et 56 0/0 d'eau, tandis que l'humus contient 64 0/0 de carbone et 36 0/0 d'eau.

D'autres éléments existent à côté de ceux dont nous venons de parler. Ainsi, sur 1.000 kilogrammes de terreau, il y a 5.28 à

10.50 d'azote organique, 0.08 à 0.12 d'azote ammoniacal, 0.13 à 0.15 d'azote nitrique, 3.42 à 12.80 d'acide phosphorique, 11.28 à 87.60 de chaux.

Le sol contient, en outre, divers éléments minéraux. On y trouve le plus souvent :

Des sables, soit à l'état de débris siliceux mélangés quelquefois de morceaux calcaires, soit à l'état de grès ;

De l'argile, composée en grande partie de silicate d'alumine (30 0/0 d'alumine au minimum) et mélangée en proportions variables de calcaire (marne) ;

Des calcaires, soit à l'état de carbonate de chaux, qui est très abondant en France, sauf dans quelques régions, comme la Sologne et la Bretagne (marbres et spaths de montagnes, chaux carbonatée du Jura, calcaire oolithique, chaux carbonatée terreuse), soit, plus rarement, à l'état de sulfate de chaux ou pierre à plâtre ; on en trouve, par exemple, en divers endroits de la vallée de la Seine ;

Des sels de fer ; ce sont eux qui donnent leur coloration rouge aux argiles et aux meulières ;

De la lithine (terre à tabac) et divers sels minéraux provenant des roches sous-jacentes ou entraînés par les eaux : quartz, mica, feldspath, etc.

Solubilité du sol. — Traité par l'eau, le sol actif ou terre arable abandonne une partie soluble (1 0/0 et souvent moins), qui, si elle est peu importante par son poids, l'est beaucoup au point de vue agricole. Cette partie soluble, cet extrait de terre, est un liquide boueux et jaunâtre ; on lui donne le nom d'acide humique, à cause de la propriété qu'il possède de dissoudre les matières minérales, notamment les calcaires ; sa composition est la suivante :

Matières organiques analogues à le glucose.		47.5 0/0.	
Matières minérales..	Carbonate de chaux.	34	52.5 0/0
	Sulfate de chaux...	12	
	Divers	6.5	

Classification des terres arables. — Les terres arables présentent, dans leur composition, leurs caractères, leurs propriétés culturales, une infinie variété.

La classification suivante des terres, d'après la nature brute du sol, est fréquemment employée ; elle répond assez bien aux dénominations consacrées par l'usage et ne comprend ni le terreau ni les roches, qui sont comme les extrêmes opposés de l'échelle d'activité des sols.

Sols argileux. — L'argile y domine et leur donne les qualités qui lui sont propres ; les terres argileuses sont dures et compactes, retiennent l'eau avec beaucoup de force et forment avec elle une boue glissante ; la chaleur et la sécheresse les fendillent. Ces propriétés, ou, pour mieux dire, ces défauts, s'atténuent lorsque l'argile pure est mélangée d'autres matières. On est ainsi amené à distinguer plusieurs variétés de sols argileux : l'argile pure ou glaise, très mauvaise au point de vue agricole ; les sols argilo-ferrugineux, dont le type est la terre à briques ; les sols argilo-calcaires ou terres fortes, et les sols argilo-sableux ou terres légères.

Sols sableux. — Ils possèdent des propriétés opposées à celles des terrains argileux ; ils sont légers, d'un travail facile, sans consistance, et n'adhèrent pas aux instruments de culture ; la facilité avec laquelle ils se dessèchent les rend mauvais, au point de vue agricole, dans les climats chauds. Dans cette classe rentrent : les sols sablo-argileux, par exemple ; les alluvions récentes de nos vallées, qui sont éminemment fertiles et propres à la culture ; les sols sablo-argilo-ferrugineux ; les sols sableux quartzeux, composés de cailloux plus ou moins volumineux et de graviers ; les sols sableux granitiques ou volcaniques, provenant de la décomposition plus ou moins complète des roches de granite ou des produits d'éruption volcanique (Limousin, Limagne d'Auvergne) ; enfin la terre de bruyère, mélange de sable fin siliceux et de terreau.

Sols calcaires. — Le carbonate de chaux s'y rencontre en proportion prépondérante ; ils sont de qualité médiocre, maigres, peu fertiles, forment avec l'eau une sorte de mastic ; ils sont heureusement peu répandus en France (Champagne). On distingue parmi ces terrains : les sables calcaires, les sols crayeux, les marnes, calcaires mélangés d'argile, les tufs, calcaires déposés par les eaux (Touraine).

Sols tourbeux et marécageux. — Dans leur état naturel, ils sont impropres à la culture, à cause de leur acidité ; ils exigent des travaux préliminaires pour devenir aptes à recevoir des plantes cultivées (dessèchement, amendements calcaires).

Classification de M. de Gasparin. — Dans son grand ouvrage sur l'agriculture, M. de Gasparin a proposé une classification très nette des terrains, fondée sur les proportions relatives des trois éléments : silice, chaux, argile. En voici le résumé :

Terrains calcaires.. { Limons. / Calcaires proprement dits. / Sols sableux calcaires.

Terrains ne renfermant pas l'élément calcaire. { Sols siliceux. / Sols glaiseux.

Les limons occupent la tête de cette classification ; parmi eux se trouvent les meilleurs sols connus, la terre franche, lorsque les trois éléments, silice, chaux, argile, s'y rencontrent mélangés en proportions convenables.

Classification géologique. — Les couches des terres arables n'ont pas toutes la même origine ; on peut donc les classer d'après leur mode de formation géologique.

A ce point de vue, on distingue :

1° Les terrains diluviens, qui composent la plus grande partie du sol cultivable de la France et même de l'Europe (exemple : dilluvium de la vallée de la Seine) ; ils doivent leur formation aux déluges et aux grandes débâcles, qui ont accompagné les plissements de l'écorce terrestre, et aux dépôts qui ont suivi ces révolutions géologiques ; l'argile et la silice dominent dans ces terrains ; ils sont recouverts quelquefois d'alluvions modernes (bois de Boulogne, limon des plateaux).

2° Les terrains d'alluvion, qui se forment encore chaque jour sous nos yeux ; les galets, les graviers, les sables et les limons, entraînés par les rivières (0k.020 à 1 kilo par mètre cube), se déposent en divers points de leur cours, en formant des terrains dont la constitution varie avec la vitesse du courant ; c'est à des causes de cette nature que l'on doit la formation des terrains les plus fertiles de nos vallées (bords de la Seine, Gennevilliers, Mantes), d'une portion de l'Égypte, des plaines de la Provence, etc.

3° Les terrains formés sur place par la décomposition et la désagrégation des roches sous-jacentes, sous l'influence de l'action lente de divers agents, tels que l'eau, la gelée, l'air, l'acide carbonique, la gravité et la végétation elle-même; ils sont généralement peu profonds et d'une fertilité médiocre. Leur composition diffère de celle de la roche génératrice, par suite de l'inégalité d'action des agents de décomposition ou de désagrégation.

Ainsi les basaltes, dont la composition est la suivante :

Alumine...........	13
Sesquioxyde de fer.	16
Silice..............	46

donnent naissance à une terre formée de :

Alumine...........	30
Sesquioxyde de fer.	4
Silice..............	36

Cette différence tient à l'insolubilité de l'alumine, qui résiste à l'entraînement par l'action de l'eau.

On comprend que la disposition topographique ait une grande influence sur la désagrégation des roches; les pentes sont-elles faibles, les produits solides de la décomposition restent sur place; dans d'autres cas, au contraire, la plus grande partie des produits de la décomposition est entraînée dans les vallées. Ainsi, l'altération des grès vosgiens donne sur les flancs de la montagne une terre bonne seulement pour les bruyères et les lichens, tandis que les terres labourables se rencontrent plus bas dans la vallée.

CHAPITRE II

PROPRIÉTÉS PHYSIQUES ET CHIMIQUES DES TERRES

Les terres arables sont composées, comme nous venons de le voir, de particules d'origine et de nature très diverses. Une méthode d'essai très simple, la lévigation, fournit aux praticiens des indications utiles sur les terres, en séparant les parties lourdes des parties légères; on peut l'effectuer en agitant l'échantillon à étudier dans un vase rempli d'eau, pendant un certain temps, une demi-heure à une heure : les parties lourdes restent au fond et l'on décante la liqueur qui contient les parties légères en suspension. Les parties lourdes peuvent être séparées au moyen de passoires dont les trous ont $2^m/^m.5$ et $0^m/^m.5$. On arrive ainsi à séparer :

les parties lourdes...	1° cailloux. 2° gravier ($2^m/^m$ 5). 3° sable fin ($0^m/^m$ 5).
des parties ténues...	minéraux cristallisés (calcaire, silice). débris organiques, racines, etc.

Les terres arables sont plus ou moins poreuses et susceptibles d'absorber et de condenser les gaz.

Densité. — Pour obtenir la densité d'une terre, on pèse un flacon plein d'eau distillée; on le vide et on le remplit en partie de l'échantillon soumis à l'expérience; on le pèse de nouveau, on achève de remplir avec de l'eau distillée et l'on agite avec soin pour chasser les bulles d'air.

Si p_1, p_2, p_3 sont les résultats des trois pesées, la densité de la terre est donnée par la formule $D = \frac{p_2}{p_1 + p_2 - p_3}$.

C'est par cette méthode que Schübler a trouvé les résultats suivants :

Terreau	1.225
Terres végétales diverses	2.419
Terres argileuses	2.603
Glaises diverses	2.676
Sables	2.787

On peut dire d'une manière générale que les terres très denses sont riches en silice et que les terres très légères renferment de fortes proportions de terreau.

Mais il faut distinguer la densité d'une terre du poids du mètre cube pratique; un mètre cube d'eau pèse 1.000 kilogrammes, il ne s'en suit pas qu'un mètre cube de terre, dont la densité est de 2.6, pèsera 2,600 kilogrammes, car la terre est poreuse et son état de tassement varie beaucoup avec les circonstances.

Pratiquement, voici le poids du mètre cube de différentes terres :

Terre de Bruyère		600 kilog.
Terres végétales.	légères	1.200 à 1.400 kilog.
	fortes	1.600 kilog.
Sable fin	Sec	1.380 à 1.430 kilog.
	Mouillé	1.900 kilog.
Terre argileuse mélangée de cailloux siliceux		2.290 kilog.

On comprend que le poids d'une même terre, dans l'état où elle se trouve dans les champs, varie selon la façon que le sol a reçue; ainsi la terre est moins dense dans les champs qu'on laboure profondément; elle le devient davantage dans les prairies et surtout dans les pâturages. Personne n'ignore qu'à volume égal une terre fouillée et chargée sur un tombereau pèse moins qu'avant son extraction; ce foisonnement, qui atteint quelquefois 1/5, est en moyenne de 1/10 du volume primitif de la terre.

Le rapport entre le poids du mètre cube d'une terre et sa densité est toujours inférieur à l'unité. M. de Gasparin a cherché à déterminer ce rapport en opérant sur neuf échantillons de terre ayant reçu une préparation identique : traitement par l'eau et moulage en briquettes sous une même pression ; on obtient ainsi un tassement presque parfait. Il a ainsi trouvé 2.492 pour le poids du mètre cube tassé, c'est-à-dire la densité, et 1.599 pour le poids du mètre cube ordinaire ; le rapport est de 0.64. Ce n'est là d'ailleurs qu'une moyenne très approximative.

Ténacité et adhérence. — La ténacité et l'adhérence des terres exercent une grande influence sur la difficulté des cultures ; un praticien exercé sait se rendre compte, par un simple coup de bêche, du degré d'adhérence et de ténacité d'une terre ; mais la détermination exacte de la ténacité est difficile à réaliser pratiquement.

Ténacité. — Pour déterminer cette propriété, on se borne à former avec de la terre mouillée une boule de 3 centimètres de diamètre ; on la laisse sécher au soleil ou sur un poêle et on la soumet à l'écrasement ; si elle provient de sols sableux et peu consistants, la boule s'écrase dans les doigts ou même sous son propre poids ; les bonnes terres arables exigent un certain effort pour s'écraser ; les glaises exigent un choc et résistent à la pression de la main.

La méthode indiquée par Schübler a plus de précision quoique imparfaite encore : après avoir humecté la terre, on la moule en prismes quadrangulaires que l'on fait sécher et que l'on place sur deux supports tranchants espacés de 40 millimètres ; puis, par un point également éloigné des deux supports, on fait passer un cordon qui soutient un vase dans lequel on verse graduellement de la grenaille de plomb jusqu'à ce que le prisme se rompe. Le poids final et la surface de rupture donnent une idée de la ténacité de la terre.

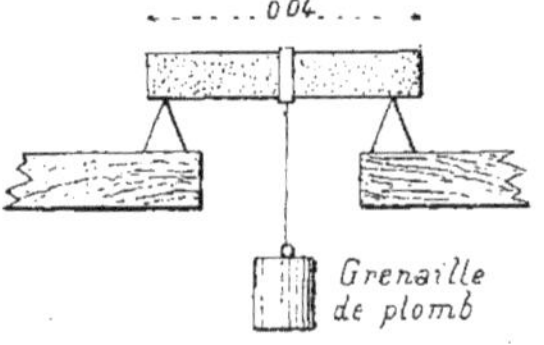

Fig. 87.

En opérant sur des prismes à section carrée de 0m015 de côté (soit 225 millimètres carrés de surface), Schübler a obtenu sur des terres d'essai corroyées :

Sable	0k 00	Terres diverses	4k 00 à 6k 00
Terre calcaire fine	1 00	Glaises	10 44 à 12 53
Gypse	1 33	Terres argileuses	15 17 à 18 22
Terreau	1 58		

La ténacité des terres ainsi corroyées surpasse environ de moitié celle des terres simplement coulées liquides dans le moule. On comprend d'ailleurs que le peu d'homogénéité de la terre doive apporter de la perturbation dans les résultats; avec la même terre il y a souvent des écarts considérables d'une expérience à l'autre, et l'essai doit être répété sur plusieurs échantillons.

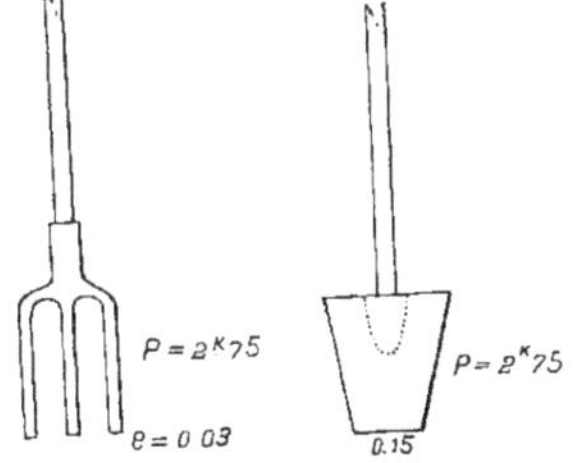

Fig. 88.

M. de Gasparin a recommandé l'emploi d'une autre méthode qui permet de connaître, non la ténacité proprement dite, mais plutôt la résistance de la terre aux instruments; elle est fondée sur l'emploi d'une bêche pesant 2k75, dont le tranchant a 0m15 et qu'on laisse tomber bien verticalement d'une hauteur de 1 mètre : c'est la bêche dynamométrique; son enfoncement plus ou moins grand mesure la résistance du sol. Dans les terrains pierreux, on remplace la bêche par une fourche à trois dents du même poids que la bêche, les dents terminées en pointes peu aiguisées ayant 0m03 de côté.

Adhérence. — La détermination, ou plutôt la comparaison des adhérences est susceptible de plus de rigueur scientifique. On suspend à l'un des plateaux d'une balance un disque de bois ou de fer de 1 décimètre carré de surface et on lui fait équilibre sur l'autre plateau; puis on met le disque en contact avec la terre amenée à un degré d'humidité relative qui doit toujours être le même, et l'on note le poids qu'il est nécessaire d'ajouter sur le second plateau pour rompre l'adhérence du disque et de la terre.

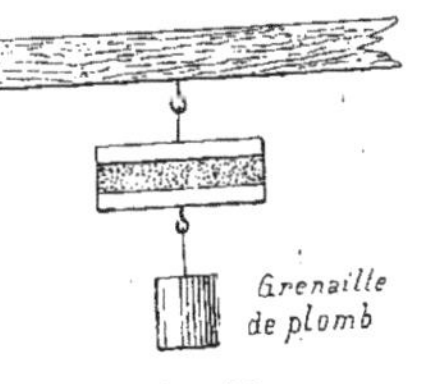

Fig. 89.

Voici le résultat d'expériences faites par Schübler avec un disque en bois de hêtre :

Sable	0k19 à 0k20	Glaise	0k40 à 0k52
Terres diverses	0 27 à 0 34	Terres argileuses	0 86 à 1 32
Terre calcaire	0 71		

L'adhérence du fer à la terre est de 1/10 moins forte que celle du bois.

On peut enfin juger de la ténacité et de l'adhérence d'une terre par le travail plus ou moins grand que coûte une excavation; cette méthode d'évaluation a été employée la première fois par le maréchal Vaillant: Il appelait terres *à un homme*, celles dont un homme peut fouiller et charger en brouette 15,60 mètres cubes en une journée, comme le sable et les terres végétales; lorsque la dureté de la terre oblige d'employer la pioche, il est nécessaire d'adjoindre un homme au premier et si ce fouilleur suffit à fournir la terre au chargeur sans interruption, la terre est *à deux hommes*; elle est *à trois hommes* lorsque deux fouilleurs sont nécessaires pour tenir tête au chargeur, etc.

Propriétés secondaires. — *Absorption des gaz et de la vapeur d'eau.* — La terre arable est essentiellement poreuse et possède une tendance marquée à condenser les gaz en les absorbant. On se rend facilement compte de cette propriété en plaçant un verre rempli de terre sous le récipient d'une machine pneumatique, on voit se dégager des bulles de gaz. et le volume d'air ainsi extrait varie de deux à douze fois le volume de la terre; ce volume est plus considérable dans les terres très fertiles. Le sable fin lui-même possède cette porosité capillaire, car il peut absorber une fois son volume de gaz.

L'espèce d'ébullition que produisent les vagues au bord de la mer tient au dégagement de l'air emprisonné dans le sable. L'absorption des gaz a lieu aussi quand les terres sont recouvertes d'une couche d'eau; à l'état sec elle est nulle.

Schübler, en soumettant à l'expérience des échantillons de terre humide de 54gr25 en contact pendant 30 jours avec 297 centimètres cubes d'air, a constaté que les quantités d'oxygène absorbées ont été les suivantes :

	cent. cubes.		cent. cubes.
Sables siliceux........	4 75	Terre calcaire........	32 08
Calcaire.............	16 63	Terre du Jura.........	45 14
Gypse..............	7 92	Terre de jardin.........	51 48
Glaise..............	17 52 à 31 68	Terreau...............	60 19
Argile..............	45 34		

Les gaz qui se condensent ainsi dans le sol sont l'azote, l'oxygène, l'acide carbonique et la vapeur d'eau.

La terre forme un milieu spécial pour les gaz qu'elle contient; la vapeur d'eau y possède une tension généralement inférieure à celle qu'elle possède dans l'air libre pour la même température; il en résulte une influence réciproque des tensions et des températures de l'air et de la terre, laquelle explique des faits bien connus des agriculteurs. Ainsi après les plus grandes pluies, l'air est rarement saturé de vapeur d'eau en rase campagne par suite de l'action condensante de la terre arable; dans certains pays où il ne pleut jamais (Pérou) on trouve cependant des sources et la végétation ne souffre pas, grâce à la fraîcheur et à l'humidité de la terre; c'est que la terre, ayant une tension de vapeur inférieure à celle de l'air qui est très chargé de vapeur d'eau, condense cette vapeur sans qu'il y ait de pluie et la terre est ainsi entretenue dans l'état d'humidité nécessaire à une bonne végétation.

Imaginons une enceinte fermée E dans laquelle on peut à volonté faire circuler de l'air sec ou de l'air humide; à l'intérieur, plaçons de la terre arable dans un sac en toile poreuse A au centre duquel est fixé le réservoir d'un thermomètre. Fait-on passer le courant d'air sec, la tension de la vapeur d'eau étant plus forte dans la terre, celle-ci abandonne de l'eau et l'on constate un abaissement de la température; redonne-t-on le passage à l'air humide, la terre condense la vapeur d'eau car la tension dans la terre est plus petite que dans l'air humide et l'on voit le thermomètre monter de 2 ou 3°. On s'explique ainsi le réchauffement des terres lors des premières pluies qui suivent les sécheresses prolongées.

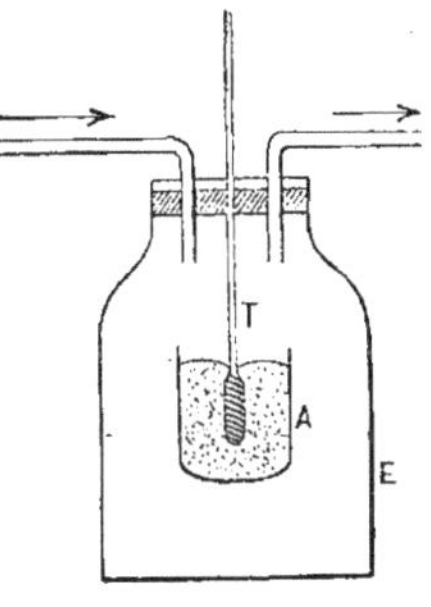

Fig. 90.

Propriétés calorifiques. — Si l'on considère que la chaleur solaire est indispensable à la végétation, qu'elle est à proprement parler la source de la vie à la surface du globe, on comprend l'importance au point de vue agricole de cette propriété en vertu de laquelle la terre est susceptible d'absorber et de retenir les radiations lumineuses et calorifiques.

Schübler, dont le nom revient si souvent dans l'étude des propriétés des terres, a soumis à l'expérience cette faculté rétentive de la chaleur; les échantillons de terres étaient chauffés à 62°5 dans des vases de 594 centimètres cubes de capacité et il observait le temps que chacun d'eux mettait à se refroidir à 21°, la température de l'atmosphère étant de 16°. Il a obtenu les résultats suivants :

	Durée du refroidissement.	Faculté de retenir la chaleur.
Terreau.	1 heure 43	4.90
Terres diverses.	2 — 16 à 2 heures 36	6.18 à 7.43
Argile et glaise.	2 — 19 à 2 — 41	6.67 à 7.69
Sable siliceux.	3 — 27	9.56
Sable calcaire.	3 — 30	10.00

Il faut avouer que ces expériences manquent de précision et les résultats, de rigueur scientifique; elle sont bonnes tout au plus à donner une idée du classement des terres sous le rapport de cette faculté de retenir la chaleur; on peut dire que cette faculté est en rapport avec la densité de la terre et aussi avec la grosseur des particules ; une terre couverte de cailloux siliceux perd plus lentement son calorique qu'un sable siliceux et c'est ce qui explique que certaines terres caillouteuses sont très propres à mûrir plus complètement le raisin.

L'échauffement des terres sous l'influence de la lumière solaire dépend de plusieurs circonstances qu'il faut savoir distinguer; c'est d'abord la couleur de la surface du sol; les sols colorés donnent des récoltes plus hâtives que les sols blancs; le vin des premiers est plus généreux que celui des seconds; les variations des pouvoirs émissif et absorbant d'une même surface blanche ou noire expliquent suffisamment ces particularités. On s'explique également aussi pourquoi les jardiniers recouvrent souvent leurs planches de terreau ou de matières noires pour activer la maturité des fruits et des légumes.

La composition chimique des terrains a des effets beaucoup moins marqués que leur couleur sur l'échauffement du sol dû aux radiations solaires; l'humidité et la sécheresse influent au contraire considérablement : la différence des échauffements solaires entre les terres humides et les terres sèches peut atteindre 7 à 8 degrés et représente l'abaissement de température dû à l'évaporation.

Enfin nous ne reviendrons pas sur l'influence propre à l'exposition du terrain, c'est-à-dire à l'obliquité plus ou moins grande de la direction des rayons solaires, nous bornant à renvoyer le lecteur à ce qui a été dit sur ce sujet dans le livre de la météorologie (V. p. 61).

Hygroscopicité. — C'est la propriété que possèdent les terres, à un plus ou moins haut degré, de retenir l'eau entre leurs particules sans la laisser égoutter. On la constate facilement en faisant avec 20 grammes de terre une bouillie claire que l'on jette sur un filtre de papier Joseph dans un entonnoir en verre; lorsque la terre a cessé de s'égoutter, la différence entre le poids du filtre et de son contenu d'une part, et le poids du filtre et de la terre sèche d'autre part, correspond à la quantité d'eau retenue.

Voici quelques-uns des résultats obtenus d'après Schübler :

Terres.	Eau retenue.
Sable	25 à 30 0/0
Gypse	27 0/0
Glaise et argile	40 à 70 0/0
Terres diverses	48 à 89 0/0
Terreau	190 0/0
Carbonate de magnésie	456 0/0
Sol calcaire	22 0/0

L'hygroscopicité d'une même terre varie avec diverses circonstances : les engrais organiques l'augmentent, l'écobuage la diminue.

Pour qu'une terre soit saine au point de vue de la végétation, il faut qu'elle garde au minimum 10 0/0 d'eau et au maximum 50 0/0, deux ou trois jours après les plus fortes pluies; au-dessous les racines se dessèchent et meurent; au-dessus, elles ne tardent pas à pourrir (de Gasparin).

A Gennevilliers un mètre cube de terre irriguée retient 0^{mc}150 d'eau.

Les expériences faites pour constater l'aptitude des terres mouillées à se sécher à l'air ont prouvé qu'elles suivent à peu près à cet égard l'ordre inverse de leur hygroscopicité.

Perméabilité. — La perméabilité des terres, c'est-à-dire la propriété qu'elles ont de laisser passer l'eau, n'est pas en rapport direct avec l'hygroscopicité; ainsi les terrains argileux, très hygroscopiques, sont peu perméables.

Cette propriété du sol a une influence capitale sur l'hydrologie c'est-à-dire sur la distribution des nappes souterraines et des sources; elle a été particulièrement étudiée à ce point de vue par Belgrand (La Seine. Etudes hydrologiques).

Toutes les eaux souterraines proviennent en effet de l'infiltration des eaux pluviales à travers les pores de la couche superficielle du sol; obéissant à l'action de la pesanteur elles descendent peu à peu jusqu'aux couches imperméables sur lesquelles elles s'accumulent en formant des nappes d'eau souterraines.

La perméabilité d'un terrain peut dépendre de causes secondaires; les terrains crayeux, par exemple, imperméables par leur nature laissent cependant passer les eaux par suite des nombreuses fissures qui divisent leur masse.

Les grottes d'Adelsberg près de Trieste et de Han, aux environs de Namur, présentent des exemples de perméabilité de cette nature (1).

La quantité d'eau qui peut traverser un terrain perméable est considérable; on en jugera par l'exemple suivant emprunté à Belgrand :

L'aqueduc de la Vanne traverse les sables de Fontainebleau entre les vallées du Loing et de la petite rivière d'Ecolle, sur une longueur de 31 kilomètres, et ce terrain est tellement perméable que le tracé ne rencontre ni ruisseau, ni ravin.

Il est d'usage, sur un tel trajet, d'établir un certain nombre d'orifices de décharge, afin de n'être pas obligé, à chaque visite, de mettre la cuvette à sec sur une trop grande longueur.

Il y a d'ailleurs des décharges obligatoires aux points bas des conduites forcées ou siphons; dans le trajet dont il s'agit, l'aqueduc traverse en siphon deux vallées celles d'Arbonne et de Montrouget. Lorsque le terrain est imperméable, la décharge est établie naturellement dans le cours d'eau qui se trouve toujours au point bas du siphon. Il n'en est point ainsi dans les terrains perméables, puisque la plupart des vallées sont privées de cours d'eau.

---

(1) Citons également le massif du mont Ventoux formé de calcaire néocomien profondément fissuré qui laisse écouler très rapidement les eaux dans le bassin souterrain de la fontaine de Vaucluse.

Il fut arrêté d'un commun accord que, pour remplacer les cours d'eau, on achèterait à l'aval de chaque bief un hectare de terrain sablonneux, qu'on entourerait d'un bourrelet de sable de 0,50 de hauteur.

Les terrains perméables du département de la Seine absorbent sur place l'eau des plus grandes averses. On sait que la hauteur de cette eau ne dépasse pas 3 centimètres par heure de pluie.

Cette puissance d'absorption est suffisante pour le bon fonctionnement des décharges : il suffit pour vider l'aqueduc que les bassins d'un hectare préparés à l'avance absorbent par heure une lame d'eau de 4 à 5 centimètres de hauteur. Pour faire les essais on a choisi au delà d'Arbonne, à 1 h. 30 de Fontainebleau, une des vallées les plus écartées de la forêt.

Pendant l'expérience il est sorti de l'aqueduc les volumes d'eau suivants :

Du 15 mai au 5 juin inclus	453.600	mètres cubes.
Du 8 au 10 juin	67.800	—
Du 20 au 28 juin	194.400	—
Du 2 au 4 juillet	106.680	—
Total en 36 jours	822.480	mètres cubes.

La surface du petit lac a été au plus de 1 h. 24 et en moyenne n'a pas dépassé 1 hectare.

Le volume d'eau débité par jour a été :

Au minimum	21.600	mètres cubes.
Au maximum	34.500	—
En moyenne	22.846	—

Le petit lac a donc absorbé par jour et par mètre carré :

Au maximum.............................. $\frac{34.560}{12.400} = 2$ m. c. 79

Et en moyenne.............................. $\frac{22.846}{10.000} = 2$ m. c. 28

La plus grande absorption par heure a été de $\frac{2,79}{24} = 0^{mc}12$ par mètre carré, ce qui représente plus du double du produit des plus grandes averses connues dans le bassin de la Seine; ainsi qu'on l'a exposé ci-dessus, ces averses ne donnent pas plus de 0,05 de hauteur d'eau par heure.

La hauteur totale d'eau qui a été absorbée par mètre carré dans les 36 jours a été de $2^{m}28 \times 36 = 82^{m}08$.

Dès que l'écoulement cessait, le lac tombait à sec. C'est encore un fait caractéristique.

La plupart des auteurs qui ont écrit sur l'agriculture ont négligé cette importante propriété du sol. Ainsi presque tous admettent qu'avec 1 litre d'eau par seconde, coulant d'une manière continue pendant la saison des irrigations, on arrose convenablement un hectare de prairie. *Avec un litre d'eau par seconde on n'arroserait pas plus de* 36 *mètres carrés des sablons de la forêt de Fontainebleau.* D'excellentes prairies, les herbages du pays de Bray et de la vallée d'Auge, dans les sables argileux du terrain crétacé inférieur, n'exigent aucune irrigation.

Caractères hydrologiques et agricoles des terrains perméables et imperméables. — Bassin de la Seine. — Nous avons déjà fait remarquer que les terrains peuvent être perméables soit par nature, les sables par exemple, soit parce qu'ils sont fendillés comme la craie.

Belgrand est le premier qui ait attiré l'attention des ingénieurs sur les caractères différents qu'imprime la nature plus ou moins perméable du sol à l'aspect d'un pays, à sa culture, au régime de ses sources et de ses cours d'eau; le résultat de ses observations mérite de retenir un instant notre attention.

Ainsi l'on comprend que le nombre et la dimension des ponceaux établis sous une route puisse renseigner sur la nature du terrain traversé; dans les terrains imperméables le ruissellement des eaux de pluie à la surface du sol est considérable, les ponceaux seront donc nombreux et auront au moins 0 m. carré 40 de débouché superficiel; au contraire dans les terrains perméables on n'en verra point ou il suffira de leur donner 0 m. carré 10 de débouché.

La perméabilité ou l'imperméabilité des terrains est donc en relation intime avec l'hydrologie d'un pays.

Les lois de l'écoulement des eaux pluviales dominées par la distinction des terrains en perméables et en imperméables peuvent se résumer d'après Belgrand dans les quatre propositions suivantes :

1° Lorsqu'un terrain est imperméable, il est sillonné par de nombreux cours d'eau qui ne sont pas toujours pérennes, et ne sont pas nécessairement alimentés par des sources.

Si le terrain est perméable, les cours d'eau sont rares, sont relégués au fond des grandes vallées et sont toujours des lieux de sources (1).

2° Les ponts des terrains imperméables sont très nombreux et leurs débouchés mouillés très grands. Les ponts des terrains perméables sont rares, et lorsqu'ils ne sont pas construits sur des lieux de sources, leurs débouchés mouillés sont très petits, sinon nuls.

3° Les crues des cours d'eau des terrains imperméables sont violentes et de très courte durée (cours d'eau torrentiels). Les crues des cours d'eau des terrains perméables montent lentement, descendent de même, et par conséquent sont toujours de longue durée (cours d'eau tranquilles).

4° Les prairies naturelles sont cultivées, non seulement au bord des cours d'eau des terrains imperméables, mais encore à flanc de coteau et jusqu'au sommet des montagnes. Lorsque le terrain est perméable, cette culture est resserrée dans la partie du fond des vallées qui est submergée par les crues des cours d'eau.

Nous allons suivre le développement de ces quatre propositions qui sont générales en les appliquant au bassin de la Seine.

Sources. — Lorsque la surface d'une contrée est entièrement perméable, les eaux pluviales qui ne sont pas enlevées par la végétation et l'évaporation profitent à la nappe souterraine et aux sources; les nappes sont discontinues dans les terrains calcaires, continues dans les terrains sablonneux, elles s'abaissent vers les vallées les plus profondes et alimentent par de grandes sources les rares cours d'eau disséminés à la surface du pays. En résumé, les sources sont rares,

(1) Belgrand appelle lieux de sources les lignes ou surfaces continues ou discontinues où jaillissent les sources, soit au fond des vallées dans les terrains entièrement perméables, soit à flanc de coteau lorsqu'un terrain perméable repose sur un terrain imperméable qui affleure au-dessus du niveau du fond de la vallée.

considérables et au fond des grandes vallées; les vallées secondaires et les plateaux restent secs en toute saison.

Dans le bassin de la Seine, nous rencontrons des terrains de cette nature : terrain jurassique de la basse Bourgogne, d'Auxerre à Bar-le-Duc; terrain crétacé de la Champagne, de Sens à Laon (craie blanche); calcaires lacustres de la Beauce entre Chartres et Pithiviers (terrain tertiaire miocène); sables de Fontainebleau; terrain parisien ou éocène, de Versailles à Soissons.

Dans les terrains imperméables, au contraire, il n'y a pas de nappes d'eau à proprement parler, et comme la plus grande partie des eaux météoriques ruisselle à la surface du sol, les sources sont nombreuses et peu considérables, d'autant plus éloignées les unes des autres que le terrain est plus imperméable. Tels sont : le terrain granitique du Morvan entre Château-Chinon et Avallon; le terrain argilo-sableux (crétacé inférieur-miocène) que l'on rencontre de Montargis à Vouziers à la limite de l'Orléanais, de la Bourgogne et de la Champagne; les argiles à meulières de Corbeil à Melun et de Meaux à Château-Thierry.

Lorsqu'un terrain perméable repose sur un terrain imperméable, il s'établit un lieu de sources à la ligne d'affleurement : telles sont les sources de la Dhuis et de la Vanne.

Il peut arriver qu'un terrain imperméable à la surface du sol soit drainé par une couche perméable inférieure; c'est le cas du département de l'Eure entre Chartres et Pont-Audemer où l'on trouve de la craie fendillée au-dessous d'un sol argileux (argile à silex).

Cours d'eau. — Dans les terrains perméables, les cours d'eau sont tranquilles; les eaux pluviales absorbées par le sol cheminent souterrainement avant d'arriver aux vallées les plus profondes, laissant à sec les vallées secondaires; les cours d'eau sont donc rares; les crues sont modérées, de longue durée, et elles montent lentement et régulièrement; les nappes jouent en effet le rôle de réservoirs régulateurs.

Dans les terrains imperméables, les cours d'eau sont innombrables, puisque le ruissellement leur donne naissance dans tous les plis du sol; en remontant leur cours on ne rencontre pas nécessairement une source; leur régime est torrentiel, leurs crues sont violentes et de courte durée.

Les deux courbes ci-contre, qui représentent les variations de niveau pour une crue de la Seine et une crue de la Loire, font bien ressortir les différences que nous venons de signaler (fig. 91 et 92).

Il résulte de ce qui précède qu'on peut apprécier jusqu'à un certain point la perméabilité du sol par le seul aspect d'une carte bien faite.

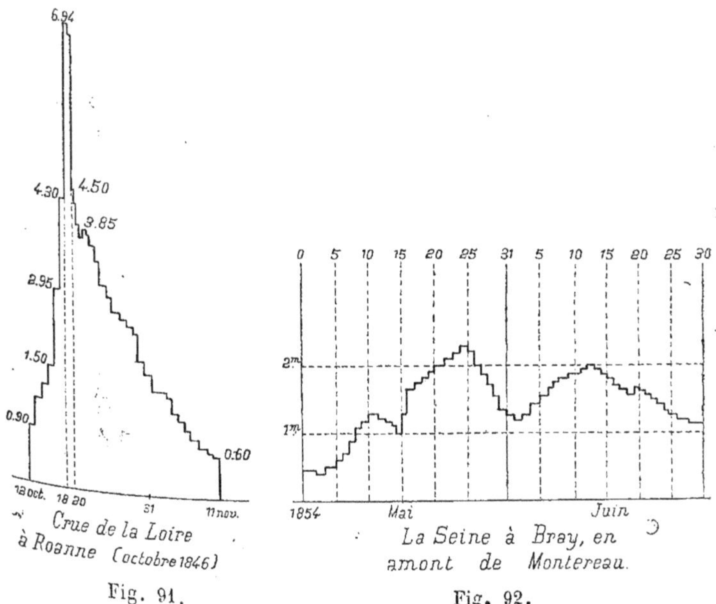

Crue de la Loire à Roanne (octobre 1846)

Fig. 91.

La Seine à Bray, en amont de Montereau.

Fig. 92.

Mais il est encore un autre caractère du degré de perméabilité du sol qui nous est fourni par la nature de la végétation.

Prairies (1). — Lorsque le terrain est imperméable, les prairies naturelles se montrent partout, dans tous les plis du sol, aussi bien sur le flanc des coteaux qu'au fond des vallées et jusqu'au sommet des montagnes; les prairies naturelles exigent en effet un état d'humidité du sol pour ainsi dire permanent; or, un terrain imperméable est naturellement plus frais qu'un terrain perméable, et à chaque pluie un peu forte, les moindres ondulations du sol deviennent des ruisseaux qui produisent une irrigation naturelle. Il n'y a d'excep-

(1) On désigne ici sous le nom de prairies naturelles celles qui donnent le foin et qui sont pérennes; les prairies artificielles, la luzerne, le trèfle et le saimfoin ne sont point permanentes et entrent dans un assolement avec d'autres cultures.

tion que pour les terrains trop plats, comme les plateaux de la Brie ou du Gâtinais; là, les prairies sont absentes faute d'écoulement et d'assainissement.

Lorsque le sol est perméable, plus de fraîcheur dans la terre, plus de prairies naturelles; elles sont alors limitées au fond des vallées où il existe des cours d'eau et seulement dans la partie du sol submergée par les crues; mais ces prairies donnent souvent des produits de mauvaise qualité, car elles sont souvent tourbeuses et marécageuses par suite du voisinage constant de la nappe souterraine et parce qu'elles tapissent presque toujours des lieux de sources.

Il résulte de là que les irrigations sont très utiles sur les terrains perméables, moins utiles sur les terrains imperméables.

On drainera toujours avec avantage des terrains imperméables, sauf dans le cas de culture des prairies; mais le drainage est inutile dans les terrains perméables, sauf pour les prairies du fond des vallées.

Les terrains imperméables du Morvan font exception aux règles précédentes; les prairies y sont de mauvaise qualité parce que les petites sources qui humectent les débris granitiques connus sous le nom d'arène y entretiennent de véritables marais tourbeux; dans ce cas, les irrigations artificielles et le drainage seraient très utiles; le Morvan est la seule contrée du bassin de la Seine où les marais et les tourbières s'élèvent au-dessus du fond des vallées.

Le caractère de perméabilité des terrains intervient aussi dans le choix du bétail d'une exploitation agricole. Le bœuf exigeant beaucoup de fourrages convient surtout aux terrains imperméables. Le mouton, au contraire, entre naturellement dans l'exploitation agricole des terrains perméables qui lui fournissent une nourriture saine et suffisante; dans les terrains imperméables le mouton contracte avec grande facilité une maladie mortelle, la cachexie aqueuse.

Forêts et vignes dans le bassin de la Seine. — Pour ces deux genres de culture la distinction en terres perméables et en terres imperméables perd de son importance; les forêts viennent aussi bien sur les premières (sables de Fontainebleau et de Beauchamp) que sur les secondes où les pentes sont assez grandes pour que l'eau circule et ne forme pas de marécages (granite du Morvan). La vigne exige un sol aride, pas trop pierreux; les terrains frais et humides, c'est-à-dire les terrains imperméables ne lui conviennent pas, sauf le lias (de Vézelay à Semur) ; les terrains perméables lui sont plus favorables ; mais elle ne prospère qu'au-dessus de l'altitude de 200^{m} et au-dessous de 350^{m}, sur des coteaux bien exposés et non sur les plateaux dépourvus de pente ; enfin, il lui faut une terre profonde facile à épierrer et énergiquement drainée par le sous-sol (Bourgogne).

Concordance entre la carte géologique et la carte de perméabilité. — Les études de Belgrand relatives au bassin de la Seine l'ont amené à reconnaître que bien que la perméabilité ne soit pas en relation directe avec la composition chimique des terrains et dépende essentiellement de leur constitution physique, il y a un rapport intime entre la carte géologique du bassin de la Seine et sa carte de perméabilité, une concordance remarquable de la division des terres suivant leur degré de perméabilité avec la disposition des grandes masses géologiques.

Le tableau ci-dessous donne, à ce point de vue, la répartition des terrains du bassin de la Seine.

		Étages géologiques.	Surfaces		Localités.
			Perméables.	Imperméables.	
			k. q.	k. q.	
		Alluvions. Tourbes. Terrains de transport.	5.875	»	Fond des grandes vallées (variant du sable à l'argile). Fertilité variable. Graviers de la Seine. Limons des bords. Sologne.
Terrains tertiaires.	*Miocène.*	Terrains tertiaires d'origine incertaine.	»	1.025	Sources de l'Eure (fertiles).
		Argiles à meulières supérieures	»	540	Plateaux de Satory, Rambouillet, Vernon, Marly (fertiles, belles fermes).
		Calcaire de Beauce	4.420	»	Beauce, de Chartres à Nemours (vallées sèches, fertilité, céréales).
		Sables de Fontainebleau		»	Forêt de Fontainebleau. Banlieue de Versailles. Bout de la vallée de Montmorency. Vallée de l'Yvette (stérilité, bois, pavés).
	Eocène.	Argiles à meulières inférieures et marnes vertes	»	4.470	Plateaux de la Brie (de Corbeil à Epernay). (Fertilité. Terre assez froide. Pays plat).
		Gypse, calcaire lacustre, sables moyens, calcaire grossier	6.475	»	Soissonnais, Tardenois, Valois, Senlissois, Vexin français, Environs de Paris (Vanves, Nanterre, Conflans). (Fertilité médiocre.)

Terrains	Division	Étages géologiques.	Surfaces — Perméables.	Surfaces — Imperméables.	Localités.
			k. q.	k. q.	
Terrains tertiaires.	Éocène.	Argiles du Gâtinais...	»	3.700	Gâtinais (Montargis). Fertilité médiocre).
Terrains tertiaires.	Éocène.	Limon des plateaux drainés par la craie.	5.295	»	Vexin normand, Gisors, les Andelys, Pays de Caux (Yvetot), Beauvaisis et Soissonnais, Joigny. (Bons terrains.)
Terrains tertiaires.	Éocène.	Argiles tertiaires, silex, poudingues se rapportant à l'argile plastique...........	6.585	»	Bassin de l'Eure.
Terrains tertiaires.	Éocène.	Argile plastique alternant avec sables des terrains éocènes mélangés.............		»	Bords de la Brie, côté de la Champagne, vallées de la Marne, de l'Ourcq, de l'Oise, de l'Aisne, du Loing, forêt d'Othe. Bassin du Lunain. Bassin de l'Eure (entre Dreux et Mantes).
Terrains secondaires.	Ancien crétacé.	Craie blanche (marneuse et chloritée)..	14.925	»	Champagne pouilleuse, vallées du Loing, de l'Eure, du pays de Caux, du Vexin normand, du Beauvaisis, Dreux et environs. (Absence de prairies sauf fortes irrigations.)
Terrains secondaires.	Ancien crétacé.	Craie marneuse.......	1.685	»	Entre Beauvais et Rouen, vallée du Loing, bord oriental de la Champagne pouilleuse.
Terrains secondaires.	Ancien crétacé.	Green-Sand et terrain néocomien.........	»	5.500	Puisaye (du Loing à Auxerre). Champagne humide (d'Auxerre à Réthel et Vouziers), Bernay, Pont-Audemer, Ouest de Beauvais.
Terrains secondaires.	Terrain oolitique.	Terrains oolithiques supérieurs.......... Terrains oolithiques moyens........... Terrains oolithiques inférieurs..........	13.950	»	Bourgogne et Lorraine (Terrains fertiles, céréales, pas de prairies).
Terrains secondaires.	T. Jur.[1]	Lias moyen et supérieur. Lias inférieur et infra-lias.........	»	2.520	Auxois (Avallon, Semur), Plateau de Langres. Bons pâturages (Cottentin, Nivernais).
Terrains secondaires.	Terrain du trias.	Marnes irisées........ Calcaire coquillier.... Grès bigarré.........	»	»	Le terrain du trias ne se rencontre pas dans le bassin de la Seine. On le trouve à Nancy, Lunéville, dans la Forêt Noire, dans les Vosges (Plombières). Quelques masses isolées dans l'Aveyron et la Corrèze. (Peu perméable. Bonnes prairies.)

1. Peu développé dans le bassin de la Seine. On le rencontre en Bourgogne (Besançon), en Lorraine (Bar-le-Duc), en Normandie (vallée d'Auge). Il est généralement perméable. Peu de prairies. La vallée d'Auge fait exception, ainsi que le Perche. Là le terrain jurassique est rendu presque imperméable par des couches marneuses.

Étages géologiques.	Surfaces Perméables.	Surfaces Imperméables.	Localités.
	k. q.	k. q.	
Terrains paléozoïques (dévonien et silurien)............ Porphyre...................... Granite........................	»	1.685 [1]	Bande des Ardennes. Sources de l'Oise, Morvan (Château Chinon). (Prairies.) Morvan (Sarrasin, avoine, élevage et non engraissement) (prairies à bouillons peu riches).
Totaux..............	59.210 kq.	19.440 kq. [2]	
	78.650 k. q.		

1. Faible fertilité (prairies un peu tourbeuses). Végétation énergique, par suite de l'humidité due aux suintements jointe aux matières alcalines provenant de la décomposition des feldspaths. Cas exceptionnel de fertilité de la Limagne (ancien lac).

2. Il convient de faire observer que les terrains imperméables se divisent en deux classes :

Terrains imperméables ayant une grande action sur les cours d'eau (granites, porphyres, terrains paléozoïques, lias et terrain crétacé inférieur. 9.705

Terrains neutres (argiles du gâtinais, de Brie, des meulières supérieures, des sources de l'Eure) qui, trop plats, ont peu d'action sur les crues.......... 9.735

Total égal.......... 19.440 k. q.

Examen sommaire de la carte géologique de la France. — Nous allons maintenant passer rapidement en revue les divers terrains qui composent le sol de la France en indiquant sommairement pour chacun les caractères de ses cultures.

Terrains de fusion.

Partie centrale : TERRAINS VOLCANIQUES. — Basaltes et trachytes peu perméables. Rocheux, peu riches.

Exception : La Limagne d'Auvergne.

TERRAINS GRANITIQUES. — Partie supérieure décomposée, perméables. Sous-sol imperméable. Sources nombreuses, prairies médiocres, souvent à bouillons et tourbeuses. Sarrazin, avoines. Élevage non engraissant.

Bretagne : TERRAINS GRANITIQUES. — Même caractère, absence de calcaire, landes.

Intercalations de terrains de transition (calcaires, schistes). Ardoises d'Angers. Répétition vers Namur, Liège, Pyrénées. Perméabilité par fissuration dans quelques cas : Grottes de Han (perte de la rivière de l'Homme).

Terrains primaires

Vosges : GRÈS. — Terrains peu perméables. Prairies développées.

Terrains secondaires.

Trias : (Marnes irisées, grès bigarré, calcaire coquillier), absence dans le bassin de la Seine-Lorraine, Vosges, Forêt-Noire, centre de la France. Peu perméable. Prairies.

Terrain jurassique : Peu de développement dans le Bassin de la Seine.

Bandes de terrains perméables ou imperméables suivant les fissuration :

Lorraine et Bourgogne. Traînée du Périgord.
Traînée centrale. — du Midi.
Vendée. Jura et Alpes.
Sarthe, Perche et vallée d'Auge.

Cas spéciaux : Les Causses du Tarn, La Tardoire. Généralité de perméabilité. Peu de prairies. — Exception à la Vallée d'Auge, au Perche (couches marneuses).

Terrain crétacé : Grès vert. — Imperméable. Prairies (bande le long du jurassique). (Espagne.)

Craie blanche et marneuse. — Perméable (Champagne, Nord de la France).

Terrains tertiaires

Inférieur. — Gypse, calcaire grossier, argile plastique. Brie et environs de Paris. Caractères différents de perméabilité.

Moyen. — Faluns, meulières, sables de Fontainebleau. Perméables (Beauce-Vallée de la Garonne).

Supérieur. — Alluvions anciennes de la Bresse, Landes. Perméables.

Terrains de transport

Alluvions anciennes : Diluvium, limon des plateaux.

Alluvions modernes : Sol arable, tourbes, dunes, etc. Thalwegs. Environs de Paris. Perméabilité générale.

Il faut remarquer qu'il y a lieu de tenir compte de l'influence complémentaire des climats sur la nature des cultures; ainsi dans le Midi les vignes réussissent très bien sur les terrains frais et imperméables (Frontignan); dans la vallée du Rhin elles se contentent encore de terrains peu perméables; en Bourgogne il leur faut au contraire un sol perméable (calcaire grossier), de même en Champagne (craie). D'une manière générale on conçoit que la perméabilité ait d'autant plus d'influence sur la végétation qu'on remonte vers le Nord, c'est-à-dire vers les climats pluvieux.

TABLEAU résumé des principales couches géologiques, avec leurs caractères physiques et chimiques.

Groupes.	Systèmes.	Étages.	Régions.	Observations.
Terrains de transport.	Alluvions modernes.	Sol arable, sables, tourbes.	Bords de la Seine et de la Marne, bas de la forêt de Saint-Germain.	Généralement perméables. Variation du sable à l'argile. Fertilité variable.
	Alluvions anciennes.	Diluvium, limons et graviers anciens..........	Sableux : Vincennes, Boulogne, Gennevilliers. Argileux : Drancy, Montmorency, Luzarches.	
Terrains tertiaires.	Terrains pliocènes ou subapennins.	Dépôts lacustres.........	Bresse.	Avec gypse et lignites.
		Sables coquilliers subapennins..................	Asti.	
		Sables supérieurs........	Des Landes.	
	Terrains miocènes ou de molasse.	Sables inférieurs et faluns.	Des Landes. De Touraine.	Imperméables. — Fertiles.
		Calcaires d'eau douce caverneux................	Beauce.	Perméables. — Vallées sèches, fertilité, céréales.
		Sables et grès de Fontainebleau................	Meudon, Marly, Montmartre, Domont, Montmorency.	Perméables. — Infertiles, bois.
	Terrains éocènes ou parisiens.	Marnes { calcaires........ vertes.......... blanches et gypse.	Brie (meulières, travertin). Bord des vallées de la Brie. Montmartre, vallée de Montmorency.	Imperméables. — Fertiles, peu de prairies.
		Calcaire et marne de Saint-Ouen..................	Saint-Ouen, Colombes, Trocadéro, Herblay.	Perméables. — Peu fertiles.
		Sables moyens et grès de [illegible]........	Montmorency, [illegible], Houilles.	
		Calcaire grossier, caillasses.	*Vanves, Nanterre, Carrières, Conflans.*	
		Argiles plastiques........	*Meudon, Auteuil, Sèvres, Marly (argiles à silex du bassin de l'Eure).*	*Imperméables. — Drainés quelquefois par la craie sous-jacente.*
Terrains secondaires.	Terrain crétacé.	Craie blanche...........	Meudon, Bougival.	Perméables. — Pas de prairies, même au fond des vallées (Champagne).
	1° supérieur.	Craie marneuse..........	Reims, Champagne, Cognac, Marseille.	
		Craie tuffeau............	Saumur, Angoulême.	
	2° inférieur.	Craie verte (chloritée)....	Rouen, Le Mans.	Médiocrement perméables.
		Gault et terrain aptien....	Argile d'Apt et de Provence.	Imperméables. — Pâturages
		Terrain néocomien.......	Calcaires de la fontaine de Vaucluse, argile de Vassy.	
	Terrains jurassiques.	Portlandien.............	Ciments de Boulogne.	Très perméables. — Pas de prairies, beaucoup de moutons.
		Kimmeridge-clay........	Marnes de Bourgogne, calcaires marneux de Besançon.	
		Coralien.................	Calcaires de Lisieux et pierres d'Euville.	Presque imperméables sur les couches marneuses. — Perméables sur les calcaires. — Pâturages (vallée d'Auge, Perche).
		Oxfordien...............	Calcaires marneux de Saint-Mihiel.	
		Grande oolite............	Calcaires à dalles de Normandie et Bourgogne.	Perméables. — Fertiles, céréales, peu de prairies.

Groupes.	Systèmes.	Étages.	Régions.	Observations.
Terrains secondaires.	Terrains jurassiques.	Fullers' earth et oolite inférieure	Pierre de Caen.	
		Lias. — Marnes et calcaires, ciments calcaires, minerais ferrugineux, grès.	Normandie, Avallon, Semur, Bourgogne.	Imperméables. — Eau en excès. Le drainage donne la fertilité (Cottentin, Isigny, Nivernais), bons pâturages, engraissement des bestiaux.
	Terrains triasiques.	Marnes irisées............ Calcaire coquillier (muschelkalk).............. Grès bigarré	Environs de Nancy, Lunéville. Pente orientale des Vosges. Plombières.	Terrains peu perméables. — Bonnes prairies.
Terrains primaires (paléozoïques).	Terrain permien.	Gres vosgien.... .... Gres rouge..............	Vosges.	Peu perméables. — Prairies développées, bonnes.
	Terrain carbonifère.	Gres houiller............. Calcaire carbonifère......	Bassins houillers français. Belgique.	Analogues aux terrains granitiques. — Un peu meilleurs.
	Terrain devonien.	Calcaires...... .... Grès.................... Schistes.................	Givet. Rade de Brest.	
	Terrain { silurien / cambrien	Calcaires............. ... Grès.................... Schistes.................	Ardoisières d'Angers. Marbres des Pyrénées. Ardennes, Vosges.	
Terrains de fusion.	Cristallisés.	Granite, syénite.........	Morvan, Normandie, Bretagne.	La partie supérieure décomposée, perméable; le reste inperméable. — Prairies nombreuses, élevage, mais non engraissement.
	Volcaniques.	Basaltes, trachytes........	Auvergne.	Dénudés. — Peu fertiles. Exception pour la Limagne à cause du bassin provenant d'un ancien lac.

On peut résumer comme suit la répartition des terrains en France :

			Argileux.	Sableux.	Pierreux.	Calcaires.		Total.	Observations.
								hectares.	
ALLUVIONS..	Anciennes Modernes		1/2	1/2	»	»		520.000	
TERTIAIRES..	Pliocènes Miocènes Eocènes		1/2	1/4	»	1/4		15.600.000	Beauce, Bresse, Landes, Fontainebleau, Touraine, Brie. Grès, meulière, argile, calcaire
SECONDAIRES.	Crétacé....	Supérieur Inférieur	1/3	1/3	1/3	»	19.240 000	6.240.000	Champagne, Rouen, Charente, Vassy.
	Jurassique..	Supérieur Oolithique Lias	1/10	»	6/10	3/10		10.400.000	Bourgogne, Jura, Lisieux, Luxembourg.
	Triasique...	Marnes irisées. Sable coquillier Grès vosgien..	1/2	1/2	»	»		2.600.000	Lorraine, Vosges. Corrèze.
PRIMAIRES...	Carbonifère		1/3	2/3	»	»		298.000	Vosges, Ardennes, Bretagne, Pyrénées, Angers, Carcassonne.
FUSION.....	Transition		1/2	1/2	»	»	11.342.000	222.000	Morvan,
	Porphyrique		1/2	1/2	»	»		5.200.000	Bretagne,
	Primitif		1/2	1/2	»	»		10.400.000	Limousin,
	Volcanique		1/2	1/2	»	»		520.000	Pyrénées.

La superficie totale de la France peut être ainsi décomposée :

Terrains imperméables	20.752.000	hectares.
Terrains perméables	31.248.000	—
	52.000.000	
Divers.......... ..	1.000.000	
Total.............	53.000.000	hectares.

Propriétés chimiques des terres. — Le sol est un milieu des plus complexes qui agit sur la végétation d'une infinité de manières; les eaux d'infiltration dissolvent les matières constitutives du sol et rendent ainsi plus facilement assimilables par les racines celles qui sont indispensables à la végétation ; le vieil adage : « corpora non agunt nisi soluta » s'applique à merveille à l'agriculture.

Nous étudierons de plus près cette propriété en traitant des engrais et des irrigations.

Le sol jouit en outre de la propriété de retenir dans sa partie active les matières minérales utiles à la végétation, soit par concentration, soit par capillarité, soit par combinaison chimique ; la quantité de ces substances varie avec leur nature et avec celle du sol ; l'absorption est d'autant plus grande que la solution est plus étendue ; aussi faut-il se garder en agriculture d'employer des engrais trop concentrés.

Oxydation des matières organiques en dissolution. Théorie de la nitrification. — Le sol arable jouit aussi d'une propriété des plus importantes au point de vue agricole : il est le siège d'une combustion lente qui oxyde et brûle l'azote ; cette nitrification, c'est-à-dire cette transformation des matières azotées en azotates solubles, qui s'opère constamment au sein de la terre arable, joue un rôle capital dans la végétation. En passant, en effet, à l'état d'acide nitrique, l'azote, aliment essentiel des plantes, devient assimilable, tandis qu'engagé dans les composés organiques, il n'est d'aucune utilité pour la végétation.

Les expériences de MM. Schlœsing et Müntz ont jeté quelque jour sur cette propriété remarquable de la terre végétale de brûler les matières organiques et de nitrifier l'azote.

Dès 1862, Pasteur avait fait remarquer combien est bornée l'action de l'oxygène sur la matière organique, toutes les fois qu'elle s'exerce en l'absence de productions organisées. Il annonçait que beaucoup d'êtres inférieurs ont la propriété de transporter l'oxygène de l'air sur les matières organiques complexes de manière à transformer en eau, acide carbonique, acide nitrique, ammoniaque, les éléments de ces matières organiques élaborées sous l'influence de la vie.

MM. Schlœsing et Müntz, s'inspirant de ces idées et des méthodes d'expérimentation que Pasteur a introduites dans la science, ont établi que la nitrification naturelle est corrélative du développement d'un être organisé ; suivant eux, elle doit être considérée comme le résultat d'un phénomène analogue aux fermentations ; l'oxydation de l'azote paraît devoir être attribuée à un organisme spécial capable, comme le mycoderma aceti et d'autres dont Pasteur a défini les fonctions, de transporter l'oxygène de l'air sur les matières organiques ; ce microbe spécial est considéré comme le ferment nitrique.

Voici l'une des expériences de MM. Schlœsing et Müntz : un large tube de verre, long de 1 mètre, fut rempli de 5 kilogrammes de sable quartzeux préalablement calciné et mêlé avec 100 grammes de calcaire en poudre ; on arrosa le sable chaque jour avec une dose constante d'eau d'égout (1), calculée de manière que le liquide mît huit jours à traverser le tube ; on faisait d'ailleurs passer dans le tube un lent courant d'air pour oxygéner le milieu. Dans ces conditions aucune apparence de nitrification ne se produisit pendant les vingt premiers jours ; l'eau sortait filtrée avec un taux d'ammoniaque invariable. Mais ensuite l'eau contint du nitrate de chaux et l'on n'y trouva plus trace d'ammoniaque ni d'azote organique.

La lenteur de la mise en train indique bien l'intervention, pour la combustion de l'azote, de ferments organisés ne pouvant agir qu'après ensemencement et développement de leurs germes.

Cette expérience montre de plus que les matières humiques, qui existent dans tous les sols, et qui différencient la terre végétale du sable, ne sont point indispensables pour produire la nitrification.

Mais la nitrification opérée dans les conditions précédentes est absolument arrêtée lorsqu'on introduit dans le sable de la vapeur de chloroforme ; or, cet anesthésique paralyse tous les organismes fonctionnant comme ferments : levûres, mycoderma aceti, etc. Il faut donc que la nitrification soit due surtout à des organismes vivants, ce qui cependant n'exclut pas la possibilité de la nitrification par la combustion lente, opérée par l'oxygène, chimiquement et sans l'intermédiaire de la vie ; mais la première est d'une activité bien plus grande que la seconde.

En examinant au microscope le terreau ou la terre végétale nitrifiable, on observe les organismes les plus variés ; mais il est difficile de distinguer l'être spécial auquel la nitrification doit être attribuée. Aussi a-t-il fallu réaliser des conditions d'observation plus favorables.

Les deux savants chimistes se sont adressés aux milieux liquides pour cultiver le ferment et l'isoler ; comme bouillons de culture, ils ont employé soit l'eau d'égout clarifiée et stérilisée, soit des dissolu-

(1) Qui dose par mètre cube 0 gr. 050 d'azote, dont 0 gr. 031 d'azote dissous et 0 gr. 019 d'azote solide.

tions alcalines étendues contenant un sel ammoniacal. Ces liquides, après avoir été chauffés à une température de 110 degrés, restent pendant un temps illimité sans altération ; mais si l'on y introduit une trace de terreau et qu'on facilite l'accès de l'oxygène par un barbotage d'air pur, en maintenant une température convenable, on constate au bout de peu de jours la formation de nitrates.

A ce moment, l'examen microscopique du liquide dévoile l'existence d'abondants corpuscules paraissant légèrement allongés, analogues aux organismes auxquels Pasteur a donné le nom de *corpuscules brillants* et qu'il regarde comme les germes de bactéries.

En se servant de ces liquides en voie de nitrification pour ensemencer d'autres milieux stériles, on arrive à obtenir des cultures plus pures et à isoler le microbe spécial de la fermentation nitrique.

On le voit toujours avec des dimensions très faibles ; en général il est plus gros dans les milieux riches en matières organiques ; il paraît se multiplier par bourgeonnement ; on le voit fréquemment sous la forme de globules accolés deux par deux. Le ferment nitrique n'est pas doué de la résistance que l'on rencontre chez beaucoup de ses congénères : il suffit d'une température de 100 degrés, maintenue pendant 10 minutes, pour amener sa destruction ; il est essentiellement aérobie ; il ne résiste pas à la privation d'oxygène, et la dessiccation, même à la température ordinaire, ne paraît pas lui être favorable.

Le ferment nitrique est très répandu ; la terre végétale est le milieu qui lui est le plus favorable et la moindre particule de terre arable en contient ; les eaux d'égout sont riches en ferment nitrique qui concourt à les purifier en jouant son rôle d'oxydant ; il existe dans les eaux courantes, mais on ne le trouve pas dans l'air.

Comme toutes les réactions qui sont dues à l'intervention d'êtres organisés, la nitrification s'effectue entre des limites de température déterminées.

Au-dessous de 5 degrés elle est nulle ou très faible ; elle ne devient appréciable que vers 12 degrés, elle atteint son maximum d'action vers 37 degrés ; à 45 degrés il se forme moins de nitre qu'à 15 degrés, au delà de 55 degrés il n'y en a plus aucune trace.

Une faible alcalinité est nécessaire à la production du nitre et dans la terre c'est généralement le bicarbonate de chaux qui fournit l'alcali.

Dans le sol l'oxydation de l'azote ne va pas toujours jusqu'à produire des nitrates; on observe quelquefois la formation de nitrites lorsque les conditions de température et d'aération sont insuffisantes.

Microbes de la terre arable. — Le sol arable contient une grande quantité de microbes; les expériences de M. Marié Davy sont très concluantes à cet égard. Il a trouvé en effet dans un gramme de terre :

		En été.	En automne.
		microbes.	microbes.
Terre ordinaire de maraîchers à Asnières		700.000	1.390.000
Terre irriguée à l'eau d'égout depuis 10 ans		1.020.000	1.370.000
Sable du Champ de mars (cour de l'École militaire)...	à 1 m. du sol.	»	64.000
	à 2 m. du sol.	»	2.000

L'humidité du sol retient les moisissures et surtout les bactéries que les pluies précipitent à sa surface en nettoyant l'atmosphère.

Caractères botaniques des terrains. — L'ensemble des propriétés que nous venons de passer en revue se traduit, avant l'intervention désirable de l'homme, du cultivateur, par une végétation spontanée qui est la résultante des conditions naturelles dans lesquelles se trouve la terre et qui fournit l'un des caractères les plus propres à déterminer les aptitudes d'un sol arable. Cette végétation spontanée fournit un renseignement précieux sur la valeur d'une terre qu'on veut mettre en culture.

Il est utile à ce point de vue de présenter dans le tableau suivant, en regard des principaux types de terrains, les noms de quelques-unes des plantes dont la végétation spontanée caractérise le mieux chacun d'eux.

Désignation du terrain.	Plantes sauvages caractéristiques	Désignation du terrain.	Plantes sauvages caractéristiques
Terrains argileux.	Tussilage, pas d'âne. Laitue vireuse. Sureau yèble. Lotier corniculé. Orobe tubéreux. Agrostis traçante. Chicorée sauvage.	Terrains sableux.	Jasione des montagnes. Elyme des sables. Statice des sables. Laiche des sables. Roseau des sables. Fléole des sables. Sabline pourpre. Canche. Fétuque rouge. Drave printanière. Oseille petite. Agrostide. Spergule des champs, Réséda jaune. Bouleau. Pin maritime.
Terrains argilo-calcaires	Anthyllide vulnéraire. Potentille anserine. Potentille rampante. Mélique bleue. Laitue vivace. Sainfoin cultivé. Chondrille joncée. Frêne commun.	Terrains constamment submergés.	Mâcre. Fétuque flottante. Laîches. Scirpes. Souchets. Nénuphars. Roseau à balais. Fléchière. Plantin d'eau. Menthe poivrée. Epilobes.
Terrains calcaires.	Brunelle à grandes fleurs. Boucage saxifrage. Germandrée petit chêne. Gaude. Potentille printanière. Coquelicot. Seslerie bleuâtre. Chardons. Globulaire commune. Noisetier commun.	Terrains non constamment submergés	Spirée ulmaire. Menthe aquatique. Jones. Laîches. Prêles.

Renseignements généraux à fournir sur une terre arable. — Il résulte de tout ce qui précède que la valeur agricole d'un terrain déterminé dépend d'une foule de circonstances et que si l'on en veut juger sainement, il est indispensable de donner une description complète fournissant sommairement des indications sur tous les points suivants :

	1. Climat	Gelées, sécheresses.
	2. Topographie	Situation. Exposition. Pentes. Altitude.
	3. Géologie	Rang géologique { théorique. pratique. Constitution et épaisseur du sol. Sous-sol. Nappe souterraine.
Propriétés.	4. Physiques	Pesanteur spécifique. Ténacité. Hygroscopicité. Fraîcheur. Couleur { A l'état sec. — humide.
	5. Chimiques ... Analyse	Physique (lévigation - microscope). Chimique

6. Végétation............................	Sauvage. Culturale.
7. Accidents naturels à prévoir. Inondations.	Extérieures. Souterraines.
8. Conditions naturelles....................	Voies de communication. Assolement.
9. Prix..................................	Du terrain. Du fermage. De l'impôt.

LIVRE TROISIÈME

LIVRE TROISIÈME

PHYSIOLOGIE VÉGÉTALE

Nous n'avons pas la prétention de faire ici un exposé complet de la physiologie végétale; mais il est indispensable d'en donner quelques notions sommaires; le rôle de l'ingénieur des ponts et chaussées en agriculture est limité il est vrai aux questions d'aménagement des eaux, de machines agricoles, d'engrais, il ne s'occupe pas directement de la culture; mais dans une science aussi complexe que la science agricole tout se tient, et, pour remplir utilement sa mission, l'ingénieur doit tout au moins posséder quelques notions sommaires sur la marche de la végétation dont le développement est le but de tout ce qui est amélioration agricole.

Constitution physiologique des végétaux. — Tous les végétaux, de formes si diverses et si variées, ont la même structure élémentaire; si l'on pousse jusqu'à la dernière limite la décomposition de leurs diverses parties, on constate l'existence d'organes élémentaires toujours les mêmes; ce sont des cavités de forme et de grandeur différentes qui se ramènent toutes à trois modifications principales : cellules, fibres ou vaisseaux. Ces cellules, fibres et vaisseaux, juxtaposés dans les jeunes plantes, sont réunis dans les plantes plus âgées par les matières épiangiotiques (ligneux).

Cellules. — Les *cellules* ou utricules sont de petits sacs fermés; leur forme est celle d'une sphère ou d'un ellipsoïde lorsqu'elles se développent également sur leur pourtour sans rencontrer aucun obstacle; il en est ainsi dans les jeunes plantes : citons comme exemple les cellules de la joubarbe (fig. 93). Le tissu qui résulte de la réunion des cellules est désigné sous le nom de parenchyme.

Quand les cellules, en se développant, se pressent mutuellement elles prennent la forme polyédrique; nous citerons comme exemple les cellules polyédriques de la peau des fruits, des tubercules (fig. 94) et des plantes plus âgées comme la moelle de sureau (fig. 95).

Les cellules polyédriques sont quelquefois étoilées avec des parties rentrantes comme dans la fève (fig. 96). Elles peuvent être allongées en forme de doubles troncs de cônes comme dans l'as-

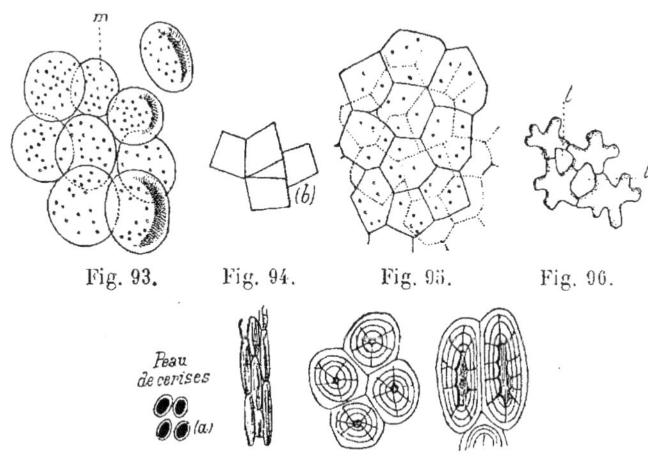

Fig. 93. Fig. 94. Fig. 95. Fig. 96.

Fig. 97. Fig. 98. Fig. 99. Fig. 100.

Fig. 93. Jeune feuille de joubarbe, *m.* méats intercellulaires. — Fig. 94. Peau de pomme de terre. — Fig. 95. Moelle de sureau, cellules ponctuées. — Fig. 96. Fèves, *l l.* lacunes. — Fig. 97. Peau de cerises, cellules colorées. — Fig. 98. Cellules de l'asperge. — Fig. 99. Coupe transversale des cellules de la chair d'une poire. — Fig. 100. Coupe longitudinale des mêmes.

perge (fig. 98). Dans les plantes jeunes les cellules sont remplies de protoplasma; dans les plantes plus âgées, elles sont formées d'une succession d'enveloppes concentriques fendillées par de petits canaux rayonnant autour de la cavité centrale; les cellules de la chair d'une poire nous en fournissent un exemple (fig. 99 et 100).

Dans les tissus un peu lâches, on appelle méat cellulaire le vide que laissent entre elles les cellules; lorsque ce vide est plus considérable, comme dans les cellules polyédriques étoilées, on lui donne le nom de lacune.

Fibres. — Les fibres ne diffèrent des cellules que par leur forme très allongée; ces corpuscules sont de plus effilés à leurs deux bouts; ils forment par leur réunion le tissu qui a reçu le nom de prosenchyme; les fibres se touchent généralement par leurs côtés; à leurs extrémités amincies elles laissent des intervalles libres dans lesquels viennent s'intercaler les extrémités analogues des fibres inférieures et supérieures; il résulte en général de cette juxtaposition, un aplatissement des côtés en contact, de sorte que la section de la fibre est souvent polygonale au lieu d'être circulaire (fig. 101. 102, 103, 104).

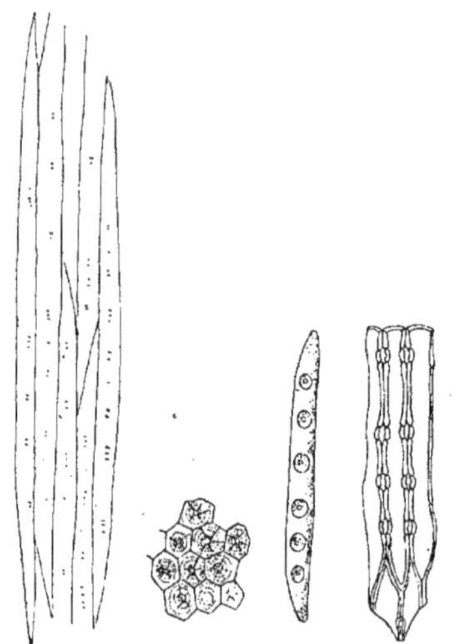

Fig. 101. Fig. 102. Fig. 103. Fig. 104.

Fig. 101. Fibres dans la clématite. — Fig. 102. Coupe des fibres précédentes. Fig. 103. Fibres ponctuées (bois de pin commun). — Fig. 104. Coupe longitudinale des précédentes.

On trouve souvent, à l'intérieur des fibres, des enveloppes concentriques de formation plus tardive, comme dans les cellules:

dans le bois de sapin et plus généralement dans la famille des conifères, les fibres sont ponctuées; ces ponctuations répondent aux points où la membrane extérieure n'est pas doublée par les membranes intérieures et où aboutissent les petits canaux sans issue résultant de ces solutions de continuité.

Vaisseaux. — On ne les distingue des fibres que par leur extension en longueur; cette longueur est quelquefois considérable et égale à celle du végétal tout entier, si bien que, lorsque le vaisseau est assez gros, sur une branche de vigne par exemple, on peut en appliquant l'œil à un bout apercevoir le jour par l'autre.

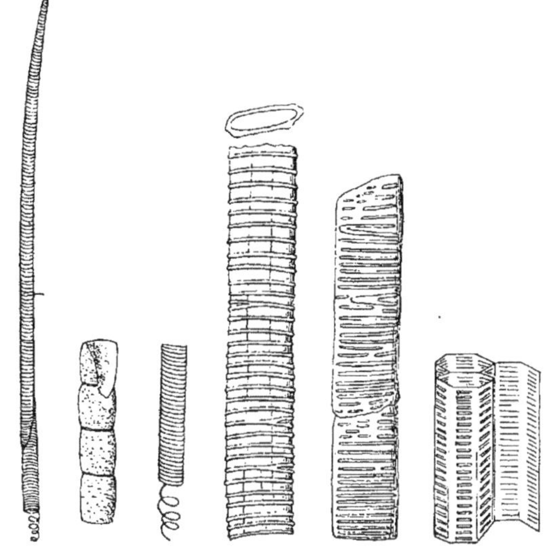

Fig.105. Fig.106. Fig.107. Fig.108. Fig.109. Fig. 110.

Fig. 106. Fragment d'un vaisseau ponctué dans la clématite. — Fig. 108. Vaisseaux annulaires (tige de la balsamine). — Fig. 109. Vaisseau rayé de la vigne. — Fig. 110. Fragment d'un vaisseau rayé prismatique.

Les vaisseaux sont des tuyaux qui ne sont pas rigoureusement cylindriques et présentent des étranglements de distance en distance; leur surface n'est jamais lisse et présente des stries; ces caractères amènent à conclure qu'un vaisseau est formé d'une série de cellules ou de fibres unies bout à bout et communiquant entre elles au moyen d'ouvertures pratiquées à ces deux bouts; si ce sont des cellules en série, les étranglements sont rapprochés et la ligne qui les dessine est horizontale; s'agit-il, au contraire, de fibres en série, les étranglements sont écartés et obliques.

Ajoutons que l'acide azotique étendu et bouillant détache fréquemment les portions des vaisseaux les unes des autres et que, dans le développement du végétal, les vaisseaux apparaissent plus tard que les cellules et les fibres.

On distingue plusieurs sortes de vaisseaux d'après la forme générale de leur tube et d'après les modifications de leur surface : les trachées sont formées d'un cylindre membraneux dans l'intérieur duquel s'enroule un fil spiral ou spiricule et se terminent en s'effilant (fig. 105 et 107) en cône aux deux extrémités (vigne); les vaisseaux annulaires et réticulés ont leur tube soutenu intérieurement par des cerceaux plus épaix (balsamine) ; les vaisseaux rayés et ponctués sont suffisamment définis par leurs noms; les vaisseaux laticifères, ainsi désignés parce qu'ils contiennent le suc propre ou latex (1), sont des tubes membraneux communiquant librement entre eux par des branches transversales, de manière que leur ensemble dessine un vaste réseau; on les trouve surtout dans le liber ou parenchyme où les vides existant entre les cellules se garnissent d'une membrane propre formée par le latex.

Mode d'union des organes élémentaires. — Quelle est la force qui tient unis entre eux les éléments que nous venons d'examiner séparément? Ou encore quel est le mode de liaison des cellules entre elles, puisque tous ces éléments dérivent de la cellule?

Deux systèmes sont en présence : d'après le premier, la réunion des cellules est immédiate; entre les cellules s'épanche une sorte de colle ou matière intercellulaire. Dans les plantes aquatiques d'une structure très simple comme les varechs, les cellules sont très espacées et les intervalles sont remplis de cette matière intercellulaire qui forme la plus grande partie de la masse (fig. 111); dans les végétaux plus avancés, notamment dans le tissu ligneux, cette matière échappe à notre vue parce que les cellules sont accolées et serrées, mais elle n'en existe pas moins; c'est parce que sa composition n'est pas identique à celle de la membrane cellulaire que les cellules peuvent être séparées par macération, soit dans l'eau chaude, soit dans

---

(1) Sève élaborée ou sève descendante.

l'eau additionnée d'acide nitrique qui dissout la matière intercellulaire sans attaquer la membrane.

Une seconde théorie suppose que le développement des cellules

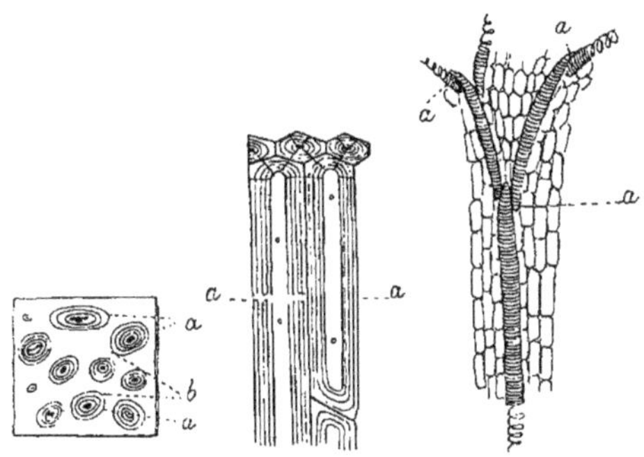

Fig. 111. Fig. 112. Fig. 113.

Fig. 111. Tissu d'une plante marine. *aa.* cellules, *bb.* matière intercellulaire. —Fig. 112. Cellules allongées (racine du dattier), *aa.* canaux de communication. — Fig. 113. Ramification d'un vaisseau. *a.* surface d'accolement.

est inverse de celui qui lui a été attribué précédemment; le tissu végétal commencerait par une sorte de mucilage, le cambium, comparable à une solution de gomme arabique qui s'épaissirait de plus en plus et qui, d'abord continu et plein, se creuserait de petites cavités ou cellules.

Moyens de communication des organes élémentaires. — Le mode de communication des organes élémentaires ne donne pas lieu aux mêmes incertitudes que leur mode d'union. Nous avons dit qu'ils sont clos par une membrane mince qui en vieillissant ne s'épaissit pas uniformément, mais reste à nu sur un grand nombre de points; c'est sur ces points que se fait généralement la circulation par endosmose; quelquefois le diaphragme membraneux n'existe même pas, il y a de véritables trous ou pores et la circulation s'opère alors directement.

En cas de ramification d'un groupe de vaisseaux réunis en faisceaux, la communication se fait par les parois latérales (fig. 113).

Constitution organico-chimique des végétaux. — On rencontre dans l'analyse élémentaire des plantes le carbone, l'hydrogène, l'oxygène, l'azote, le soufre, le phosphore, le chlore, le fluor, le silicium, le potassium, le sodium, le magnésium, le calcium, le fer, le manganèse, quelquefois le cœsium et le rubidium, notamment dans les betteraves. Ces substances sont diversement associées et se présentent dans les végétaux sous forme de combinaisons déterminées qui constituent les principes immédiats des plantes.

L'étude de ces principes peut être divisée en deux parties; la première est relative aux tissus des végétaux, c'est-à-dire au squelette du végétal, sur lesquels les travaux de M. Fremy n'ont pas peu contribué à jeter une vive lumière; la seconde a trait aux matières contenues dans ces tissus.

Tissus végétaux. — a. *Matières cellulosiques.* — Les matières cellulosiques constituent la plus grande masse des tissus; on les trouve dans presque tous les organes élémentaires des végétaux; ce sont elles qui forment les membranes utriculaires, les poils, etc. Tous ces corps cellulosiques étaient autrefois confondus entre eux sous le nom de cellulose; ils paraissent isomériques et sont ramenés au même état par l'action des réactifs. Leur formule générale est

$$C^{24}H^{20}O^{20} = 2\,(C^{12}H^{10}O^{10})$$

ou un multiple, c'est-à-dire que l'hydrogène et l'oxygène y entrent dans la même proportion que dans l'eau, de là le nom d'hydrate de carbone qu'on donne à la cellulose et à ses isomères découverts par M. Fremy : xylose, fibrose, médullose, dermose. Tous ces principes immédiats ont des caractères communs; ils sont insolubles dans l'eau, les acides faibles, l'alcool, la potasse; en revanche, ils sont attaqués par l'acide azotique qui les transforme en pyroxyline ou coton-poudre par substitution de l'acide azotique à l'eau, équivalent à équivalent. L'action de l'acide sulfurique varie suivant son degré de concentration : si l'on se contente d'immerger la cellulose du papier dans l'acide sulfurique peu concentré, on obtient du papier parcheminé; du papier non collé, maintenu plus longtemps en présence de l'acide sulfurique, donne une substance bleuissant sous l'influence de l'iode (iodure de cellulose qu'il ne faut pas confondre avec l'iodure d'amidon; l'iodure de cellulose est très instable); enfin par une action prolongée de l'acide sulfurique concentré, les matières cellulosiques se transforment en dextrine soluble et en sucre (glucose); la réaction peut être ainsi formulée

$$4\,HO + C^{12}H^{10}O^{10}) = 2\,\underbrace{(C^{12}H^{12}O^{12})}_{\text{glucose}} + \underbrace{C^{12}H^{10}O^{10}}_{\text{dextrine}}$$

La diastase (matière azotée qui prend naissance dans tous les grains au moment de la germination) produit la même action sur les matières cellulosiques et les décompose en dextrine et glucose.

Les hypochlorites opèrent un blanchiment lent des matières cellulosiques; cette propriété est mise à profit dans la fabrication du papier.

Enfin la xylose qui se trouve dans le coton est immédiatement soluble dans la liqueur de Schweitzer, réactif précieux qui n'est autre qu'une solution ammoniaco-cuivrique obtenue en faisant passer de l'air dépouillé d'acide carbonique dans une dissolution concentrée d'ammoniaque contenant de la tournure de cuivre (mélange d'azotite d'ammoniaque et d'azotite de cuivre d'une belle couleur bleu foncé).

b. *Matières épiangiotiques.* — Quand on compare l'analyse du bois à celle de la cellulose ou de ses isomères, on reconnaît que le bois est sensiblement plus riche en carbone et en hydrogène que la cellulose; ainsi le bois de chêne est composé de 49.58 de carbone, 5.78 d'hydrogène, 41.38 d'oxygène, 1.23 d'azote et 2 de cendres; l'hydrogène et l'oxygène y sont dans le rapport de 5.78 à 41.38, rapport qui est plus petit que $\frac{1}{8}$ ($\frac{H}{O}$ dans les matières cellulosiques); M. Frémy a donné le nom de matières épiangiotiques aux composés caractérisés par cet excès de carbone et d'hydrogène et auxquels appartient le ligneux ou matière incrustante des fibres du bois.

Ces matières sont insolubles dans l'eau et l'acide sulfurique; elles se dissolvent dans l'acide azotique en donnant une résine d'un jaune foncé; la potasse et les hypochlorites les dissolvent également et cette propriété est utilisée dans la fabrication de la pâte à papier avec le bois dont on peut ainsi extraire la cellulose.

La chaleur modifie les matières épiangiotiques plus facilement que les corps cellulosiques et les transforme en acide ulmique. Les corps épiangiotiques paraissent en général recouvrir les membranes cellulosiques et ne les incrustent pas. En effet, lorsqu'on enlève dans un végétal (tissu ligneux par exemple), les corps cellulosiques qui s'y trouvent, au moyen de l'acide sulfurique concentré, on obtient comme résidu un tissu épiangiotique qui présente l'organisation première du tissu ; cette conservation de la forme prouve bien que les corps épiangiotiques n'incrustent pas les matières cellulosiques, mais qu'ils les recouvrent.

On distingue parmi les matières épiangiotiques, la vasculose qui coule dans les vaisseaux, soude les fibres et les cellules; cette matière entre dans la composition du bois de chêne pour 30 % et des coquilles de noix pour 50 %.

c. Cutose. — On désigne sous ce nom le principe immédiat qui forme la cuticule ou épiderme des feuilles et des tiges. La cuticule offre l'aspect d'une membrane continue sans apparence d'organisation, avec des ouvertures correspondant aux stomates. La cutose (Frémy) semble se rapprocher des corps gras par sa composition (carbone 73, 66 — hydrogène 11, 37, — oxygène 14, 97); comme eux elle est saponifiable par la potasse concentrée et bouillante.

Exemple de répartition. — Voici par exemple comment se répartissent les tissus dont nous venons de parler, dans une tige de dicotylédonées et dans une tige de monocotylédonées.

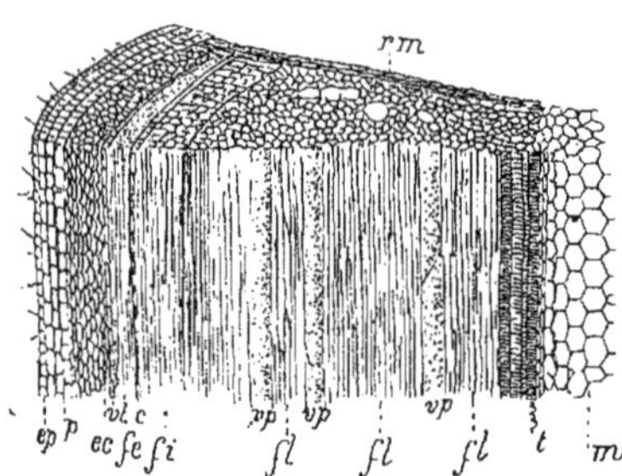

Fig. 114.

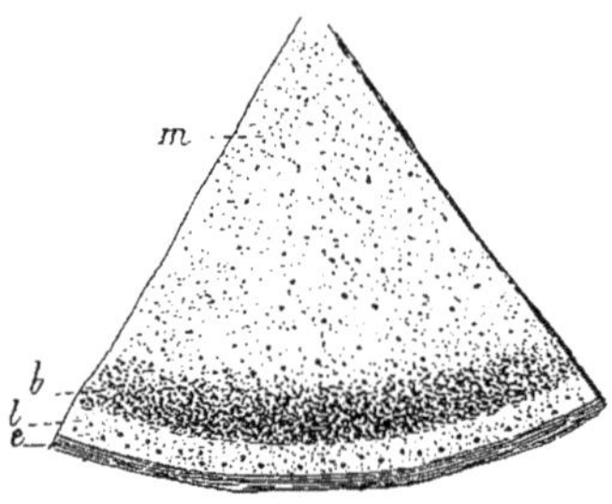

Fig. 115.

Fig. 114. Tranche verticale d'un jeune rameau d'érable, *t.* trachées, *mt.* moelle, *vp.* vaisseaux ponctués, *rm.* rayon médullaire, *c.* cambium, *fc.* fibres corticales, *vl.* vaisseaux laticifères, *p.* enveloppe subéreuse, *ep.* épiderme. — Fig. 115. Tranche horizontale de palmier, *m.* partie centrale ou médullaire, *b.* partie ligneuse à faisceaux plus serrés, *l.* zone de faisceaux plus grêles, *e.* couche cellulaire corticale.

Si l'on fait la section d'un tronc d'arbre dicotylédone on trouve à partir de l'écorce les substances suivantes :

1° De la matière grasse non organisée.	Cutose.
2° De la matière cellulaire. 3° Grosses cellules avec petites contenues (liège, enveloppe subéreuse-liège).	Epiderme.

4° Partie essentielle où circule la sève, vaisseaux et parenchyme cortical. 5° Fibres et cellules. Matière cellulosique presque pure (liber).	Ecorce.
6° Cellules divisées par des vaisseaux où circule la sève, vaisseaux laticifères (1).	Cambium.
7°, 8° Fibres et vaisseaux. Matière cellulosique recouverte de matière épiangiotique. Matières minérales (7, aubier 8, bois).	Bois.
9° Cellules, matière cellulosique pure. Atrophie avec l'âge.	Moelle.

L'analyse d'un tissu ligneux, comme celui du chêne, donne :

Cuticule ligneux............	20
Substances cellulosiques....	40
Matières épiangiotiques.....	40

Dans la tige des monocotylédonées (le palmier par exemple), aussitôt après la cuticule extérieure commence la masse du bois avec des faisceaux fibreux dispersés sans ordre dans le tissu cellulaire; la tige n'est pas formée de couches concentriques distinctes comme celle des dicotylédonées (fig. 115).

Altération des bois. — Les travaux de M. Frémy relatifs à la formation de la houille ont jeté un grand jour sur la question de l'altération des bois. La pourriture des bois se produit par une sorte de fermentation tourbeuse avec formation d'acide ulmique provenant des matières épiangiotiques. On peut reconnaître la présence de cet acide dans la tourbe en la traitant par la potasse; on obtient un dépôt abondant d'ulmate de chaux. Dans les arbres malades, l'ulmate de potasse existe tout formé. Ajoutons que dans les tuyaux de poêle on trouve de l'ulmate d'ammoniaque.

Cet acide ulmique est capable de se transformer en houille à 120° sous l'action d'une forte pression et de l'humidité.

Matières contenues dans les tissus. — Après avoir examiné les principes immédiats des tissus des végétaux, il nous reste, pour remplir notre programme, à parler des matières contenues dans ces tissus.

Pendant la végétation, la nourriture de la plante est assurée par

(1) C'est là que se forme chaque année la nouvelle zone végétale qui s'ajoute à celle de l'année précédente et augmente le diamètre de la tige.

la circulation d'un liquide porteur, la sève, qui est le nom général de toutes les matières contenues dans les tissus. Nous allons les passer rapidement en revue :

a. Matières ternaires — 1° *Matières amylacées.* — L'amidon et la fécule ont la même composition chimique et ne se distinguent que par la dimension des globules ; ils se formulent par $C^{12} H^{10} O^{10}$; ils ont la même composition élémentaire que la cellulose dont ils diffèrent par la structure ; ils se distinguent par leur insolubilité dans l'eau et ne présentent aucun indice de cristallisation. Les grains de fécule sont sensiblement plus gros que ceux d'amidon. Les granules d'amidon ont des formes variées, arrondies, octaédriques. hexaèdriques (fig. 116, 117, 118, 119) ; leur accroissement a lieu par un petit orifice en forme d'entonnoir appelé hile.

Fig. 116. Fig. 117. Fig. 118. Fig. 119.

Fig. 116. Fécule de pommes de terre. — Fig. 117. Grains de fécule du maïs. — Fig. 118. Cellule avec grains de fécule (pomme de terre).

La dimension des granules est en moyenne de 0 m/m 185 dans la pomme de terre, 0 m/m 075 dans la fève, 0 m/m 045 dans le blé, 0,004 dans la graine de betteraves ; les granules d'amidon sont enfermés dans les cellules.

L'amidon est très nettement caractérisé par l'action de l'iode en dissolution dans l'eau ou l'alcool qui le colore en bleu en formant de l'iodure d'amidon très stable. Une propriété remarquable de l'amidon est de se gonfler dans l'eau chaude en une masse mucilagineuse, l'empois, qui est employé pour donner au linge de la rigidité ; par le refroidissement l'empois se contracte, durcit et parfois se fendille. La potasse transforme à froid et directement la fécule en empois. Les acides minéraux et certains ferments organiques comme la diastase, métamorphosent l'amidon en dextrine et en glucose ; la dextrine, substance isomérique avec la matière amylacée, est une matière blanche, soluble dans l'eau, qui remplace la gomme dans un grand nombre de circonstances.

En Europe on n'extrait l'amidon que des céréales et la fécule que des pommes de terre.

L'inuline est un principe immédiat isomère de l'amidon, contenu dans les racines des dahlias et des topinambours (l'inuline fournit facilement de l'alcool par la fermentation). L'amidon, l'inuline et leurs congénères concourent au développement des tissus en servant de matériaux pour la formation de la cellulose.

2° *Matières grasses.* — Elles sont formées de globules sphériques, qu'on isole au moyen du sulfure de carbone qui les dissout; visibles dans le Palma-Christi, ils sont invisibles dans le foin; Chevreul et Berthelot ont défini la constitution des matières grasses : ce sont des éthers de la glycérine qui est un alcool triatomique.

Les matières grasses sont formées par le mélange en diverses proportions de l'oléine, la stéarine, la margarine, la butyrine, la palmitine (noix de coco).

Elles sont insolubles dans l'eau, fusibles à une température peu élevée; elles ont la propriété de se dédoubler facilement en glycérine et en acides gras (stéarique, margarique, etc.) sous l'influence de la vapeur d'eau surchauffée (fabrication des bougies), ou en présence des alcalis (savons).

3° *Gommes.* — Les gommes sont des substances qui donnent avec l'eau un liquide mucilagineux insoluble dans l'alcool; les acides étendus les transforment en dextrine et glucose.

La gomme existe dans un grand nombre de végétaux; elle transsude du tronc ligneux et de l'écorce de plusieurs arbres (gomme arabique, gomme adragante, gommes du Sénégal).

M. Frémy, à qui l'on doit un travail important sur la nature des gommes, a montré que ces matières ne sont pas neutres, mais composées de chaux et d'un acide particulier, l'acide gommique.

4° *Matières sucrées.* — On en distingue de deux sortes : les glucoses ($C^{12}H^{12}O^{12}$) et les sucres ($C^{12}H^{11}O^{11}$). Les glucoses jouissent de la propriété de se dédoubler en alcool et en acide carbonique par l'action des acides ou des ferments :

$$C^{12}H^{12}O^{12} = 2(C^4H^6O^2) + 4CO^2$$

Les sucres sont capables de la même fermentation, mais ils se transforment d'abord en glucoses.

Les dissolutions sucrées sont susceptibles de faire tourner le plan de polarisation d'un rayon lumineux; on a fondé sur cette propriété une méthode d'analyse très ingénieuse (saccharimétrie).

5° *Acides végétaux.* — On rencontre dans les feuilles, dans les fruits verts, dans les écorces, des acides végétaux libres ou combinés avec des bases telles que la chaux, la potasse, la magnésie; ce sont les acides citrique, tartrique, malique, formique, tannique, oxalique, acétique, etc.

On y trouve aussi un acide gélatineux, l'acide pectique, dérivé d'un principe isolé par Frémy, la pectose; cette pectose est transformée elle-même en pectine par les acides organiques (gelée de pommes cuites).

6° *Bases.* — Les bases contenues dans les végétaux sont nombreuses; on distingue la quinine, la nicotine, la morphine, etc.

7° *Huiles essentielles.* — Nous mentionnerons simplement le camphre, les résines, les baumes, etc., renvoyant le lecteur aux traités spéciaux sur la matière.

b. *Matières quaternaires ou albuminoïdes.*— Les végétaux contiennent des matières où l'azote est uni aux trois éléments charbon, hydrogène et oxygène.

On met en évidence l'existence de l'azote dans les végétaux en les chauffant fortement dans un tube avec de la chaux sodée.

En effet, il est démontré par l'expérience qu'une substance organique azotée, chauffée au contact de la chaux sodée, dégage tout l'azote qu'elle renferme, à l'état d'ammoniaque. Celle-ci, recueillie dans un volume déterminé d'acide sulfurique titré, est dosée au moyen d'une liqueur alcalimétrique (procédé de dosage de l'azote de MM. Will et Wareutrapp).

On a proposé dans ces derniers temps de substituer au dosage de l'azote par la chaux sodée une méthode nouvelle de Kjeldahl (1), et qui consiste à transformer l'azote organique en azote ammoniacal au moyen de l'acide sulfurique, et du mercure; le produit distillé avec de la soude caustique donne de l'ammoniaque, qui est reçue dans un acide titré, et dosée alcalimétriquement.

---

(1) *Comptes rendus de l'Académie des sciences*, 7 janvier, 4 février 1889.

Il est bon dans ces essais de procéder au préalable à un lavage prolongé des matières à l'eau bouillante, afin de se mettre en garde contre l'erreur qui résulterait de la présence des nitrates, lesquels, en présence de la chaux sodée, donnent naissance à une quantité notable d'ammoniaque.

Les principes azotés se rencontrent surtout dans les graines et les fruits; leur formule assez incertaine, qui serait d'après M. Georges Ville $C^{144} H^{112} Az^{13} S^2 O^{44}$, est assez difficile à établir à cause du peu de netteté des réactions. Ils ont une grande analogie avec l'albumine des œufs qui contient en centièmes :

Charbon	54.3	
Hydrogène	7.1	
Azote	15.8	(Cahours et Dumas).
Soufre	1.8	
Oxygène	21	
	100.0	

De là le nom qu'on leur donne souvent de matières albuminoïdes.

Parmi ces matières on distingue : la diastase qui prend naissance dans tous les grains, au moment de la germination, vers le bas du collet (très abondante dans les grains d'orge); elle jouit de la propriété curieuse de métamorphoser en dextrine (matière blanche de même composition que l'amidon, qui se rencontre toute formée dans les grains de blé, soluble dans l'eau avec laquelle elle forme un mucilage analogue à la gomme) et en sucre, une quantité d'amidon qui atteint 2.000 fois son poids; la diastase joue un rôle important dans la nutrition des animaux;

La légumine ou caséine végétale, que l'on rencontre dans les graines de légumineuses (fromages de haricots en Chine);

L'albumine végétale;

Le gluten ou fibrine végétale qui coexiste dans les graines de céréales à côté de l'amidon et qu'on en sépare industriellement dans les amidonneries soit par des lavages qui entraînent ce dernier, soit par la putréfaction; le gluten est insoluble dans l'eau avec laquelle il a la propriété de former une pâte gluante.

On rencontre enfin dans certaines plantes des ferments digestifs analogues aux sucs gastriques, en particulier dans les espèces suivantes : carica papaya, nepenthes, drosera, darlingtonia.

Ces matières quaternaires azotées sont en général solubles dans l'eau, excepté le gluten; elles moisissent rapidement sous l'influence de l'humidité; elles sont solubles dans la potasse; la facilité avec laquelle elles se métamorphosent, leur a fait donner le nom de matières protéiques sous lequel on les désigne souvent.

c. *Matières minérales.* — Abstraction faite de l'eau toute formée que tous les végétaux contiennent en abondance, on y rencontre toujours des matières minérales, dans la proportion de 1 à 4 0/0, que l'on retrouve dans les cendres des végétaux soumis à l'incinération; ce sont le phosphore, le soufre, le chlore, la silice, le fer, la chaux, la magnésie, la soude et la potasse.

L'acide phosphorique, la potasse et la magnésie se rencontrent surtout dans les fruits et les graines; la silice, la chaux, le fer, les sulfates et les chlorures dans les tiges et les feuilles.

Les matières minérales sont plus abondantes dans les parties charnues des végétaux que dans les parties coriaces; ainsi les feuilles donnent 14.20 0/0 de cendres, les herbes 7.84 0/0, le bois 0.55 0/0, les arbres 1 0/0 (pour cent de matières sèches).

Composition de divers organes végétaux. — Nous terminerons en donnant dans les tableaux qui suivent, la composition de diverses parties des végétaux sur lesquelles s'exercent le plus ordinairement les spéculations agricoles; on peut déduire des chiffres qu'ils contiennent des observations intéressantes au point de vue du choix des engrais.

1° Composition des Grains. Céréales.

	Gluten	Albumine	Amidon	Dextrine	Matières grasses	Ligneux et Cellulose	Substances minérales	Eau.
Blé	12.8	1.8	59.7	7.2	1.2	1.7	1.6	14.0
Seigle	9.0		67.5		2.0	3.0	1.9	16.6
Orge	13.4		63.7		2.8	2.6	4.5	13.0
Avoine	11.9		61.5		5.5	4.1	3.0	14.0
Maïs	12.8		60.5		7.0	1.5	1.1	17.1
Riz	7.5		76.0		0.5	0.9	0.5	14.6

2° Composition des Graines légumineuses.

	Légumine	Amidon et Dextrine	Matières grasses	Ligneux et Cellulose	Substances minérales	Eau
Haricots blancs..	26.9	48.8	3.0	2.8	3.5	15.0
Pois jaunes.....	23.9	59.6	2.6	3.6	2.0	8.9
Lentilles........	25.0	55.7	2.5	2.1	2 2	12.5
Fèves des marais	24.4	51.5	1.5	3.0	3.6	16.0
Féverolles.......	31.9	»	2.0	2.9	3.0	12.5
Vesces..........	27.3	48.9	2.7	3.5	3.0	14.6

3° Composition des Graines oléagineuses.

	Huile ou matière grasse	Matières organiques non azotées	Matières organiques azotées	Sels	Eau
Colza.................	30.12 à 50	12.4	17.4	3.9 à 4.2	2.6 à 11.0
Cardon...............	20.01	»	»	»	9.02
Olives...............	39.45	»	»	»	29.20
Ricin................	68.81	»	»	»	3.76
Lin..................	37.95	»	»	»	7.84
Pistaches............	5.40	»	»	»	8.10
Marron d'Inde........	5.21	»	»	»	12.65
Cresson..............	23.97	»	»	»	10.4
Navets...............	40.97	»	»	»	8.70
Œillette.............	42.30	»	»	»	7.40
Amandes douces......	55.69	»	»	»	5.64
Arachides...........	50.50	»	»	»	5.26

4° Composition des Racines.

	Fécule	Albumine	Matières grasses et huiles	Eau	Cellulose	Inuline
Pommes de terre..........	13.30 à 23	0.92 à 3	0.11 à 0.3	69 à 75.9	1.64	»
Carottes....	1.38	0.86	Sucre 8.13	84.0	4.63	1.00
Betteraves..	Subst. organ. non azotées, 3.34 à 4.23	Subst. organ. azotées, 1 à 2.20	Sucre 4 à 17	75 à 89	1.1 à 2.07	»

Composition du Foin sec :

Matières azotées....................	8.87
Sucre et amidon....................	42.08
Matières grasses....................	2.58
Cendres	6.26
Eau.............................	16.33
Cellulose..........................	23.90

Analyses élémentaires des principales plantes agricoles ou Proportions moyennes des substances fertilisantes que les plantes absorbent par 1000 kilos de matière brute.

DÉSIGNATION des PLANTES	Azote	Acide phosphorique	Acide sulfurique	Potasse	Soude	Magnésie	Chaux	Silice	Chlore	Soufre
I. — Céréales.										
Blé (grain)..........	20.8	8.2	0.4	5.5	0.6	2.2	0.6	0.3	»	1.5
Seigle —	17.6	8.2	0.4	5.4	0.3	1.9	0.5	0.3	»	1.7
Orge —	16.0	7.2	0.4	4.8	0.6	1.8	0.5	5.9	»	1.4
Avoine —	17.9	5.5	0.5	4.2	1.0	1.8	1.0	12.3	»	1.7
Sarrasin —	14 4	4.4	0.2	2.2	0.6	1.2	0.3	»	0.2	»
II. — Plantes-racines.										
Betteraves...........	1.6	1.1	0.4	4.0	0.8	0.7	0.5	0.3	0.2	»
Carottes..............	2.1	1.1	0.6	3.2	1.9	0.5	0.9	0.2	0.3	0.1
Navets...............	1.3	1.1	0.4	3.1	0.2	0.1	0.8	0.1	0.4	»
Chicorée..............	2.0	1.5	1.0	4.2	0.8	0.7	0.9	0.6	0.4	»
Pommes de terre.......	3.1	1.8	0.6	5.6	0.1	0.4	0.2	0.2	0.3	0.2
III. — Plantes textiles et oléagineuses.										
Lin (tige)..............	»	4.3	2.0	11.8	1.6	2.3	8.3	2.2	1.5	1.4
Lin (graine)...........	32.0	13.0	0.4	10 4	0.6	4.2	2.7	0.4	»	1.7
Colza (plante entière)..	34.5	18.0	2.7	13.0	2.2	5.6	10 2	1.7	2.5	8.9
Œillette — ..	28.0	17.2	2.2	15.5	0.8	6.5	25.2	4.2	2.8	»
IV. — Plantes fourragères et autres.										
Foin de prairie.......	13.1	4.1	3.4	17.1	4.7	3.3	7.7	19.7	3.3	1.7
Trèfle................	24.5	4.7	1.9	15.7	0.7	7.1	14.8	0.6	1.3	»
Luzerne..............	23.0	5.1	3.7	15.2	0.7	3.5	28.8	1.2	1.1	2.6
Vesces...............	22.7	9.4	2.7	30.0	2.1	5.0	19.3	1.3	2.3	1.5
Pois (plante entière)	42.0	11.7	1.0	10.2	2.1	5.0	18.5	1.2	1.6	2.6
Haricots —	40.0	11.0	0.5	14.6	4.2	4.6	5.8	9.3	2 2	4.5
Houblon —	2.5	9.0	3.8	19.4	2.8	4.3	11.8	15.9	3.4	2.0
Tabac —	30.0	7.1	7.7	44.5	7.3	20.7	60.5	19.0	8.8	»

TABLEAU DE LA SUBSTANCE SÈCHE ET DE L'EAU QUE L'ON TROUVE DANS 100 DE PRODUITS DIVERS.

Substances.	Humidité.	Substance sèche.	Observations.
Foin sec	15	85	100k verts donnent 25 secs.
Fourrages verts	75	25	25 secs donnent $\frac{25\times100}{85}=30$ de foin $\left(\frac{x}{25}=\frac{100}{85}\right)$.
Pommes de terre	75	25	
Betteraves	85	15	
Carottes	87	13	
Topinambours	78	22	
Navets	90	10	
Feuilles de choux, de navets	90	10	
Avoines	13	87	
Panais	85	15	
Fèves des marais	16	84	
Vesces	15	85	
Glands verts	55	45	
Pailles de céréales anciennes	10	90	

Formes sous lesquelles se présentent les matières contenues dans les tissus des végétaux. a. *Sève.* — La puissance d'absorption des racines, les actions capillaires ou endosmotiques qui se produisent dans les fibres et les vaisseaux, enfin l'évaporation, se traduisent par le mouvement de la sève : c'est le liquide contenu dans les cellules ou entre les cellules; d'abord formée d'eau pure, elle se charge peu à peu de divers principes, dextrine, gommes, sucres, qu'elle tient en dissolution et d'autres qu'elle tient en suspension, amidon, grains de latex.

Dans certains cas on y trouve des matières colorantes (bleu, rouge, violet) et des huiles; ces huiles sont quelquefois contenues dans des cellules spéciales ou noyées sous forme de gouttelettes dans un autre liquide.

b. *Protoplasma.* — La cellule jeune est composée d'une triple matière azotée teinte en jaune par l'iode; au centre le nucleus, amas granuleux en forme de boule qui occupe au début presque toute la cellule et finit par disparaître; autour du nucleus, un fluide visqueux et blanchâtre mêlé de petits grains, c'est le protoplasma; enfin l'utricule primordial est une espèce de sac qui entoure le protoplasma sans adhérer à la cellule. Quand la cellule vieillit, le protoplasma disparait et il se produit un empâtement des granules ou des parois.

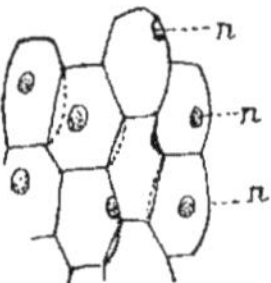

Fig. 120. — Jeunes cellules de betteraves, *nn*. *nucleus*

c. *Chlorophylle*. — C'est la matière verte des végétaux (feuilles); elle se trouve sous forme de points dans les cellules du parenchyme vert sous-jacent, soit collés contre les parois, soit en suspension dans le liquide de la cellule, soit suivant des bandes régulières en spirales.

Les deux figures 121-122 représentent deux types d'épiderme à une ou deux couches de cellules incolores, sous lesquelles se trouvent des cellules pointées de chlorophylle.

La chlorophylle est soluble dans l'alcool et dans l'éther, il n'est cependant pas possible d'en séparer, par la dissolution dans l'alcool ou l'éther, une matière grasse qui y reste obstinément attachée.

La chlorophylle est très altérable par l'action de la lumière qui lui fait prendre une couleur jaune ou brune; c'est la couleur des feuilles d'automne et des feuilles mortes.

La présence de l'azote dans la chlorophylle est accusée par la matière solide brune qui se produit quand on ajoute de l'acide oxalique à une solution de chlorophylle; cette matière brune est riche en azote.

La chlorophylle a une tendance générale à se déposer sur divers

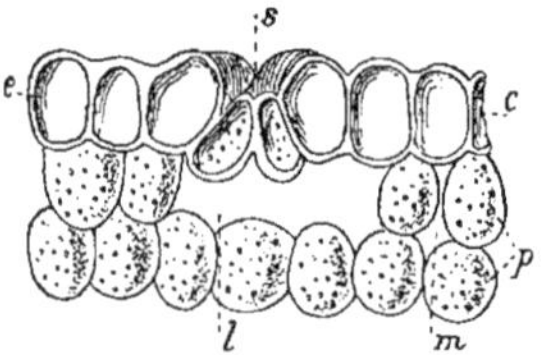

Fig. 121.

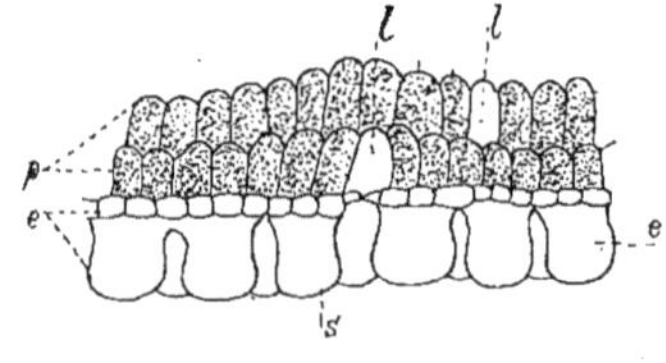

Fig. 122.

Fig. 121. Tranche verticale de l'épiderme d'une feuille de garance. *s*. stomates, *c*. cellules épidermiques, *p*. parenchyme vert sous-jacent, *l*. lacunes, *m*. méats. — Fig. 122. Stomates dans une tranche horizontale de l'épiderme de la feuille du *Rochea falcata*. *e*. deux couches de cellules, *p*. parenchyme vert sous-jacent, *s*. stomates.

corps : grains de fécule, parois végétales, etc., de sorte que l'iode produit suivant les cas une coloration bleue ou jaune.

d. *Matières minérales.* — Ces matières sont tantôt à l'état de matières purement minérales, tantôt à l'état de combinaisons avec des acides organiques. Citons l'oxalate de chaux (cactus), l'oxalate de potasse (oseille et betteraves), le tartrate de chaux et de potasse (raisins), le citrate de potasse (citrons, pommes de terre), etc.

Dans les liquides, spécialement dans les liquides chargés d'acide carbonique, ces matières sont en dissolution (1); mais on les rencontre aussi à l'état de dépôt amorphe, soit isolé dans les méats ou les lacunes, comme la silice ou les silicates, soit imprégnant les tissus végétaux comme une éponge, ou encore provenant d'un simple dépôt (carbonate de chaux des feuilles, dépôt brun qui disparaît par des lavages à l'eau acidulée d'acide chlorhydrique).

Ainsi dans le bois de chêne toute la silice contenue (21 % des cendres) peut être enlevée par un lessivage de potasse étendue et bouillante.

Les matières minérales sont quelquefois unies plus ou moins intimement aux principes immédiats neutres; ainsi les phosphates sont unis aux matières albuminoïdes suivant un mode de combinaison encore mystérieux; cette union intime est démontrée par ce fait que, dans la farine de haricots ou de chènevis par exemple, les phosphates de chaux quoique solubles résistent en partie aux lavages tant que la matière azotée subsiste, et inversement dans le jus de tubercules de pommes de terre, le phosphate de chaux reste en dissolution tant que la matière albuminoïde est soluble, mais se précipite au contraire avec celle-ci lorsqu'on la coagule par la chaleur; on voit donc que les phosphates participent de l'état de la matière azotée.

De même la silice est quelquefois intimement liée à la cellulose, dans la tige des graminées et des fougères par exemple; c'est ainsi que l'on a constaté les résultats suivants en soumettant à l'action d'une dissolution bouillante de potasse étendue, des tiges de seigle de blé et de fougères :

---

(1) L'analyse de ces liquides est importante au point de vue du choix des engrais convenant à chaque plante.

	Silice dans 100 de cendres de la plante normale.	Silice dans 100 de cendres de la plante lavée.
Seigle..............	38	68
Blé................	70	93
Fougères...........	32	74
Bois de chêne.....	21	0

On voit donc que les tiges des céréales et des fougères ont abandonné à la lessive presque toutes les matières minérales autres que la silice, mais que celle-ci a persisté jusqu'à former presque la totalité des cendres (1); dans le bois de chêne, au contraire, toute la silice a disparu, elle y existe donc à l'état de simple dépôt.

Enfin il est très fréquent de rencontrer les matières minérales sous forme de cristallisations inorganiques à l'intérieur des cellules; les forces vitales interviennent cependant, car la forme des cellules détermine les limites et la forme des cristaux; c'est ainsi qu'un

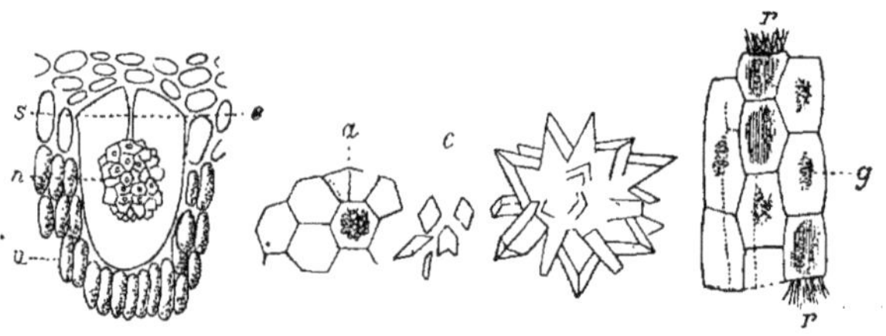

Fig. 123. Fig. 124. Fig. 125. Fig. 126. Fig. 127.

Fig. 123. Masse de tissu cellulaire dans la feuille d'un figuier, *n*. noyau de cristaux suspendu par un tube *s* dans une cellule dilatée *e* sous l'épiderme et entourée d'utricules *u*. — Fig. 124-125. Tissu cellulaire de la betterave, *a*. agglomération de cristaux, *c*. cristaux séparés.— Fig. 126. Cristaux agglomérés dans une cellule du pétiole de la rhubarbe.—Fig. 127. Tissu cellulaire de l'*Arum vulgare*, *g*. faisceau de fines aiguilles.

même sel, l'oxalate de chaux, peut cristalliser dans les végétaux sous plusieurs formes tout à fait distinctes et dues aux différences de

(1) La silice existe sous les deux états dans la tige et les feuilles du blé. Les cendres de la tige donnent 20 à 50 % de silice; les cendres des feuilles 60 à 75 %; cet excédent en faveur des feuilles provient de l'évaporation, dans les feuilles, de l'eau chargée d'acide carbonique; cette évaporation facilite le dépôt de la silice.

l'appareil où s'opère la cristallisation. Ces cristaux sont isolés, rayonnants ou parallèles; Payen a constaté qu'ils entrent pour 70 0/0 dans la composition d'un cactus desséché.

Graines. Germination. — La graine est le résultat de la fécondation de l'ovaire de la plante; c'est l'ovule fécondé et arrivé à son développement complet. La partie essentielle de la graine, c'est-à-dire l'embryon, qui représente la plante future, se compose de quatre parties : la radicule, qui correspond à la racine de la plante; la tigelle, peu distincte de la radicule; la gemmule, premier bourgeon rudi-

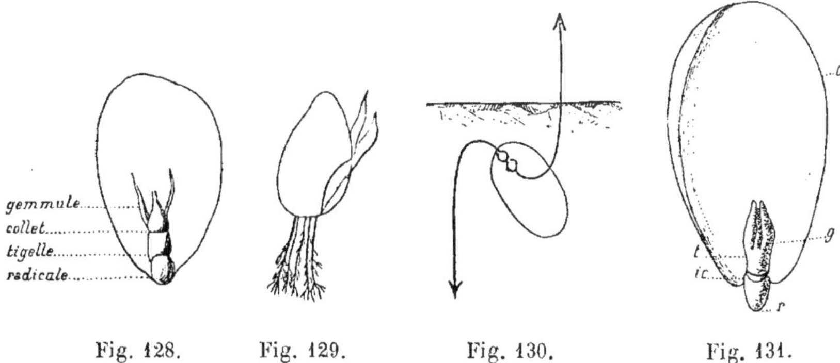

Fig. 128. Fig. 129. Fig. 130. Fig. 131.

Fig. 131. Embryon dicotylédoné de l'amandier (un cotylédon enlevé), *r.* radicule, *t.* tigelle, *c.* cotylédon, *ic.* cicatrice de l'insertion du cotylédon enlevé, *g.* gemmule.

mentaire qui se termine par deux feuilles primordiales; et le cotylédon, simple ou double (monocotylédonés, dicotylédonés), amas de matières servant à la nutrition du germe (fig. 128, 129, 131). Pour que la germination se produise, il faut que la graine soit dans une atmosphère oxygénée et dans des conditions convenables d'humidité et de température (8 à 16°); dans ces conditions, elle se gonfle, se ramollit, l'enveloppe se rompt, la radicule (multiple pour les monocotylédonés) s'enfonce de haut en bas dans le sol, quelle que soit l'orientation de la graine (fig. 130), et la tigelle sort de terre entraînant les cotylédons flétris (marrons d'inde) ou verts (haricots).

Voilà quels sont les faits physiologiques : la graine contient tou les éléments nécessaires à la jeune plante; autour du germe ou de l'embryon se trouve accumulée une réserve capable de soutenir le jeune végétal. Mais que se passe-t-il au point de vue chimique dans ce merveilleux laboratoire?

Sous l'action de la diastase, matière quaternaire azotée, qui se trouve au collet et dans la radicule, l'amidon et la fécule des cotylédons (matières ternaires) se transforment en glucose et en dextrine, matières solubles.

$$C^{36}H^{30}O^{30} + 4HO = 2\,(\underbrace{C^{12}H^{12}O^{12}}_{\text{glucose}}) + \underbrace{C^{12}H^{10}O^{10}}_{\text{dextrine}}$$

Ultérieurement la dextrine se transforme isomériquement en cellulose; quant à la cause déterminante de cette dernière transformation, elle reste encore mystérieuse. Mais dans la nature, la réaction est loin d'avoir cette simplicité et le phénomène de la germination est très complexe.

L'humidité est absolument indispensable à la germination; c'est ainsi qu'à Grignon, en 1870, les betteraves ont manqué dans le champ d'expériences dont la terre jusqu'à 15 ou 20 centimètres ne renfermait plus que 5 millièmes d'eau. Il y a absorption de l'oxygène de l'air, perte relative de carbone et d'hydrogène, dégagement d'acide carbonique avec production de chaleur; la quantité d'oxygène absorbé est égale au centième de leur poids pour les haricots, les fèves, les laitues et à 0,001 ou 0,002 pour le blé, l'orge, etc.; l'atmosphère doit contenir au moins 1/8 d'oxygène pour que l'embryon puisse accomplir son évolution.

Les résultats des analyses suivantes mettent en relief les modifications dont nous venons de parler :

COMPOSITION ÉLÉMENTAIRE DE GRAINES ET DE PLANTS.

		Carbone.	Hydrogène.	Oxygène.	Azote.
		gr.	gr.	gr.	gr.
Graine de trèfle	Avant germination.....	0,508	0,060	0,360	0,072
	Après germination.. ..	0,480	0,059	0,319	0,071

OBSERVATIONS. — Pendant la germination, il y a une perte de poids qui porte sur le carbone, l'oxygène et l'hydrogène.

Composition immédiate de graines et de plants développés dans l'obscurité

	Poids total.	Amidon et dextrine.	Glucose et sucre.	Huile.	Cellulose.	Matières azotées.	Matières minérales.	Substances indéterminées.
	gr.	gr.	gr.	gr.	gr.	gr.	gr.	gr.
Maïs { Graines.........	8,626	6,386	0	0,463	0,516	0,880	0,156	0,235
Maïs { Plants..........	4 529	0,777	0,953	0,150	1,316	0,880	0,156	0,297
Différences....	—4,107	—5,609	+0,953	—0,313	+0,800	0	0	+0,062

Observations. — Il y a perte d'amidon et formation de glucose et de cellulose. Ces deux substances sont loin de représenter l'amidon primitif dont la perte se manifeste par un dégagement d'acide carbonique.

Pendant la germination, la plante vit à la façon de l'animal ou mieux de l'œuf dans la période d'incubation.

La lumière n'est pas indispensable à la germination : les grains germent parfaitement dans l'obscurité et c'est généralement dans les caves que les brasseurs préparent le malt, c'est-à-dire l'orge germée employée à la fabrication de la bière.

La température nécessaire pour que la vie du végétal s'éveille varie beaucoup avec les espèces : pour le blé d'hiver, l'orge et le seigle, la température minima est de 7 degrés ; pour le lin elle est de 2 degrés; mais il existe aussi une limite supérieure de température au delà de laquelle la semence perd ses propriétés vitales : MM. Edwards et Colin ont trouvé que la faculté germinatrice disparaît vers 50 degrés dans l'eau, vers 62 degrés dans la vapeur d'eau et vers 75 degrés dans l'air sec.

M. Duclaux a présenté à l'Académie des sciences une note intéressante (*Comptes rendus*, 6 janvier 1885) sur l'impossibilité de faire germer des graines dans un sol exempt de microbes. On dirait que le microbe est l'ouvrier de la vie comme celui de la mort, chez le végétal et chez l'animal.

Racines. — La racine est cette partie de la plante qui se dirige vers l'intérieur de la terre et dont le rôle est de soutenir le végétal et d'absorber les éléments nutritifs fournis par le sol; elle comporte à partir du collet, c'est-à-dire du point où la tige commence, un corps et des radicelles; l'épiderme des racines diffère de celui des tiges et des feuilles par l'absence de stomates.

Suivant leur forme, les racines sont *fibreuses* ou *fasciculées*, surtout dans les monocotylédonées (les poireaux par exemple); *pivotantes* ou *simples*, dans les dicotylédonées, avec ramifications (arbres) ou sans ramifications (navets, carottes, etc.); *tuberculeuses*,

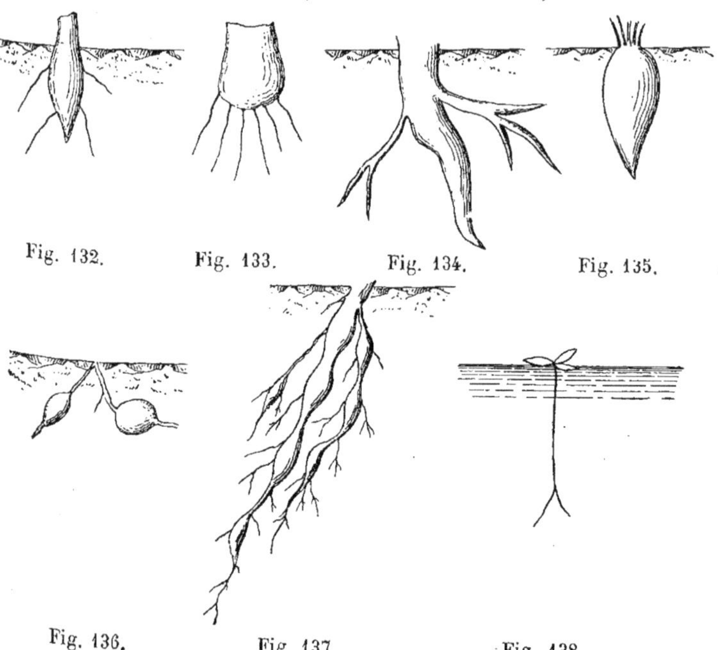

Fig. 132. Fig. 133. Fig. 134. Fig. 135.

Fig. 136. Fig. 137. Fig. 138.

Fig. 133. Racine composée ou fasciculée (poireau). — Fig. 134-135. Racines simples ou pivotantes. — Fig. 136-137. Racines tuberculeuses. — Fig. 137. Racine du pélargonium triste.

c'est-à-dire avec renflement des radicelles (dahlia, anémone) ou du corps de la racine (pélargonium triste); ces dernières doivent être distinguées des pommes de terre qui sont des tiges souterraines avec renflements et avec des yeux, véritables bourgeons contenant de petites feuilles rudimentaires.

Rôle des racines. — Les racines servant de soutien aux végétaux ont des formes appropriées suivant les cas; ainsi les racines du lierre sont comme des crampons qui s'implantent dans l'écorce; le gui vit en parasite sur le bois des vieux arbres (le poirier et rarement le chêne); citons également la cuscute, parasite de la luzerne et du lin auxquels elle est très nuisible.

Les arbres ont des racines pivotantes, avec ramifications abondantes formant une sorte de chevelu qui les fixe solidement en terre.

Les lentilles d'eau ont des racines filiformes qui ne s'enfoncent pas en terre et soutiennent la plante sur l'eau ; elles ont de 0^m050 à 0^m15 de longueur (fig. 138).

Le rôle principal des racines est d'absorber les substances dissoutes dans l'eau du sol; cette absorption se fait par endosmose et diffusion, et la sève croît en densité à mesure qu'elle s'élève. La sève renferme non seulement les matières solubles de la terre arable, mais elle dissout encore, au moment de son passage au travers des tissus, les matières qui s'y trouvent déposées.

On a cru autrefois que l'absorption des racines avait son siège unique dans le sac terminal formé d'un tissu neuf, gorgé de sucs frais; mais on a reconnu que les fibrilles ou chevelu dont elles sont recouvertes y contribuent, quoique dans une moindre mesure; par exemple, si l'on dispose la plante comme l'indique la figure 139, elle pousse; dans le cas de la figure 140 elle languit; l'absorption par les radicelles n'est donc pas négligeable.

Il est nécessaire que le sol dans lequel se développent les racines soit convenablement aéré malgré l'absence de stomates et bien qu'elles ne soient pas des organes de respiration; mais nous avons vu que l'oxygène est nécessaire à la germination; aussi prend-on la précaution d'entourer les plantations urbaines d'une grille permettant l'accès de l'air.

Enfin les racines servent quelquefois de réservoir de nourriture pour certaines plantes comme les tubéreuses, les plantes vivaces ou bis-annuelles; il en est ainsi pour l'asperge (3 ans) et pour la betterave (2 ans).

Développement des racines. — Les racines s'accroissent en épaisseur comme les tiges, mais leur mode d'accroissement en longueur n'est pas le même; tandis que dans les tiges et les branches, les pousses croissent dans toute leur longueur, dans les racines, c'est uniquement par leur extrémité. Le fait est facile à constater en employant pour contenir la plante une caisse dont la paroi laisse voir les racines : deux signes ab tracés sur une racine restent à la même distance (fig. 141).

La nature du milieu arable a une grande influence sur le développement des racines; disposons par exemple dans une caisse

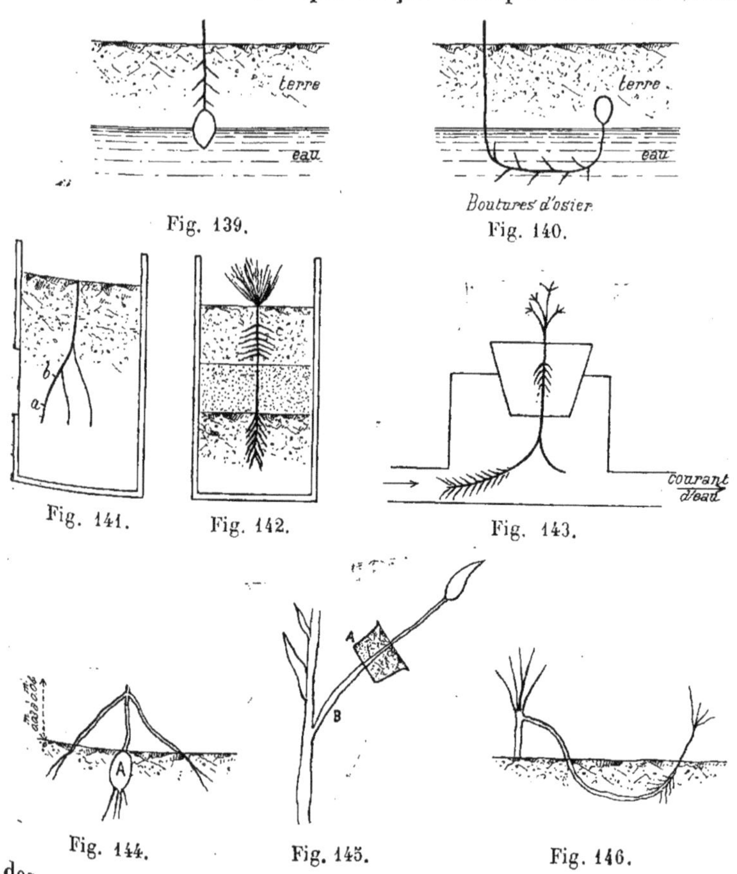

Fig. 139. Fig. 140. Fig. 141. Fig. 142. Fig. 143. Fig. 144. Fig. 145. Fig. 146.

des couches alternatives de bonne terre et de sable pur (fig. 142), la racine restera grêle dans le sable et se garnira de pousses dans la bonne terre.

Le chevelu se multiplie singulièrement sur les racines qui plongent dans une terre humide et surtout dans l'eau; parfois alors on les voit former une masse de filaments : c'est ce que l'on nomme communément queue de renard.

Le voisinage d'eaux souterraines en mouvement attire les racines qui se développent surtout vers l'amont; c'est ce qu'on peut constater sur les boutures d'osier (fig. 143).

Racines adventives. — La tige de quelques plantes placées dans certaines circonstances émet de sa surface des racines qu'on appelle adventives; le cas est fréquent dans les monocotylédonées.

Le développement des racines adventives est naturel ou peut être provoqué artificiellement.

Les graminées fournissent un exemple du développement naturel des racines adventives : la racine principale A cesse de croître quand les racines adventives se sont développées (fig. 144); c'est ainsi qu'on peut gazonner une surface déterminée avec des plaques de gazon isolées. Le fraisier, la saxifrage se développent en tiges rampantes donnant naissance à des rameaux ou rejets grêles qui s'enracinent de distance en distance et qu'on nomme filets ou gourmands, de manière à former un réseau sur le sol. Les branches du figuier du Bengale retombent vers le sol et s'y enfoncent, donnant ainsi naissance à des racines adventives; bientôt après, ces racines forment des troncs semblables à la tige principale et ceux-ci produisent de nouvelles branches d'où descendent de nouveaux jets qui ne tardent pas à s'enraciner de la même manière, si bien qu'un seul arbre en se propageant ainsi peut couvrir un espace de 300 mètres de diamètre.

En général, une branche qui, le long d'un fossé, est baignée pendant trois ou quatre mois, donne des racines adventives qui meurent lorsqu'elles sont abandonnées à la sécheresse.

Artificiellement on peut produire des racines, soit en enfouissant dans la terre des éclats de racines (paulownia) ou des feuilles (Ex. : feuille de bégonia hachée), soit au moyen de tiges ou branches.

Le bouturage et le marcottage rentrent dans ce dernier cas; enveloppez d'une masse de terre A une branche B (fig. 145), il s'y développera des racines; coupez la branche et remettez-la en terre, vous aurez ainsi un nouveau plan : c'est le bouturage qui se fait quelquefois naturellement (arbres fruitiers des montagnes); recourbez un sarment de vigne de façon à le faire rentrer en terre; des racines se développeront et au bout d'un an coupez le sarment, vous aurez un nouveau pied de vigne : c'est le marcottage (fig. 146).

Les expériences de M. Duhamel ont montré que si l'on enfouit une branche en la renversant bout pour bout, des racines se développent à une extrémité et l'autre continue à pousser.

Tiges. — Dans les dicotylédonées, la tige, à l'état de développement, se compose de 3 parties : la moelle, le bois et l'écorce, dont la structure a été étudiée plus haut (V. ci-dessus p. 209. — Tissus végétaux. Exemple de répartition) (fig. 147). Quand l'arbre vieillit, il se forme du centre à la périphérie des fentes qui ont reçu le nom de rayons médullaires (fig. 148) ; chaque année, entre le bois et l'écorce,

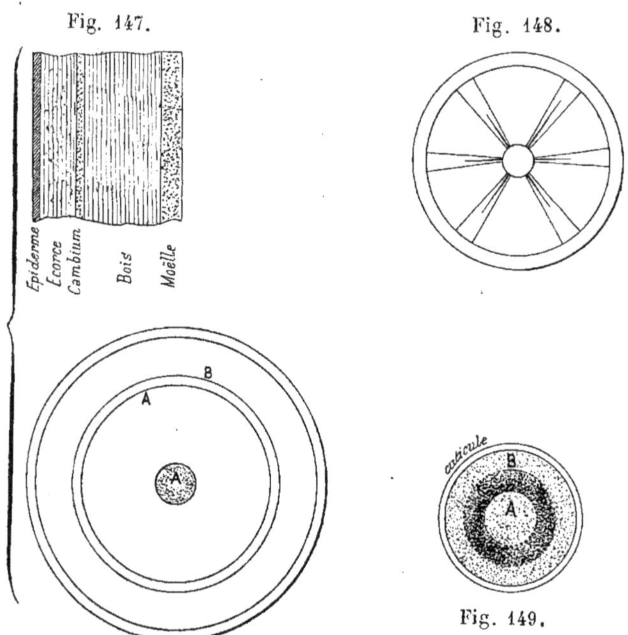

Fig. 147.

Fig. 148.

Fig. 149.

dont l'intervalle s'est rempli de cambium, matière presque fluide puis organisée en tissu cellulaire, se forme une nouvelle couche de tissu ligneux moulée sur la précédente ; le nombre des couches, dans une section horizontale près de la base, représente celui des années ; de même chaque année détermine la formation d'une couche distincte de liber (écorce).

La tige des monocotylédonées (fig. 149) est constituée beaucoup plus simplement : on y trouve à l'intérieur une masse de tissu cellulaire sans couches distinctes, avec faisceaux de vaisseaux et de fibres irrégulièrement distribués ; mentionnons à ce propos la tige des graminées, désignée sous le nom particulier de chaume, qui est renforcée de distance en distance par des nœuds autour desquels naissent les feuilles et qui est le plus souvent creuse, sauf dans le roseau et le bambou où elle prend une consistance ligneuse.

Fonctions de la tige. — La tige soutient les branches et les feuilles; c'est surtout l'organe de la circulation. Le liquide de la terre, introduit par les racines, arrive à la tige où son mouvement ascensionnel se continue de proche en proche, de cellule en cellule, par endosmose; il tend à se concentrer de plus en plus en s'élevant; modifié dès son entrée dans le végétal, il a pris le nom de sève.

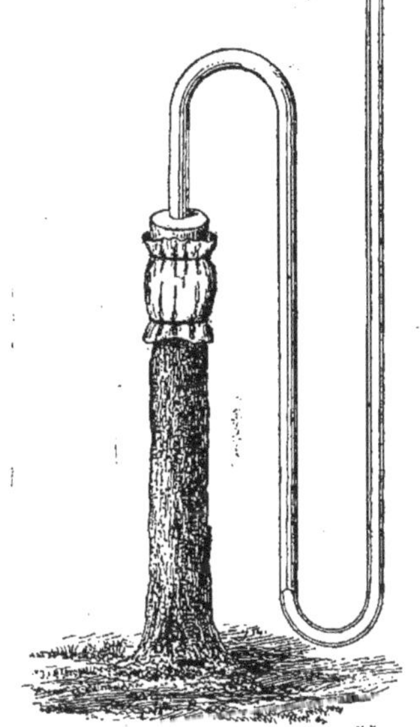

Fig. 150.

Il y a un mouvement de sève ascendante en A dans la moelle et, à l'intérieur du cambium, contre le tissu médullaire (1); mouvement de sève descendante en B, à l'extérieur du cambium, sous la cuticule (sève corticale).

La force ascensionnelle de la sève est considérable, surtout au printemps; ainsi à cette époque l'on voit couler l'eau comme d'une fontaine, de toute solution de continuité pratiquée sur une tige; c'est ce qui explique l'écoulement aqueux déterminé dans la vigne par la taille et connu sous le nom de pleurs de la vigne. Hales a évalué cette force ascensionnelle de la sève, dans la vigne au printemps, de la manière suivante (fig. 150) : une des branches d'un tube à double courbure contenant du mercure, était adaptée au bout de la tige coupée ; Hales a vu le mercure repoussé par la sève s'élever dans la grande branche jusqu'à 1 mètre, ce qui équivalait à 14 mètres d'eau. La sève du printemps envahit tous les tissus.

(1) La sève ascendante monte par tout le corps ligneux quand la branche est jeune, et seulement par la zone extérieure encore à l'état d'aubier, lorsqu'elle est âgée.

Tiges souterraines. — Il faut dire ici un mot des tubercules, et des rhizomes et bulbes; ce sont des tiges souterraines qui ne doivent pas être confondues avec les racines. Les tubercules, comme la pomme de terre, sont des renflements souterrains où s'accumulent des matières nutritives et principalement de la fécule; chez le topinambour, le renflement contient de l'inuline.

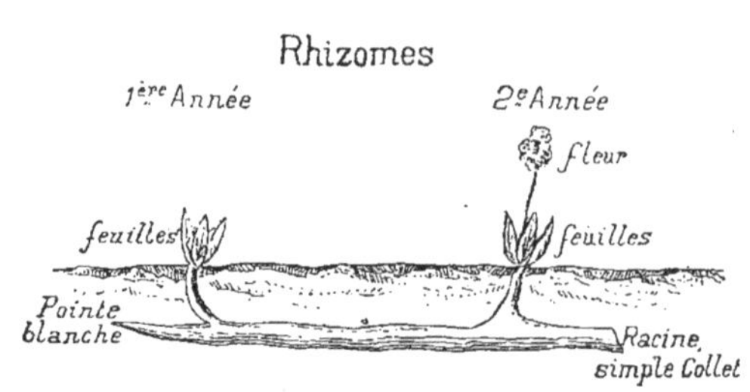

Fig. 151.

Les rhizomes sont extrêmement vivaces et robustes, car ils vivent à la fois dans l'air et dans le sol : la tige souterraine joue le rôle d'une racine, chaque année elle pousse un bourgeon hors de terre et continue à se développer souterrainement (fig. 151). Les iris, les nénuphars, le chiendent, si redouté des cultivateurs, l'ortie, le carex (1) sont des plantes à rhizomes. L'élyme des sables, graminée du sable pur, est aussi dans ce cas (Brémontier, *Fixation des dunes*).

Le ray-grass semé dans un terrain aride n'a pas de rhizomes; au contraire dans une terre fertile (terres fortes et argileuses) il en présente et devient alors une excellente plante de prairies qu'on n'a plus besoin de semer.

Feuilles. — Les feuilles sont des expansions plates et vertes qui se forment autour de la tige par l'épanouissement de ses fibres. On y distingue 3 parties principales : la gaine, le pétiole (ou queue de la feuille) et le limbe.

Dans les monocotylédonées (fig. 153), la gaine est très développée, le pétiole disparaît quelquefois (maïs), le limbe présente des nervures parallèles suivant lesquelles la feuille peut se déchirer régulièrement; dans les dicotylédonées, la gaine est petite, le pétiole plus marqué, le limbe se déchire irrégulièrement (fig. 152).

---

(1) En Hollande, on plante sur les digues la laîche des sables (carex arenaria) dont les racines traçantes entrelacées contiennent les sables mouvants et donnent aux chaussées une grande solidité.

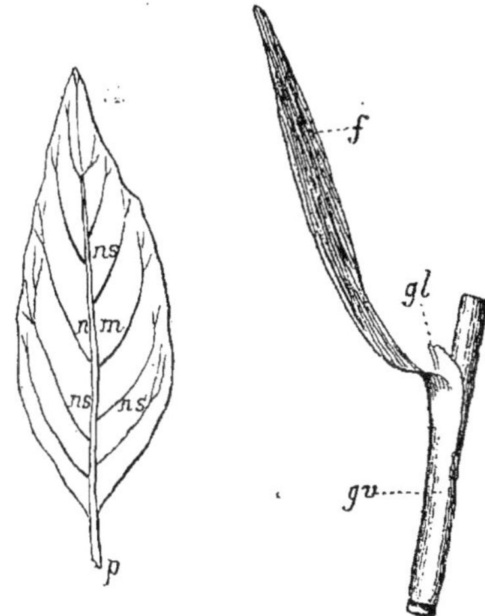

Fig. 152. Fig. 153.

Fig. 152. Feuille de belladone, *p.* pétiole, *n.* nervures. — Fig. 153. Feuille de graminée, *f.* limbe, *g.* gaine.

Constitution de la feuille. — Le limbe résulte de l'épanouissement des faisceaux fibro-vasculaires de la tige et du pétiole; ils en forment comme la charpente, le squelette; leurs intervalles sont remplis par le parenchyme; le tout est enveloppé par l'épiderme qui protège la feuille contre le contact immédiat de l'air, et qui est formé de cellules aplaties recouvertes de cutose.

Le tissu cellulaire du parenchyme est mou et spongieux; ses cellules sont, à l'état normal, remplies de granules colorés en vert par la chlorophylle.

La surface extérieure de l'épiderme est marquée de petites taches que l'examen microscopique fait reconnaître comme autant de cavi-

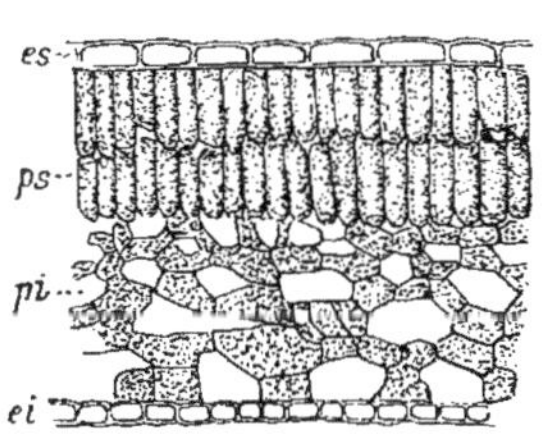

Fig. 154.

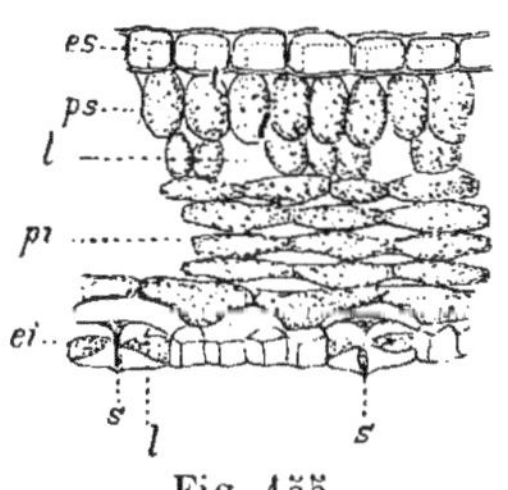

Fig. 155.

Fig. 154. Tranche mince verticale sur une feuille de lis. — Fig. 155. Tranche verticale sur une feuille de balsamine, *es.* épiderme supérieur, *ei.* épiderme inférieur, *p.* parenchyme, *l.* lacunes, *s.* stomates.

tés entourées d'un bourrelet particulier : ce sont les stomates qui sont plus abondants sur la face inférieure que sur la face supérieure; on en compte 100 par millimètre carré dans le buis, 125 dans la vigne, 1.000.000 dans le tilleul; leur disposition est variable comme leur nombre; tantôt ils semblent dispersés sans aucun ordre, tantôt ils se

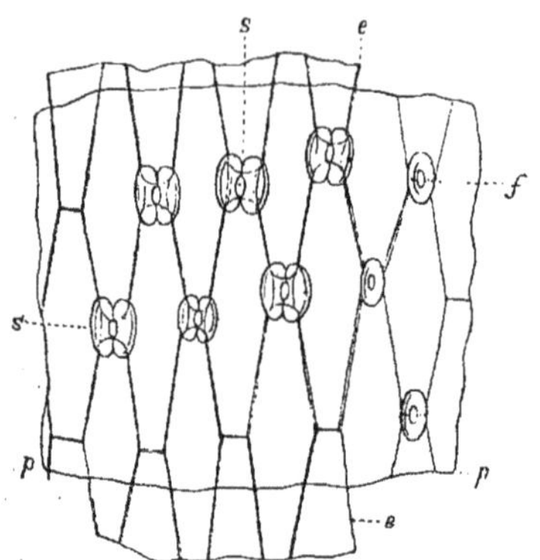

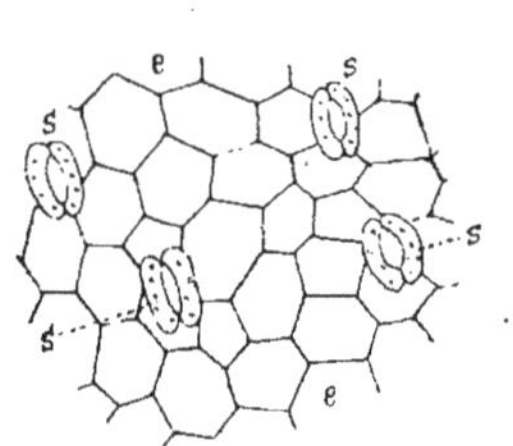

Fig. 156. Fig. 157.

Fig. 156. Lambeau d'épiderme de la feuille de l'iris, *p.* pellicule épidermique, percée de fentes en boutonnières *f.*; *ee.* épiderme proprement dit à cellules hexagonales, *s.* stomates. — Fig. 157. Lambeau d'épiderme pris sur la face supérieure d'une feuille de renoncule aquatique, *e.* cellules épidermiques, *s.* stomates.

placent en séries rectilignes, quelquefois en quinconces; on ne les observe dans toutes les feuilles que sur la portion qui correspond au tissu cellulaire; ils manquent sur celle qui correspond aux faisceaux fibro-vasculaires.

On a attribué aux stomates un rôle assez important dans la respi-

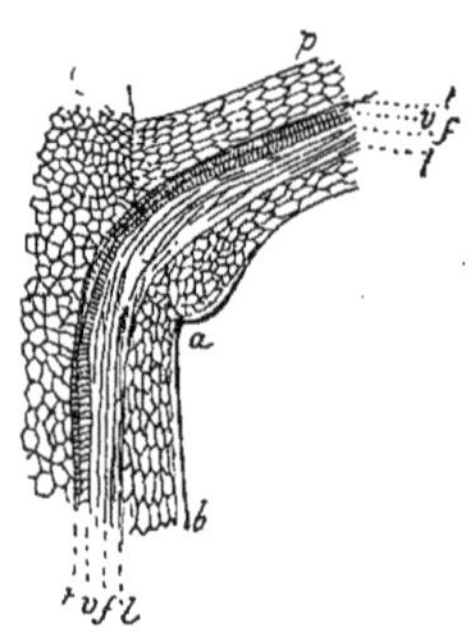

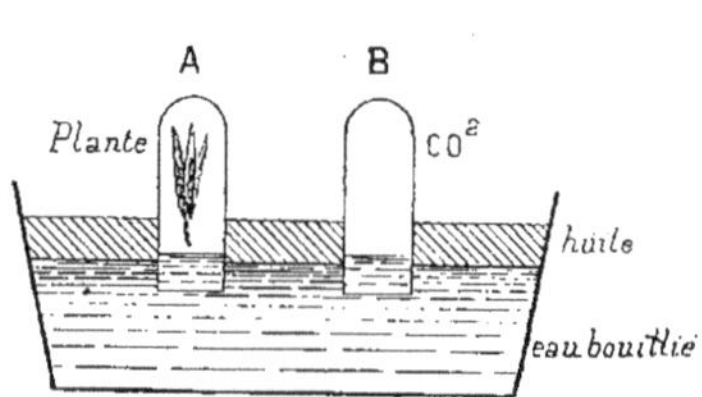

Fig. 158. Fig. 159.

Fig. 158. Passage d'un vaisseau fibro-vasculaire d'une branche *b* dans un pétiole *p.*; *t.* trachées, *v.* vaisseaux spiraux, *f.* fibres ligneuses, *l.* fibres corticales ou *liber.*

ration et l'évaporation; en réalité ces fonctions n'ont pas leur siège unique dans les stomates, dont le rôle est, en somme, assez mal connu.

Le pétiole, rattaché toujours à des tiges d'une année, est composé de faisceaux fibro-vasculaires continuant ceux de la tige et qui vont en se développant former le réseau des côtes fibreuses du limbe; ce réseau est régulier dans les monocotylédonées, irrégulier dans les dicotylédonées (fig. 158).

Rôle de la feuille. 1° Respiration. — Sous l'influence de la lumière, la feuille décompose l'acide carbonique contenu dans l'air, en fixant le carbone et produisant un volume égal d'oxygène; c'est un véritable appareil de réduction; il se produit simultanément une petite absorption d'oxygène et un dégagement de l'acide carbonique tout formé à l'intérieur du végétal; mais la première de ces deux actions est tout à fait prédominante. Nous n'insisterons pas sur l'expérience classique à l'aide de laquelle on met le dégagement d'acide carbonique en évidence et dont la figure 159 rappelle suffisamment les dispositions : dans une éprouvette A remplie d'eau, on met une plante feuillue et dans une éprouvette B de l'acide carbonique; au bout de quelque temps le niveau montera dans l'éprouvette B et des bulles d'oxygène se rassembleront au sommet de l'éprouvette A.

Dès 1840 Boussingault avait démontré que si l'on introduit un rameau de vigne dans un ballon exposé au soleil, puis qu'on détermine un courant d'air au travers de l'appareil, on trouve toujours moins d'acide carbonique dans l'air qui a passé sur les feuilles que dans l'air normal. Boussingault a ultérieurement publié un mémoire important sur la question; dans ses expériences, il faisait usage de ballons renfermant de l'eau chargée d'acide carbonique et dans laquelle étaient immergées les feuilles.

Dans l'obscurité complète, il en est tout autrement et l'action est intervertie; les parties vertes de la plante absorbent l'oxygène et dégagent de l'acide carbonique; quand le premier fait défaut, les plantes ne tardent pas à périr asphyxiées; c'est ainsi qu'en 1868, il s'était produit à la surface de l'étang du domaine de Grignon une telle quantité de lentilles d'eau, que les plantes marécageuses complètement submergées furent plongées dans l'obscurité, absorbèrent tout l'oxygène dissous dans l'eau et le transformèrent en acide carbonique, si bien que, les poissons d'abord, les plantes ensuite, privés d'oxygène, périrent asphyxiés.

Pendant la germination, ce sont la graine et les parties non vertes qui exercent cette action d'absorption de l'oxygène avec exhalaison d'acide carbonique; la graine se comporte comme un œuf pendant la période d'incubation et, dans l'obscurité, la plante continue à vivre aux dépens de la réserve qu'elle trouve dans la graine, et à brûler les principes immédiats que renferment ses tissus.

2° *Évaporation.* — Le mouvement élévatoire de l'eau dans les plantes est activé par la puissance d'évaporation que possèdent les feuilles; cette fonction a été étudiée depuis longtemps; on la met en évidence en plaçant sur le plateau d'une balance un pot contenant une plante et en ayant soin de recouvrir la terre d'une membrane en papier d'étain pour empêcher l'intervention de son évaporation propre; des pesées régulières donnent la quantité d'eau évaporée.

La lumière a une influence prépondérante sur l'évaporation par les parties vertes des plantes.

M. de Gasparin a constaté que la luzerne évapore ainsi 112 gr. d'eau par kilogramme de partie verte en un jour (12 heures). Ingenhonz donne 700 grammes pour l'évaporation d'un soleil dans le même temps.

On a trouvé que cette évaporation atteint les chiffres maxima suivants pour 1 centimètre carré de feuille en 12 heures.

0 gr. 0368 pour le chou (dans les terres humides de Gennevilliers).
0 0308 pour le pommier.
0 0189 pour le soleil.
0 0139 pour la vigne (terrain sec).

L'eau évaporée est d'ailleurs chargée d'acide carbonique et d'ammoniaque dans les climats secs; cette évaporation a pour conséquence la concentration des liquides intérieurs.

Assimilation du carbone. — Les plantes ne s'accroissent et ne vivent régulièrement qu'en décomposant l'acide carbonique; c'est là leur fonction capitale; cette assimilation du carbone a une telle importance dans le développement du végétal que nous devons l'étudier avec quelques détails. Le carbone des tissus végétaux provient en effet presque exclusivement de cette décomposition de l'acide carbonique de l'air.

Les feuilles plongées dans l'acide carbonique pur ne décomposent ce gaz que lorsqu'il est à une faible pression; Boussingault a reconnu en effet que les feuilles exposées au soleil, dans de l'acide carbonique pur, ne décomposent pas ce gaz, ou, si elles le décomposent, ce n'est qu'avec une extrême lenteur; les feuilles placées au soleil, dans un mélange d'air et d'acide carbonique, décomposent au contraire rapidement ce dernier, même si l'on remplace l'air par de l'azote pur ou par de l'hydrogène.

Le dégagement d'oxygène diminue avec l'intensité lumineuse et s'arrête dans l'obscurité; pour le démontrer, Boussingault a placé dans une atmosphère d'hydrogène et d'acide carbonique, une feuille et un bâton de phosphore destiné à absorber l'oxygène dégagé. En plaçant alternativement l'appareil à la lumière et dans l'obscurité, on acquérait, par l'extinction de la phosphorescence du bâton, la preuve qu'une fois soustraite à la lumière, la feuille cessait immédiatement d'émettre de l'oxygène.

Pour les plantes aériennes, la décomposition de l'acide carbonique se continue encore à la lumière diffuse, mais elle est moins active; ainsi 1 décimètre carré de surface verte décompose 7 centimètres cubes d'acide carbonique en 1 heure au soleil, 3 centimètres cubes à l'ombre, 5 centimètres cubes en moyenne dans les conditions ordinaires. Pour les plantes aquatiques, le dégagement d'oxygène ne se produit que lorsqu'elles sont directement éclairées par le soleil.

Tous les rayons lumineux ne sont pas également efficaces pour déterminer la décomposition du gaz carbonique; les rayons rouges et jaunes paraissent agir plus énergiquement que les bleus et les verts; cette action des divers rayons a été étudiée par MM. Cailletet, Dehérain et Prillieux. M. Cailletet plaçait des feuilles dans une éprouvette de verre renfermée dans une lanterne garnie de verres diversement colorés et où circulait constamment un courant d'air froid; dans l'une de ses expériences, après plusieurs heures d'exposition au soleil, il a trouvé que les quantités d'acide carbonique suivantes n'étaient pas décomposées :

Avec le verre vert	20	à	37 0/0
— violet	18		28
— bleu	17		27
— rouge	7		23
— jaune	1		18
— dépoli	0		2

On s'explique ainsi la mauvaise venue des plantes sous un fourré, sans même qu'il y ait beaucoup d'ombre.

Une certaine température est nécessaire pour que la décomposition de l'acide carbonique se produise : la température limite au-dessous de laquelle elle s'arrête varie d'une espèce à l'autre; elle est de 1°5 à 3°5 pour les graminées, de 10 degrés pour les plantes aquatiques.

Enfin il est un dernier fait intéressant à signaler au sujet de l'action des parties vertes des plantes sur l'acide carbonique de l'air, c'est que les deux faces de la feuille ont des influences inégales. Le côté supérieur de la feuille a une action prédominante; au soleil, le rapport des actions du côté supérieur et du côté inférieur est de $\frac{102}{46}$, à l'ombre, de 2, à la lumière diffuse, de 4/3 (Expériences de Boussingault), et cependant les stomates sont plus nombreux sur la face supérieure de la feuille que sur la face inférieure, ils n'ont donc pas l'influence qu'on serait tenté tout d'abord de leur attribuer. On a fourni une explication ingénieuse de ce fait qu'en général l'envers des feuilles dégage moins d'oxygène que l'endroit : Graham a trouvé que les gaz passent au travers des membranes poreuses avec une vitesse qui est en raison inverse du carré de la densité; on conçoit donc que l'acide carbonique, très dense, pénètre moins bien au travers de l'envers de la feuille, surface poreuse percée de stomates, qu'au travers de la cuticule de l'endroit, lequel a une structure colloïdale comparable à celle du caoutchouc; dans ce dernier, l'acide carbonique a une grande vitesse de pénétration (cette vitesse, étant représentée par 1 pour l'azote, est de 13.5 pour l'acide carbonique. Graham).

Surfaces vertes d'un hectare de différentes cultures.

Un hectare de pommes de terre représente une surface de tiges et de feuilles de 28.000 mètres carrés.

—	froment en fleurs	de 35.000	—
—	topinambours	de 142.000	—
—	bananiers	de 141.000	—
—	tabac	de 110.862	—

On s'est rendu compte du poids de carbone contenu dans les feuilles et les tiges de tabac d'un hectare de culture et l'on a trouvé 4501k6, ce qui, pour une durée de végétation de 86 jours, représente une assimilation de carbone de 52k32 par hectare et par 24 heures.

Théorie de la végétation. — *Assimilation.* — Pendant la germination, la plante emprunte tout à elle-même; il y a, comme nous l'avons déjà expliqué à propos des graines (p. 223), absorption de la fécule insoluble de la graine et transformation de cette fécule en dextrine et glucose, sous l'influence de la diastase; pendant cette période les proportions du carbone et de l'hydrogène diminuent.

La circulation de la sève caractérise la croissance du végétal; la sève sert de véhicule aux corps empruntés au sol et fournit l'hydrogène et l'oxygène des corps ternaires ou quaternaires qu'on rencontre dans les végétaux; il y a absorption par endosmose, et la continuité du mouvement de la sève est assurée par l'évaporation des feuilles.

Le sol dissout les matières minérales nécessaires à la nutrition, sous l'influence des matières organiques et de l'acide carbonique, et les racines absorbent tous les éléments solubles mis en contact avec elles. Cette action absorbante est variable suivant les époques; M. Isidor Pierre a montré, par le dosage quantitatif des cendres, que cette absorption est maximum au moment de la floraison.

Quant à la respiration, nous avons indiqué précédemment son mécanisme et comment la décomposition de l'acide carbonique dans les feuilles fixe le carbone.

L'organisation du végétal s'effectue au moyen de la sève élaborée qui, dans son mouvement circulatoire, redescend par les vaisseaux laticifères du cambium et des fibres corticales ou liber; il y a chaque année formation d'une couche de liber, d'une part, et d'une couche d'aubier s'ajoutant au corps ligneux, d'autre part.

Dans certains cas spéciaux, il y a formation de matières organisées redoutables par leurs propriétés toxiques; par exemple dans l'euphorbe des Canaries, la feuille est sans danger, mais l'écorce est vénéneuse.

Assimilation de l'azote. — Sous quelle forme l'azote pénètre-t-il dans les plantes et quelle est son origine? C'est une question qui est aujourd'hui résolue dans son ensemble, mais qui cependant donne encore lieu à bien des controverses sur les points de détail. Il n'est pas douteux que l'air atmosphérique ne soit le réservoir inépuisable de l'azote qui entre dans le tissu des plantes. De nombreux pâturages ne reçoivent jamais d'engrais et fournissent cependant une quantité notable de matières azotées. Les récoltes obtenues sur une terre cultivée renferment quelquefois plus d'azote que n'en contenaient le sol et les engrais employés; c'est encore dans l'atmosphère qu'a dû être puisée la différence.

Mais l'azote, avant de pénétrer dans l'organisme végétal, doit être engagé en combinaison; dans ces dernières années on a cru pouvoir affirmer que l'azote est susceptible de pénétrer dans les plantes, à l'état libre; M. Georges Ville, qui s'est fait le champion de cette doctrine, est arrivé à cette conclusion en étudiant surtout les récoltes de luzerne; pour lui, la luzerne est capable de fixer directement l'azote puisé dans l'atmosphère (1) : ce serait là l'explication du peu d'effet qu'exercent sur elle les engrais azotés et de cette circonstance que la récolte de céréales qui suit une luzerne est meilleure que les précédentes. Mais cette assertion de M. Georges Ville n'a pas été suffisamment contrôlée et il paraît peu vraisemblable que les plantes puissent s'assimiler directement l'azote libre.

Les intermédiaires de l'assimilation de l'azote sont les nitrates, les sels ammoniacaux, enfin les composés organiques complexes riches en carbone et en azote, dont la production dans le sol et dans le fumier a été spécialement étudiée par M. P. Thénard. Nous avons indiqué précédemment l'action nitrifiante du sol arable, si bien mise en évidence par les beaux travaux de M. Schlœsing; l'acide azotique est réduit au moment de sa fixation sur les hydrates de carbone, et c'est par cette combinaison et cette réduction simultanées, que se produisent les matières albuminoïdes.

Les composés ammoniacaux (sulfate d'ammoniaque) et l'ammoniaque elle-même ont une influence certaine sur la végétation; M. Schlœsing a montré, par un essai de culture de tabac devenu classique, que l'ammoniaque aérienne intervient directement dans la nutrition des plantes. Mais il est un point resté jusqu'ici dans l'ombre, c'est celui de savoir si l'azote peut être absorbé par les racines de la plante aussi longtemps qu'il reste à l'état d'ammo-

(1) D'après M. G. Ville le trèfle et la luzerne tirent la totalité de leur azote de l'air.

L'orge et le seigle tirent	80 %	de leur azote de l'air	et	20 %	du sol.
Le colza	—	70 %	—	—	30 %
La betterave	—	60 %	—	—	40 %
Le blé	—	50 %	—	—	50 %

niaque ou si sa transformation préalable en nitrate est une condition absolue de son assimilation par le végétal. Le point est difficile à éclaircir parce que dans les expériences culturales, le sol conserve toujours son action nitrifiante sur l'ammoniaque avant qu'elle ait été utilisée. Tout récemment, M. Müntz paraît avoir tranché la question et démontré que l'azote de l'ammoniaque du sol peut être utilisé par les plantes sans subir la nitrification préalable : pour cela il a placé à l'abri du ferment nitrique un sol stérilisé, c'est-à-dire qui en était totalement dépourvu, de manière à éviter toute transformation des sels ammoniacaux en nitrates; il a fumé cette terre avec du sulfate d'ammoniaque, et il a constaté que les plantes confiées à ce sol produisent autant de substances azotées qu'un sol identique, mais nitrifiable.

Enfin il y a lieu de rappeler ici que, d'après M. Berthelot, les terrains argileux possèdent la propriété de fixer lentement l'azote atmosphérique libre; cette aptitude est indépendante de la nitrification aussi bien que de la condensation de l'ammoniaque et elle doit être attribuée à l'action de certains organismes vivants.

Intensité de l'action de fixation. — Les quantités de matières fixées dans les plantes par suite de la végétation sont considérables. Les quelques chiffres qui suivent donnent une idée de l'importance de cette assimilation.

Un hectare de pommes de terre donne une récolte de 12.800 kilogr., pesant à l'état sec 3.085 kilogr., dans lesquels

Le carbone entre pour		1.350	kilog.
L'oxygène	—	1.379	—
L'hydrogène	—	178	—
L'azote	—	416	—
Les cendres	—	123	—

Un hectare de blé produisant une récolte de 4.395 kilogr., soit 3.406 kilogr. à l'état sec, correspond à une assimilation de 54^{kg}5 d'azote (186 kilogr. de cendres).

30.000 kilogr. de trèfle sur un hectare correspondent à 4.029 kilogr. de matière sèche contenant 105 à 177 kilogr. d'azote et 320 kilogr. de cendres; 1 hectare de forêt peut contenir 1.700 à 1.800 kilogr. de carbone, représentant une assimilation journalière de 12 kilogr., soit 1 kilogr. par heure de lumière.

Formation du glucose dans les végétaux. — Dès que la feuille fonctionne, le glucose apparaît. Quel est son mode de formation?

Nous avons vu plus haut que, lorsque la respiration d'une feuille fait disparaître un volume d'acide carbonique, elle dégage en même temps un volume d'oxygène qui est justement celui qui est contenu dans l'acide carbonique; il est donc tout naturel de penser que l'acide carbonique est décomposé intégralement et que le carbone mis en liberté va s'unir à l'eau qui gorge tous les tissus végétaux, pour former les hydrates de carbone (CHO) : glucose, amidon, cellulose.

Boussingault a proposé une autre théorie qui est aussi du domaine de l'hypothèse :

L'oxygène dégagé proviendrait à la fois de la décomposition de l'acide carbonique en oxyde de carbone et en oxygène, et de celle de l'eau; ce mode de décomposition peut être représenté par le tableau suivant :

Un litre d'acide carbonique CO^2	{ 1/2 litre O { 1 litre CO	Un litre d'oxygène.
Un litre vapeur d'eau HO..	{ 1/2 litre O { 1 litre H	CHO isomère du glucose.

Quoiqu'il en soit, cette formation du glucose nous apparaît comme l'acte fondamental de la vie des plantes et c'est un fait digne des méditations du philosophe que cette action naturelle de la lumière solaire assez puissante pour réaliser ce que nous n'obtenons dans les laboratoires que par l'action d'une chaleur intense.

Cette accumulation de chaleur par la plante immobile qui fixe le carbone sera employée ultérieurement à produire le mouvement, soit des machines, soit des animaux qui brûleront le carbone ainsi approvisionné; la vie végétale et la vie animale sont donc complémentaires, l'immobilité de la plante, qui accumule la chaleur, étant nécessaire pour assurer la mobilité de l'animal qui la dépense et la transforme en mouvement. Ainsi chaleur, lumière, mouvement, travail, ne sont que des transformations et des manifestations diverses de l'énergie solaire (1).

(1) On peut estimer à 2.600 chevaux vapeur travaillant 24 heures la force mécanique correspondant à la chaleur emmagasinée par un hectare de blé.

LIVRE QUATRIÈME

LIVRE QUATRIÈME

RÉPARTITION DES EAUX

Nous allons maintenant étudier le mouvement des eaux dans cette partie du cycle qu'elles parcourent à la surface du globe, entre le moment où elles tombent du zénith sur la terre et celui où elles s'écoulent dans la mer; l'objet de cette étude hydrologique est, connaissant les sources de l'eau météorique, sa quantité et sa répartition dans le temps, le relief, la nature du sol et de sa végétation, de suivre cette eau dans les chemins divers qu'elle parcourt, sa répartition naturelle à la surface du sol, d'indiquer les moyens de la guider et de modifier cette répartition; nous nous réservons d'étudier ultérieurement les moyens de la diriger au bénéfice de la culture.

CHAPITRE PREMIER

TOPOGRAPHIE-CONFIGURATION DU SOL

Aspérités du globe terrestre. — La topographie a une influence capitale sur le mouvement de l'eau; il y a d'ailleurs une liaison intime entre le relief du sol et la constitution géologique qui a une influence non moins grande; l'absorption et le ruissellement de l'eau pour une même pente varieront en effet suivant le degré de perméabilité du terrain.

Les aspérités du globe, qui jouent un rôle prépondérant dans la répartition des eaux, n'ont cependant qu'une bien faible importance relative si on les compare au rayon terrestre : l'Hymalaya, qui s'élève à 8.600 mètres au-dessus du niveau de la mer, ne représente qu'un allongement de 1/700 du rayon terrestre; le mont Blanc a 4.810 mètres, le mont Rose 4.638 mètres, la Maladetta 3.404 mètres, l'Etna 3.300 mètres, le pic du Midi 2.877 mètres; ce sont là des aspérités comparables à celles de la peau d'une orange.

Ces obstacles sont sans influence sensible sur les mouvements généraux de l'atmosphère; les vents alizés, par exemple, n'en sont point troublés; mais ils modifient profondément les mouvements locaux, et ont une grande action sur l'éparpillement des courants et sur les pluies.

Disposition des montagnes. — La représentation des montagnes par les « queues de souris » des anciennes cartes ne saurait donner une idée exacte de leur forme; il n'y a de vraiment rationnel pour se rendre compte de leurs dispositions que le système de représentation par les courbes de niveau et il est bien fâcheux que dans la carte de l'État-major au 1/80000 on ait préféré à ce système celui des hachures normales avec un écartement égal au quart de celui des courbes.

L'examen du relief du sol au moyen des courbes de niveau montre qu'en réalité une chaîne de montagnes est formée d'une série de pics séparés par des cols dont le caractère est d'avoir un plan tangent horizontal; chaque col est l'origine de deux cours d'eau, torrents

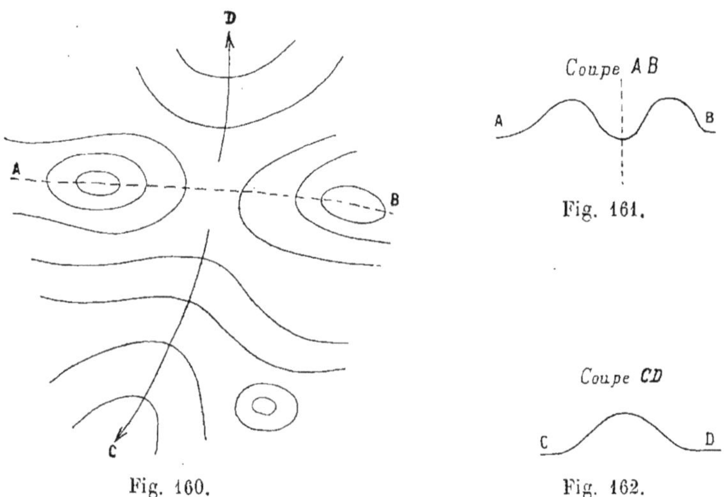

Fig. 160.

Fig. 161.

Fig. 162.

ou ruisseaux, divergents (fig. 160, 161 et 162). Souvent au col se rencontrent des lacs ou des marécages.

Les exemples de cette disposition sont nombreux; on la rencontre au Saint-Gothard, au grand Saint-Bernard, au Mont-Cenis, au Simplon, au Mont-Blanc, à la Maladetta, etc.; on la retrouve même, quoique atténuée, dans les chaînes secondaires et jusque dans les collines; ainsi Versailles occupe un col d'où partent d'un côté le ru de Marivel qui descend directement à la Seine, de l'autre le ru de Gally (Vaux de Cernay).

Le relief du sol se compose donc d'une série de vallées venant buter l'une contre l'autre et séparées par des lignes de partage. Il est inutile d'insister ici sur les désignations bien connues de faîte, thalweg, arête, bassins, etc.

On distingue des montagnes de 1re et de 2e etc. grandeurs, des faîtes de premier ou de second ordre et des bassins de 1er, 2e etc. ordre, suivant qu'il s'agit de fleuves, de rivières, de ruisseaux et de torrents.

Sur une bonne carte hydrographique, on se fait à première vue une idée assez exacte de la topographie d'une contrée, abstraction faite de la valeur absolue des cotes de hauteur, et l'on détermine facilement les ligne de faîte des divers ordres, sauf dans le cas cependant où, par suite de la perméabilité extrême du terrain, on ne rencontre pas un cours d'eau, comme dans la forêt de Fontainebleau ou dans la vallée sèche comprise entre Tarbes et Lourdes.

Profils des cours d'eau. — *Profil en travers.* — Entre les deux lignes de faîte se trouve une concavité dont le profil en travers général a une forme triangulaire dans son ensemble, où l'on distingue cependant le bassin ou la vallée générale, de la vallée proprement dite (fig. 163); quelquefois la distinction des deux vallées est difficile à saisir; ainsi aux environs de Paris le plateau PP est très développé et les lignes de faîte sont à peine sensibles (Exemple : vallée de l'Yvette).

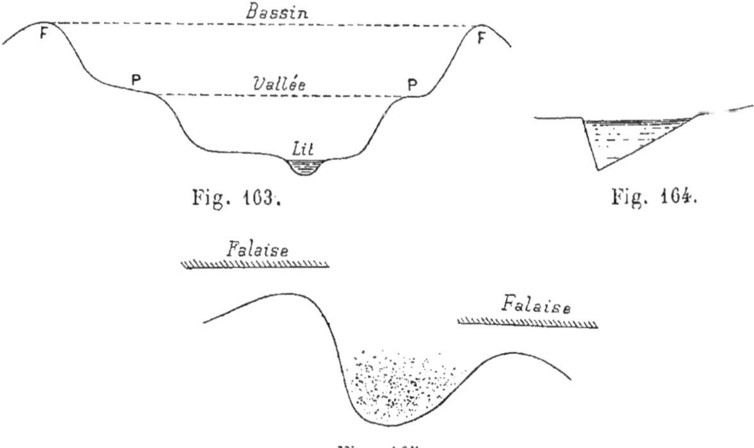

Fig. 163.

Fig. 164.

Fig. 165.

Au fond de la vallée, le lit du cours d'eau est quelquefois divisé lui-même en lit majeur et en lit mineur.

Quant au lit mineur ou lit principal, il a aussi un profil rappelant le triangle : en général une rive est escarpée (fig. 164), avec falaise, l'autre a une pente douce avec presqu'île d'alluvion et il y a correspondance entre cette disposition des deux côtés du profil avec les sinuosités du cours d'eau en plan, plus ou moins accentuées mais constantes, ces ondulations étant produites par les falaises contre le pied desquelles le courant vient buter pour s'infléchir ensuite (fig. 165). En aval de Paris, la Seine rencontre de cette façon, dans ses méandres, les falaises de Billancourt, d'Épinay, de Bougival, de la Frette.

Profil en long. — Dans son ensemble, le profil en long d'un cours

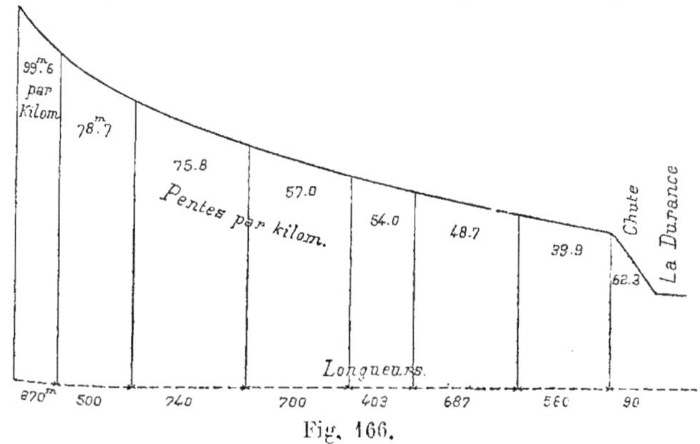

Fig. 166.

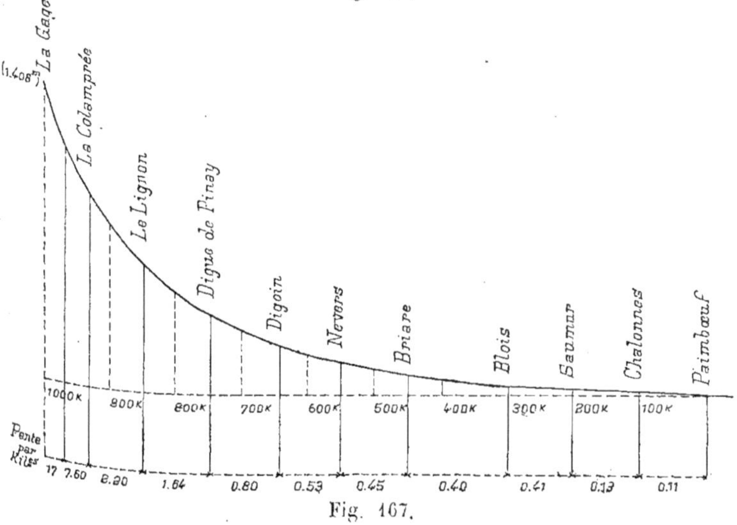

Fig. 167.

d'eau est concave; la pente va en augmentant de l'embouchure vers la source et la progression est plus rapide pour les torrents que pour les fleuves et rivières.

Voici par exemple le Rabioux, torrent des Alpes françaises; la pente de son profil en long, qui est de près de 100 mètres par kilomètre à son origine, descend à 40 mètres près de son confluent dans la Durance, après un faible parcours (à peine 4 kilomètres) (fig. 166).

La pente du Var descend de 5^{m} 15 à 3^{m} 57; celle des affluents du Var est de 25 à 30 mètres par kilomètre.

La pente moyenne de la Durance est de 2^{m} 10 par kilomètre.

Pour la Loire au contraire la décroissance est plus lente; la pente du profil en long varie de 17 mètres par kilomètre à 0^{m} 11, sur un parcours total de près de 1.000 kilomètres (fig. 167).

PENTES MOYENNES DES BASSINS FRANÇAIS.

Seine......	0.95	Rhône.	2.28	Manche.....	2.00
Loire......	1.23	Rhin	1.03	Océan......	0.92
Gironde....	2.86	Escaut.....	0.53	Méditerranée	3.15
Moyenne : 1.52					

PENTES DE DIVERS COURS D'EAU.

DÉSIGNATION	PARTIES DES COURS D'EAU	PENTE PAR KILOMÈTRE	OBSERVATIONS
La Seine.	de Marcilly à Montereau..........	0.23	Pente moyenne : 0.55 p. kilom.
	de Montereau à Paris............	0.21 à 0.15	
	de Paris à Rouen..............	0.10	
	de Paris à la mer..............	0.07	
L'Oise.	de Chauny à Conflans............	0.10	
L'Yonne.	d'Auxerre à Laroche...........	0.67	
	de Laroche à Montereau..........	0.35	
La Loire.	du Gerbier des Joncs à Retournac.	7.41	Pente moyenne : 1.44 p. kilom.
	de Retournac à Roanne..........	1.77	
	de Roanne au bec d'Allier	0.58	
	du bec d'Allier à Briare..........	0.45	
	de Briare à Orléans............	0.41	
	d'Orléans au confluent du Cher....	0.37	
	du confluent du Cher à Saumur...	0.28	
	de Saumur aux Ponts-de-Cé......	0.19	
	des Ponts-de-Cé à la mer........	0.11	
L'Allier.	Longueur totale..	3.58	
Le Cher.	—	1.82	
L'Indre.	—	1.55	
La Vienne.	—	2.35	

DÉSIGNATION	PARTIES DES COURS D'EAU	PENTE PAR KILOMÈTRE	OBSERVATIONS
Le Rhône.	de Genève à la mer	0.71	Pente moyenne : 0.60 p. kilom.
	de Genève à Lyon	0.97	
	de Lyon à Avignon	0.62	
	de Lyon à Beaucaire	0.58	
	de Lyon à Arles	0.56	
	de Lyon à la mer	0.48	
	d'Arles à la mer	0.04	
La Saône.	de Vioménil à Port-sur-Saône	0.77	Pente moyenne : 0.29 p. kilom.
	de Port-sur-Saône à Gray	0.26	
	de Gray à Verdun-sur-Doubs	0.14	
	de Verdun à Saint-Bernard	0.04	
	de Saint Bernard à la Mulatière	0.20	
L'Ardèche.	A son origine	95.00	
	Dans sa partie centrale	2 à 3	
	A son embouchure	0.80	
La Garonne.	Du confluent du Salat à Toulouse.	1.65	Pente moyenne : 1.14 p. kilom.
	de Toulouse au confluent du Tarn.	0.61	
	du confluent du Tarn au confluent du Lot	0.60	
	du confluent du Lot à Castets	0.31	
	de Castets à Bordeaux	0.04	
	de Bordeaux à la mer	0.02	
La Dordogne.	Longueur totale	2.60	
Le Lot.	De sa source à Entraygues	70.00	
	d'Entraygues à Bouquiès	1.12	
	de Bouquiès au confluent	0.85 à 0.32	
La Meuse.	Moyenne de la vallée dans le département	0.50	
	de Pagney à la frontière belge	0.41	
La Scarpe.	d'Arras à l'Escaut	0.17	
La Midouze.	Longueur totale	0.30	
L'Arve.	A son origine	133.00	
	Dans sa partie moyenne	3.70	
	A son embouchure	2.00	
Le Rhin.	Partie supérieure	2.24	Pente moyenne : 0.65 p. kilom.
	Partie alsacienne	0.65	
	Partie au delà de l'Alsace	0.06	
	de Constance à Rotterdam	0.55	
	de Constance à Strasbourg	1.14	
	de Strasbourg à Rotterdam	0.45	
Le Danube.	De sa source à Vienne	0.49	
	Partie moyenne (à l'amont de Vienne)	0.22	
	de Vienne à la mer	0.10	
L'Arno.	Partie supérieure	3.00	
	Au-dessus de Florence	1.73	
	Au-dessous de Florence	0.52 à 0.36	
Le Pô.	Partie moyenne dans la plaine	0.11 à 0.13	
	de la Dora au Tessin	0.50 à 0.30	
	du Tessin à l'Adda	0.30 à 0.25	
	de l'Adda à l'Oglio	0.25 à 0.15	
	Vers le Paparo	0.11	
Le Tibre.	Vers l'embouchure	0.11 à 0.06	
	Au-dessus de Rome	0.38 à 0.25	
	Au-dessous de Rome	0.14 à 0.10	
L'Èbre.	Pente moyenne de la longueur totale	0.50	
	Pente maximum	0.63	partie haute.
	Pente minimum	0.08	partie basse.
Le Nil.	de la Haute Egypte au Caire	0 .17	
	de la Haute Egypte à la mer	0.14	
	du Caire à la mer	0.02	

La vitesse superficielle des crues est de 4 à 5 mètres sur le Rhône, de 2 à 3 mètres sur la Seine. La vitesse normale du Rhône à Lyon est de 0m 40 à 1m 50, de la Seine à Paris 0m 50 (à l'étiage 0m 10), du Rhin à Strasbourg 2m 13 ; le Nil et le Gange ont une vitesse normale de 1m 50 à 1m 55 (1).

(1) C'est à peu près la vitesse d'un homme marchant au pas (5555 mètres à l'heure ou 1m. 53 à la seconde).

CHAPITRE II

ÉVAPORATION

Mouvement général des eaux. — Nous avons déjà parlé du mouvement circulatoire continu de l'eau à la surface du globe. Il y a évaporation continuelle, non seulement à la surface des cours d'eau, des lacs et des mers, mais encore dégagement de vapeur d'eau par le sol humide et par la végétation.

Les nuages et les brouillards qui se forment avec l'eau évaporée donnent naissance à la chute des eaux météoriques : pluie, neige ou grêle. La pluie qui tombe sur le sol se divise en trois parts : l'une s'évapore et retourne immédiatement à l'atmosphère; la seconde coule à la surface du sol, c'est l'eau de ruissellement ; la troisième pénètre dans ses profondeurs et alimente les nappes et les sources, c'est l'eau souterraine ou d'infiltration. Superficielles ou souterraines, ces eaux finissent par regagner les mers pour recommencer ainsi indéfiniment le même cycle.

Cette idée du mouvement circulatoire des eaux est ancienne car on lit dans l'Ecclésiaste (Salomon) : « Ad locum unde exeunt, flumina revertuntur, ut iterum fluant. » Et Bernard de Palissy dit dans son traité des Fontaines : « Il faut que tu croies fermement que toutes les eaux qui sont, seront et ont été, sont créées dès le commencement du monde :. ... la réverbération du sol et la siccité des vents frappant contre terre, font élever de grandes quantités d'eau, lesquelles étant rassemblées en l'air et formées en nuées, sont portées d'un côté et de l'autre, comme les hérauts de Dieu..... et quand il plaît à Dieu que ces nuées (qui ne sont qu'un amas d'eau) se viennent dissoudre, les dites vapeurs sont converties en pluies qui tombent sur la terre. »

Les travaux modernes de l'abbé Paramelle et de Belgrand ont définitivement confirmé cette opinion qui a cependant été contestée par d'excellents esprits : Descartes n'admettait-il pas que l'eau de la mer remonte jusqu'aux sources par des canaux souterrains et se dessale par filtration dans le sable ! Deluc en 1786 essayait de prouver que l'air se change en eau. En 1823 le docteur Keferstein et une société savante de Halle discutaient sur l'absorption de l'air par la terre et sa transformation en eau.

Évaporation. — Dans la météorologie nous avons étudié la pluie ; il nous reste maintenant à examiner les autres parties de l'hydrologie : l'évaporation, l'infiltration et le ruissellement. Nous commencerons par l'évaporation.

Veut-on avoir une idée de l'importance de l'évaporation ? Il suffit de rappeler que la quantité totale d'eau tombée en France pendant une année est de $0^m 75 \times 53$ millions d'hectares = 397.500.000.000 de mètres cubes ou plus exactement 417 milliards de mètres cubes en calculant par bassins (théorie de Gamond). Or le débit des cours d'eau est :

A la seconde, dans les bassins				
de la Seine.......	694	m. c. soit	22	milliards de m. c. à l'année.
Loire	985		31	—
Gironde.....	1.178		37	—
Rhône	1.748		54	—
Rhin........	260		8	—
Escaut	92		3	—
Manche	264		8	—
Océan.......	348		11	—
Méditerranée.	187		6	—
Total..................			180	—

Le rapport $\frac{180}{417} = 0,43$ représente la fraction de l'eau tombée qui se rend à la mer; donc il en disparaît 57 % uniquement par le fait de l'évaporation.

Nous étudierons l'évaporation sous ses trois formes : évaporation par les surfaces d'eau, lacs, étangs, cours d'eau, marécages ; évaporation par le sol ; évaporation par les plantes (feuilles, organes verts).

Évaporation par les surfaces d'eau. — Pour suivre en un même lieu les variations du pouvoir évaporant de l'air, on se sert de divers appareils.

L'évaporomètre Piche est formé d'un tube gradué, fermé par une rondelle de papier épais et sans colle que l'on peut renouveler chaque jour, et renversé, la rondelle en bas, de manière qu'elle soit toujours humide ; la rondelle est maintenue par une boucle de fil de laiton faisant ressort ; on peut suivre ainsi d'heure en heure la marche de l'évaporation par des lectures de la graduation qui est telle que chaque division corresponde à un dixième de millimètre d'eau évaporée sur la surface libre du papier.

L'évaporomètre Delahaye (fig. 168) employé aussi à l'observatoire de Montsouris est à surface d'eau libre : une caisse rectangulaire de 0^{mq} 25 de superficie contient une tranche d'eau de 0^m10 environ d'épaisseur, sur laquelle repose un flotteur dont la tige verticale commande une aiguille mobile sur un cadran ; cette aiguille accuse les centièmes de millimètre dans la variation du niveau de l'eau. Un petit toit de 1/2 mètre carré et dont la base est à 0^m30 des bords du bassin, abrite l'instrument de la pluie, sans gêner le mouvement de l'air.

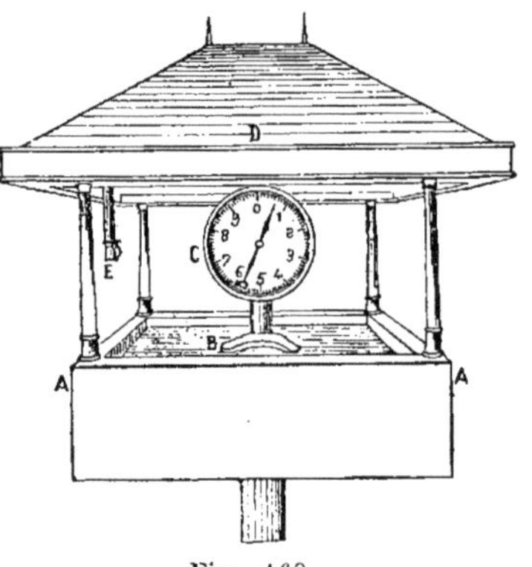

Fig. 168.

Enfin, dans le même observatoire, on fait usage d'évaporomètres enregistreurs :

Ces instruments se composent d'une bascule (fig. 169) dont la table est placée au-dessus de la balance au lieu d'être latéralement et au-dessous ; cette table porte le cylindre plein d'eau ou la terre dont on veut mesurer l'évaporation ; le fléau de la bascule enregistre ses mouvements, directement ou par l'intermédiaire d'un autre levier, sur un cylindre noirci. Le vase cylindrique est élevé à la hauteur du toit horizontal qui est percé en cet endroit d'une ouverture circulaire d'un quart de mètre carré. A l'extrémité du fléau de la bascule, pend une tringle verticale *a* qui le relie avec le levier *bc* dont l'extré-

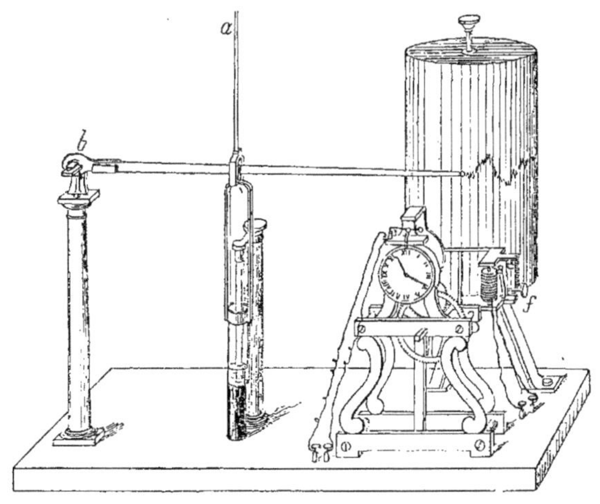

Fig. 169.

mité inscrit les variations de poids sur le cylindre noirci. Pour régler la sensibilité de la bascule et éviter qu'elle ne soit folle, la tringle *a* porte une éprouvette *d* garnie de mercure dans lequel plonge une tige de verre *t* fixée à un support; le poids de l'éprouvette varie avec l'enfoncement plus ou moins grand de la tige de verre.

Dans cet appareil, la course de l'aiguille est de 10 millimètres par millimètre d'eau perdue ou gagnée dans le bassin cylindrique.

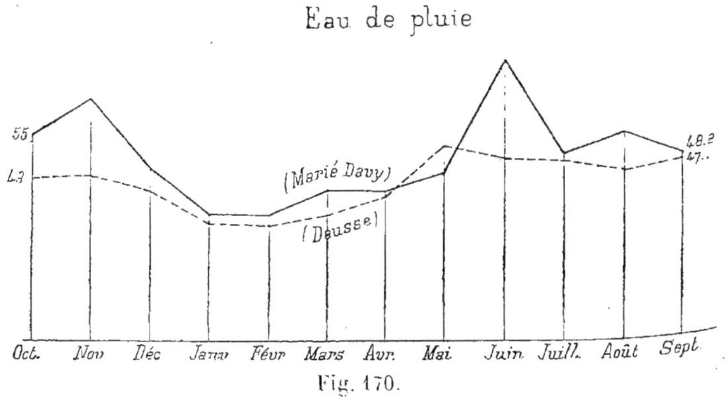

Fig. 170.

Résultats généraux. — Les tableaux ci-dessous (fig. 170, 171, 172) donnent les hauteurs d'eau évaporée, en millimètres, comparées aux hauteurs pluviométriques.

Eau évaporée

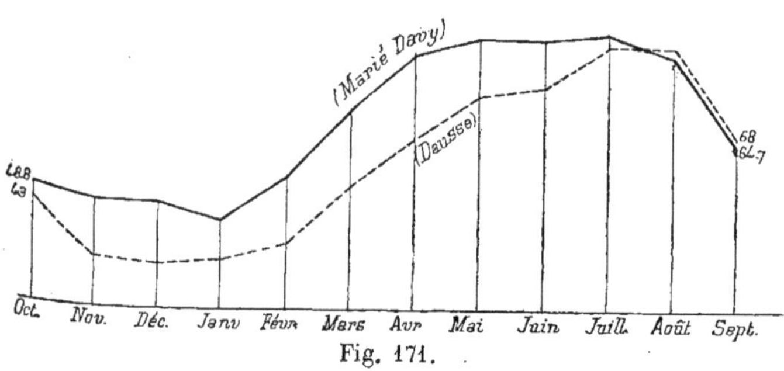

Fig. 171.

	PARIS				PO A TURIN		LAC FUCINO	
	Marié-Davy 1872-1878		Dausse (1842)					
	Evaporation	Pluie	Evaporation	Pluie	Evaporation	Pluie	Evaporation	Pluie
Octobre........	48.8	55 0	43.0	43.0	77.1	106.0	125.0	94.0
Novembre.......	44.2	64.3	21.0	44.0	56.4	110.5	66.0	111.0
Décembre.......	43.0	46.2	17.0	40.0	49.5	76.7	46.0	102.0
Janvier........	35.5	33.2	18.0	31.0	47.2	72.2	61.0	77.0
Février........	51.0	33 0	25.0	29.0	61.0	51.9	71.0	62.0
Mars...........	83.3	38.5	47.0	32.0	81.7	58.6	94.0	55.0
Avril..........	103.5	39.5	66.0	37.0	90.9	76.7	186.0	84.0
Mai............	109.0	43.5	84.0	52.0	116.2	94.7	228 0	84.0
Juin...........	107.8	74.5	90.0	48 0	130.0	81.2	225.0	49.0
Juillet........	117.2	50.1	111.0	48.0	143.8	72.2	295.0	31.0
Août...........	106.0	55.0	108.0	45.0	137.2	76.7	261.0	38.0
Septembre......	64.7	48.2	68.0	47.0	111.6	81.2	192.0	66.0
Totaux.....	920.9	532.8	698.0	496.0	1102.6	958.6	1850.0	853.0
	Rapport : 1.73		Rapport : 1.41		Rapport : 1.15		Rapport : 2.17	
	Moyenne : 1.57							

A Rome, la hauteur d'eau évaporée annuellement est de				2 m. 462
A Marseille,	—	—	—	2 289
A Londres,	—	—	—	0 754
A Copenhague,	—	—	—	0 209

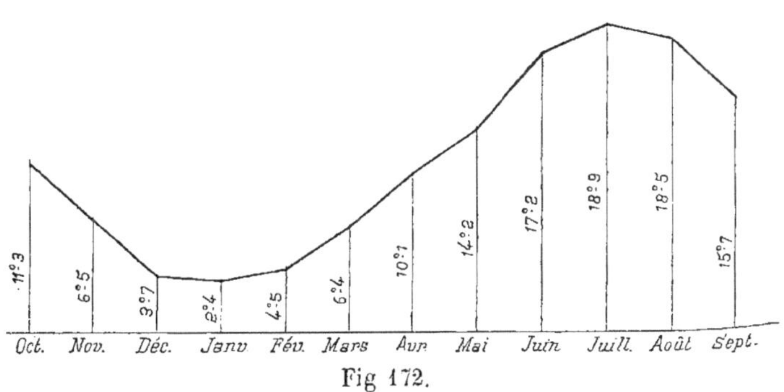

Fig 172.

Les résultats qui précèdent donnent lieu à quelques observations :

La hauteur d'eau évaporée à la surface d'un bassin liquide est supérieure à la hauteur pluviométrique ; il en résulte qu'un pluviomètre restant constamment à l'air libre finirait par se dessécher.

D'octobre à février cependant, la pluie l'a emporté sur l'évaporation (observations de Dausse et constatations faites à Turin).

A Rome, la quantité d'eau annuellement évaporée est mesurée par une tranche de 2m36, alors que la hauteur d'eau pluviale annuelle ne représente guère que le tiers de ce nombre.

Ainsi que l'on devait s'y attendre, il y a un parallélisme sensible entre les variations de la température et celles de l'intensité de l'évaporation.

L'évaporation à la surface des eaux dépend de plusieurs éléments, en dehors de la température ; l'état hygrométrique de l'air exerce une certaine action, mais son agitation surtout a une grande influence sur l'évaporation, par suite du rapide renouvellement des couches d'air en contact avec la surface liquide ; le voisinage d'un abri, le couvert des arbres, suffisent à réduire sensiblement la tranche d'eau évaporée.

Le phénomène de l'évaporation est si complexe qu'il est difficile d'arriver à connaître exactement la quantité d'eau qui peut s'évaporer pendant un certain temps sur une surface donnée ; la forme et les dimensions des bassins où a lieu l'évaporation, paraissent même influer sur l'épaisseur de la tranche d'eau évaporée, aussi les évaporomètres sont-ils difficilement comparables; deux évaporomètres voisins peuvent conduire à des résultats très différents. Ainsi, il résulte d'expériences faites à Arles par M. Salles, ingénieur des ponts et chaussées, de 1876 à 1882, que l'évaporation dans des bassins de 9 mètres carrés de surface sur 0^m50 à 1^m50 de profondeur et placés en rase campagne, a correspondu à une tranche d'eau annuelle de 1^m05, tandis que l'évaporomètre Piche accusait 2^m20. Il n'y a donc pas proportionnalité de l'évaporation aux surfaces, et, toutes choses égales d'ailleurs, l'évaporation sera d'autant moindre que le bassin où elle a lieu sera plus grand.

Variations horaires. — Le tableau suivant indique les variations de l'intensité de l'évaporation pendant un jour, d'après le résultat d'observations faites en 1876 à Paris.

VARIATIONS HORAIRES DE L'ÉVAPORATION, 1876 (fig. 173).

		Maximum.		Minimum.	
	mm		mm		mm
Minuit à 6 h. du matin.	0,13	Mai....	0,24	Octobre-janvier...	0,03
6 h. du matin à 9 h. — .	0,22	Mai....	0,45	Janvier..........	0,03
9 h. — à midi...	0,45	Mai....	0,90	Janvier..........	0,09
Midi à 3 h. du soir...	0,59	Juillet.	1,08	Décembre.......	0,15
3 h. du soir à 6 h. —..	0,59	Juillet.	1,05	Janvier..........	0,12
6 h. — à 9 h. —..	0,33	Mai....	0,69	Octobre-décembre.	0,06
9 h. — à minuit..	0,22	Mai....	0,45	Octobre-décembre.	0,06

On voit que l'évaporation a son maximum d'intensité de midi à 3 heures et au mois de juillet; son minimum, de minuit à 6 heures et au mois d'octobre ou au mois de janvier.

L'intensité de l'évaporation va en diminuant de l'équateur vers les pôles; sur les côtes, où l'air est plus saturé, elle est moindre qu'à l'intérieur des terres; enfin elle est plus faible par les vents de S.-O. (vents équatoriaux) que par les vents de N.-E. (vents polaires).

Évaporation par le sol nu. — On conçoit aisément que l'évaporation à la surface du sol nu soit soumise aux mêmes influences que l'évaporation par une surface liquide : température, état hygro-

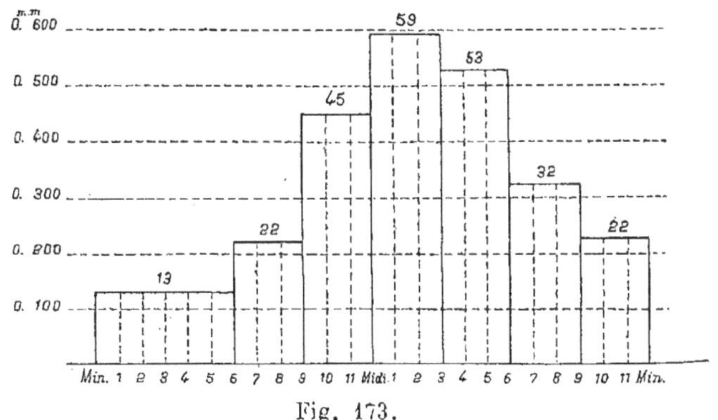

Fig. 173.

métrique, agitation de l'air, etc. ; mais la nature du sol intervient.

D'anciennes expériences faites par Maurice à Genève (1796) et par M. de Gasparin à Orange (1821), ont donné pour le rapport entre la quantité d'eau évaporée par le sol, et la quantité de pluie tombée : 0,61 pour les premières, 0,88 pour les secondes.

On doit à M. Marié Davy des observations plus récentes (expériences entreprises à l'observatoire de Montsouris) : un wagonnet en métal (1), contenant de la terre sans végétation et maintenu en plein air, reçoit la pluie, la neige et la rosée; les variations continuelles de son poids sont données par une bascule dont nous avons parlé à propos de l'évaporomètre enregistreur; on note d'autre part les indications d'un évaporomètre Piche voisin.

M. Marié-Davy a ainsi obtenu des chiffres qui sont consignés dans le tableau suivant :

Dates des observations 1	A l'Évaporomètre Piche 2	Au Wagonnet 3	Rapport $\frac{\text{col. 3}}{\text{col. 2}}$ 4	
1875. — 26 janvier au 9 juin....	0.302	0.114	0.38	0.325 (rows 1875–1876)
1er février au 16 juillet.	0.486	0.150	0.31	
1876. — 22 février au 5 juillet...	0.511	0.163	0.32	
27 janvier au 22 octobre.	0.718	0.206	0.29	
1877. — 14 août au 16 octobre..	0.162	0.073	0.45	

(1) La surface du wagonnet était de $0^{mq}25$.

On voit que pour les années 1875 et 1876 le rapport des quantités évaporées par le sol et par surface d'eau est en moyenne de 0.325; or nous avons vu que le rapport de l'eau évaporée par une surface liquide à la quantité d'eau pluviale est de 1.57 (tableau p. 257); on en conclut que l'évaporation du sol et la pluie sont dans le rapport de 0.325×1.57=0,51. La terre nue évapore donc en moyenne la moitié de l'eau tombée à sa surface; ce rapport est encore plus élevé si l'on prend comme bases les résultats obtenus d'août à octobre 1877 (saison sèche 0.45×1.57=0.70). On a constaté, dans certains cas, que le sol peut évaporer une quantité d'eau égale à celle qu'il reçoit sous forme de pluie : ainsi, dans les expériences de 1877, on a trouvé à Montsouris :

	Pluie tombée	Eau évaporée	
		par la terre	par l'évaporomètre
Du 14 août au 14 sept...	61.9	41.66	81.71
Du 15 sept. au 16 octob.	10.1	31.52	80.18
	72.0	73.18	161.89

Dans ce laps de temps, le sol a donc restitué à l'atmosphère une quantité d'eau égale à celle de l'eau tombée.

Il peut même arriver que la terre gagne au lieu de perdre de l'eau, défalcation faite de celle qui a pu tomber, c'est-à-dire qu'au lieu d'évaporer, la terre condense une partie de la vapeur contenue dans l'air; ce fait, rare quand on envisage une période de 24 heures, est assez fréquent quand on considère individuellement les observations horaires; en voici quelques exemples constatés dans la période du 14 août au 15 septembre 1877, par le même observateur :

	Eau condensée	Eau évaporée	Différence ou perte définitive
De 6 h. du soir à 6 h. du matin....	— 3mmg38	+ 3mmg49	0mmg11
De 6 h. du matin à 9 h. du matin...	— 1 30	+ 9 02	7 72
De 9 h. du matin à midi.........	— 1 26	+ 22 70	21 44
De midi à 3 h. du soir...........	— 2 82	+ 13 58	10 76
De 3 h. du soir à 6 h. du soir.....	— 4 76	+ 7 47	2 71

Les chiffres des deux premières colonnes n'expriment en réalité ni toute la condensation, ni toute l'évaporation, mais les variations totales du poids du wagonnet aux heures d'observation.

L'évaporation par le sol nu est inférieure à celle des surfaces d'eau; cela se comprend, car la surface supérieure se dessèche rapidement et la force capillaire est insuffisante pour faire remonter assez vite à la surface l'humidité des couches profondes.

L'évaporation par le sol nu est plus active après les pluies.

Le maximum d'évaporation de la terre nue tombe, comme le montre le tableau précédent, entre 9 heures et midi, tandis qu'il tombe entre midi et trois heures, pour l'évaporomètre Piche; cela tient à l'intervention des forces capillaires pour maintenir humide la surface du sol directement en contact avec l'air; ces forces ont une action moins libre dans l'après-midi, quand la surface du sol se dessèche rapidement, que dans la matinée où la température est plus basse et où l'humidité de la couche superficielle est mieux entretenue.

Évaporation par les végétaux. — La présence de végétaux sur la terre modifie complètement le phénomène de l'évaporation; la quantité d'eau qui s'échappe directement par le sol est plus faible, mais en revanche, la transpiration des plantes restitue à l'atmosphère une quantité d'eau considérable.

Nous avons déjà dit, en traitant de la physiologie végétale, que le mouvement ascendant de la sève est activé par la puissance d'évaporation des parties vertes des plantes; cette fonction importante a été étudiée depuis longtemps, car les premières expériences remontent au XVIIe siècle; les travaux de Woodward (1691), de Hales (1724), de Guettard (1748), du célèbre agronome anglais M. Lawes, enfin et surtout de M. Dehérain, l'éminent professeur de chimie agricole à l'école de Grignon, ont contribué à élucider la question. Woodward plaçait des plantes aquatiques dans des flacons remplis d'eau et recouverts d'un disque ne laissant de passage qu'à la plante; l'eau était renouvelée au fur et à mesure de l'évaporation et il mesurait la quantité d'eau évaporée pour un accroissement de poids déterminé de la plante.

Cette fonction de la transpiration peut être constatée directement en introduisant une plante (1) dans un tube et en pesant l'eau con-

(1) Une feuille de blé adhérente à la tige.

densée. Cette évaporation par les plantes diffère essentiellement de l'évaporation d'une surface humide quelconque; nous n'avons pas à faire à un phénomène physique, mais bien physiologique; l'évaporation se continue presque aussi bien dans une atmosphère saturée qu'à l'air libre.

Expériences de M. Dehérain. — M. Dehérain a mis ces faits en évidence de la manière suivante : une feuille de blé adhérente à la tige était fixée par un bouchon fendu dans un tube de verre pesé et exposé à la lumière solaire (fig. 174); l'expérience étant commencée à 1 heure, il y avait 0gr141 d'eau condensée dans le tube à 1 heure 1/2. On replaçait le tube à 2 heures sans le vider; au bout d'une demi-heure, l'augmentation de poids était de 0gr130. De même, sans vider

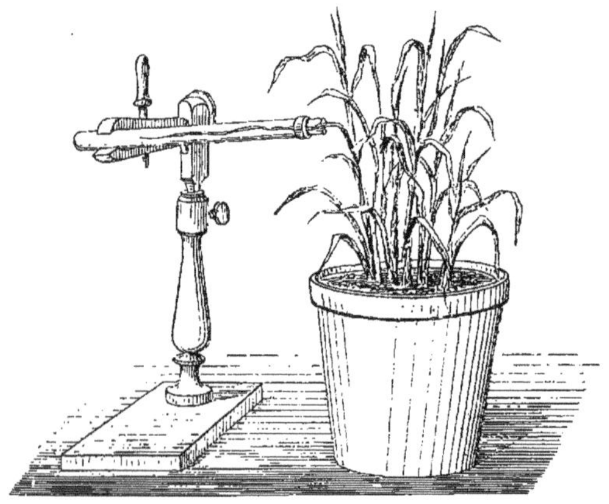

Fig. 174.

le tube, on recommençait l'expérience, l'augmentation de poids était de 0gr121 soit au total de 0gr390; la quantité d'eau émise était donc à peu près constante, malgré la présence d'eau liquide dans le tube d'essai.

Pendant le même temps, on avait placé au soleil, dans un petit ballon renfermant de l'eau, une mèche de coton qui venait s'épanouir dans un tube d'essai; la quantité d'eau condensée était de 0gr076 après deux heures d'exposition et après trois heures elle atteignait 0gr086 et restait stationnaire.

Si la quantité d'eau évaporée par les feuilles est à peu près indépendante de l'état de saturation de l'atmosphère, elle varie considérablement suivant l'espèce de la plante. Ainsi M. Dehérain comparant le colza au blé et au seigle, sur des poids égaux, a trouvé que pour 100 de feuilles l'évaporation en 1 heure était

Pour le colza de 11,3
Pour le blé de 78 (température de 19 à 36°.)
Pour le seigle de 97

Les jeunes feuilles évaporent plus d'eau que les vieilles : opérant sur des feuilles de seigle prises en haut, au milieu et au bas d'une même tige, à des températures comprises entre 19 et 36 degrés, M. Dehérain a trouvé :

En haut	97 d'eau pour 100 de feuilles.	
Au milieu	85 —	—
En bas	68 —	—

La face supérieure de la feuille évapore plus que la face inférieure.

M. Dehérain a enfin étudié l'action de la lumière sur la transpiration des plantes : la lumière agit-elle par elle-même, indépendamment de la chaleur qui l'accompagne? à quel agent faut-il attribuer le maximum d'influence?

Opérant sur du blé et de l'orge placés successivement au soleil, à la lumière diffuse et dans l'obscurité complète, il a trouvé :

	Blé	Orge	Observations
Au soleil	88.2	17.7	pour 100 de feuilles la température étant comprise entre 16 et 28°
A la lumière diffuse	17.7	18.0	
Dans l'obscurité	1.1	2.3	

Il est difficile de ne pas admettre, d'après ces résultats, que la lumière a, sur la transpiration de la feuille, une influence prépondérante.

Pour mieux l'établir encore, M. Dehérain entoure le tube d'essai où est fixée la feuille, d'un manchon (fig. 175) où il fait circuler successivement un courant d'eau froide (15 degrés), un courant d'eau à une température voisine de la glace fondante (4 degrés), enfin une dissolution d'alun très athermane bien que transparente; dans tous les cas, des feuilles de blé pesant de 0gr171 à 0gr185 ont donné en une heure, de 0gr171 à 0gr185 d'eau à la lumière, et seulement 0gr003 dans l'obscurité.

Il en est d'ailleurs de l'évaporation par les feuilles comme de la décomposition de l'acide carbonique; les rayons jaunes et rouges

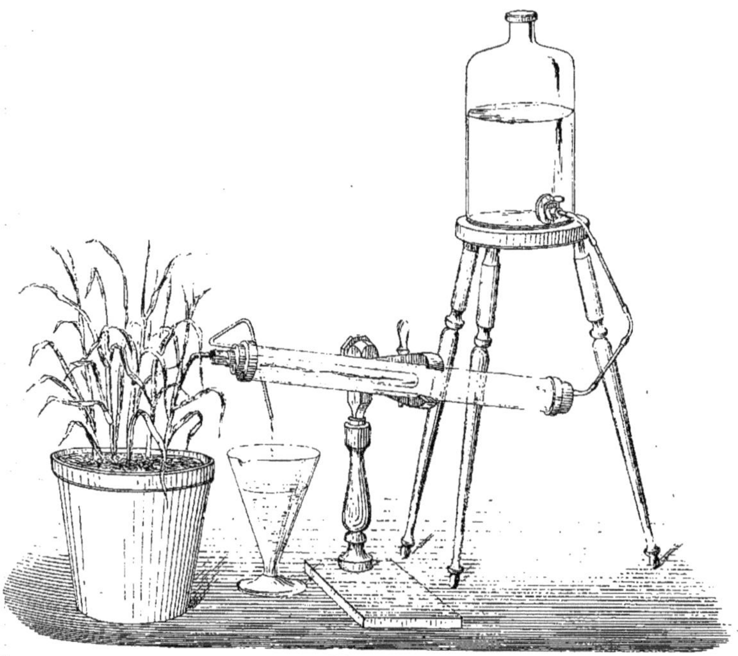

Fig. 175.

semblent avoir sur celle-là comme sur celle-ci une action plus intense que les rayons bleus et verts.

Veut-on avoir maintenant une idée de la quantité d'eau évaporée en un jour par un hectare de maïs par exemple? Adressons-nous encore à M. Dehérain qui a fait le calcul pour un champ de maïs situé à Grignon et dans lequel on comptait 30 pieds de maïs par mètre carré; le poids des feuilles était, le 9 juillet, de 242 grammes par mètre carré. Ces feuilles, par une journée claire, donnaient au minimum 150 pour 100 d'eau en une heure ou, en 10 heures, 1,500 d'eau pour 100 de feuilles. Les 242 grammes devaient donc donner 3,600 grammes d'eau et l'hectare de maïs évaporait par conséquent 36 mètres cubes d'eau par un temps clair (11 mètres cubes seulement par temps couvert).

Un mètre carré de feuilles de choux	évapore en 12 heures	0 k 122 à 0 k 300
— feuilles d'oranger	—	0 071
— feuilles de vigne	—	0 054

Nous n'abandonnerons pas ce sujet sans citer les résultats des observations de M. Lawes, qui ont porté sur l'évaporation par de jeunes arbres :

Espèces	Évaporation en un an.
Chêne vert	3 fois le poids de l'arbre.
Chêne	15 — —
Mélèze	48 — —
If	50 — —
Epine vinette	52 — —
Sapin	54 — —
Laurier	57 —
Sycomore	222 — —
Frêne	203 — —
Houx	543 — —

Évaporation combinée du sol et de la végétation. — La végétation contribue puissamment à relever la puissance d'évaporation du sol, par l'énergie et l'étendue des surfaces évaporantes; le tableau suivant donne, pour diverses cultures, les surfaces d'évaporation de la plante par mètre carré de sol :

Pommes de terre	6.88	Sapin	11.75
Luzerne	7.02 à 12.4	Vigne	4.94
Seigle	6.50 à 8.24	Avoine	9.11
Maïs	8 à 22.04	Blé	10.95
Chou branchu	8	Gazon	12.40
Chêne	9	Trèfle	16.36

Les expériences sur l'évaporation combinée du sol et de la végétation ont été faites dans des conditions variables. En effet, la terre et les plantes qui la couvrent peuvent être abandonnées à la seule influence de la pluie; ou bien, l'on peut restituer chaque jour à la plante l'eau évaporée; ou enfin, le sol peut être irrigué, c'est-à-dire que l'eau est fournie chaque jour en abondance.

1° *Végétation soumise à la seule influence de la pluie. Expériences de M. Risler.* — Ces expériences ont porté sur une pièce de terre d'une surface de 1 hect. 23 située sur la partie culminante d'un plateau d'argile glaciaire, à Calèves près Nyon (Suisse) ; l'inclinaison du champ d'expériences était faible et il ne recevait pas d'eau des terres voisines; le terrain était d'ailleurs drainé à 1^{m}20 de profondeur et recouvert de cultures diverses : blé, luzernes, pommes de terre, etc.

Pendant les trois années 1867, 1868, 1869, M. Risler a trouvé que l'évaporation était de 70.75 0/0 de la pluie tombée, 70.17, 83.88, soit en moyenne 74.93.

2° *Expériences de M. Marié-Davy avec restitution de l'eau évaporée.* — L'habile directeur de l'observatoire de Montsouris a opéré sur une terre contenue dans un wagonnet dont les variations de poids étaient suivies jour par jour et renfermant du blé ; chaque jour, l'eau disparue était remplacée par une quantité égale. Voici les résultats obtenus avec l'évaporomètre et avec le wagonnet à blé :

		Évaporomètre.	Wagonnet.	Observations.
1875	26 janvier-9 juin	0m302	0,357 à 0,387	Blé.
	1er février-16 juillet	0 486	0,344 0,366	Blé.
1876	22 février-5 juillet	0 511	0,405 0,466	Blé
	27 janvier-22 octobre	0 718	0,361 0,406	Maïs.
	5 mois 1/2. — Moyennes	0m504	0,367 à 0,496 Moyenne = 0,386	

Le rapport $\frac{0.386}{0.504}$ est de 0.766 ; or, nous avons vu que la tranche d'eau évaporée par une surface liquide est égale à 1 fois 57 la pluie tombée, donc l'évaporation combinée du wagonnet représente $1.57 \times 0.766 = 1.20$ fois la hauteur de pluie tombée.

3° *Expériences de M. Marié-Davy sur des terres irriguées.* — A Montsouris, M. Marié-Davy s'est servi de caisses cubiques de 1 mètre de côté, en maçonnerie de briques, remplies de terre des environs de Paris et du département de la Nièvre, et munies à la partie inférieure de tuyaux de plomb pour l'égouttement ; ses expériences ont été entreprises du 2 mai au 29 août 1879 (année humide). Pendant cette période, la terre a reçu 1m2163 de pluie et d'arrosages, l'eau évaporée a été de 1m1476 et le rapport de ces deux nombres est égal à 0.943.

Malgré la forte dose d'eau pluviale et malgré les arrosages, la faculté évaporatrice a donc subsisté.

A Gennevilliers, les expériences ont pu être faites sur une plus grande échelle, dans des bassins en briques et ciment de 2 mètres de profondeur, d'une superficie de 850 mètres environ et dont la fig. 176 montre la disposition. Chaque bassin était divisé en quatre cases, chacune ayant son drain et son bassin de réception des eaux d'écoulement ; on a remblayé les cases, d'abord avec du gros gravier, puis avec du sable et de la terre prise dans un champ de Gennevilliers ; enfin l'on a semé quelques graminées, des betteraves, du maïs, etc. vers le commencement de mai 1879 et l'on a donné deux arrosages en juin, trois en juillet, six en août. On connaissait la quantité d'eau amenée dans les rigoles de déversement, on jaugeait d'autre part

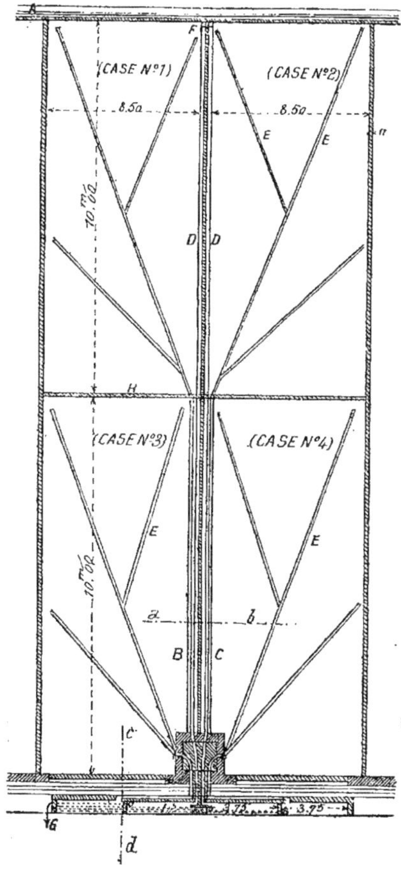

Fig. 176.

A, rigole d'amenée.
B C, tuyaux en poterie à joints étanches, recevant l'eau des drains.
D D, rigoles de déversement.
E E, drains en briques, de 0,11 sur 0,11, recouverts de cailloux.
F, vanne de jaugeage.
G, sortie de l'eau des drains.
H, mur séparatif des cases.

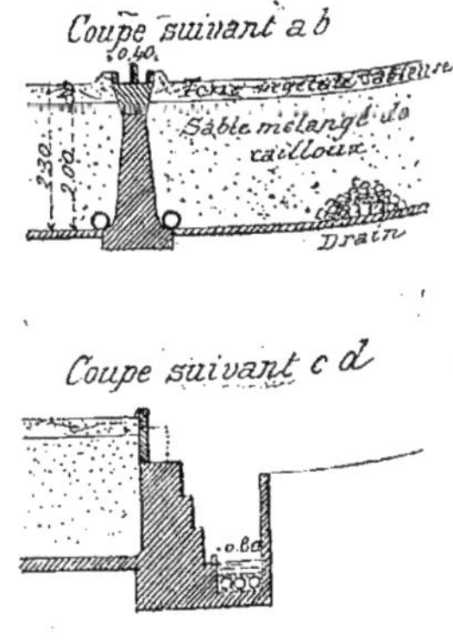

les volumes écoulés par les drains. M. Marié-Davy a ainsi obtenu les résultats suivants :

Aout 1879.	Eau versée.	Eau écoulée.	Eau évaporée ou absorbée.
		Pour un hectare.	
Graminées diverses : Fromental, dactyle-pelotonnée, ray-grass, houlque laineuse	6271^{m3}	415^{m3}	5856^{m3}
Luzerne	5858	1514	4344
Maïs caragua	5858	1752	4106
Betteraves	6867	693	6174
Moyennes	6164^{m3}	1093^{m3}	5528^{m3}

Le rapport de la quantité d'eau évaporée ou absorbée à celle de l'eau versée a donc été 0.90.

La quantité d'eau évaporée est considérable ; pour dix mois elle représente $10 \times 5528 = 55280$ mètres cubes soit 10 fois la quantité d'eau pluviale. Elle varie avec les espèces cultivées ; minimum pour le maïs, elle a été maximum avec la houlque qui a évaporé totalement l'eau versée.

On voit enfin quelle influence considérable a eue l'irrigation sur le phénomène physiologique de l'évaporation ; en un mois, l'évaporation naturelle du maïs donne 930 mètres cubes tandis que l'évaporation artificielle a été de 4106 mètres cubes.

Variations de l'évaporation combinée du sol et de la végétation. — M. Risler a étudié les variations annuelles de l'évaporation de cultures diverses sans addition d'eau ; voici le résultat de ses observations, dans sa propriété de Calèves :

Cultures diverses (sans addition d'eau).

	Pluie.	Évaporation.
Janvier 1879	0m048	0m025
Février —	0 067	0 031
Mars —	0 063	0 011
Avril —	0 036	0 052
Mai —	0 124	0 135
Juin —	0 069	0 069
Juillet —	0 045	0 071
Août —	0 042	0 051
Septembre —	0 081	0 093
Octobre —	0 035	0 024
Novembre —	0 123	0 097
Décembre —	0 082	0 023
Totaux	0m815	0m684 Soit 84 % de l'eau tombée.

Remarquons que, de fin mars à fin septembre, l'évaporation l'emporte sur la pluie; l'inverse se produit en hiver; il y a d'ailleurs une sorte de parallélisme entre les deux phénomènes, un excès d'eau tombée amenant un excès d'évaporation.

Le tableau suivant fait ressortir les variations de l'évaporation suivant les espèces; les résultats qui y sont consignés ont été obtenus par M. Risler sur des terres alimentées naturellement par la pluie :

Luzerne	en 100 jours.	0m 3400	à 0m 7000
Prairies	—	0 3140	0 7280
Avoine	—	0 2900	0 4900
Fèves	—	plus de	0 3000
Maïs	—	0 2800	0 4000
Blé	—	0 2670	0 2800
Trèfle	—	0 2860	
Seigle	—	0 2260	
Vigne	—	0 0860	0 1300
Pommes de terre	—	0 0740	0 1400
Sapin	—	0 0500	0 1100
Chêne	—	0 0450	0 0800

Les irrigations artificielles augmentent l'évaporation tout en activant la production; à Gennevilliers, M. Marié-Davy dans les expériences déjà citées (irrigation continue) a obtenu un rendement de 50 hectolitres de blé à l'hectare.

La moindre quantité d'eau qu'il faille enlever au sol pour produire 1 kilogramme de blé est d'environ 1000 kilogrammes; en été les pluies sont souvent insuffisantes pour donner à la plante l'eau nécessaire à la végétation, l'humidité retenue par le sol est bien vite épuisée et il faut alors recourir à l'irrigation artificielle.

L'évaporation des plantes en culture varie enfin suivant la nature et l'inclinaison du sol : les fortes pentes favorisent le ruissellement, diminuent par suite l'imbibition et l'évaporation possible; la consommation de l'eau par les plantes est plus régulière dans les terres fortes et argileuses que dans les terres légères et sablonneuses.

CHAPITRE III

INFILTRATION ET RUISSELLEMENT

Nous devons maintenant examiner ce que devient cette partie des eaux météoriques qui n'est pas évaporée par le sol ou la végétation ; il y a partage entre l'infiltration dans le sol et le ruissellement à sa surface, et la résultante de ces divers mouvements se traduit par l'hygrométrie du sol, par l'allure des nappes et sources, enfin, par le régime des cours d'eau.

Cas d'un sol absolument imperméable. — Sur un sol imperméable, il n'y a aucune imbibition, l'eau ruisselle totalement comme sur un toit d'ardoises ; c'est ce qui se produit pour les torrents, de là le nom d'eaux torrentielles qu'on donne aux eaux superficielles.

Si le terrain est peu incliné, l'eau s'écoule lentement et il se produit une évaporation active par surface d'eau ; la capillarité exerce son action moléculaire pour retenir une partie de l'eau, comme elle le fait sur une vitre verticale, même en cas de pluie torrentielle.

Le cas se présente dans les villes où les toits, les chemins, les rues sont imperméables ; ainsi à Paris le ruissellement, mesuré dans les collecteurs, n'est que des $\frac{70}{100}$ de l'eau tombée ou distribuée ; le reste s'évapore.

Cas d'un sol pratiquement imperméable. — Sur un sol qui n'est pas imperméable d'une manière absolue, comme l'argile, le ruissellement n'est que partiel car l'imbibition est favorisée par la culture, par le drainage, par la façon qu'on a donnée au sol (émiettement, sillons); l'évaporation enlève environ 75 0/0 de la pluie tombée sur un sol cultivé, 51 0/0 seulement sur un sol nu. Dans les terrains devenus perméables par crevasses ou fissures, comme le calcaire de Saint-Ouen ou la craie de la Vanne, l'eau tombe dans ces crevasses jusqu'à ce qu'elle rencontre une couche imperméable sur laquelle l'humidité est entretenue; si cette couche imperméable vient à affleurer sur un coteau, on aura une source (A fig. 177) dont l'allure sera liée à l'épaisseur de la couche filtrante, d'autant plus régulière que cette couche sera plus épaisse.

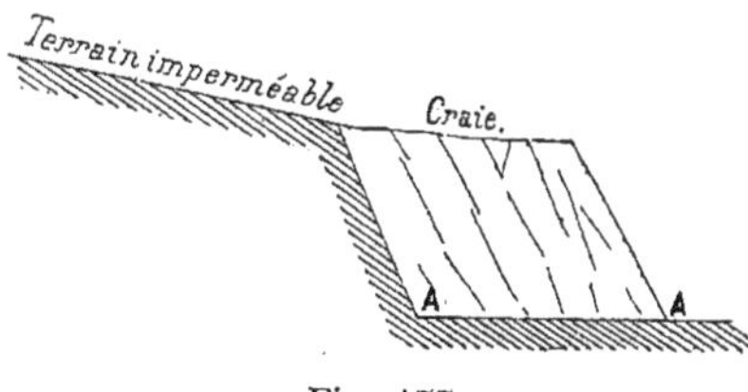

Fig. 177.

Cas d'un sol perméable. — Le ruissellement est alors à peu près nul, l'eau pluviale s'infiltre progressivement et descend vers les nappes souterraines ; l'évaporation est moins intense à la surface, mais en revanche elle est plus continue par suite de l'humidité de la masse et de la réserve accumulée par les nappes.

Hygrométrie pratique du sol. — Le tableau suivant où sont consignés les résultats d'observations recueillies au parc de Montsouris sur de la terre végétale ordinaire, du 20 novembre 1874 au 16 octobre 1875, rend compte des variations de l'hygrométrie du sol; les chiffres qui y figurent donnent le rapport du poids d'eau contenue à celui de la terre sèche.

	Profondeur : 0.25		Profondeur : 0.50	
	Sol nu	Sol gazonné	Sol nu	Sol gazonné
Moyenne...	0.185	0.164	0.200	0.159
Minimum..	0.146 (1er juin)	0.108 (1er juin)	0.167 (15 avril)	0.105 (1er juin)
Maximum..	0.250 (16 oct.	0.246 (30 janv.)	0.260 (16 oct.)	0.224 (30 janv.)

Le sol gazonné est donc plus sec en général ; le sol nu est plus humide à 0.50 qu'à 0.25 de profondeur ; c'est le contraire pour le sol gazonné et il semble que les plantes agissent de manière à retenir l'eau comme suspendue.

L'humidité du sol est très variable avec les saisons, comme le prouvent le tableau et le graphique ci-dessous (fig. 178), relatifs à

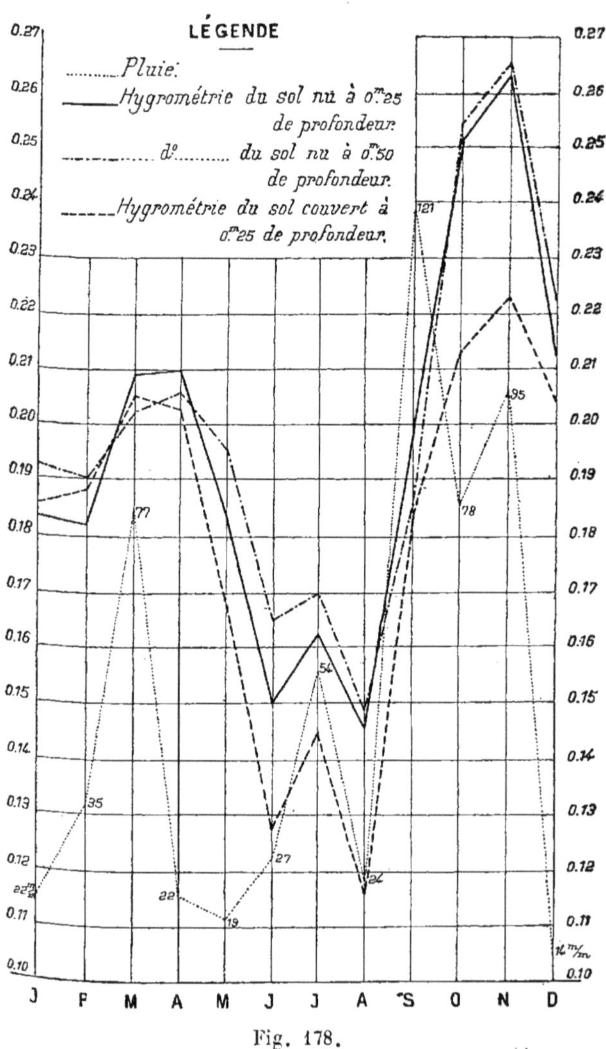

Fig. 178.

des observations poursuivies à Montsouris du 1er octobre 1875 au 1er octobre 1876.

Du 1er octobre 1875 au 1er octobre 1876	Profondeur : 0.25		Profondeur : 0.50		Pluie
	Sol nu	Sol gazonné	Sol nu	Sol gazonné	
Octobre	0.231	0.212	0.254	0.219	78mm
Novembre	0.262	0.223	0.265	0.227	95
Décembre	0.213	0.204	0.221	0.217	14
Janvier	0.183	0.185	0 192	0.195	22
Février	0.182	0.187	0.190	0.189	35
Mars	0.209	0 206	0.202	0.202	77
Avril	0.210	0.204	0.207	0.206	22
Mai	0.183	0.169	0.196	0.178	19
Juin	0.149	0.127	0.165	0.151	27
Juillet	0.163	0.144	0.170	0.153	54
Août	0.145	0.114	0.148	0.123	24
Septembre	0.197	0 184	0.185	0.188	121

Le tableau et le graphique qui précèdent suggèrent plusieurs remarques : les minima se produisent de mai à septembre ; le sol nu est plus humide que le sol gazonné ; dans le cas du sol nu, il y a plus d'humidité à 0.50 de profondeur qu'à 0.25 ; enfin on constate un parallélisme sensible entre les variations de la pluie et celles de l'humidité du sol gazonné, à 0m25 de profondeur. Une terre contient en général 25 à 26 0/0 de son poids d'eau tandis que par l'hygroscopicité, elle peut en retenir jusqu'à 40 0/0.

M. Risler a étudié l'influence de la nature des cultures et de l'état du sol sur les propriétés hygrométriques du sol ; voici quelques-unes de ses constatations relatives aux poids d'eau contenus dans divers sols.

		De 0 15 à 0.20	De 0.40 à 0.45
26 août. —	Champ chaume d'avoine	7.57 %	17.38 %
	Champ labouré en juillet et nu	11 »	18.20
	Vigne	9.25	10.41
	Terre de potager nu, voisin d'arbres fruitiers	15 »	17.05
Bois	Taillis du chêne de 9 ans	10.57	13.95
Bois	Futaie de chêne de 35 à 40 ans	9.53	7.54
Bois	Pins de 20 ans	12.85	4.46

Dans les cinq premiers cas, on a plus d'humidité à la profondeur de 0m45 qu'à .a surface ; c'est le contraire dans les deux derniers.

Avec des cultures à fort feuillage telles que la futaie ou le gazon, le fond est plus sec.

Dans les forêts, l'évaporation par les feuilles est active, mais l'ombrage qu'elles procurent diminue l'évaporation du sol et entretient par suite son humidité ; il faut tenir compte aussi dans ce cas de ce que les feuilles peuvent retenir au passage une certaine fraction de la pluie, fraction que le maréchal Vaillant estimait à 50 0/0 en été et à 30 0/0 en hiver, dans la forêt de Fontainebleau.

Sur un terrain nu, la forêt ou le gazonnement crée une couche supérieure perméable susceptible de s'imbiber d'eau et évite ainsi le ruissellement ; les feuilles évaporent une grande quantité d'eau, soit par suite de leur fonction physiologique, soit directement pour l'eau pluviale qu'elles arrêtent sur leur surface ; enfin par leurs racines les arbres de la forêt ameublissent le terrain, et par là, facilitent à la fois l'absorption de l'eau par le sol, son évaporation et sa consommation par les plantes elles-mêmes.

Remarquons à ce propos que l'action de la végétation arbustive sur la fertilité d'un sol dépend de la nature de ce sol ; s'agit-il d'un terrain perméable et sec comme celui de la Champagne ? un arbre isolé (noyer) dessèche et stérilise la terre tout autour de lui, en accaparant à son profit toute l'humidité du voisinage ; au contraire sur un terrain imperméable comme l'argile de la Bresse, un arbre, dans la même situation, répand la fertilité dans son entourage, en divisant le sol et lui procurant cette aération superficielle qui est indispensable à une bonne végétation.

Nappes et sources. — Toute l'eau tombée qui ne ruisselle pas, qui n'est pas évaporée ou n'est pas retenue dans les couches superficielles pour donner au sol son hygrométrie naturelle, descend à l'intérieur du sol sous l'action de la gravité, circule souterrainement et alimente les nappes et les sources.

Rappelons ici sommairement les principes déduits de l'observation par Belgrand et que nous avons déjà énoncés à la page 179 :

Dans les pays à sol perméable, les sources sont rares, considérables, situées au fond des grandes vallées ; les vallées secondaires sont généralement sèches, les cours d'eau sont rares, tranquilles, leurs crues sont lentes et modérées ; on rencontre des tourbières au fond des vallées ; enfin les prairies naturelles sont localisées dans les thalwegs.

Dans les pays à sol imperméable, les sources sont nombreuses et peu considérables, les cours d'eau sont nombreux, leurs crues sont courtes mais violentes et les prairies se rencontrent jusque sur les hauteurs.

Nous devons maintenant aborder un sujet important au point de vue technique et agricole : à savoir, l'étude détaillée du mécanisme de la formation des nappes et sources, de leur disposition, de leur nature et de leurs variations.

Nappes souterraines. — *Mouvement de l'eau à travers un terrain perméable.* — Un terrain perméable est formé de canaux irréguliers, de formes diverses, assimilables à des tuyaux de conduite de très petit diamètre. Or, dans un tuyau de rayon constant, la charge totale h et la vitesse de l'eau u sont liées par une relation de la forme

$$h = \alpha u + \beta u^2$$

Puisque $u = \dfrac{\text{le débit } q}{\text{la section } \omega}$ la relation devient

$$h = a q + b q^2$$

Pour une vitesse ou un débit excessivement petit, le terme du second degré est négligeable et l'on a $h = a q$, c'est-à-dire que le débit varie comme la charge. Il augmentera avec la charge effective et diminuera avec l'épaisseur de la couche traversée qui allonge la conduite, augmente les frottements contre les parois et par suite la perte de charge.

Expériences de Darcy et de Dupuit (1). — Darcy, à qui l'on doit les premières recherches sur les lois de l'écoulement de l'eau à travers les corps perméables, a vérifié expérimentalement les conclusions précédentes. L'appareil dont il s'est servi se composait d'une conduite verticale en fonte de $0^{m}35$ de diamètre intérieur et de $3^{m}50$ de hauteur, au fond de laquelle il avait placé une cloison horizontale formée de deux grilles superposées à angle droit ; sur cette cloison, il plaçait une couche d'épaisseur variable de bon sable siliceux présentant environ 38 0/0 de vide. L'eau arrivait à la partie supérieure sous

(1) Voyez Darcy : « Les eaux publiques de la ville de Dijon. » — Dupuit : « Traité de la conduite et de la distribution des eaux. »

pression et s'écoulait dans un bassin de jauge; deux manomètres à mercure, au-dessus et au-dessous de l'épaisseur filtrante, permettaient d'évaluer la pression.

Darcy a pu établir ainsi que le débit est proportionnel à la charge et varie en raison inverse de l'épaisseur traversée.

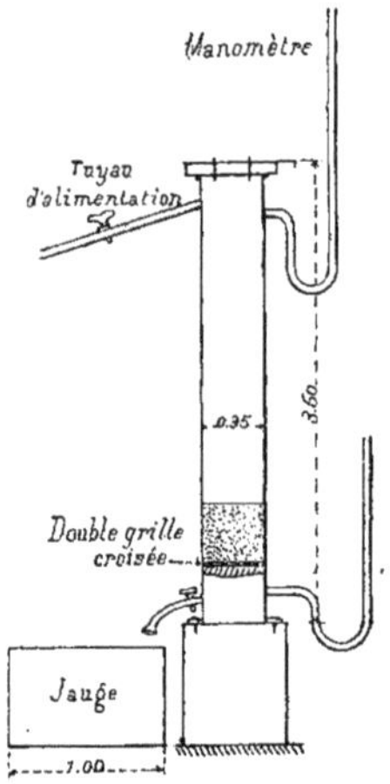

$$q = k\frac{h}{e} = \omega u$$

$$\text{posons } \frac{h}{e} = i \text{ et } \frac{\omega}{k} = \mu$$

i n'est autre chose que la perte de charge par mètre de parcours de l'eau à travers la couche perméable.

Fig. 179.

La relation précédente devient $i = \mu\, u$.

C'est la formule générale qu'a donnée Dupuit.

Remarquons que dans la relation $q = \omega\, u$, ω représente la section mouillée; si le sable présente 0,30 de vide,

$\omega = 0{,}30$ S, S représentant la section mesurée géométriquement.

Donc $q = 0{,}30$ S u; si l'on fait S $= 1$, c'est-à-dire si l'on étudie le mouvement de l'eau sur un mètre carré, on a $q = 0{,}30\, u$ et en général, en désignant par m le rapport du vide à la section totale,

$$u = \frac{q}{m}$$

Nous donnons ci-dessous un certain nombre de valeurs du rapport m :

Pierres cassées	0,45 à 0,50
Cailloux	0,32 à 0,42
Graviers de Seine	0,43
Graviers divers	0,36 à 0,42
Alluvions récentes de la Seine	0,3
Alluvions anciennes de la Seine	0,16
Alluvions de la Meuse et de la Moselle	0,25 à 0,28
Sables siliceux fins provenant de grès pulvérisés	0,17

Dupuit donne les chiffres suivants pour le coefficient μ :

avec du gros sable ($m = 0{,}38$) $\quad i = 1266\, u$

avec du sable fin ($m = 0{,}30$) $\quad i = 5760\, u$

Appliquons par exemple ces formules au cas d'une charge et d'une épaisseur de 1 mètre; dans ce cas $i = \frac{h}{e} = 1$.

gros sable $\left\{ u = \frac{1}{1266} = 0{,}0008 \quad q = \frac{0.38}{1266} \right.$ par seconde, soit 26^{mc} par 24 heures.

sable fin $\left\{ u = \frac{1}{5760} = 0{,}0002 \quad q = \frac{0.30}{5760} \right.$ par seconde, soit $4^{mc}500$ par 24 heures.

On voit combien les vitesses sont faibles dans le cas de l'écoulement vertical du tube de Darcy; dans la nature, la faible inclinaison des couches imperméables, qui servent de fond à la nappe souterraine, diminue encore la vitesse du mouvement car la charge par mètre i (1) est beaucoup plus faible que dans un tube vertical de Darcy. En somme le coefficient μ représente toujours un nombre considérable et la vitesse u n'est jamais qu'une fraction de millimètre.

Nappes des terrains imperméables. — Il n'y a pas de nappes d'eau à proprement parler dans les terrains imperméables; il se forme souvent des étangs superficiels (Montargis); il y a de simples infiltrations dans les couches superficielles du sol ameublies par la végétation et la façon de la culture, et ces infiltrations donnent lieu à des sources ou plutôt des suintements, d'autant plus éloignés les uns des autres que le terrain est plus imperméable, par suite de la réunion des nappes élémentaires discontinues, dans les parties un peu plus perméables. Lorsqu'on ouvre un puits dans ces terrains, on ne rencontre que des suintements très faibles, que les habitants de la campagne appellent des pleurs.

C'est ainsi qu'on retrouve des filets et des lentilles d'eau disséminés irrégulièrement dans le granit, mais il n'y a pas de nappe d'eau proprement dite.

Le bassin de la Seine fournit un exemple de terrain très imper-

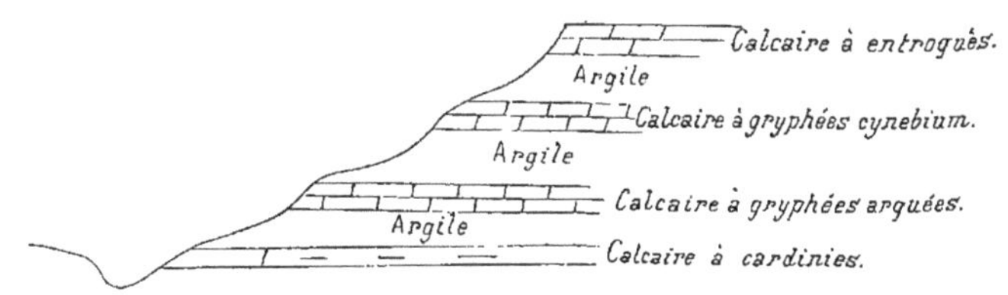

Fig. 180.

(1) Dans la formule générale de Dupuit : $i = \mu u$, applicable à l'écoulement d'une nappe quelconque dans un terrain perméable homogène, i représente le sinus de l'angle de la direction générale des filets liquides avec l'horizon ou mieux la pente de superficie.

méable, c'est le lias de l'Auxois qui se présente avec les dispositions indiquées dans le diagramme de la figure 180 : la masse de l'argile est coupée de couches calcaires dans lesquelles on trouve une nappe d'eau avec suintements suivant les plans d'affleurement ; mais ces suintements sont peu abondants à cause de l'empâtement des assises calcaires dans l'argile.

Nappes des terrains perméables. — a. *Dispositions types.* — Si la masse perméable repose simplement sur une couche imperméable, on a une nappe d'infiltration superficielle (fig. 181 et 182),

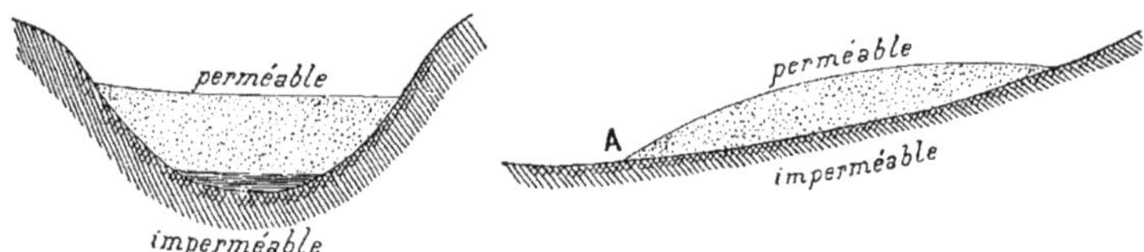

Fig. 181.

souvent appelée nappe des puits. Si la masse perméable est comprise entre deux couches imperméables, la nappe qu'elle contient peut être en pression : c'est une nappe artésienne ; vient-on à forer un puits au travers de la couche imperméable supérieure, l'eau de la nappe jaillit en vertu du principe des vases communiquants.

L'eau circulant souterrainement donne naissance à des courants ou à des lacs intérieurs ; en A (fig. 181) ou aura une source ordinaire, en B (fig. 182) une source artésienne.

Cette disposition des couches perméables, comprises entre des couches imperméables, explique comment on peut rencontrer des sources au bord de la mer ou dans le lit même des cours d'eau, ce qui rend parfois si difficile la fondation des piles et culées des ponts.

b. *Nappes continues et discontinues.* — Nous avons déjà dit que les terrains peuvent être perméables de deux manières distinctes : ou ils sont homogènes et perméables dans toute leur masse, comme les terrains sableux et caillouteux, et alors la nappe s'étend sans interruption à travers la masse du terrain au-dessus des couches imperméables, elle est dite *continue ;* ou bien ils sont fissurés, coupés de crevasses irrégulières comme les terrains calcaires, craie, calcaire grossier, calcaire oolithique, et alors l'eau se divise en filets distincts coulant dans les failles, les fissures, et les lits de stratification, la nappe est *discontinue et irrégulière*.

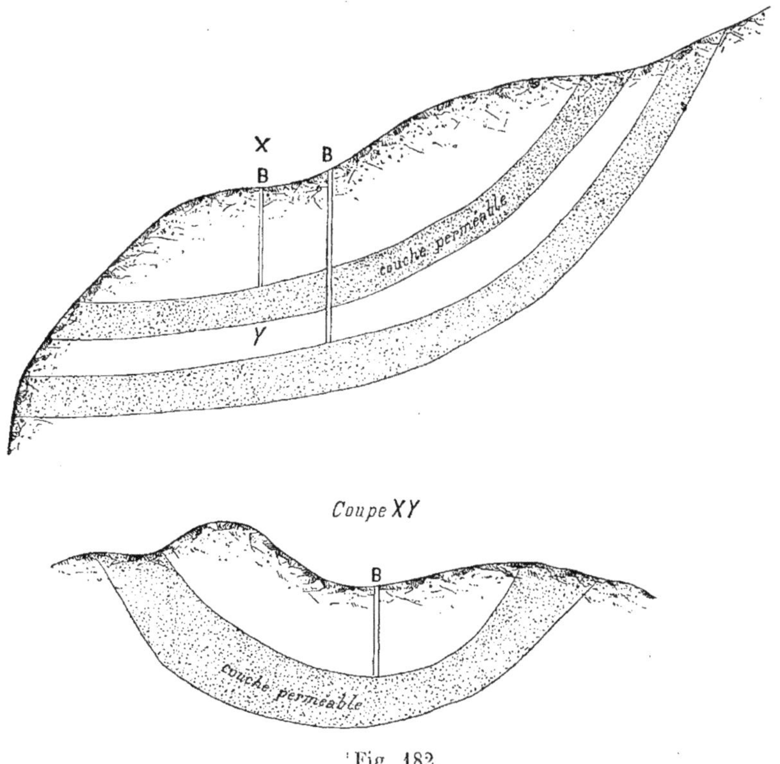

Fig. 182.

c. *Nappes continues.*— Les nappes continues spéciales aux terrains d'alluvion et de sable s'étalent sur les couches souterraines imperméables et forment des surfaces régulières qu'on peut définir par une série de courbes de niveaux. M. Delesse, inspecteur général des mines, a pu ainsi dresser une carte hydrologique du département de la Seine, très intéressante, à l'échelle de 1/25,000 laquelle fait connaître le relief du sol, les nappes superficielles (Seine, Marne, Bièvre), les nappes souterraines d'infiltration et les nappes profondes, au moyen de courbes de niveau de couleurs différentes; les cotes de l'eau ont été déterminées à la même époque d'étiage, d'une part sur la Seine, la Marne et leurs affluents, d'autre part dans les puits appartenant à la nappe d'infiltration.

On rencontre aux environs de Paris :

Des nappes d'infiltration superficielles, dans les vallées de la Seine, de la Marne, sur les plateaux de Saint-Denis, du Bourget;

Des nappes reposant sur l'argile à meulières de Beauce, à Meudon, sur le plateau de Verrières;

Des nappes reposant sur les marnes vertes, à Romainville, à

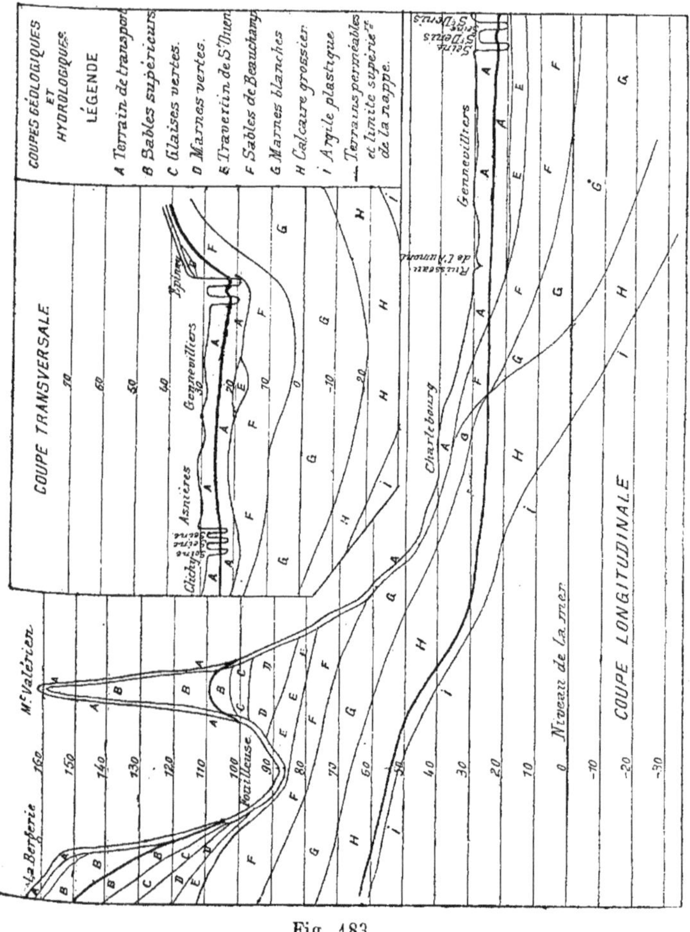

Fig. 183.

Rosny, à Nogent, sur les plateaux de la Marne, à Villejuif, Rungis, au mont Valérien, à Montmartre;

Des nappes reposant sur l'argile plastique, au Trocadéro, à Boulogne, au sud de Paris, à la base du mont Valérien.

Les figures 183 représentent des coupes transversale et longitudinale de la plaine de Gennevilliers; on y voit des exemples très nets de nappes continues : nappe au-dessus des marnes vertes de Buzenval et du mont Valérien; nappe d'infiltration superficielle de la plaine pénétrant plus ou moins profondément dans les sables et passant par les fissures du travertin de Saint-Ouen et les sables de Beauchamp jusqu'aux marnes blanches; puis au-dessous des précédentes une nappe artésienne dans le calcaire grossier, reposant sur l'argile plastique. Il semble y avoir un raccordement de deux nappes vers Charlebourg.

d. *Propriétés des nappes continues.* — Les nappes continues se trouvent spécialement dans les grandes vallées perméables; leur surface se raccorde avec celle des cours d'eau qui suivent le thalweg. Elles ont en général une pente transversale des coteaux riverains vers la rivière et une pente longitudinale dans le sens du courant; elles sont donc animées d'un mouvement extrêmement lent dans les deux sens. C'est ainsi que dans la vallée de la Seine, les nappes d'infiltration présentent une pente de 1 mètre environ par kilomètre vers le fleuve, du côté des plaines de Gennevilliers et d'Achères, et une pente de 4 à 10 mètres par kilomètre, du côté des falaises; la pente dans le sens du courant du fleuve est de $0^{m}10$ seulement par kilomètre.

C'est cette nappe d'infiltration qu'on rencontre dans le sous-sol parisien toutes les fois que l'on fait des fondations un peu profondes; c'est elle qui a créé de sérieuses difficultés dans les travaux de fondation du nouvel Opéra. Si le sol présente superficiellement une dépression naturelle ou artificielle un peu importante, la nappe apparaît et forme des mares ou de petits lacs, sans qu'il y ait de source proprement dite : c'est elle qui alimente par exemple la mare du pré Marchais, la pièce d'eau du parc de MM. Pommier à Gennevilliers.

Ce mouvement de descente des eaux de la nappe vers la rivière amène cette conséquence que l'eau des puits ou des galeries établis dans le voisinage d'un cours d'eau, même à une faible distance des rives, n'est pas l'eau du fleuve mais l'eau de la nappe, ayant une composition toute différente par suite de son origine. En temps de crue, ou à une très petite distance du fleuve, il y a cependant mélange plus ou moins marqué des deux eaux. Les quelques chiffres suivants font ressortir la différence que nous venons de mentionner :

Galeries filtrantes du Rhône à Lyon	degré hydrotimétrique du Rhône	16°
	des eaux de la galerie	17°94
	des eaux de puits	23°77
Galeries de la Garonne à Toulouse	degré hydrotimétrique de la Garonne	13°31
	dans les galeries	15°92
Puits voisins de la Loire à Cosne et à Neuvy	degré hydrotimétrique de la Loire	6°
	des puits distants de 24 à 35 m.	33° à 53°
Expérience de Belgrand à Port à l'anglais	degré hydrotimétrique de la Seine	19°58
	dans un puits creusé à 96 m. du fleuve	45°38

Lorsque le terrain imperméable qui soutient la nappe, coupe les vallées à flanc de coteau, il détermine une ligne de suintements, un cordon de sources, suivant la ligne d'affleurement, c'est ce que l'on appelle un niveau d'eau. Les points où ces sources sont les plus abondantes correspondent aux concavités du terrain, la plus considérable se trouve habituellement à l'intersection de la ligne de thalweg de la vallée et de la surface du terrain qui soutient l'eau. La figure 184 montre bien qu'il doit en être ainsi, car le bassin d'alimentation des sources A a beaucoup plus d'étendue que celui d'une autre source B quelconque.

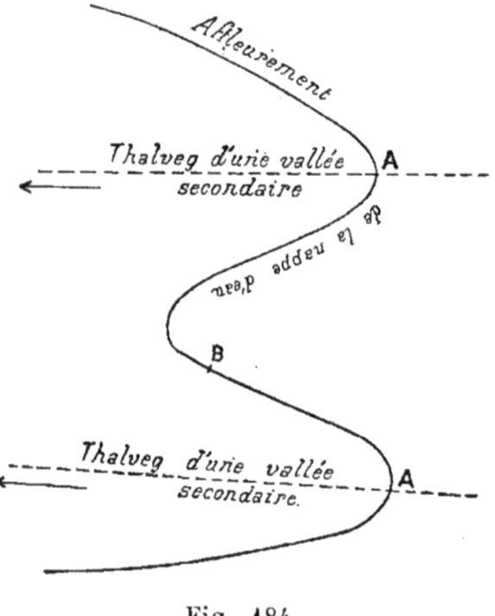

Fig. 184.

Les nappes continues varient de niveau avec les saisons et suivant les circonstances météorologiques ; le phénomène se traduit à nos yeux en cas de sécheresse prolongée par la disparition des sources les plus élevées qui tarissent les premières, lorsque le niveau de l'eau de la nappe descend au-dessous de leur point d'émergence. C'est ce qui a lieu en Champagne, où tous les affluents secondaires des grands cours d'eau sont alimentés à leur origine par une source qui porte habituellement le nom de Somme ;

cette source n'est presque jamais pérenne et il faut descendre à plusieurs kilomètres pour en trouver une qui résiste aux grandes sécheresses.

On peut d'ailleurs constater directement les variations de niveau

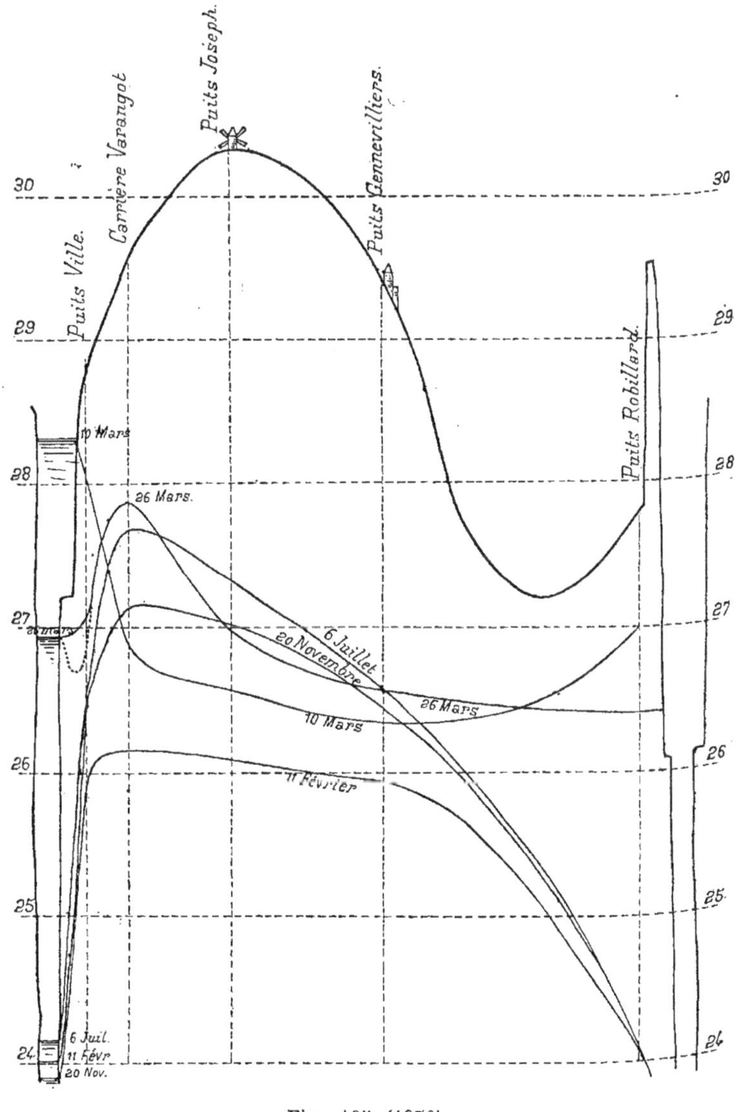

Fig. 185 (1876).

de la nappe par l'observation des puits. Ses oscillations sont d'autant plus lentes et d'autant moins accentuées qu'on s'éloigne du cours d'eau; c'est ce que fait ressortir la figure 185 relative à la nappe de la plaine de Gennevilliers en 1876; on voit que la Seine a monté et descendu assez rapidement et qu'elle est revenue à l'étiage en juillet, tandis que la nappe était encore au voisinage de son maximum; on voit également, au moment de la crue, l'inversion de la forme de la nappe qui encore basse se raccorde avec le niveau de la Seine subitement relevé.

e. *Nappes discontinues.* — Les nappes discontinues se forment dans les terrains rendus perméables par des fissures : tels sont les marnes gypseuses, le calcaire lacustre, le calcaire grossier des environs de Paris, le calcaire oolithique et la craie. Les eaux remplissent les failles et les poches qu'elles rencontrent, donnant naissance à de grosses sources isolées quand elles viennent au jour.

La carte hydrologique de Delesse, dont il a été question plus haut, montre l'existence de nappes discontinues sur le plateau compris entre la Seine et la Marne, à Montmartre, à Belleville, sur le plateau de Champigny, au delà de la boucle de la Marne, sur le plateau situé entre Arcueil et Massy, sur les hauteurs d'Orgemont, d'Epinay, etc.

Les cavités remplies par les nappes discontinues tendent à s'agrandir par suite de l'action dissolvante des eaux sur les calcaires (sulfate de chaux, etc.), action continue que favorisent l'élévation de la température dans les couches profondes et la présence de l'acide carbonique dissous; ce sont des nappes de cette nature qui alimentent les fontaines incrustantes et diverses fontaines minérales. Ainsi, les sources de la Vanne fournissent une eau contenant 0^{k}200 de matières suspendues et dissoutes par mètre cube; pour un débit de 100.000 mètres cubes en 24 heures, cela représente 20.000 kilogrammes de matières entraînées (soit 10 mètres cubes).

Le percement des puits artésiens dans les couches de calcaires accuse l'irrégularité des nappes discontinues. Citons à ce propos deux faits signalés par Belgrand : sur trois puits artésiens qu'il a fait forer dans la montagne oolithique entre Montbard et Châtillon-sur-Seine, un seul a donné de l'eau. En creusant le puits artésien de la Butte-aux-Cailles, Belgrand trouva sur 10 mètres environ de profondeur une couche de craie tellement compacte qu'on put la traverser sans épuisement; mais au-dessous de la cote — 10 mètres, il rencontra une fissure d'abord imperceptible qui, dans un parcours de 10 mètres, donna une quantité d'eau telle qu'on dut renoncer à l'épuisement et continuer le travail à la sonde.

Les sources auxquelles donnent naissance les nappes discontinues sont isolées et d'un débit considérable; dans les terrains calcaires ce débit considérable, encore que l'action dissolvante des eaux soit faible, détermine dans les profondeurs du sol la formation de gouffres ou de cavernes : c'est ce qui se produit pour quelques sources ou fontaines célèbres; en voici plusieurs exemples :

1° La source du Groseau au pied du mont Ventoux (Vaucluse) formé d'un calcaire éminemment perméable, indique le niveau de l'assise imperméable qui supporte le massif calcaire; la surface du Ventoux est de 15.000 hectares environ, en plan et la hauteur de pluie de 0m85, ce qui correspond à un débit de 4 mètres cubes environ par seconde. La source du Groseau, qui est seule d'ailleurs pour écouler les eaux du bassin alimentaire, débite 2 mètres cubes, soit 50 0/0 de la pluie tombée.

2° La fontaine de Vaucluse, célébrée par Pétrarque, recueille les eaux d'un vaste bassin de calcaire néocomien d'une surface de 96.500 hectares; son débit est de 10 à 12 mètres cubes correspondant à la moitié de la pluie tombée (hauteur 0,80).

3° La source du Lez (Hérault) dont le débit est de 800 à 1000 litres à l'étiage, jaillit au pied d'un rocher dans un gouffre de 15 à 20 mètres de profondeur. Le déversoir de ce gouffre ayant été abaissé de manière à faire descendre le plan d'eau de 1m20, on le rétablit ensuite à son niveau primitif, et il fallut 8 heures pour que le niveau de l'eau remontât et regagnât la différence de 1m20; pendant ce temps les cavernes intérieures n'ont pas dû emmagasiner moins de 20.000 mètres cubes d'eau, si l'on tient compte de la superficie du gouffre et ce chiffre correspond à une surface totale de 25.000 mètres carrés pour l'ensemble de ces cavernes.

4° Mentionnons enfin les cours d'eau et lacs souterrains des grottes d'Adelsberg et des grottes de Han près de Namur.

Sources. — Lorsqu'une eau souterraine vient à paraître au jour et à couler superficiellement, elle constitue une source, c'est la traduction extérieure des nappes continues ou discontinues.

Belgrand les divise en 4 classes :

1re *classe. Sources des terrains imperméables.* — Il n'y a pas de nappes d'eau à proprement parler dans les terrains de cette nature, le lieu des sources est donc la surface même du pays et, comme le ruissellement s'empare de la plus grande partie de l'eau tombée, les sources sont toujours très petites.

Il en est ainsi dans le granit du Morvan dont la surface est très fendillée, dans le lias de l'Auxois et du Nivernais, terrain argileux encore plus imperméable que le granit, dans le terrain crétacé inférieur de la Champagne, d'Auxerre à Sainte-Menehould.

2e *classe. Sources des terrains entièrement perméables.* — Dans ces terrains, les eaux absorbées s'abaissant en nappes continues ou discontinues vers les vallées les plus profondes, les lieux de sources sont les prairies humides et même tourbeuses qui tapissent le fond des grandes vallées; on les trouve au bas des thalwegs le long des cours d'eau; les vallées moins profondes, les coteaux, les plateaux restent à sec en toute saison. Les sources de la 2e classe sont très écartées les unes des autres, mais d'un débit considérable.

On rencontre, en effet, de grandes sources le long des ruisseaux des terrains oolithiques de la basse Bourgogne, de la craie blanche de la Champagne, et de la Normandie, des terrains calcaires (tertiaires) des environs de Provins et des autres vallées de la Brie, des calcaires de la Beauce et des sables de Fontainebleau.

C'est à cette classe qu'appartiennent les sources alimentaires de la ville de Paris.

Généralement les cours d'eau de ces terrains ont à leur origine une source qui n'est pas toujours pérenne et tarit habituellement dans la saison sèche — c'est là un des caractères des sources de la 2e classe. — Plusieurs de ces sources éphémères portent des noms caractéristiques : Fontaine la sèche, gueule sèche.

3e *classe. Sources des terrains perméables même à un médiocre degré, superposés à des terrains imperméables.* — Suivant le plan de contact des couches perméables et imperméables, il s'établit ce qu'on appelle un niveau d'eau, aussi bien à flanc de coteau qu'au fond des vallées. Ces sources sont en général très nombreuses et par suite assez petites.

Citons comme exemple les sources du niveau d'eau qui se trouve au contact des marnes vertes et des meulières de la Brie, le niveau d'eau de l'argile plastique de la vallée de la Marne et du Soissonnais.

4e *classe. Sources artésiennes.* — Ce sont celles qui sortent d'une nappe emprisonnée entre deux couches de terrain imperméable, en jaillissant par un puits. Elles sont rares dans le bassin de la Seine ; les plus importantes sont celles qui proviennent des eaux abondamment absorbées par le calcaire oolithique, lorsqu'il s'enfonce sous la masse argileuse des terrains néocomiens au travers de laquelle se fait jour une partie de l'eau ainsi emprisonnée.

Variations du débit des sources. — Le débit des sources suit naturellement dans ses variations un mouvement consécutif de celui de la pluie et des nappes souterraines. Le tableau et le graphique de la figure 186 sont relatifs aux sources de la Vanne qui alimentent la capitale.

Sources de la Vanne.	1869. Pluie.	1869. Débit.	1870. Débit.
	mm	litres par seconde.	litres par seconde.
Janvier	20	1190	1015
Février	38	1103	1112
Mars	65	1232	970
Avril	24	1278	927
Mai	131	1195	891
Juin	55	1150	859
Juillet	42	1057	829
Août	19	972	784
Septembre	60	818	738
Octobre	35	818	717
Novembre	72	807	760
Décembre	33	839	»
Totaux et moyennes.	594	1057	873

La variation du débit de la source est naturellement en retard sur celle de la pluie, par suite de la lenteur du mouvement des eaux souterraines. De même on comprend aisément que les variations aient plus d'amplitude pour les sources hautes que pour les sources basses. Ainsi à Armantières (vallée de la Vanne, cote 111), le rapport des débits de printemps et d'automne est compris entre 2 et 2.77 pour les années humides, et s'élève à 4.85 dans les années sèches ; pour la source du miroir de Theil (vallée de la Vanne, cote 91), le même rapport est de 1.40 dans les années humides et de 2.14 dans les années sèches.

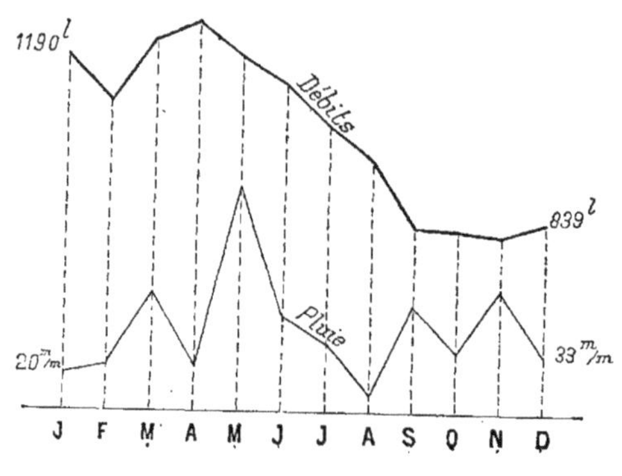

Fig. 186.

Nous donnons, dans le tableau suivant, les débits mensuels des principales sources utilisées pour l'alimentation de Paris ; les chiffres de ce tableau représentent les moyennes de sept années (1880 à 1886) :

Janvier	Février	Mars	Avril	Mai	Juin	Juillet	Août	Septembre	Octobre	Novembre	Décembre
ARCUEIL											
m. c. 1.996	m. c. 2.152	m. c 2.209	m. c. 2.069	m. c. 2.182	m. c. 2.298	m. c. 2.187	m. c. 1.691	m. c. 1.470	m. c. 1.433	m. c. 1.489	m. c. 1.574
VANNE											
100.000	101.000	94.071	93.286	98.214	101.071	100.714	101.786	99.143	99.714	102.143	103.286
DHUIS											
22.346	23.891	24.463	23.211	22.524	23.000	21.857	21.428	21.428	21.143	21.571	22.571
PUITS DE GRENELLE											
346	346	346	346	346	346	346	346	346	346	346	346
PUITS DE PASSY											
6.562	6.555	6.561	6.533	6.542	6.535	6.528	6.540	6.539	6.546	6.547	6.539

Il faut remarquer que les sources profondes, surtout dans les terrains fissurés, sont plus insensibles que les autres aux vicissitudes des saisons ; c'est ainsi que la source de la Dhuis se distingue par la constance de son débit qui varie entre des limites assez rapprochées (19.440 mètres cubes et 23.843 mètres cubes par 24 heures).

Enfin lorsqu'une source est alimentée par des régions neigeuses, il faut tenir compte de l'accroissement de débit dû à la fonte des neiges en été et de la réduction due à la congélation en hiver ; il peut y avoir alors un déplacement de l'époque des maxima. Les sources de Kaïserbrunnen sont dans ce cas (distribution d'eau de Vienne) ; leur débit, qui descend à 33.953 mètres cubes en hiver, reste supérieur à 100.000 mètres cubes en été, du mois de mai au mois de septembre (maximum 113.178 mètres cubes).

Influence des cultures et des forêts sur les nappes et sources. — Nous avons déjà indiqué précédemment l'influence des forêts et du gazonnement sur l'hygrométrie du sol et nous n'avons que peu de chose à ajouter au point de vue spécial des nappes et sources.

L'action des forêts sur le régime des eaux a donné lieu à bien des discussions. Ce qu'il y a de certain, c'est qu'elles exercent une action salutaire, régulatrice et conservatrice, sur les nappes et sources ; dans les terrains imperméables, par la formation de terreau qu'elles produisent jusque sur le rocher, en ameublissant et en divisant les sols argileux ; dans les terrains perméables, en ralentissant l'afflux des eaux d'infiltration vers les sources, comme cela se produit sur le plateau de calcaire fendillé du Jura, par suite d'une sorte de feutrage des racines dans la couche superficielle, ou bien parfois, en évaporant beaucoup d'eau et empêchant ainsi les crues excessives de la nappe.

Les forêts et les cultures permanentes agissent, non seulement en retardant l'écoulement des eaux pluviales, mais encore en s'opposant au ravinement des terres en pente ; nous reviendrons plus loin sur ce sujet en parlant des travaux exécutés par l'administration des forêts, d'après les principes de Surell, en vue d'arrêter les gigantesques ravinements des torrents alpins.

Composition des nappes et sources. — Dans leur mouvement d'infiltration lente, les eaux se chargent de matières solubles empruntées aux milieux traversés ; suivant que les eaux proviennent des terrains granitiques, oolithiques ou crétacés, elles contiennent plus ou moins de silice, d'alumine, de chlorures ou de carbonate de chaux ; les eaux du lias et des terrains tertiaires sont caractérisées par la présence prédominante du sulfate de chaux. Et nous pouvons répéter avec Pline : « Tales sunt aquæ, quales sunt terræ per quas fluant. »

Analyse des eaux. — L'analyse des eaux de sources peut être faite complètement par l'évaporation et le traitement chimique du résidu solide ; c'est une opération longue et délicate, en raison du nombre ainsi que des faibles proportions des matières dissoutes et dans le détail de laquelle nous n'entrerons pas, nous bornant à renvoyer le lecteur aux ouvrages spéciaux de chimie appliquée.

Nous ne saurions cependant passer sous silence le procédé de dosage imaginé par M. Gérardin et Schützemberger pour déterminer la quantité d'oxygène libre en dissolution dans l'eau, à cause de l'utilité de la présence de ce gaz dans les eaux de source destinées à l'alimentation des villes ; on sait en effet que l'oxygène dissous, par suite de son action comburante, peut purifier une eau chargée de matières organiques.

Le procédé Gérardin et Schützemberger est fondé sur la propriété que possède l'hyposulfite de soude d'absorber facilement l'oxygène pour passer au bisulfite.

$$S^2\,O^2.\,Na\,O.\,H\,O + 2\,O = S^2\,O^4.\,Na\,O.\,H\,O.$$

On prépare l'hyposulfite en faisant macérer, pendant 20 ou 25 minutes, des copeaux de zinc dans un flacon rempli d'une dissolution de bisulfite (à 20° Beaumé.) On verse goutte à goutte la dissolution d'hyposulfite dans l'eau soumise à l'essai, après avoir préalablement coloré cette dernière avec du bleu d'aniline Coupier qui a la propriété de se décolorer par l'hyposulfite et non par le bisulfite ; lorsque la décoloration commence, tout l'oxygène libre a disparu ; l'emploi de liqueurs titrées permet de déterminer exactement la quantité d'oxygène (10 centimètres cubes de la liqueur d'hyposulfite correspondant à 1 centimètre cube d'oxygène). Le titrage se fait au moyen d'une dissolution ammoniacale de sulfate de cuivre que l'hyposulfite décolore en désoxydant l'acide cuivrique.

Le traitement chimique demande un laboratoire bien outillé, beaucoup de précision et de temps. Aussi se borne-t-on le plus souvent à appliquer des méthodes approximatives et rapides parmi lesquelles nous citerons l'hydrotimétrie (détermination de la quantité de sels terreux et magnésiens) et l'essai au permanganate de potasse (dosage des matières organiques d'après le poids d'oxygène emprunté au permanganate de potasse alcalin et bouillant par les matières organiques que les eaux tiennent en dissolution).

Matières dissoutes. — La présence du carbonate de chaux est excessivement fréquente dans les eaux de sources ; il s'y maintient en dissolution à l'état de bicarbonate, grâce à la présence de l'acide carbonique; c'est à lui qu'on doit les incrustations des conduites d'alimentation des villes (1). L'acide azotique de l'air contribue à former de l'azotate de chaux en agissant sur le carbonate.

En France, on estime généralement que la présence d'une petite quantité de carbonate de chaux est indispensable dans une eau potable parce qu'il lui donne une saveur plus agréable et la rend moins susceptible d'attaquer les conduites en plomb. A l'étranger on donne généralement la préférence pour l'alimentation à l'eau d'une pureté absolue.

Le sulfate de chaux rend l'eau lourde, impropre à la cuisson des légumes qu'il durcit et donne lieu, dans les chaudières à vapeur, à des dépôts fins et adhérents très dangereux.

Les tourbières donnent à l'eau une saveur organique.

Enfin le voisinage des villes contribue souvent à altérer les eaux des nappes par l'infiltration des eaux ménagères, etc.

Une eau pour être potable ne doit pas marquer plus de 25 degrés à l'hydrotimètre, elle doit renfermer plus de 7 à 10 centimètres cubes d'oxygène par litre, et ne contenir que des traces de matières organiques; les nitrates et l'ammoniaque n'y doivent pas dépasser les proportions de 0^k 010 par mètre cube pour les premiers et 0^k 001 ou 0^k002 par mètre cube pour la seconde.

Exemples. — Nous allons donnner quelques résultats d'analyses rapides des nappes et sources.

(1) Une eau est incrustante lorsque le titre hydrotimétrique dû au carbonate de chaux dépasse 20°.

1° Nappes.

Hydrotimétrie :	Nappes en terrains granitiques (Morvan)		2° à 7°
	Eau de Grenelle		9°5 à 12°
	Nappe souterraine de Paris		38° à 225°
	Nappe d'infiltration de Gennevilliers	En moyenne.	45°
		Minimum	39°
		Maximum	220°
	Seine		18° à 20°

Oxygène : Seine		5 c. m. c. à 10 c. m. c. par litre.
Nappes	A Gonesse	3,2 —
	A Clichy	5,2 —
	A Courbevoie	7,7 —
	A Colombes	5,7 —

Le mouvement tend à enrichir l'eau en oxygène ; mais la quantité de ce gaz diminue lorsque la dose des matières organiques augmente.

Analyse complète de l'eau de la nappe a Gennevilliers.

Azote des matières organiques	Traces (1)		0gr,3577	1gr,100 par litre.
Azote, quantité totale, l'azote nitrique excepté (3)	0gr,0014 (2)			
Autres matières volatiles et combustibles	0 3563			
Chaux	0 291	(4)	0gr,742	
Magnésie	0 019			
Potasse	0 023			
Acide sulfurique	0 179			
Acide phosphorique	Traces.			
Résidu insoluble	0 016			
Divers (5)	0 114			

(1) 0,00013 à 0,00016 (Marié-Davy).
(2) Azote ammoniacal 0,000545.
(3) Azote nitrique 0,018000.
(4) Titre hydrotimétrique calculé : 53° (48 + 5).
(5) Chlore 0gr,048 (Marié-Davy).

L'examen micrographique, qui entre de plus en plus dans le domaine de la pratique courante, a montré que les eaux souterraines contiennent beaucoup moins de microbes que les eaux superficielles ; les chiffres suivants sont dus à M. le docteur Miquel, chef du service micrographique à l'observatoire de Montsouris :

Eau de pluie	35	microbes par c. m. cube.
Eau de la Vanne	62	—
Eau de Seine	1200	—
Eau d'égout	20000	—
Eau d'égout recueillie par les drains à Gennevilliers après irrigation	13 à 14	—

A Paris, les eaux de la nappe souterraine sont particulièrement riches en azote :

Eau de puits (rue Port-Royal)........	0k00132	ammoniaque par mètre cube.
— (quai de la Mégisserie)..............	0k03386	
— (Hôtel-de-Ville)...........	0k03435	

Il résulte de 27 analyses opérées par Boussingault que la nappe parisienne renferme par mètre cube 0k 103 d'azote, à l'état d'azotate de chaux.

2° Sources

Hydrotimétrie.

Granite (Morvan)...	2°	à	7°	Source d'Arcueil...	38°		
Grès de Fontainebleau...........	6°	à	22°	— de l'Ourcq..	30°	à	34°
Craie blanche......	12°	à	17°80	— de la Marne.	20°	à	25°
Calcaire de Beauce.	17°	à	25°	— de la Dhuis.	20°	à	23°
Calcaire oolithique.	17°50	à	26°	— de la Vanne.	17°	à	20°
Marnes vertes......	20°	à	33°	— de la Seine..	18°	à	20°
Argile plastique....	20°	à	35°				
Lias...............	27°	à	120°				
Marnes vertes du gypse	24°	à	155°				

Oxygène.

Dhuis...........	7 cc. 2	par litre
Vanne...........	5 cc. 6 à 6 cc. 4	—

Analyses complètes

	Source de la Dhuis	Source de la Vanne	Observations
	En gr. par litre	En gr. par litre	
Résidu insoluble dans les acides	0.010	0.008 à 0.011	Suivant les sources
Alumine et peroxyde de fer....	Traces	0.001 à 0.002	
Chaux........................	0.128	0.096 à 0.119	
Magnésie.....................	0.010	0.003 à 0 007	
Alcalis......................	0.009	0.006 à 0.007	
Chlore.......................	0.003	0.002 à 0.003	
Acide sulfurique.............	0.005	0.007 à 0.009	
Acide carbonique et matières non dosées................	0.113	0.073 à 0.098	
Matières organiques et eau combinée (a)..................	0.017	0.004 à 0.013	
Résidu total......	0.295	0.192 à 0.263	
(a) Azote organique............	0.000038	0.000040	
Azote ammoniacal...........	0.00021	0.00024	

Les eaux de sources sont en général plus limpides et moins riches en matières organiques que les eaux d'infiltration superficielle.

Puits. — Les puits permettent d'utiliser l'eau de la première nappe souterraine que l'on rencontre dans la profondeur du sol, et qui leur doit le nom qu'on lui donne souvent : nappe d'eau des puits. Ils servent à l'alimentation et aux besoins domestiques des habitants de la campagne, malgré la qualité généralement médiocre des eaux qu'ils fournissent ; ils ont une importance spéciale dans les travaux agricoles et dans l'exploitation des chemins de fer (maisons de garde).

Le puits consiste dans une chambre cylindrique sans fond, généralement en maçonnerie, descendue jusqu'à la rencontre de la nappe dans laquelle elle doit pénétrer ; si l'on vient à épuiser dans la partie inférieure de la chambre, l'eau s'abaisse d'abord et détermine ensuite un appel de l'eau de la nappe.

Construction des puits. — Pour construire un puits, on commence par creuser le terrain jusqu'à la rencontre de la nappe souterraine ; jusque-là, pas de difficulté. Puis on établit sur le fond de la fouille un rouet, sorte de bâtis en charpente formé de quatre pièces assemblées à l'aide de boulons et formant un rectangle, et sur ce rouet de 0,10 à 0,15 d'épaisseur, on élève 1m00 environ de hauteur de la maçonnerie du revêtement (maçonnerie hydraulique) ; on fouille alors avec soin sous le rouet, en épuisant pour faciliter le travail, et le rouet descend peu à peu sous le poids de la maçonnerie qu'il supporte, surtout si l'on a pris la précaution de laisser un vide entre la maçonnerie du revêtement et la paroi de la fouille (fig. 187). Il est nécessaire pour ménager un passage à l'eau, que le rouet repose sur un massif de pierres sèches ou que des barbacanes soient pratiquées dans la maçonnerie.

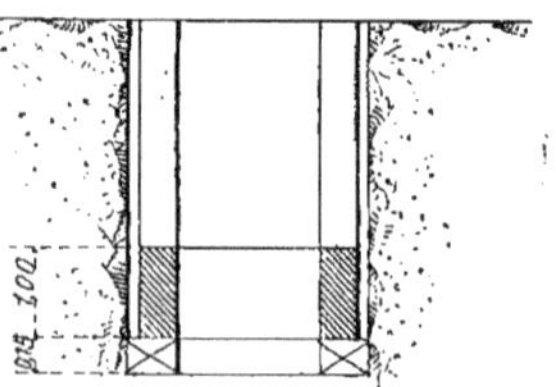
Fig. 187.

Le prix d'un puits ordinaire de maison de garde est de 200 à 300 francs (fig. 188).

Depuis quelques années on a imaginé un procédé rapide pour forer des puits qu'on désigne sous le nom caractéristique de puits instantanés : on enfonce dans le sol à coups de maillet ou mieux de mou-

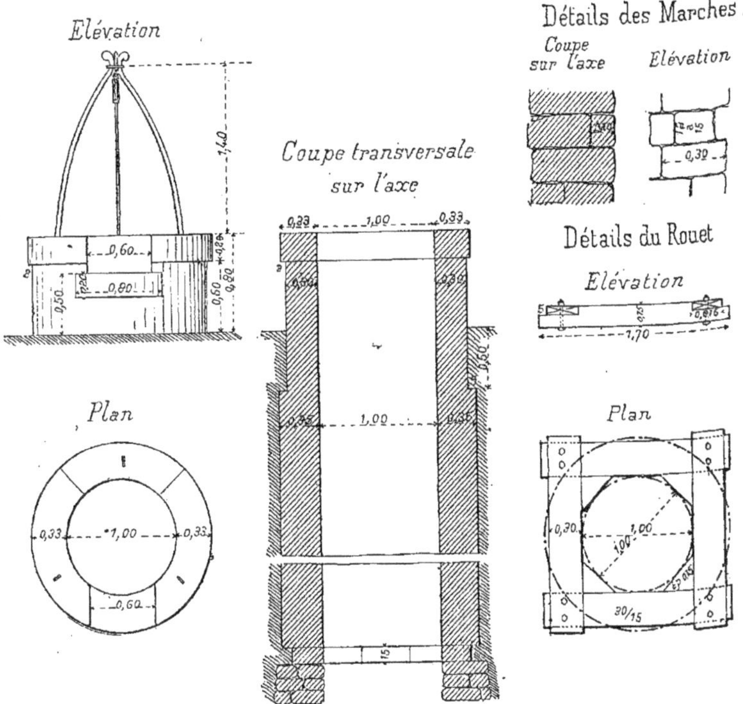

Fig. 188. — Puits pour maison de gardien (passage à niveau).

Fig. 189.

ton, un tuyau en fer de 3 à 5 centimètres de diamètre intérieur terminé en pointe et percé de trous à la partie inférieure, sur une hauteur de 0m70 environ; on ajoute au besoin un second et un troisième tuyaux en fer plein, chacun étant vissé sur le précédent, et l'on surmonte le tout d'une pompe. En d'autres termes le revêtement sert en même temps de conduite d'aspiration (fig. 189).

Effet d'un puits sur la nappe souterraine. — Supposons le puits construit; par suite de l'épuisement on enlève un débit q par seconde, l'eau va s'abaisser et sa surface va prendre autour du puits la forme d'une surface de révolution à génératrice curviligne, allant se raccorder avec la nappe d'eau primitive; cherchons à déterminer les éléments de cette courbe génératrice (fig. 190).

Nous avons vu que la formule générale du mouvement de l'eau à travers un sol perméable, donnée par **Dupuit**, est $i = \mu u$, i représentant la pente de l'écoulement de l'eau et u la vitesse.

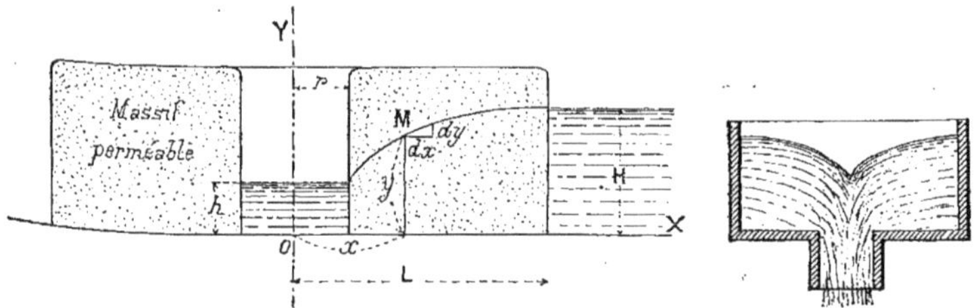

Fig. 190. Fig. 191.

Soit **M** un point de la courbe dont les coordonnées sont x et y

$$i = \frac{dy}{dx} = \mu\, u$$

Appelons q le volume extrait du puits par seconde.

Considérons une section cylindrique ayant pour axe l'axe du puits et pour génératrice l'ordonnée y ; désignons par m le rapport du vide au plein dans le massif perméable (0,30 pour le sable fin). Le débit de la nappe, suivant la section cylindrique précédente, sera représenté par $2\pi xy \times u \times m$ et ce débit devant compenser le volume extrait est égal à q. Donc

$$u = \frac{q}{m\, 2\pi xy}$$

Par suite $\dfrac{dy}{dx} = \mu \dfrac{q}{m\, 2\pi x y}$; c'est l'équation différentielle de la courbe cherchée. L'intégration est facile et conduit à l'équation

$$y^2 = \frac{\mu q}{m\pi} \log x + \text{constante}$$

Pour $y = h$ (hauteur de l'eau dans le puits) $x = r$ rayon du puits.

Pour $y = \text{H}$, $x = \text{L}$, en désignant par H la hauteur primitive de la nappe et par L la distance à laquelle se fait le raccordement avec la surface primitive. On détermine ainsi la constante et, si l'on pose $\alpha = \dfrac{\mu}{m\pi}$, on obtient avec les deux hypothèses précédentes :

$$\left.\begin{aligned} y^2 - h^2 &= \alpha q \log \frac{x}{r} \\ y^2 - \text{H}^2 &= \alpha q \log \frac{x}{\text{L}} \end{aligned}\right\} \text{ et par soustraction } \text{H}^2 - h^2 = \alpha q \log \frac{\text{L}}{r}$$

$$\text{Donc (1) } \frac{y^2 - h^2}{\text{H}^2 - y^2} = \frac{\log \dfrac{x}{r}}{\log \dfrac{\text{L}}{x}} \text{ et (2) } q = \frac{\text{H}^2 - h^2}{\alpha} \times \frac{1}{\log \dfrac{\text{L}}{r}}$$

q et α ou m, l'indice de porosité, ont disparu de l'équation (1) de la courbe dont la forme est par suite indépendante du débit du puits ainsi que de la nature du terrain; on en peut conclure à la limite, que si dans un vase rempli d'eau on ouvre instantanément un orifice au centre de la partie inférieure, la surface supérieure de l'eau prendra une forme définie par l'équation (1) (fig. 191).

Le débit q est inversement proportionnel à α, c'est-à-dire proportionnel à m; il est aussi proportionnel à $H^2 - h^2$ c'est-à-dire à l'épaisseur moyenne $\frac{H+h}{2}$ de la couche filtrante et à la charge $H - h$.

La formule (2) nous apprend que le débit varie en raison inverse de $\log \frac{L}{r}$ c'est-à-dire de $(\log L - \log r)$; il augmente donc avec le rayon du puits, mais dans une très faible proportion, la largeur L étant en pratique très considérable par rapport au rayon r; ainsi pour $L = 100$ mètres, le rapport des débits de deux puits de 1 mètre ou de 2 mètres de rayon, serait de 1,17.

Il faut donc ne donner aux puits que la dimension nécessaire pour faciliter l'exécution des travaux et permettre une bonne installation des machines élévatoires.

Remarquons que les calculs précédents supposent le puits foncé jusque sur la couche imperméable qui sert de base à la nappe souterraine et de plus, que le puits est alimenté par sa paroi latérale; néanmoins les indications théoriques que nous en avons déduites sont peu éloignées de la réalité.

Puits artésiens. — Pour les puits artésiens, la couche perméable comprise entre deux couches imperméables fonctionne comme une conduite forcée, et il faut substituer à la considération du niveau de la nappe celle du niveau piézométrique; le lieu des niveaux piézométriques, en chaque point autour du puits, est une surface dont on peut se rendre compte en étudiant l'équation de la courbe piézométrique, c'est-à-dire de la section de la surface dans un plan méridien passant par l'axe du puits (fig. 192).

Appelons comme précédemment r le rayon du puits, L la largeur de la nappe perméable jusqu'au point ou la courbe piézométrique se raccorde avec le niveau piézométrique primitif, e l'épaisseur de la couche perméable, H la hauteur à laquelle est coupé le tube artésien au-dessous du niveau piézométrique, c'est-à-dire du niveau que prendrait l'eau dans un tube indéfini (H n'est autre que la charge sur l'orifice o). Considérons l'espace compris entre deux méridiens fai-

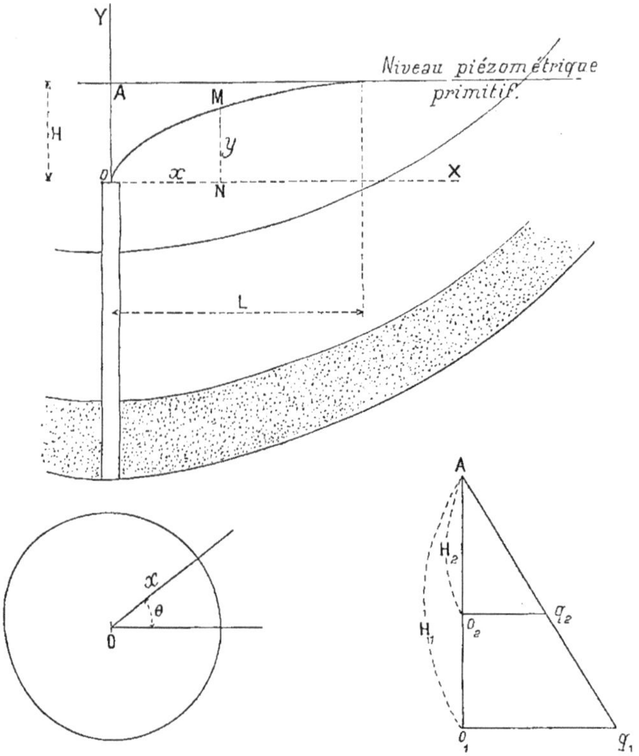

Fig. 192.

sant un angle θ ; sur le cylindre de rayon x, nous aurons en un point M de la courbe, en prenant pour origine des coordonnées le centre de la section suivant laquelle est coupé le tube artésien :

$$\frac{dy}{dx} = \mu u \qquad q = m e x \theta u$$

$$\frac{dy}{dx} = \frac{\mu q}{m \theta} \frac{1}{cx} = \frac{\mu' q}{\theta} \frac{1}{cx} \text{ en posant } \mu' = \frac{\mu}{m}.$$

L'épaisseur e varie en général avec x ;

$$y = \frac{\mu' q}{\theta} \int^x \frac{dx}{cx} + \text{constante}.$$

Pour $x = r \quad y = 0$

$x = \mathrm{L} \quad y = \mathrm{H}$

Donc en désignant par ε l'épaisseur constante moyenne entre deux plans méridiens donnant le même débit

$$q = \frac{\theta}{\mu'} H \frac{\varepsilon}{\text{Log } L - \log r}$$

et
$$y = \frac{\mu' q}{\theta \varepsilon} (\log x - \log r) = H \frac{\log \frac{x}{r}}{\log \frac{L}{r}} \quad (1).$$

Voilà pour le débit entre deux plans méridiens faisant l'angle θ. Le débit total Q s'obtiendra en intégrant le débit q autour de l'axe.

$$Q = \frac{2 \pi E H}{\mu' \log \frac{\lambda}{r}}$$ E et λ représentant des moyennes convenables.

Les formules précédentes donnent, en supposant l'épaisseur e constante,

$$Q = \frac{2 \pi e \ H}{\mu' \ \log \frac{L}{r}} \quad (2).$$

On voit d'après l'équation (2) que comme pour les puits ordinaires, le rayon du puits n'a qu'une faible influence sur le débit, $\frac{L}{r}$ étant toujours très grand; ainsi au puits de Grenelle, $L = 4.000$ et pour deux rayons de 0,25 ou $0^{m}50$, le rapport des débits est: $\frac{\log 16.000}{\log 8.000} = \frac{968}{898} = 1,08$. En pratique néanmoins on cherche à augmenter le diamètre pour la facilité d'exécution du travail.

Le débit est proportionnel à la charge, à l'épaisseur de la couche filtrante et à son coefficient de perméabilité m.

L'équation (1) montre que la courbe piézométrique ne dépend ni du débit, ni de l'épaisseur de la couche filtrante, ni de sa perméabilité.

Il est facile de déterminer le niveau piézométrique d'un puits artésien en mesurant ses débits q_1 et q_2 pour deux altitudes différentes de l'extrémité du tube ascensionnel; la formule (2) donne $\frac{q_1}{q_2} = \frac{H_1}{H_2}$. Une simple construction géométrique permet de déterminer le niveau piézométrique cherché A (fig. 192).

En réalité, l'eau artésienne monte dans un tuyau vertical qui offre une certaine résistance au mouvement de l'eau, ce qui influe sur le débit; mais la perte de charge qui en résulte est relativement faible; au puits de Grenelle, dont le diamètre est de $0^{m}75$, la perte de charge due au frottement dans le tuyau ascensionnel est de 1 mètre, tandis que la perte de charge due au filtrage est de 56 mètres.

Les puits artésiens allant chercher l'eau dans des couches très profondes, les variations du débit, suivant les saisons, sont de peu d'importance ; ainsi le puits de Grenelle a donné un débit constant de 346 mètres cubes par jour de 1876 à 1881 ; dans la même période, le débit du puits de Passy a oscillé entre 6.167 mètres cubes et 6.325 mètres cubes.

Il se forme en général à la base des puits artésiens une poche, quelquefois considérable, par suite de l'entraînement des sables au début du fonctionnement ; c'est ce qui s'est produit au puits de Grenelle d'où il est sorti environ 1000 mètres cubes de sable.

Si l'on perce deux puits dans la même nappe, ils ont une influence réciproque l'un sur l'autre ; c'est ainsi que le puits de Passy, bien qu'à 3 kilomètres du puits de Grenelle, a fait descendre le débit de ce dernier de 0mc0108 par seconde à 0m0075 après le percement, et à

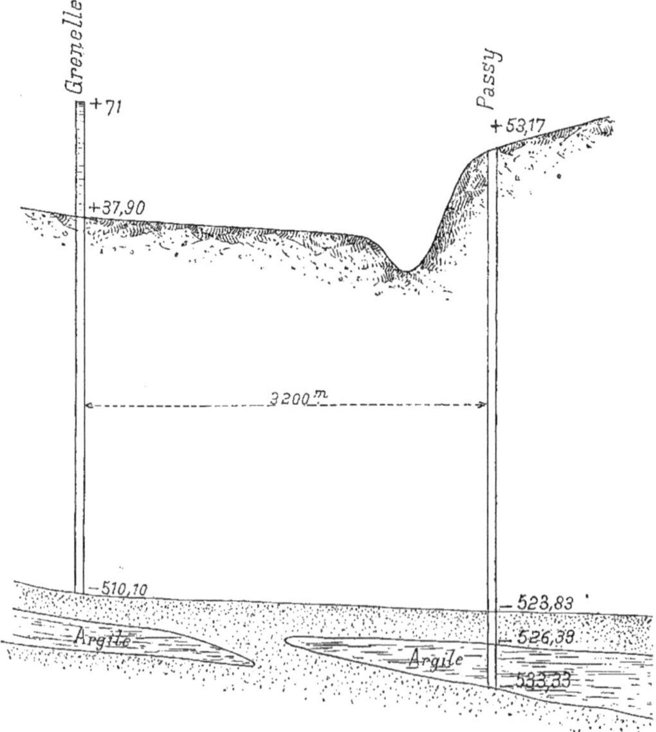

Fig. 193.

0mc0040 une fois que l'équilibre a été établi; l'influence réciproque de ces deux puits a sans doute causé des éboulements souterrains car le débit de celui de Passy, qui était d'abord de 0mc280, a descendu à 0,095 et n'est aujourd'hui que de 0mc069 par seconde (fig. 193).

Sources artificielles. — Pour amener à la surface du sol et utiliser les eaux souterraines, autrement qu'au moyen des puits, on est conduit à exécuter certains travaux ayant pour objet de modifier artificiellement les dispositions naturelles; c'est de ces sources *artificielles* que nous allons maintenant nous occuper.

D'une part on utilise rarement une source telle qu'elle jaillit naturellement et l'on exécute généralement des travaux de captage qui consistent à rechercher et à régulariser les filets ou canaux naturels pour en réunir les produits.

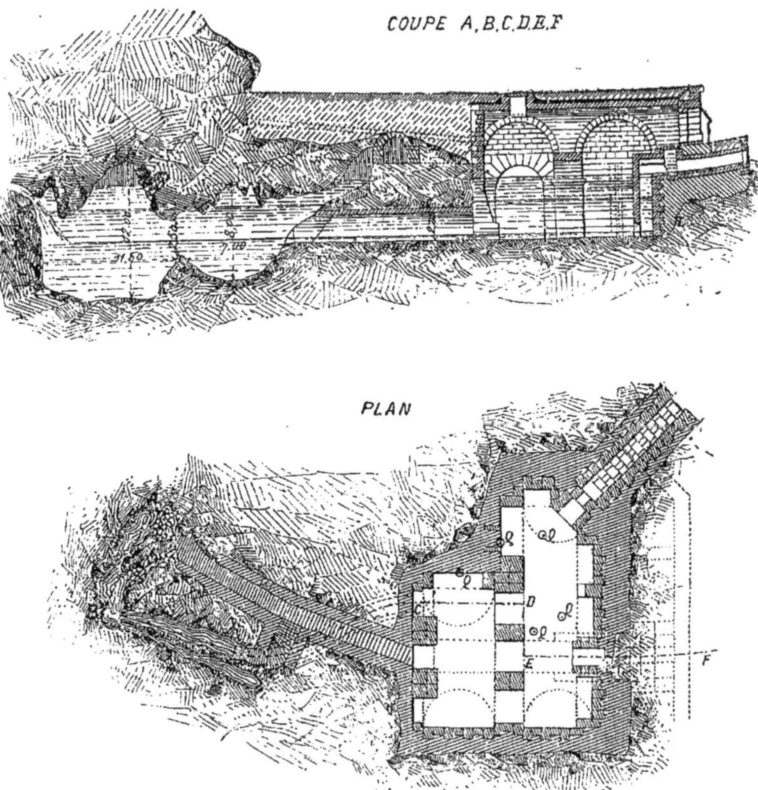

Fig. 194.

Coupe suivant AB
Eaux d'hiver
Eaux d'étiage
Glaise
Marnette
Drain
Plan.
A
B

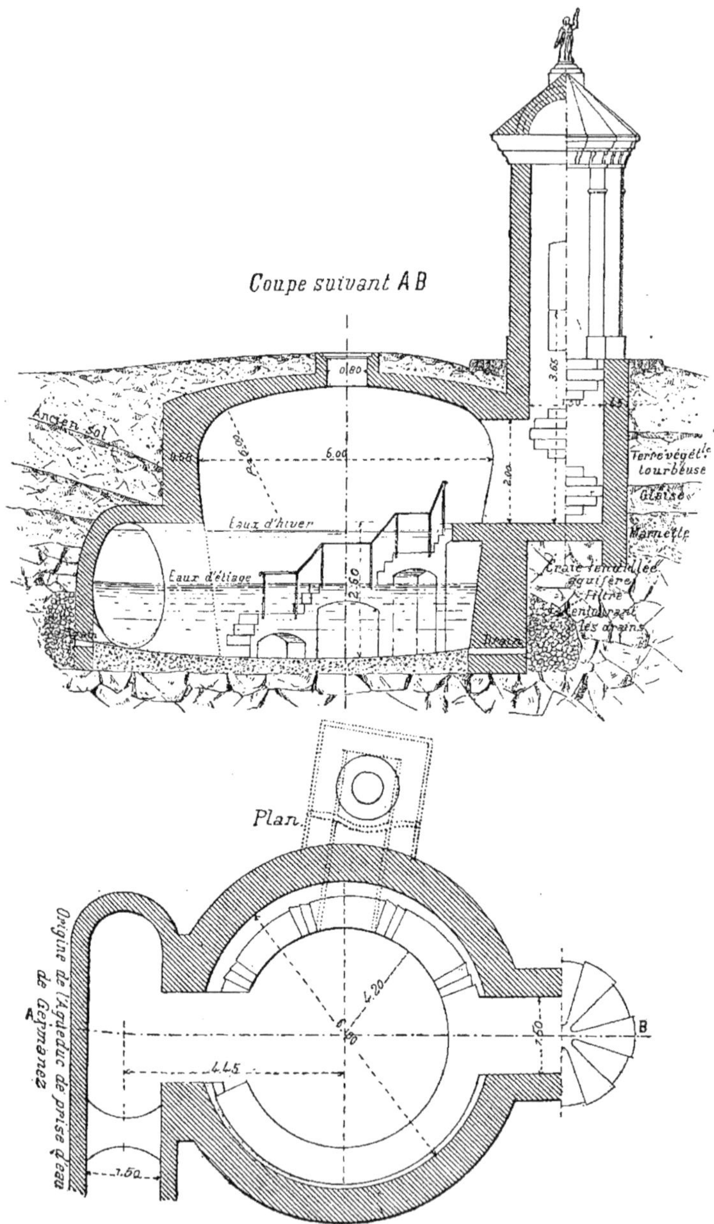

Fig. 195.

D'autre part on peut créer de toutes pièces une source artificielle, même sans source naturelle, au moyen de galeries de drainage ou galeries captantes établies dans les terrains suffisamment alimentés par une nappe souterraine ou par un cours d'eau voisin.

Captage des sources.— Si la source émerge d'une couche rocheuse, on y construit des chambres et conduits souterrains pour la recueillir ; citons dans ce genre les beaux travaux de captation de la source de Kaïserbrunnen (fig. 194) employée à l'alimentation de la ville de Vienne et de la source de Guermanez qui sert à l'alimentation de Lille (fig. 195).

Généralement on capte les sources à leur point d'émergence et on les introduit dans des conduites fermées, drains ou galeries, pour les diriger vers un collecteur ou vers une chambre où se réunissent les débits des drains ou galeries. Lorsqu'une source se manifeste à la surface, on ouvre une tranchée en suivant les suintements jusqu'au point d'émergence ; le point d'émergence constaté on nettoie la fouille descendue jusque sur le terrain imperméable et on la ferme en arrière par un barrage en maçonnerie dans lequel on encastre le drain destiné à amener l'eau recueillie ; souvent sur le parcours de ce drain on recueille encore les eaux de suintement que l'on rencontre, en établissant en aval des suintements un petit barrage en maçonnerie de ciment précédé d'un radier en ciment ; une che-

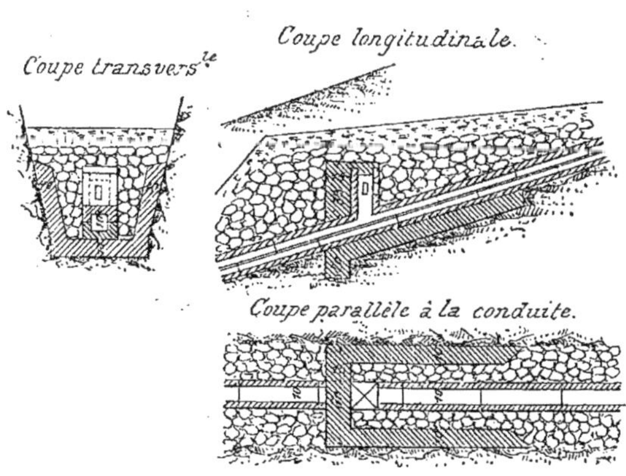

Fig. 196. — Barrage de prise d'eau sur une conduite de 0,10.

minée placée verticalement sur la conduite, en amont du barrage, et percée de trois trous, permet à l'eau de s'y introduire ; on entoure d'ailleurs la conduite de pierrailles formant drainage et qui facilitent l'écoulement de l'eau jusqu'au barrage transversal. Le captage des sources de la vallée du Furens, pour l'alimentation de la ville de Saint-Etienne, offre des exemples de ces dispositions (1) (fig. 196).

Aqueducs de prise d'eau ou galeries captantes. — Ces travaux de captage des eaux d'une nappe consistent à ménager dans l'intérieur de la masse perméable des vides où puissent se rendre les eaux des canaux capillaires qui la sillonnent. C'est surtout dans les thalwegs, où les nappes sont le plus abondantes, qu'on établit les aqueducs de prise d'eau ou galeries captantes. Citons comme applications les galeries filtrantes de Toulouse, de Lyon, de Florence, etc. Dupuit a cherché à déterminer le profil du courant souterrain dans un massif perméable homogène, entre une nappe d'eau extérieure et la galerie de filtration. Il en a déduit, comme pour les puits des alluvions perméables, la formule du débit des galeries ouvertes dans les mêmes terrains.

On peut établir très simplement cette formule de la manière suivante :

Supposons une galerie de filtration établie parallèlement à la berge d'un cours d'eau ou en travers d'une nappe dont la pente suive la flèche et alimentée de ce côté seulement (fig. 197).

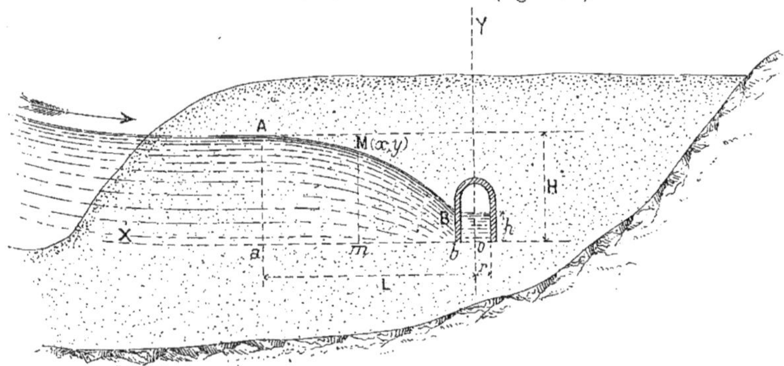

Fig. 197.

Soient : h la hauteur de l'eau dans la galerie au-dessus du radier,
H la hauteur de la nappe alimentaire au-dessus du même radier,
r la demi-largeur de la galerie,
L la distance de l'axe de la galerie au point où la couche se raccorde avec le plan primitif,
q le débit par unité de largeur.

(1) Voyez *Annales des Ponts et Chaussées*, 1875. Notice de M. de Montgolfier, ingénieur des Ponts et Chaussées.

Prenons un point M sur la courbe qu'affecte le courant souterrain dans la masse filtrante, et appelons x et y ses coordonnées par rapport à deux axes rectangulaires se croisant sur l'axe du radier de la galerie.

Le débit qui traverse les tranches successives du filtre Aa, Mm, Bb est constant et égal à q. On a donc, en désignant par m le rapport du vide au plein :

$$m \times y \times u = q$$

D'autre part, la vitesse en chaque point étant proportionnelle à la perte de charge, on a :

$$\mu . u = \frac{dy}{dx}$$

On déduit de ces deux équations,

$$y\,dy = q \frac{\mu}{m}\,dx$$

En intégrant et posant $p = \frac{m}{\mu}$

$$y^2 = \frac{2q}{p} x + \text{constante.}$$

Pour $x = r$ on a $y = h$ et pour $x = \text{L}$ on a $y = \text{H}$ } ce qui permet d'éliminer la constante.

On en déduit la formule du débit :

$$q = \frac{p(\text{H}^2 - h^2)}{2(\text{L} - r)} = \frac{\mu}{m} \frac{(\text{H}^2 - h^2)}{2(\text{L} - r)}$$

L'équation de la courbe est

$$y^2 = \frac{\text{H}^2 - h^2}{\text{L} - r}(x - r) + h^2.$$

C'est une parabole du second degré à axe horizontal.

On voit à l'inspection de la formule du débit que, dans le système des galeries de filtration, le débit par mètre courant est presque indépendant de la largeur de la galerie, cette largeur étant en général très faible par rapport à la distance L.

Théoriquement, les aqueducs de prise d'eau doivent être établis suivant la ligne de niveau la plus basse du massif perméable, le radier reposant sur le terrain imperméable sous-jacent ou s'en rapprochant autant que possible ; on rend le piédroit d'aval imperméable soit avec un corroi d'argile (fig. 198), soit en le formant d'une maçonnerie hydraulique (fig. 199), et l'eau de la nappe s'introduit dans l'aqueduc par filtrage au travers de la paroi d'amont, maçonnée à pierres sèches ou percée de barbacanes.

Fig. 198.

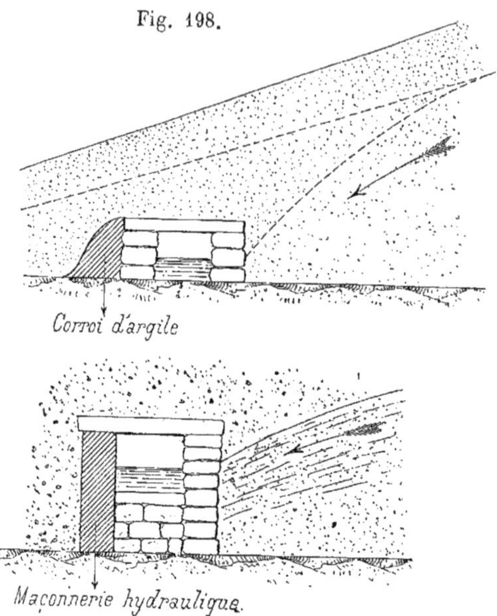

Fig. 199.

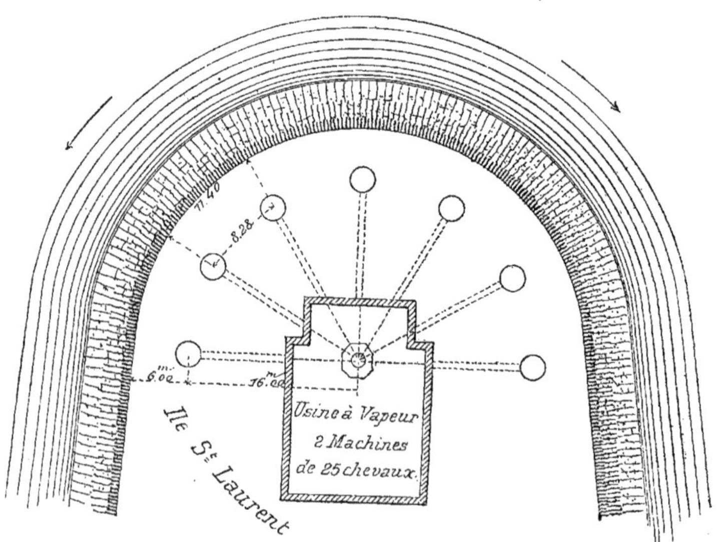

Fig. 200. — Plan du filtre et des installations hydrauliques.

Il faut remarquer que l'aqueduc laissant un libre écoulement à l'eau permet de lui donner une vitesse d'écoulement infiniment plus grande que celle de la nappe; donc avec une galerie assez profonde on peut obtenir un courant abondant sans absorber toute l'eau. Il est inutile de multiplier les orifices d'introduction de l'eau dans la galerie, il suffit que leur somme soit égale à la section totale nécessaire pour le débit correspondant de la nappe;

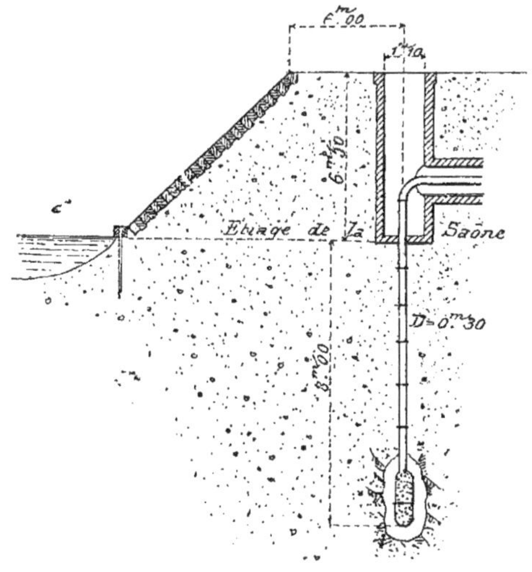

Fig. 201. — Coupe suivant l'axe d'un puits.

c'est ainsi que l'on emploie des drains, l'eau entrant par les joints; des puits isolés peuvent même donner un débit convenable: A Chalon-sur-Saône, sept puits filtrants espacés de 8^m^28 d'axe en axe et disposés sur une demi-circonférence de 16 mètres de rayon, sont établis dans les graviers de la Saône à la pointe amont de l'île Saint-Laurent (fig. 200 et 201); les puits sont maçonnés à leur partie supérieure jusqu'à 6^m^50 de profondeur avec un diamètre de 1^m^10; la base est munie d'un tube en tôle de 0^m^30 de diamètre, foré dans un banc de gravier à 8 mètres au-dessous de l'étiage; les tuyaux d'aspiration viennent se réunir dans une chapelle commune où se produit l'aspiration des pompes (la dénivellation entre les eaux de la Saône et le collecteur varie de 2^m^50 à 3 mètres. Le débit moyen par puits varie de 6 à 15 litres par seconde, soit 520 à 1.300 mètres cubes par jour. Le débit minimum par mètre courant de développement le long de la berge est de $\frac{520^{mc}}{11.40} = 45$ mètres cubes).

Comme exemples d'aqueducs de prise d'eau nous pouvons citer :

1° Les filtres de Toulouse, dont les galeries parallèles au cours de la Garonne sont alimentées par un mélange des eaux de la rivière et de la nappe souterraine (fig. 202) ; les galeries ont une

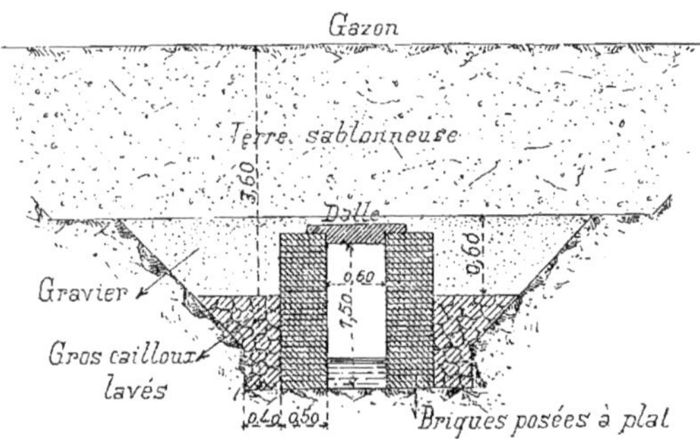

Fig. 202.

section libre rectangulaire de 0m60 de largeur sur 1m50 de hauteur ; elles consistent en deux murs de briques simplement superposées, recouverts de dalles en pierre ; l'espace compris entre la galerie et les parois de l'excavation est rempli de gros cailloux ; au-dessus, une couche de graviers de 0m66 de hauteur, puis de la terre sablonneuse sur laquelle on sème du gazon.

2° La conduite établie en 1847 par Belgrand pour le captage des sources destinées à la distribution d'eau d'Avallon. Cette conduite longue de 3.629 mètres est en béton de ciment à prise rapide de

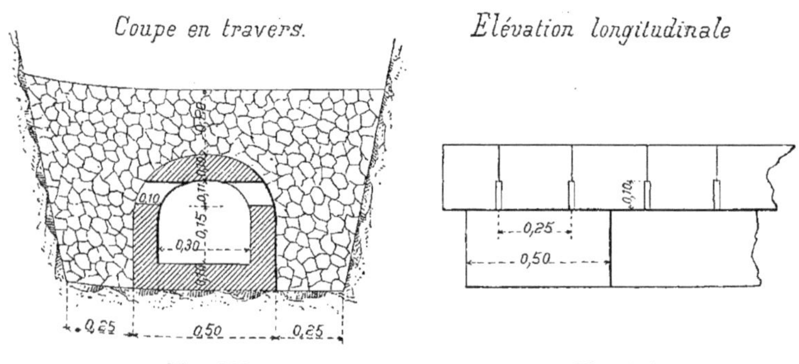

Fig. 203. Fig. 204.

Vassy (1) et n'a coûté que 7 francs par mètre courant (fig. 203 et 204);

(1) Béton composé au mètre cube, de 392 kilogrammes de ciment, 0.445 de sable et 0.645 de pierrailles.

la cuvette de l'aqueduc est posée à morceaux jointifs, mais on a laissé entre les morceaux successifs de la petite voûte des joints libres de 0m10 par où l'eau s'introduit après avoir traversé la pierrée qui entoure la conduite.

3° Les drains employés à Gennevilliers pour limiter le relèvement de la nappe produit par les irrigations à l'eau d'égout; on a sillonné la presqu'île de drains établis à 3 mètres de profondeur environ et distants de 2 à 3 kilomètres; ces drains (fig. 205) de 0.45 de

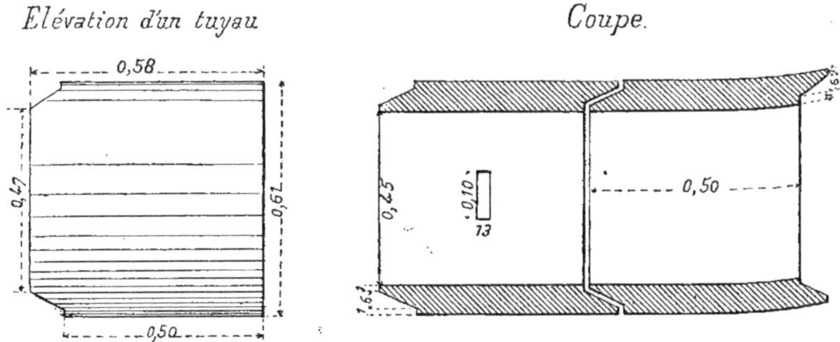

Fig. 205. — Tuyau à emboîtement (béton). Moulage.

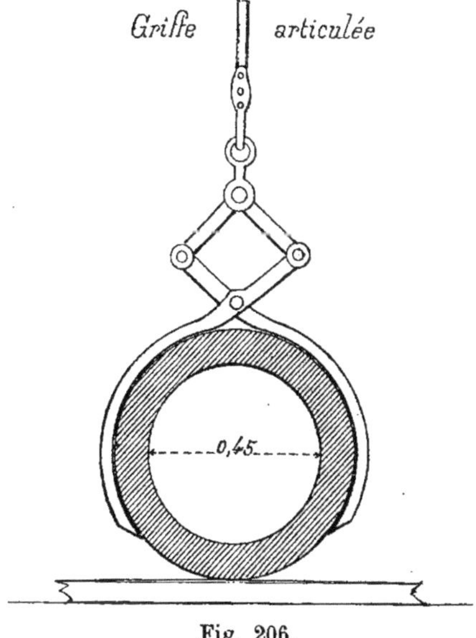

Fig. 206.

diamètre intérieur et de 0m61 de diamètre extérieur, sont en béton de ciment (1), moulés sur place en tuyaux de $0^{m}50$ de longueur qui sont assemblés par simple emboîtement et posés avec une pente de 0.001 au fond des tranchées, au moyen d'une griffe articulée portée par une chèvre et un palan (fig. 206) ; la dépense est ressortie à 34 francs environ par mètre courant de tuyau posé dans la nappe à 3 ou 4 mètres de profondeur.

Nous donnons ci-dessous les débits de quelques galeries filtrantes :

TABLEAU DES DÉBITS DE QUELQUES GALERIES FILTRANTES

DÉSIGNATION DES GALERIES	Développement longitudinal des filtres	Dénivellation à l'étiage (H-h)	Débit minimum par 24 heures		Observations
			par mètre courant	Total	
	m.	m.	m c.	m c.	
Filtres de Toulouse.					
Anciens filtres....	600	1.50	9.600	16	
Filtres de Portet..	500	1.50	10.000	20	
Filtres d'Angers..........	150	»	1.000	7	
Filtres de Nîmes..........	500	1.00	20.000	40	
Puits filtrants de Chalon..	80	2.50	3.640	45	
Filtres de Lyon..........	568.50	1.20	26.000	45	Le débit de 35 m.c. constaté après 1876 a été ramené à 45 m c par des travaux qui ont rétabli la charge primitive en alimentant le bras bordant les galeries.

Le système des galeries filtrantes présente plusieurs inconvénients : le rendement n'est point exactement proportionnel au développement de la galerie ; on ne peut établir son radier à une profondeur assez considérable, à cause des épuisements coûteux que cela nécessite et, en étiage, la charge, c'est-à-dire la différence de niveau entre les eaux de la galerie et la rivière ou la nappe, étant très faible, le débit peut devenir tout à fait insuffisant ; aussi, en raison des mécomptes auxquels a souvent donné lieu ce système, a-t-on recours quelquefois à des puits de captation descendus profondément dans le terrain aquifère ; c'est ce qui a été fait avec avantage pour la distribution d'eau de Chalon dont nous avons déjà parlé et pour celle d'Albi (2).

(1) Béton composé de 340 kilogrammes de ciment pour $0^{m}650$ de sable et $0^{m}650$ de pierrailles.

(2) *Annales des Ponts et Chaussées*, décembre 1886. Distribution d'eau d'Albi par M. Berget.

LIVRE CINQUIÈME

LIVRE CINQUIÈME

COURS D'EAU

Leur origine. — La formation des cours d'eau est le troisième terme de la répartition des eaux entre l'évaporation, l'infiltration et le ruissellement; les cours d'eau proviennent du ruissellement, mais sont en relation directe avec l'infiltration par les nappes et les sources.

Les fleuves et les rivières sont spécialement étudiés dans le cours de navigation; nous nous placerons ici à un autre point de vue, et nous adressant à l'ingénieur du service hydraulique, nous nous occuperons surtout des petits cours d'eau, de l'aménagement, de la répartition et de l'utilisation de leurs eaux.

Le régime hydraulique d'une contrée est la résultante, la manifestation extérieure et visible des phénomènes météorologiques et hydrologiques que nous avons étudiés dans les livres précédents. Les cours d'eau ou nappes superficielles proviennent soit des sources normales, glaciers et sources proprement dites, soit des nappes par infiltration latérale ou infiltration de fond, soit du ruissellement direct après la pluie, soit enfin de sources spéciales comme les égouts et les cours d'eau artificiels (1).

Statistique générale. — Donnons d'abord quelques renseignements statistiques sur l'appareil hydraulique de la France.

Les cours d'eau, suivant l'importance de leurs bassins, peuvent être répartis de la manière suivante :

Surface des bassins. (1)	Nombre de cours d'eau. (2)	Longueur absolue. (3)	Moyenne. (4)	Par département Nombre. (5)	Par département Longueur. (6)
hectares.		kilomètres.			
0 à 1,000	44.809 (74 0/0)	98.420 (37 0/0)	2 k. 2	521	1.144
1000 à 2000	6.661 (11 0/0)	31.920 (12 0/0)	4 7	77	371
2000 et au-dessus	9.082 (15 0/0)	135.660 (51 0/0)	15	106	1.577
Totaux et moyennes..	60.552	266.000 kil.	4 k. 4	704	3.092

Le chiffre de 135.660 kilomètres qui figure à la colonne 3 se décompose ainsi :

Seine................	14.690 kil.	Escaut...............	1.150 kil.
Loire................	32.250	Manche...............	8.190
Gironde..............	28.090	Océan................	14.360
Rhône................	17.550	Méditerranée.........	6.010
Rhin.................	9.060	Divers...............	4.310
Total............	135.660 kilomètres.		

Remarquons d'abord l'importance relative des petits cours d'eau qui intéressent spécialement l'hydraulique agricole; ils entrent dans le total pour 85 0/0 comme nombre et pour 49 0/0 comme longueur; leur longueur moyenne est de 2 à 5 kilomètres.

Ce système hydraulique représente un volume et une force disponibles considérables, qui sont utilisés par l'industrie, l'agriculture, la navigation, enfin pour l'alimentation des villes et les usages domestiques.

(1) A Paris, par exemple, le débit des égouts est égal au $\frac{1}{10}$ de celui de la Seine à l'étiage.

Le tableau suivant fait ressortir pour les cours d'eau français le rapport qui existe entre la pluie tombée et l'eau écoulée :

Bassins.	Hauteur moyenne de pluie.	Surface du bassin.	Volume moyen.		
			Pluie annuelle.	Débit.	
				Par seconde.	Annuel.
		hectares.	mètres cubes.	m. c.	mètres cubes.
Seine	0m 63	7.731.083	46.618.422.900	694	21.864.084.000
Loire	0 69	11.514.566	76 150.509.400	985	31.052.960.000
Gironde	0 82	9.055.013	74.251.116.600	1.178	37.149.408.000
Rhône	0 95	9.866.643	93.733.128.500	1.718	54.236.000.000
Rhin	0 72	3.833.289	27.599.680.800	1.020	7.610.000.000
Escaut	0 62	324.891	2.014.324.200	92	2.738.240.000
Manche	0 80	4.515.129	38.121.032.000	264	8.325.701.000
Océan	0 82	4.941.736	40.522.235.200	348	10.954.028.000
Méditerranée	0 65	2.778.678	18.071.407.000	187	5.897.232.000
Totaux et moyennes	0m 75	54.561.028	417.081.856.600 (B)	6.486	179.857.656.000 (A)

Le rapport $\frac{A}{B}$ est égal à 0.43 pour l'ensemble.

De quelle utilisation ce volume de 180 milliards de mètres cubes est-il susceptible ?

Au point de vue de l'utilisation agricole, ce chiffre, à raison de 10.000 mètres cubes par hectare, correspond à 18 millions d'hectares soit au tiers de la superficie totale de la France.

Au point de vue industriel, si l'on considère qu'une usine de 10 chevaux exige avec une chute de 2m50, 26.000 mètres cubes par jour, soit 9.500.000 mètres cubes par an, on trouve que le volume d'eau disponible pourrait alimenter 19.000 usines de 10 chevaux; il représente par conséquent 190.000 chevaux par chute de 2m50; si celle-ci est répétée 60 fois sur la pente totale, on arrive finalement à une force totale de 11.400.000 chevaux.

Nous ne parlons ici que pour mémoire de la navigation qui utilise les eaux superficielles, soit au moyen des rivières canalisées, soit au moyen des canaux; ce dernier système est bien supérieur au premier, c'est ainsi par exemple que le canal Saint-Denis ou Saint-Martin, avec un débit de 0mc500. suffit à un mouvement de

2.500.000 tonnes, tonnage bien supérieur à celui de la Seine, dont le débit varie de 40 à 200 mètres cubes.

Enfin le volume total d'eau disponible est plus que suffisant pour l'alimentation et les usages domestiques. On estime à $0^{mc}100$ par jour la consommation par tête d'habitant; ce volume est suffisant; supposons cependant un volume de $0^{mc}200$ au maximum, cela représente 73 mètres cubes par an : l'alimentation de la France entière n'exige donc que 40.000.000 habitants $\times$ 73 mètres cubes = 2.920.000.000 mètres cubes.

La résultante générale du ruissellement et de l'imbibition est mise en évidence par le rapport entre le volume écoulé et le volume de l'eau tombée; ce rapport est égal à 43 0/0 pour l'ensemble de la France; la Garonne donne 65 0/0, la Seine 33 0/0.

Ce rapport a été étudié d'une façon plus précise pour certains bassins fermés. Ainsi dans le bassin du lac de Paladru (Isère) qui donne son débit par la Fure, on a trouvé, d'octobre 1859 à février 1862, une hauteur pluviométrique de $2^{m}223$, un volume reçu de 125.500.000 mètres cubes et un volume écoulé de 61.600.600 mètres cubes; le rapport de ces deux chiffres est de 49 0/0. Au lac Fucino (versants abrupts) la surface alimentaire est de 65.000 hectares, la hauteur annuelle de pluie $0^{m}763$, le cube écoulé $11^{m}50$ et le rapport $\frac{Q}{Q'} = 73$ 0/0. Pour le réservoir du Furens où la pluie annuelle correspond à une hauteur de $0^{m}85$, $\frac{Q}{Q'} = 65$ 0/0.

M. Hirsch, ingénieur des ponts et chaussées, a donné les chiffres suivants pour l'étang de Goudrexange (Moselle) :

Hauteur de pluie.. $(a) = 0.723$			
Hauteur écoulée... $(b) = 0.199$	0.723	$\frac{b}{a} = \frac{0.199}{0.723} = 0{,}275$	
Hauteur évaporée. $(c) = 0.384$			
Hauteur absorbée par le sol...... $(d) = 0.140$		$\frac{d}{a} = \frac{0.140}{0.723} = 0{,}193$	

Citons enfin une étude complète faite pour la Saône en amont de Savoyeux (1); le bassin est composé de terrains imperméables, pour

(1) Mémoire de M. Mocquery. *Annales des ponts et chaussées*, octobre 1879.

les deux tiers; un tiers de la surface est perméable. Voici les résultats obtenus :

Années.	Hauteurs de pluie.	Volumes correspondants pour l'étendue du bassin (4.299 k. q.)	Volumes débités.	Rapport entre l'eau débitée et l'eau tombée sur le bassin.
		mètres cubes.	mètres cubes.	
1858	0m 863	3.711.462.000	862.186.000	0,232
1859	0 981	4.215.754.000	1 375.834.000	0,326
1860	1 217	5 230.856.000	2.442.528.000	0,466
1861	0 768	3.299.943.000	1.222.214.000	0,370
1862	0 846	3.637.007.000	1.271.462.000	0,349
1863	0 910	3.911.072.000	1.533.686.000	0,392
1864	0 676	2.908.272.000	994.032.000	0,342
1865	0 718	3.085.881.000	1.056.672.000	0,342
1866	1 252	5.304.582.000	2.145.053.000	0,398
1867	1 028	4.420.989.000	2.266.501.000	0,512
Moyennes	0m 926	3.980.582.000	1.517.020.000	0,381

On voit par l'examen de ce tableau que, comme on pouvait s'y attendre, le rapport entre l'eau débitée et l'eau tombée est d'autant plus grand que l'année a été plus humide.

Étude des petits cours d'eau. — Nous n'avons à nous occuper dans le cours d'hydraulique agricole que des cours d'eau non navigables ni flottables et de leur aménagement; nous commencerons notre étude par les cours d'eau des montagnes, c'est-à-dire par les torrents et les glaciers qui s'y rattachent naturellement.

CHAPITRE PREMIER

TORRENTS

Importance morale des torrents. — Tous ceux qui ont parcouru les régions dévastées des Alpes françaises ont éprouvé la même impression de stupeur et de tristesse à la vue des désastres occasionnés par les torrents et de l'état de délabrement et de ruine de notre frontière des Alpes; dans ces régions, l'action des eaux arrache d'une manière continue aux flancs des montagnes des matériaux qui font irruption dans la plaine et l'ensevelissent sous des amas de débris.

La ruine progressive des départements alpins français n'est que trop démontrée par les enseignements que fournit la statistique, tant au point de vue du mouvement de la population qu'à celui de la répartition des cultures sur la superficie du sol. Nous les résumons dans les deux tableaux suivants empruntés à M. Demontzey, haut fonctionnaire de l'administration des forêts, qui s'y est distingué par ses travaux de reboisement des montagnes (1).

(1) *Traité pratique du reboisement et du gazonnement des montagnes*, par M. Demontzey, administrateur des forêts.

Départements.	ARRONDISSEMENTS	Nombre de communes.	Étendue.	POPULATION CONSTATÉE en 1846	en 1851	en 1856	en 1861	en 1866	en 1872	en 1876	Diminution en 30 ans.	Taux de la diminution à tant p. 0/0	Densité moyenne de la population par arrondissement.
			hectares.	habit.	habit.	habit.	habit.	habit.	habit.	habit.			
Basses-Alpes.	1. Barcelonnette (Très montagneux.)	20	111.193	18.284	17.707	16.913	16.316	15.898	15.322	14.704	3.580	19,5	13,23
	2. Castellane (Très montagneux)	48	129.955	23.831	23.201	22.816	21.820	20.897	20.221	19.335	4.496	18,8	14,86
	3. Sisteron (Montagneux 1/4 en coteaux.)	49	109.983	26.114	25.385	24.146	23.729	22.673	22.514	21.554	4.560	17,5	19,59
	4. Digne (Montagneux et coteaux par moitié.)	84	233.430	52.215	50.679	48.010	47.517	49.143	47.306	46.940	5.275	10,1	20,14
	5. Forcalquier (Plus de coteaux que de montagnes.)	50	110.496	36.231	35.098	35.249	35.154	33.910	33.969	33.633	2.598	7,0	30,57
	Totaux pour les Basses-Alpes	251	695.057	156.675	152.070	147.134	144.536	141.521	139.332	133.166	20.059	13,0	19,56
Hautes-Alpes.	1. Briançon (Très montagneux.)	27	158.843	29.969	30.982	30.840	29.487	27.741	27.004	27.180	2.789	9,3	17,1
	2. Embrun (Très montagneux.)	36	145.128	32.012	32.340	32.296	31.007	30.312	28.908	28.611	3.401	10,6	19,7
	3. Gap (Hautes montagnes et coteaux.)	126	249.454	68.585	68.716	66.420	64.420	64.606	62.896	63.303	5.282	7,7	25,3
	Totaux pour les Hautes-Alpes	189	553.425	130.566	132.038	129.556	124.914	122.659	118.808	119.094	11.472	8,8	21,5
	Totaux pour l'ensemble des deux départements	440	1.248.482	287.241	284.108	276.690	269.450	264.180	258.230	255.260	31.981	11,0	20,4

ÉTAT SUPERFICIEL DU SOL AU POINT DE VUE DE LA PRODUCTION (1)

		Basses-Alpes.	Hautes-Alpes.	Ensemble
		hectares	hectares	hectares
Contenances non imposables	Arides	108.366 (15,0 0/0)	51.198 (9,2 0/0)	159.564 (12,6 0/0)
	Rivières, torrents, lacs, routes, chemins, etc	29.261 (4,2 0/0)	18.718 (3,4 0/0)	47.979 (3,8 0/0)
Contenances imposables	Cultures diverses (champs, prés, vignes, etc.), propriétés bâties, etc	157.513 (22,9 0/0)	125.007 (22,6 0/0)	282.520 (22,7 0/0)
	Bois	123.108 (17,7 0/0)	94.041 (17,0 0/0)	216.149 (17,4 0/0)
	Vagues et pâtures	236.793 (34,0 0/0)	234.461 (42,3 0/0)	471.254 (37.7 0/0)
	Montagnes pastorales	40.016 (5,7 8/8)	30.000 (5,5 0/0)	70.026 (5.7 0/0)
		695.057 hectares.	553.425 hectares	1.248.482 hect.

De l'examen de ces tableaux il résulte :

1° Qu'il se trouve un arrondissement, celui de Barcelonnette, où la densité moyenne de la population (nombre d'habitants par kilomètre carré) descend au chiffre de 13,23, et un département (celui des Basses-Alpes) où elle n'atteint que 19,56, alors que celle de la France entière est de 71 !

2° Que la dépopulation se manifeste avec d'autant plus d'énergie que la région est plus montagneuse et plus ravagée par les torrents; c'est ainsi que dans les Basses-Alpes, la dépopulation atteint le taux de 19, 5 p. 0/0 et de 18, 8 p. 0/0 dans les arrondissements de Barcelonnette et de Castellane, tandis qu'elle se réduit à 7 p. 0/0 dans celui de Forcalquier, beaucoup moins montagneux.

Il en est de même dans les Hautes-Alpes, où l'arrondissement d'Embrun présente le taux le plus élevé.

Définitions. — Et d'abord qu'est-ce qu'un torrent? Le mot a longtemps prêté à la confusion; on a appliqué ce nom, dans le langage technique comme dans le langage ordinaire, à toute rivière impétueuse.

La définition donnée dans le dictionnaire Littré constitue déjà un progrès; on y lit : « Un torrent est un courant d'eau très rapide, soit permanent et produit par la grande déclivité du terrain dans les

(1) Remarquons que les altitudes varient de 250 mètres à 4.300 mètres.

montagnes, soit peu durable et produit par des orages ou fontes de neiges. »

Belgrand a abusé du mot en l'appliquant à des rivières de la Champagne et de la Brie, rivières à crues rapides et fortes.

Si nous voulons une définition plus exacte et plus précise, il faut nous adresser à Surell, l'habile ingénieur, le classique auteur de l'*Étude sur les torrents des Alpes*.

Surell partage les cours d'eau en quatre classes : les *rivières*, les *rivières torrentielles*, les *torrents* et les *ruisseaux*, et les définit de la manière suivante :

« Les rivières coulent dans des vallées larges, ont un assez fort « volume d'eau et des crues prolongées ; leur pente constante sur de « grandes longueurs n'excède pas 15 millimètres par mètre ; leur « trait saillant est de divaguer sur un lit plat très large et dont elles « n'occupent jamais qu'une très petite portion.

« Les rivières torrentielles forment les affluents principaux des « rivières ; leurs vallées sont moins longues et plus resserrées ; les « variations de leur pente sont plus rapides ; leur volume d'eau est « moins considérable ; elles divaguent peu ou point, par suite de « leur encaissement, et leur pente n'excède pas 6 centimètres par « mètre.

« Les torrents coulent dans des vallées très courtes, parfois même « dans de simples dépressions ; leurs crues sont courtes et presque « toujours subites ; leur pente excède 6 centimètres par mètre sur « la plus grande longueur de leur cours ; elle varie très vite et ne « s'abaisse pas au-dessous de 2 centimètres par mètre ; ils ont une « propriété tout à fait spécifique ; ils affouillent dans la montagne, « ils déposent dans la vallée et divaguent ensuite, par suite de ces « dépôts ; cette propriété, formée par un triple fait, ne se retrouve « dans aucune des deux classes précédentes et fournit un caractère « bien tranché.

« Les ruisseaux ont un petit volume d'eau, un parcours peu pro- « longé, soit qu'ils coulent sur des pentes douces, soit que leurs « berges et leurs lits soient solides ; ils n'affouillent pas, ne charrient « pas de matériaux, et dès lors ne déposent pas ; ils fournissent la « plupart des cascades.

« L'on conçoit facilement qu'il peut y avoir des cours d'eau qui « n'appartiennent rigoureusement à aucune de ces quatre classes et

« qui, dans l'étendue de leur cours, ne manifestent que des carac-
« tères mixtes, résultat de la fusion de deux classes voisines. »

Citons comme exemple de combinaison de ces divers systèmes le cas d'un torrent ou d'un ruisseau, entrant dans un ancien lac et devenant une rivière divagante.

A. — Glaciers. Torrents glaciaires.

Glaciers. — Les glaciers méritent d'arrêter notre attention, car ils donnent naissance à un grand nombre de cours d'eau et des plus considérables, comme la Garonne, le Tessin, le Rhône dans le bassin duquel on ne compte pas moins de 316 glaciers, et le Rhin (71 glaciers) ; par la fusion des neiges, ils peuvent contribuer aux inondations : qui ne se souvient de la terrible inondation de la Garonne en 1875, causée par l'abondance des pluies tombant sur un sol saturé et par la fonte des neiges. Enfin les moraines des glaciers préparent des matériaux pour les torrents.

Répartition des zones montagneuses. — Dans une montagne, on peut distinguer 5 parties : 1° la zone des neiges perpétuelles que l'on rencontre dans les Alpes à une altitude de 2.700 mètres sur le versant nord, à 2.900 mètres sur le versant sud ; cela ne signifie pas toutefois qu'à cette altitude on rencontre toujours de la neige ; il faut encore que la pente s'y prête : le Cervin et la Maladetta dressent leurs pics nus à de grandes hauteurs.

2° La zone stérile qui n'est débarrassée de la neige que pendant de courtes intermittences, entre les neiges du printemps et les neiges de l'hiver.

3° La zone pastorale, caractérisée par une végétation herbacée ; les graminées élémentaires y poussent et y sont broutées par les troupeaux, de juin à septembre.

4° La zone forestière.

5° La zone agricole.

Formation des glaciers. — Les glaciers proviennent de la condensation sous forme de neige, des vapeurs, par les montagnes. Dans les hautes régions montagneuses, les couches successives de neige se superposent et finissent par se souder les unes aux autres, par suite de la pression que les couches supérieures exercent sur les couches inférieures.

Donnons quelques explications au sujet de ce phénomène auquel on a donné le nom de regel.

On se rappelle l'observation faite par Faraday en 1850, à savoir que deux morceaux de glace fondante mis en contact se soudent ensemble si solidement qu'ils se casseront plutôt partout ailleurs que sur la surface de jonction.

Mettez dans un moule convenable une masse compacte de glace et soumettez cette masse à une forte pression ; elle se brise en morceaux qui se réunissent par regel en une masse compacte de glace, différente de la première par la forme.

Il est facile de transformer expérimentalement de la neige en glace en la comprimant entre les mains, ou dans un moule, ou enfin à la presse : c'est ainsi que dans la vallée de Gabas vers Bious-Artigues (Pic du Midi de Bigorre), on fabrique de la glace en soumettant la neige à l'action de presses analogues à celles qui servent à la fabrication du vin, mais cette glace est toujours opaline.

La théorie du regel est due à J. Thomson et Clausius ; partant de la théorie mécanique de la chaleur, ces deux savants sont arrivés à cette conséquence que la température du point de congélation de l'eau peut être modifiée par une forte pression; le point de fusion descend de $\frac{1}{126}$ de degré pour une atmosphère. Il résulte de là que si l'on comprime un mélange d'eau et de glace, une partie de la glace fond à une température inférieure à zéro, en abandonnant en partie sa chaleur latente pour en fondre elle-même; si l'espace est confiné, l'eau reste liquide, mais s'il y a des ouvertures et des fissures, l'eau devenue libre et non comprimée retrouve son point de congélation à zéro, se solidifie et produit le regel. Plusieurs expériences permettent de vérifier l'exactitude de cette théorie. 1° Si l'on comprime de la glace dans un vase résistant, on peut arriver à la liquéfier et si l'on continue à comprimer le mélange, on constate un abaissement de la température. 2° Enfermez de l'eau dans un cylindre résistant contenant une balle de plomb et refroidissez-le à — 15°, l'eau reste liquide comme le prouve la liberté de mouvement que conserve la balle de plomb dans le cylindre. 3° Accrochez un fil de laiton (fig. 207) portant un poids P, autour d'un prisme de glace et en son milieu, le fil pénétrera dans le prisme, grâce à la fusion de la glace provoquée par la pression, et la glace se reformera derrière le fil, par regel. 4° Enfin, qui de nous n'a pas, dans son enfance, mis à profit cette propriété, en lançant des boules de neige ou bâtissant des hommes de neige? C'est là une vérification de la théorie de Thomson, qui pour être à la portée de tous n'en est pas moins frappante.

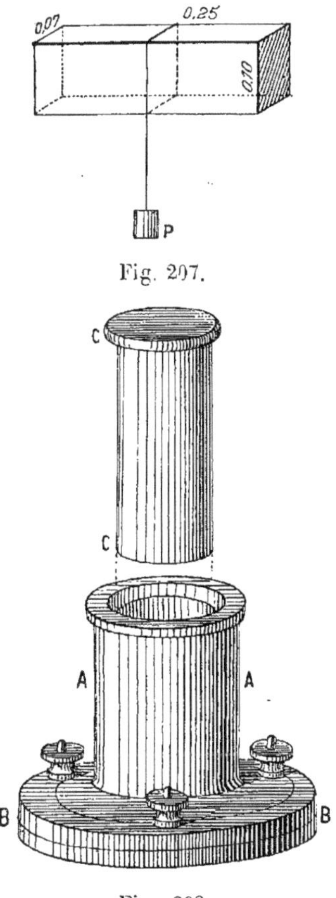

Fig. 207.

Fig. 208.

Ce que les enfants font en petit en fabriquant leurs boules de neige, la nature le répète en grand dans les glaciers. Les couches inférieures du névé sont comprimées par les masses de neige qui s'élèvent au-dessus d'elles; la neige des couches supérieures reçoit les rayons du soleil et fond en partie, l'eau de la fusion s'infiltre dans le glacier par suite de son poids plus élevé (l'échauffement l'amenant à 4° maximum de densité) et va se geler dans les couches plus profondes, au contact de la neige plus froide, en la ramenant à zéro et lui donnant un aspect granuleux. Mais, comme le poids des masses de neige superposées va en grandissant sans cesse, cette neige granuleuse se soude et prend l'aspect d'une masse très dure et très dense.

Cette transformation de la neige en glace peut être reproduite artificiellement au moyen d'une disposition analogue à celle de la figure 208. On remplit un vase cylindrique AA refroidi préalablement à zéro avec de la neige et on y introduit ensuite au moyen d'une presse hydraulique le piston CC; soumise à cette pression, la neige n'occupe qu'une place excessivement réduite. On enlève le piston, on remplit de nouveau le cylindre de neige et l'on répète ainsi plusieurs fois l'opération, jusqu'à ce que la capacité du vase AA soit remplie d'une masse qui ne cède plus sous l'action de la presse; on obtient ainsi un bloc de glace excessivement dure.

Mouvements des glaciers. — Les glaciers descendent dans les vallées et leur mouvement se concilie avec la fragilité de la glace, grâce au regel; il résulte en effet de ce phénomène que la glace des glaciers change de forme et conserve le caractère d'une nappe continue sous l'action d'une pression qui maintient sa cohésion et sa plasticité; mais lorsqu'elle subit une certaine tension, elle se brise.

Chaque année de nouvelles couches de neige viennent se superposer sur les névés (1), il y a donc un gain pour le glacier; il y a perte par suite de la fusion de la neige du printemps et de la glace à la partie inférieure du glacier; la région où il y a équilibre entre le gain et la perte constitue la limite du névé, et comme la partie haute ne s'élève pas, il faut bien qu'il y ait un mouvement de descente du glacier.

Ce mouvement peut d'ailleurs être constaté directement. Les premières observations faites à ce sujet sont dues à Hugi et Agassiz qui voulurent déterminer avec exactitude la vitesse de la marche d'un glacier de l'Oberland bernois, le glacier de l'Aar. De la petite ville de Meyringen (fig. 209), remontons l'Aar au delà de la célèbre chute

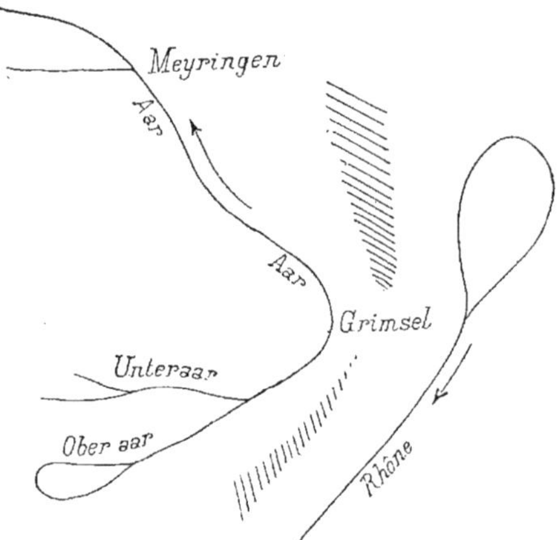

Fig. 209.

de Handeck (gouffre de 200 pieds de profondeur) et au lieu de nous engager dans la passe de Grimsel, tournons à droite en suivant le cours de l'Aar, nous arrivons à un large glacier que coupe une grande

(1) Transition de la neige blanche ordinaire à la glace parfaite.

moraine médiane. Cette moraine est formée par la jonction de deux glaciers qui se réunissent en un glacier principal, l'Unteraar. Sur cette grande moraine médiane, un professeur suisse intrépide et enthousiaste, Hugi, de Soleure, s'installa en 1827, pour faire des observations; il construisit une cabane et en mesura le mouvement; en 1840, on la trouva à 1.432 mètres au-dessous de son point de départ.

En 1840, M. Agassiz se mit à l'abri sous un grand rocher surplombant la même moraine, après y avoir ajouté des parois latérales pour se garantir; la hutte fut longtemps appelée l'hôtel des Neuchâtelois. Deux ans après, M. Agassiz constata que l'hôtel avait descendu de 148 mètres; il n'existe plus aujourd'hui; charrié par le glacier, il s'est fendu en un grand nombre de fragments qui sont tombés au bas de la moraine.

En 1841, M. Agassiz fit en outre porter à son hôtel des instruments de forage et perça dans le glacier de l'Unteraar six trous de dix pieds de profondeur, suivant une ligne droite transversale; dans ces trous on enfonça six poteaux et en 1842 on mesura le déplacement de chacun d'eux. Ils avaient avancé respectivement de 49 mètres, 68 mètres, 82 mètres, 74 mètres, 64 mètres, 38 mètres. Ces mesures établissent d'une manière concluante que le milieu du glacier, comme celui d'une rivière, marche plus rapidement que les bords.

MM. Forbes et Tyndall ont apporté encore plus de précision dans ces mesures en employant le théodolite et ils ont montré qu'il n'est pas nécessaire d'attendre une année pour déterminer le mouvement d'un glacier, qu'on peut mesurer ce mouvement heure par heure. Leurs observations ont porté sur la Mer de glace; en voici les résultats (fig. 210) :

1° Le mouvement du glacier est plus rapide vers le bas; il est

De 0^m	50	par jour	à Trélaporte.
0	57	—	aux Ponts.
0	65	—	avant le Montanvert.
0	65	—	au Montanvert.
0	90	—	au-dessous.

2° Le mouvement est plus rapide au centre que sur les bords. Ainsi au-dessous du Montanvert, il est de 0^m30 sur les bords et de 0^m82 vers le centre.

3° Le mouvement est plus rapide à la surface qu'au fond. Ainsi en *a* on a trouvé :

A 50 mètres de hauteur	0^m 15	de vitesse par jour.
A 11	—	0 11	—
A 1	—	0 06	—

4° En face du Montanvert et à quelque distance au-dessus et au-dessous, tout le côté oriental du glacier marche plus vite que le côté

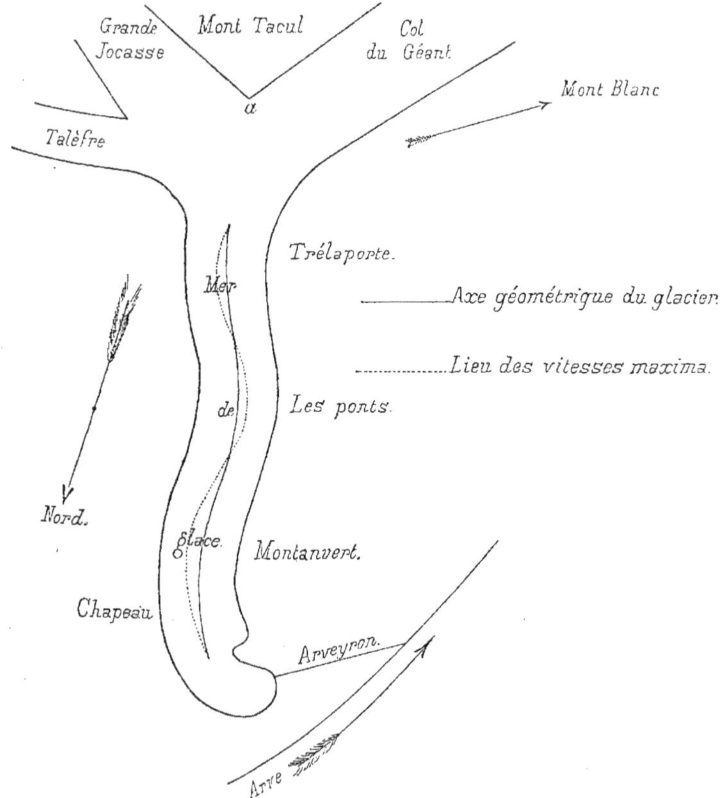

Fig. 210.

occidental ; à la hauteur des Ponts, la moitié occidentale du glacier a un mouvement plus rapide que la moitié orientale ; à la hauteur de Trélaporte, la moitié orientale a repris un mouvement plus rapide que la moitié occidentale. Ces changements dans le lieu de la plus grande vitesse dépendent des changements de courbure de la vallée que parcourt la mer de glace. Lorsqu'un glacier se meut dans une vallée sinueuse, le lieu des points de plus grande vitesse ne coïncide pas avec l'axe géométrique du glacier, mais se trouve au contraire du côté de la convexité de la ligne centrale. Ce lieu est donc une ligne courbe à sinuosités plus profondes que celles de la vallée et coupant l'axe du glacier à chaque changement de courbure. En d'autres termes, le mouvement d'un glacier est analogue à celui d'une rivière; dans ce mouvement, la glace se comporte comme l'eau elle-même.

5° La vitesse du glacier diminue en hiver. La vitesse d'hiver est moitié de celle d'été dans le voisinage du Montanvert.

Moraines. — Les moraines sont formées de roches, de débris tombés ou arrachés des montagnes, qui, ramenés à la surface des glaciers, en suivent les mouvements.

Les glaciers poussent devant eux tous les matériaux, blocs, graviers, sable, etc., qu'ils rencontrent sur leur chemin; ils arrachent même toutes les portions de rochers qui ne peuvent résister à la pression énorme de ces fleuves de glace. Une petite portion des débris forme entre le glacier et la roche une couche qu'on appelle boue glaciaire, mais la plus grande masse des débris est ramenée à la surface et sur les bords où ils cheminent à la suite les uns des autres en formant ainsi de longues bandes ou moraines latérales.

A l'extrémité du glacier, l'entassement des blocs et des débris poussés par lui constitue la moraine frontale ou terminale. Comme nous l'avons dit plus haut, la boue glaciaire provient de l'usure du lit du glacier par les matériaux qui y sont enchâssés et l'on retrouve dans certaines vallées des traces de rayures anciennes provenant de l'usure de glaciers aujourd'hui disparus. Les matériaux des moraines ne sont pas triés; on y trouve un mélange de boue et de gros blocs dont les arêtes ne sont pas usées.

Lorsque deux glaciers se réunissent, les deux moraines latérales donnent naissance à une moraine centrale; c'est sur la moraine centrale qu'Agassiz fit les expériences dont nous avons parlé plus haut; à la Mer de glace, on trouve également des moraines multiples provenant de la réunion de plusieurs glaciers (fig. 211).

Crevasses. — La glace n'est pas plastique; si elle se moule par compression, c'est grâce au phénomène du regel. Aussi, lorsqu'elle est soumise à un effort de traction, elle se brise en produisant une

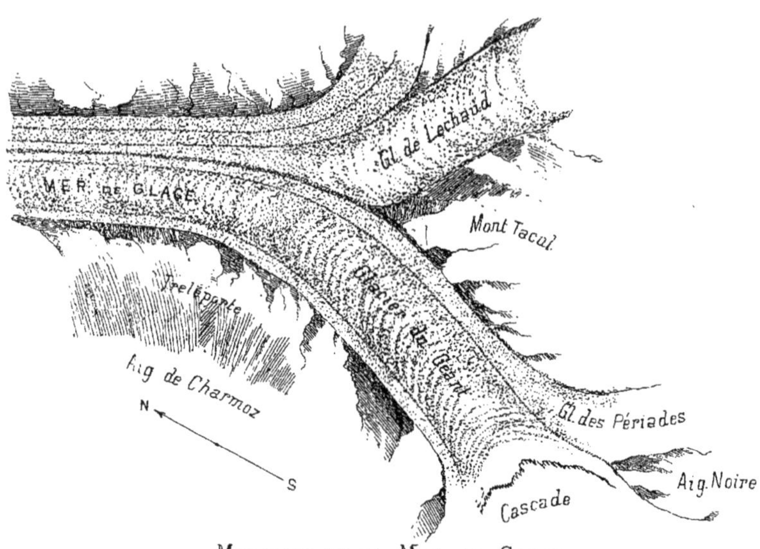

MORAINES DE LA MER DE GLACE

Fig. 211.

crevasse dans la direction perpendiculaire à celle de l'effort de traction.

S'il se présente une chute, la glace se fendra transversalement et nous aurons des crevasses transversales (fig. 212); c'est ce qui se

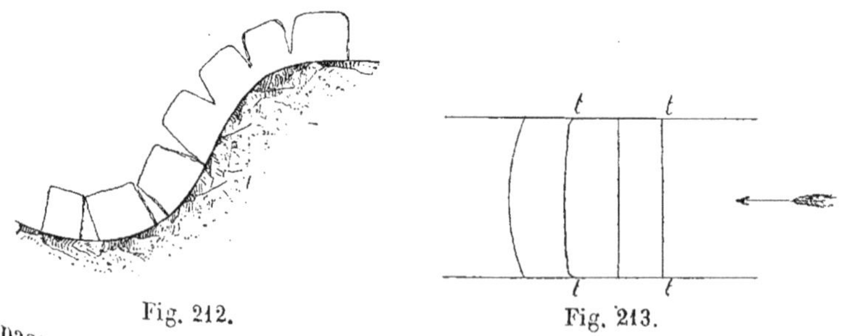

Fig. 212. Fig. 213.

passe par exemple à la chute du géant (Mer de glace). Au pied de la chute où l'escarpement diminue tout à coup, il est clair que les crevasses doivent non seulement cesser de s'élargir, mais se refermer complètement, les arêtes se ressoudent, restent accusées par des bandes terreuses et le glacier présente de nouveau une surface continue et compacte. D'ailleurs ces bandes *tt* d'abord rectilignes prennent bientôt une forme cintrée par suite de l'accélération du centre du glacier (fig. 213).

Même lorsque l'inclinaison du fond reste constante, il se produit des crevasses dans le glacier, car d'autres causes développent des tensions et amènent la rupture de la glace.

Parlons d'abord des crevasses marginales. Le bord d'un glacier est coupé de nombreuses fissures, même dans les endroits où le centre est compact, et l'on remarque que ces fissures ne sont ni longitudinales ni transversales mais obliques (à 45° environ), et se dirigent du bord vers le haut du glacier. L'existence de ces fissures s'explique par suite de la différence de vitesse au centre et au bord du glacier. Considérons en effet une tranche T du glacier (fig. 214); au bout de quelque temps, cette tranche T sera en T', mais elle se

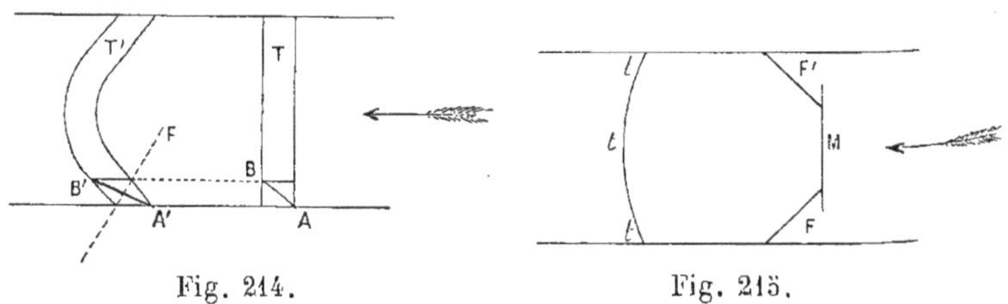

Fig. 214. Fig. 215.

sera courbée, le milieu prenant de l'avance sur les bords; un petit carré pris sur la tranche vers le bord se sera déformé et sera devenu un losange; la diagonale AB s'allongerait en A' B' si la glace pouvait s'allonger; il y a donc une tension suivant A' B' et par suite il se produit une fissure F dans la direction perpendiculaire.

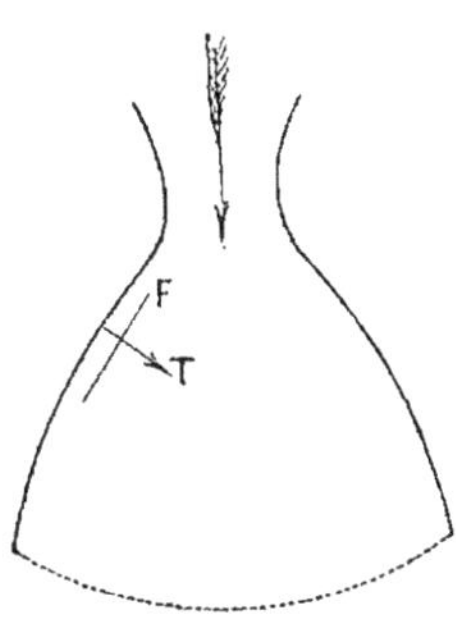

Fig. 216.

Il est curieux de voir sur certains points ces fissures marginales se réunir aux crevasses transversales du centre (fig. 215) de manière à former de grandes crevasses recourbées FMF' qui vont d'un bord du glacier à l'autre, la convexité étant tournée vers le haut du glacier, contrairement à ce qui se passe pour la forme théorique *ttt* indiquée par les bandes terreuses.

Enfin lorsqu'un glacier s'épanouit au sortir d'un défilé, il se produit une traction suivant T (fig. 216) et par suite des fissures F, ce sont les crevasses longitudinales.

Limites des glaciers. — Le glacier, avec ses blocs entassés pêle-mêle, avec ses surfaces désolées, ses bandes terreuses, ses crevasses béantes, descend donc d'un mouvement lent mais irrésistible, calme, régulier, majestueux comme celui d'un fleuve. Suivons-le maintenant au delà de ses limites.

A sa base, l'eau produite par sa fusion continue, donne naissance à un ruisseau qui sort d'une énorme masse de glace formant l'extrémité du glacier; c'est ainsi que le Rhône, l'Aveyron, sortent d'une arcade de glace. Le ruisseau, au sortir de cette grotte, est singulièrement bourbeux parce qu'il entraîne toute la poussière des rochers polis par le glacier.

Appelons Ω la section du glacier et U sa vitesse, ω et u les mêmes quantités relatives au ruisseau.

$$\Omega U = \omega u$$

Si par exemple $u = 1$ mètre à la seconde soit 86.400 mètres par jour et $U = 0^m50$

$$\text{on a } \frac{\Omega}{\omega} = \frac{86.400}{0.50} = 172.800.$$

On voit quelle est la masse énorme du glacier comparée à celle du cours d'eau qu'il engendre.

On conçoit que dans la zone limite du glacier, la fusion annuelle écoule un cube égal à la somme des neiges et glaces ajoutées dans l'année. Aussi cette limite varie-t-elle suivant les circonstances : ainsi les glaciers suisses d'Aletsch, de Grindelwald, des Bossons, la Mer de glace manifestent une tendance à la descente de cette limite; les glaciers pyrénéens sont en général assez élevés. L'exposition de la vallée a une certaine influence sur cette limite; les glaciers exposés au nord descendent plus bas que les glaciers exposés au sud (Mer de glace).

En automne et en hiver, il y a accumulation de neige et diminution du débit du ruisseau, le glacier descend plus bas; au printemps et en été, la fonte augmente et la limite remonte.

Dans le cours des siècles, les glaciers ont subi de grandes variations; ils ont dû avoir des dimensions gigantesques dans la période désignée par les géologues sous le nom de période glaciaire, ainsi qu'en témoignent les blocs erratiques du Jura par exemple, les rochers usés et striés, les moraines placées en travers des vallées; ce sont là des caractères significatifs analogues à ceux des glaciers actuellement en activité. On a pu, même à l'époque actuelle, constater des variations à longues périodes : le glacier des Bossons au commencement du siècle a avancé d'une manière sensible; depuis 1854, il a reculé de 332 mètres.

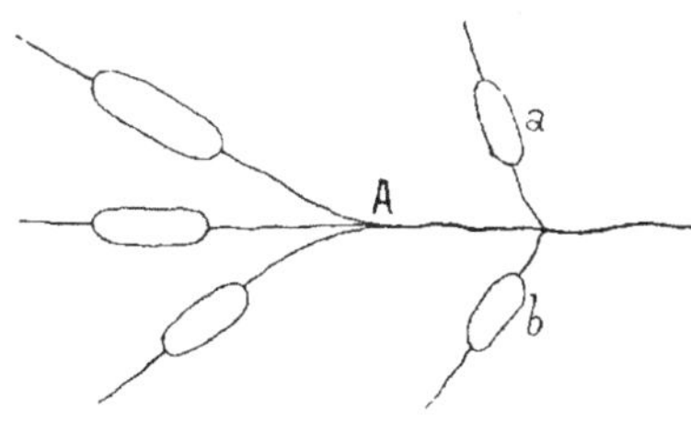

Fig. 217.

La puissance d'un glacier et la profondeur à laquelle il descend dans la vallée, sont en relation avec l'étendue et la ramification du bassin qui l'alimente; ainsi supposons (fig. 217) que 3 glaciers viennent converger en un même point dans une gorge A, la masse devenant très considérable rend la fusion plus difficile et augmente la tendance à l'accroissement; il peut même en résulter la formation de nouveaux glaciers en *a* et *b*, dans les vallées secondaires latérales.

Avalanches. — Les avalanches proviennent de l'accumulation de la neige sur les névés; si la pente est inférieure au coefficient de frottement de neige sur neige, il y a tassement et le névé finit par profiter au glacier; mais si la pente est supérieure, lorsque la température s'élève, la neige supérieure fond, descend dans la masse qui se détache et se met en mouvement. L'accélération précipite ce mouvement et la masse de neige allant en s'augmentant de toute celle qu'elle rencontre, descend dans la vallée entraînant avec elle des débris de rochers et semant la désolation et la mort sur son passage. Il se forme à la chute de l'avalanche un cône avec pente de neige sur neige.

Après la fusion de la neige, il reste un cône de débris divers avec une pente un peu inférieure à celle du cône de neige; la pente du cône d'avalanche est d'ailleurs inférieure à celle des éboulis et supérieure à celle des cônes de déjection des torrents.

Les matériaux entraînés par les avalanches se composent de cailloux beaucoup plus aigus que ceux des torrents qui, roulés par les eaux, ont les arêtes plus usées; c'est là un caractère particulier des cônes d'avalanches.

L'homme est impuissant à se garantir des avalanches en mouvement; tout au plus peut-il songer à diminuer les chances de leur formation, à leur point de départ; le gazonnement est inutile et même dangereux, car il facilite le glissement des neiges; il y a avantage, au contraire, à retenir les éléments neigeux par des plantations d'arbres ou même des broussailles. On est parvenu à restreindre la zone des avalanches dans la combe de Malaval (Romanche), mise en défens depuis 40 ans, et à la réduire à d'étroits couloirs d'avalanches, au moyen de plantations de mélèzes.

Dans les pays de montagnes, l'ingénieur doit éviter autant que possible les passages d'avalanches, lorsqu'il s'agit d'établir le tracé des voies de communication, ou, s'il ne peut s'en affranchir, il est prudent de les traverser en tunnels (bois ou maçonnerie).

B. — Torrents.

Description générale. — Nous avons dit page 323, comment Surell définit et caractérise les torrents. Leur cours se compose de trois parties bien distinctes. Dans leur partie inférieure, ils s'étalent sur un lit démesurément large et bombé, c'est le cône de déjection qui différencie nettement les torrents des autres cours d'eau. Quand on remonte leur cours, on le voit s'enfoncer entre des talus abruptes, crevassés, qui se dressent à de très grandes hauteurs en formant des gorges profondes : c'est le canal d'écoulement. Enfin près de la source même du torrent, le terrain s'ouvre en amphithéâtre, et forme une sorte d'entonnoir béant vers le ciel : c'est le bassin de réception. Dans cette dernière partie, les eaux *affouillent*, dans la première elles *déposent*; le canal d'écoulement sert de transition.

On peut distinguer plusieurs genres de torrents suivant la position que leurs bassins de réception occupent dans les montagnes :

Le premier comprend les torrents qui partent d'un col, et coulent dans une véritable vallée;

Le deuxième, ceux qui descendent d'un faîte, en suivant la ligne de plus grande pente;

Le dernier enfin, ceux dont la source est au-dessous du faîte, et sur les flancs même de la montagne.

Citons encore, comme cas spéciaux, les torrents des glaciers et les torrents blancs qui sont de simples cônes d'éboulis où l'eau n'intervient que pour hâter l'action de la pesanteur.

Bassin de réception. — Le bassin de réception a la forme d'un vaste entonnoir plus ou moins palmé qui se termine par un goulot; c'est là que les eaux affouillent et rongent le terrain avec fureur. Il affecte des formes variables suivant les cas.

1° Dans les torrents du premier genre, le bassin de réception embrasse de vastes croupes de montagnes. Le goulot se prolonge vers l'aval en formant une véritable vallée, ou plutôt une gorge étroite profondément encaissée par les flancs des montagnes, et dont la longueur est souvent de plus de deux lieues. Dans cette gorge, les berges sont abruptes, minées par le pied, et déchirées par un grand nombre de ravins. D'intervalle en intervalle, elles sont coupées par des torrents secondaires qui se perdent dans les contours de la montagne et amènent dans la gorge les eaux d'une partie du bassin.

2° Dans les torrents du deuxième genre, le bassin de réception, au lieu de se perdre dans les cols des montagnes, est formé par une ondulation de leurs cimes et creusé dans leurs revers. C'est dans les torrents de ce genre, qu'il est le plus facile d'observer cette disposition en entonnoir, si caractéristique.

3° Enfin dans le troisième genre, le bassin de réception se réduit à une espèce de large fondrière, creusée par quelques ravins et qui porte dans les Alpes le nom de combe. Elle n'amasse guère que les eaux qui tombent dans l'enceinte même de la dépression. Elle est creusée dans les flancs mêmes des montagnes et au-dessous de leurs cimes, mais elle tend à s'élever et à gagner le sommet en passant ainsi au second genre.

Canal d'écoulement. — C'est cette région, à la suite du goulot, où il n'y a plus d'affouillement et où il n'y a pas encore de dépôt; elle est comprise entre des berges qui peuvent s'élever jusqu'à 100 mètres au-dessus du lit. Le canal d'écoulement est assez allongé dans les torrents du premier genre, et se réduit presque à un point dans ceux du troisième; c'est la seule région où le torrent soit peu offensif, malheureusement c'est la plus courte.

Si l'on parvenait à prolonger artificiellement le canal d'écoulement jusqu'au confluent avec la rivière, en conservant sa pente, sa section et son alignement, on aurait fait cesser tous les ravages. Tel est le problème de l'encaissement des torrents.

Cône de déjection. — Le cône ou lit de déjection ressemble assez à une vaste ruine; de là le nom de certains torrents, emprunté à cette comparaison : Torrents de la Ruinasse, de Ruinance, etc. C'est dans cette région que par suite, d'une part, de l'élargissement de la section, et d'autre part, de la diminution de la pente, le torrent achève son œuvre de destruction en déposant les matériaux qu'il a arrachés dans le bassin de réception, et transportés à travers le canal d'écoulement. La forme générale du lit de déjection est très remarquable; c'est celle d'un cône ou d'une pyramide aplatie, accolé à la montagne. Le profil longitudinal du cône forme une courbe continue, concave vers le ciel, c'est-à-dire que les pentes diminuent à mesure qu'on descend vers l'aval; l'inclinaison des pentes varie avec la nature des dépôts entre 2 et 8 centimètres; elle est constante pour les torrents d'une même localité et qui ont leur origine dans la même chaîne de montagnes. Ainsi tous les torrents répandus dans la vallée de la Durance aux environs d'Embrun, ont une pente qui varie entre 5 et 7 centimètres par mètre; pour tous ces torrents, le bassin de réception est ouvert dans les grès verts et le goulot, dans le lias.

Dans presque tous les lits de déjection, les eaux se tiennent sur la partie la plus élevée du lit et en suivent l'arête culminante, car cette arête est placée dans le prolongement même de la gorge; grâce à la violence de la sortie des eaux de la gorge, elles obéissent à cette force d'impulsion; de là résulte cette singulière conséquence que le profil en travers du lit affecte la forme d'une courbe convexe dont les eaux occupent les points les plus élevés, mais elles s'y trouvent pour ainsi dire dans un état d'équilibre instable et divaguent sur la superficie du lit avec une mobilité extraordinaire; il y a tendance à la divagation suivant les diverses arêtes du cône de déjection.

Dans certains torrents, le cône de déjection peut disparaître; cela arrive toutes les fois que le terrain s'abaisse vers la rivière, suivant une pente à peu près continue et suffisamment rapide. Si les eaux prennent assez de vitesse pour entraîner les matériaux jusque dans la rivière, et si celle-ci est assez forte pour les emporter, il n'y aura point de dépôt, partant, point de cône de déjection.

Il arrive souvent que plusieurs torrents jettent à la fois leurs alluvions dans le même lit de déjection; c'est ainsi que le lit du Boscodon reçoit le torrent de Combe-Barre.

Assimilation avec les grands cours d'eau. — L'eau coule dans le lit des torrents en obéissant aux mêmes lois que dans les grands cours d'eau; les phénomènes ne diffèrent que par l'exagération des effets : dans les torrents, le champ d'action est très restreint; l'échelle des hauteurs étant conservée, on a diminué l'échelle des longueurs. Ainsi les cônes de déjection sont assimilables aux deltas, véritables lits de déjection sur lesquels les fleuves divaguent ainsi que les torrents.

Courbure du lit. — Dans les torrents anciens ou éteints, la courbe du lit est continue. Les matériaux se sont triés successivement et progressivement avec la pente qui leur convenait et l'écoulement se fait maintenant sans dépôt jusqu'à la rivière.

Dans les torrents actifs, au contraire, la courbe est brisée à l'endroit où commencent les exhaussements; il se fait des affouillements à la partie supérieure pour diminuer la pente, et des remblais à la partie inférieure pour l'augmenter.

Cependant le lit de déjection ne peut s'exhausser indéfiniment et l'on doit admettre que son profil finira par prendre une pente telle qu'en un point quelconque il descende autant de matériaux vers l'aval qu'il en arrive de l'amont : c'est ce profil que Surell appelle la pente limite.

Ravages des torrents. — Il résulte des amoncellements de matériaux sur le cône de déjection que les plus grands ravages des torrents sont concentrés dans cette partie de leur cours, c'est-à-dire dans les vallées, où les cultures sont le plus précieuses. Non seulement le cône de déjection rend improductifs les terrains qu'il recouvre de boue et de blocs, mais il est une menace constante pour les terrains avoisinants, car le torrent coulant sur la partie culminante du cône, il suffit du moindre obstacle pour le faire divaguer et rejeter une crue latéralement.

Quelquefois la crue du torrent jette dans la rivière principale une telle masse de débris, qu'elle la barre et provoque une inondation des deux rives de la vallée.

Les routes assujetties à traverser les lits de déjections sont soumises à bien des vicissitudes. On est obligé de leur faire gravir le cône jusqu'à l'arête culminante pour redescendre de l'autre côté vers la plaine; le pont doit être établi au sommet : or cela est toujours fort difficile parce que les berges manquent totalement.

Dans la montagne, les eaux affouillent et rongent les berges ; elles mettent à nu les rochers à forte pente, détruisent toute culture pastorale ou forestière; les berges finissent par s'ébouler, rongées par le pied, en ébranlant le terrain jusqu'à d'assez grandes distances. Si l'on a affaire à des terrains argileux, il se produit des imbibitions et des dessiccations successives, et par suite des fendillements, puis une sorte de clivage suivant les veines et des éboulements. Si les terrains sont formés de bancs parallèles fortement inclinés vers le thalweg, une couche interposée, plus soluble ou moins résistante, peut se décomposer par les infiltrations, et alors le pied étant rongé, il se produit des éboulements par grandes masses, qui glissent sur la couche décomposée comme sur un plan incliné.

Nature des matières amenées. — La pente des cônes de déjection varie avec les matières que le torrent y dépose. Celles-ci peuvent être divisées en quatre classes.

1° La boue accompagne les alluvions de la plupart des torrents, mais surtout de ceux qui sortent d'un calcaire feuilleté noir appartenant au lias; cette boue est elle-même noire ou grise ; au commencement des crues, elle est souvent apportée par l'eau avec la consistance d'un liquide épais et visqueux, ce qui lui a fait donner le nom de *lave*. Mélangée de galets et de blocs, cette boue forme sur les cultures une sorte de béton dur et imperméable qui étouffe les plantes. Le limon est une boue très fine mélangée de sable qui, entraîné par les rivières, peut y donner d'excellents dépôts fertilisants (colmatages de la Durance, de l'Arve); mais ce n'est là qu'une bien faible compensation des dommages causés par les torrents.

2° Le gravier est composé de pierrailles de toutes natures, depuis la grosseur du grain de sable jusqu'aux cailloux d'empierrement des routes. Il se dépose sur des pentes qui n'excèdent pas 0^m025 par mètre.

3° Les galets ont jusqu'à 0^m25 de côté; leur pente limite varie, suivant la grosseur, de 0^m025 à 0^m050; ils sont plus fréquents dans les torrents qui sortent des terrains primitifs ou éruptifs.

4° Les blocs comprennent toutes les pierres qui ont plus de 0^m25

de côté; jusqu'à la grosseur d'un demi-mètre cube, ils se déposent sur des pentes comprises entre 5 et 8 centimètres. Ils atteignent quelquefois des dimensions énormes; dans les gorges, on en trouve qui cubent au delà de 50 mètres et proviennent alors des berges mêmes. Plusieurs torrents des Hautes-Alpes sont exploités comme de véritables carrières (calcaire saccharoïde de la cathédrale d'Embrun).

Mode d'action. — Les crues des torrents sont provoquées par deux causes : la fonte des neiges, au commencement de l'été, et les pluies d'orage, vers la fin. La première de ces causes n'agit que sur les torrents du premier et du second genres; les crues des torrents du troisième genre ne sont dues qu'à la seconde, car leurs bassins ne s'élèvent pas jusqu'à la région des longues neiges. Les neiges, ne fondant pas brusquement, produisent des crues plus prolongées et moins soudaines que les orages; elles peuvent d'ailleurs être prévues car elles arrivent à une époque déterminée, qui est la même pour les torrents d'un même bassin. Les crues dues à la fonte des neiges sont donc relativement peu dangereuses.

Il n'en est pas de même des orages; les pluies d'orage tombent généralement par averses locales extraordinaires; leur action est instantanée et ne peut être prévue. Quelquefois la crue s'opère graduellement, les eaux se troublent, amènent des matériaux de plus en plus volumineux et finissent par déborder.

D'autres fois on voit subitement arriver une boue noirâtre coulant comme une lave volcanique.

Enfin il arrive aussi que l'action soit instantanée, comparable à celle de la foudre : on entend un mugissement sourd dans la montagne, un vent violent sort de la gorge bientôt suivi par une avalanche d'eau et de blocs. On comprend que de pareilles crues soient de courte durée : Surell cite l'exemple du petit ruisseau torrentiel de Chaumateron qui, en juin 1838, éprouva presque subitement une crue : en quelques instants, un pont de 5 mètres de hauteur est couvert par le torrent; une heure après, le lit du ruisseau est à sec.

Le vent violent qui sort de la gorge avant la crue s'explique facilement. Que se passe-t-il en effet quand, après les chaleurs lourdes de l'été, survient une pluie d'orage? elle verse immédiatement dans l'entonnoir du bassin surchauffé une masse d'air froid qui, plus lourd que le reste de l'atmosphère, s'échappe par le goulot suivant la ligne de plus grande pente avec une grande vitesse.

Cherchons à nous faire une idée de la vitesse des torrents lorsqu'ils sont gonflés par une crue : supposons que les eaux coulent à pleins bords sur une pente de 0^{m}06 par mètre et dans un canal ayant 8 mètres de largeur sur 2 mètres de hauteur ; la formule $u = 50\sqrt{Ri}$ conduit à une vitesse de 14^{m}28. Une pareille vitesse est excessive ; celle des fleuves les plus rapides ne dépasse pas 4 mètres et celle des vents impétueux est de 15 mètres.

Causes de la formation des torrents. — Trois causes président à l'action des torrents : 1° une cause géologique, tenant à la nature même du terrain ; 2° une cause topographique, résultant de ses formes ; 3° une cause météorologique, résultant des actions atmosphériques.

Les montagnes dans lesquelles les torrents prennent naissance sont généralement constituées par des terrains affouillables et, plus le terrain a de tendance à s'ébouler, plus le torrent est dangereux. Ainsi dans les Pyrénées, les torrents sont moins à redouter que dans les Alpes.

Les Alpes françaises offrent trois espèces de terrains, éminemment favorables aux érosions : le lias (groupe oolithique), le grès vert du terrain crétacé et la mollasse calcaire (terrain tertiaire) qui devient très friable sous l'action des agents atmosphériques ; au-dessus de ces trois sortes de terrains, on trouve, vers les sommets, le gneiss, le granit et les roches primitives qui se prêtent moins facilement aux éboulements.

Les torrents prennent naissance quand les pluies sont rares, mais abondantes ; tel est leur caractère météorologique.

La cause topographique n'est qu'un corollaire obligé des deux autres, car la forme du bassin de réception doit plutôt être considérée comme un effet que comme une cause, effet résultant de l'action violente et répétée des eaux, rassemblées d'abord dans un pli de terrain et coulant sur un sol sans consistance.

Succession des effets. — Ages des torrents. — En résumé, tous les effets que nous venons de décrire, ainsi que leurs causes, suivent dans le temps une succession déterminée, de telle sorte que l'on peut distinguer trois périodes dans l'activité d'un torrent : 1° une période de corrosion dans la montagne et d'exhaussement dans la plaine; le résultat de ce déplacement des matériaux est la formation du profil en long; 2° une période de divagation sur le cône de déjection, à la suite de laquelle le torrent finit par se fixer en plan; 3° une période de régime, où les eaux débordent et rentrent dans un lit invariable; le torrent est fixé et éteint.

On doit admettre que la violence des torrents n'est pas indéfinie dans sa durée, puisqu'on rencontre des torrents anciens arrivés aujourd'hui à la troisième période ; ce sont des torrents éteints, reconnaissables au cône de déjection et à la forme du bassin de réception.

La marche que nous venons d'indiquer est générale pour tous les torrents, et il est probable que tous les cours d'eau ont dû passer par les mêmes phases.

Remèdes. — Extinction des torrents. — De l'aveu de tous les ingénieurs qui ont eu à lutter contre les torrents pour protéger les vallées, les travaux purement défensifs ont été reconnus sinon inutiles, du moins insuffisants et quelquefois dangereux.

Surell a mis cette vérité en pleine lumière, et a démontré qu'il faut atteindre le mal dans ses causes, et porter le remède dans le bassin de réception,

Pour trouver ce remède il faut examiner les causes qui ont pu favoriser le développement des torrents, et appliquer autant que possible les forces de la nature à travailler en sens contraire; en cas d'impuissance de ces forces naturelles, il faut ajouter l'action de travaux spéciaux non vivants.

Forêts. — C'est Surell qui le premier, avec une éloquence qui rend si attrayante la lecture de son *Etude sur les torrents des Hautes-Alpes*, a indiqué le reboisement comme le moyen le plus puissant d'extinction des torrents, puisque, par la végétation, on agit à la fois sur le débit et sur la consolidation du sol.

Il est en effet bien démontré aujourd'hui que tout torrent nouveau naît sur des parties nues, que tout déboisement dans les montagnes amène la création de torrents et qu'au contraire tout reboisement amène l'extinction des torrents. Ce sont là des faits d'expérience, faciles à expliquer d'ailleurs, et qui se vérifient non seulement pour les forêts, mais pour toute végétation, la végétation herbacée par exemple.

En effet, le sol dans lequel plongent les racines est consolidé et n'est pas entraîné aussi facilement par le ruissellement des eaux; non seulement le sol résiste mieux, mais il s'augmente de l'accumulation des détritus. Là où existait à peine une couche mince de terre meuble, nous aurons bientôt une épaisseur notable d'humus qui retient par imbibition une partie de l'eau de pluie (1); cette eau est ensuite évaporée par les feuilles. Enfin les feuilles elles-mêmes retiennent une quantité d'eau notable qui s'évapore en partie ou s'égoutte lentement. En résumé, les forêts diminuent dans une notable proportion la masse d'eau qui s'écoule et en régularise le ruissellement; elles exercent une action modératrice, comme de vastes réservoirs, en évitant les brusques variations de débit lors des crues, et en alimentant les cours d'eau pendant la période d'étiage.

Veut-on des preuves des assertions que nous venons d'énoncer? En examinant les bassins de réception des grands torrents éteints on y trouve presque toujours des forêts. On remarque aussi que beaucoup de versants boisés portent les traces de petits torrents du troisième genre étouffés sous la végétation et complètement éteints. D'autre part, on a vu des torrents éteints, revivifiés par le déboisement des bassins de réception, c'est ce qu'on a constaté par exemple sur la rive gauche de la Durance, depuis Savines jusqu'à la rivière de l'Ubaye; cette rive était formée d'une succession de cônes de déjections appartenant à d'anciens torrents éteints; des déboisements inconsidérés ont ranimé le fléau et fait produire à ces torrents de nouveaux ravages.

Travaux artificiels. — Mais le reboisement est une opération de longue haleine; il faut des années pour que la force vivante de la végétation puisse être en mesure d'agir efficacement sur l'extinction des torrents; on a alors recours à d'autres procédés permettant d'attendre la création des forêts.

L'un d'eux est fondé sur cette remarque que toute dépression retient l'eau; on est donc amené à creuser un grand nombre de

(1) Le terreau des forêts retient 1,99 de son poids d'eau.

rigoles horizontales qui retiennent l'eau en partie et diminuent sa vitesse.

Tout torrent éteint ou régulier est encaissé; on aura donc recours à des endiguements artificiels.

Enfin l'on a constaté que tous les torrents éteints présentent un profil en long avec pentes limites régulières ne permettant plus ni ravinement ni dépôt; on cherchera donc, par l'emploi de barrages et la création de chutes, à former un profil en long artificiel composé d'une série de profils limites élémentaires, séparés par des chutes.

On arrivera ainsi à transformer un torrent impétueux en un ruisseau paisible et bienfaisant, et à l'obliger à débiter en tout temps des eaux claires dans un chenal inaffouillable.

Avant d'entrer dans le détail des travaux entrepris depuis 25 ans par l'administration des forêts pour arriver à l'extinction des torrents, disons tout de suite qu'on a eu à lutter contre l'ignorance et la cupidité des populations qui, par leur négligence et leur inertie, ont été les meilleurs auxiliaires des torrents. L'homme a malheureusement tout fait pour détruire les forêts ou le tapis de verdure auxquels il devait aisance et protection; les terrains défrichés ont été convertis en pacages où les bestiaux, chèvres et moutons, lâchés en nombre excessif, rongent l'herbe jusque dans les racines, pétrissent le sol et étouffent les plantes naissantes, laissant les flancs des montagnes sans cohésion et en proie au ravinement des torrents. La possession des forêts par les communes a eu à cet égard les plus détestables résultats; en voulant s'assurer des ressources financières par des coupes de bois inconsidérées, elles ont réveillé en quelque sorte l'action dévastatrice des torrents et donné une nouvelle vie à leurs lits de déjections.

C. — Travaux d'extinction des torrents.

Législation. — Dès 1841, dans son étude magistrale sur les torrents des Hautes-Alpes, œuvre de jeunesse et d'enthousiasme, Surell avait indiqué les mesures à prendre en vue d'arrêter les dévastations des torrents, tant au point de vue technique qu'au point de vue administratif; depuis cette époque, l'administration a exécuté un ensemble de travaux conformes à ceux qu'il avait indiqués et discutés; elle a poursuivi son œuvre avec persévérance et elle est parvenue à maîtriser le fléau. Parmi ceux qui ont le plus contribué à l'accomplissement de cette grande œuvre d'utilité publique, il faut citer les noms de Cézanne, Ph. Breton, Costa de Bastelica, Demontzey, etc...

Comme nous l'avons déjà dit, la végétation est le meilleur moyen de défense à opposer aux torrents; mais l'administration s'est trouvée impuissante à faire prévaloir cette idée, la plupart des terrains appartenant aux communes et aux particuliers; elle a eu à lutter contre les préjugés et l'intérêt mal entendu des montagnards, dominés, comme cela n'arrive que trop souvent, par quelques gros bonnets adonnés à l'élevage des moutons et favorisant la transhumance.

Avant d'aborder la législation spéciale du reboisement, nous dirons quelques mots d'un décret ancien, relatif aux travaux de défense contre les rivières et torrents.

Décret du 4 thermidor an XIII (23 juillet 1805). — Les dispositions de ce décret, rendu pour le département des Hautes-Alpes, ont été étendues par décret du 13 septembre 1806 aux départements des Basses-Alpes et de la Drôme.

Le décret du 4 thermidor an XIII s'applique aux communes exposées aux irruptions et aux débordements des torrents. Lorsqu'une rive est ravagée par un torrent, les propriétaires se réunissent et constituent un syndicat. Une demande est adressée au préfet par le maire, après avis des conseils municipaux; le préfet peut même être saisi par de simples plaintes, en cas d'incurie des particuliers ou des communes. Le préfet commet un ingénieur des ponts et chaussées pour examiner le terrain et, s'il y a lieu, dresser le projet des travaux de défense, lequel est communiqué aux conseils municipaux pour les terrains communaux, ou aux intéressés; si quelques particuliers s'opposent à l'exécution des travaux, le litige est porté devant le conseil de préfecture. Le travail s'exécute par voie d'adjudication; l'ingénieur en surveille la construction et en prononce la réception. Les frais sont ensuite répartis entre les intéressés conformément à un rôle dressé par les syndics et rendu exécutoire par le préfet.

Ce décret, conçu dans un excellent esprit, a rendu de grands services; mais il ne détruit pas la source du mal et ne fournit qu'un palliatif; il a d'ailleurs rencontré dans son application des difficultés tenant d'une part, à l'impossibilité de faire comprendre aux intéressés la corrélation des intérêts des habitants de la plaine et de ceux de la montagne, et, d'autre part, à l'opposition de ces derniers qui faisaient valoir leur misère relative et la nécessité de tirer de leurs terrains toutes les ressources possibles.

Loi du 28 *juillet* 1860. — Surell a ainsi résumé le système de préservation contre les torrents :

1° Armer l'administration du droit de déterminer le périmètre des terrains dont la conservation importe à l'intérêt public.

2° Consacrer ces terrains par une déclaration d'utilité publique, qui permette de les interdire à la charrue et aux troupeaux, et d'assujettir les propriétaires à l'expropriation ou au boisement.

3° Placer ces terrains dans la main de l'administration forestière pour les recouvrir de bois, à l'aide de semis ou de tous autres moyens.

La première loi qui ait édicté des mesures de ce genre est celle du 28 juillet 1860 sur le reboisement des montagnes; elle est intervenue à la suite des désastreuses inondations de 1856. Ses dispositions relèvent de deux procédés: l'encouragement et la coercition; elles sont destinées d'une part à encourager les travaux facultatifs, de l'autre à assurer l'exécution des travaux obligatoires en recourant au besoin à l'expropriation.

Les moyens d'encouragement consistent dans la faculté d'exciter l'intérêt des propriétaires, en les aidant par l'allocation de subventions en graines, en plants ou en argent, à mettre en valeur par le reboisement les terrains susceptibles de contribuer à la formation ou à l'extinction des torrents.

Quant à la coercition et aux travaux obligatoires, voici ce que prescrit la loi du 28 juillet 1860 : Elle pose en principe que « l'intérêt public peut exiger que des travaux de reboisement soient rendus obligatoires, par suite de l'état du sol et des dangers qui en résultent pour les terrains inférieurs ». L'État détermine le périmètre les terrains à reboiser et déclare l'utilité publique par un décret rendu en Conseil d'État, après enquête et avis d'une commission spéciale dont fait partie l'ingénieur des ponts et chaussées. Les communes et les particuliers sont mis en demeure d'effectuer le reboisement : au refus des communes, le reboisement est effectué d'office par l'État qui garde la jouissance des terrains jusqu'au remboursement intégral de ses dépenses; au refus des particuliers, leurs terrains sont acquis par l'État par voie d'expropriation (1) et reboisés. Dans les deux cas, le reboisement étant effectué, les communes ou les propriétaires peuvent obtenir leur réintégration, en abandonnant à l'État la moitié des terrains reboisés, ou en lui remboursant intégralement les dépenses faites en travaux, principal et intérêts; mais par une tolérance inscrite à l'article 8 de la loi, les communes conservent la jouissance du droit de pâturage sur les terrains reboisés dès que ces bois auront été reconnus défensables.

Loi du 8 juin 1864. — L'application de la loi du 28 juillet 1860 rencontra dès le début de telles résistances, que le gouvernement fut conduit, moins de quatre années après, à présenter une nouvelle loi qui fut promulguée le 8 juin 1864.

Cette loi autorisait la substitution en tout ou en partie, du gazonnement au reboisement, soit dans les périmètres déjà établis, soit dans les périmètres à décréter. Toutes les dispositions de la loi de 1860, concernant la déclaration d'utilité publique et le mode d'exécution des travaux de reboisement, étaient rendues applicables aux travaux de gazonnement, sous cette seule réserve que la limite pour l'exécution simultanée des travaux dans les terrains communaux était fixée au tiers au lieu du vingtième; la part des terrains regazonnés à abandonner à l'État en toute propriété était fixée au quart, tandis qu'elle était de moitié pour les terrains reboisés.

La loi de 1864 autorisait en outre l'administration à allouer des indemnités aux communes pour privation temporaire de pâturage sur les terrains soumis au gazonnement ou au reboisement.

Ces deux lois de 1860 et de 1864 ainsi que celle du 28 juillet 1860 sur la mise en valeur des terrains communaux, qui est conçue d'après les mêmes principes (2), ont donné d'excellents résultats.

Loi du 4 avril 1882. — Cependant l'expérience a montré que le gazonnement est absolument insuffisant pour la fixation des terrains en mouvement, ravinés et dégradés, dont la restauration est

(1) Conformément à la loi du 3 mai 1841.

(2) L'initiative appartient au préfet; en cas de refus des communes, on fait exécuter d'office par décret et l'État se rembourse de ses avances par la vente d'une partie des terrains améliorés ou en s'appropriant la moitié des terrains mis en valeur.

d'intérêt public; de plus, les dispositions générales de la loi de 1860 ont donné lieu aux plus vives critiques : notamment, la mainmise par l'administration, sans indemnité, sur les terrains communaux à reboiser, opérée contrairement au principe général de notre droit public, inscrit dans l'article 545 du Code civil, aux termes duquel nul ne peut être dépouillé de sa propriété, si l'utilité publique ne commande la dépossession, ni sans une juste et préalable indemnité. Sans doute la dépossession ne devait être que temporaire, mais les conditions imposées pour la réintégration étaient très onéreuses et peu fondées en équité, le propriétaire devant non seulement payer la valeur du reboisement, mais encore celle des travaux de correction, de consolidation, etc., travaux fort dispendieux, exécutés plutôt dans un but d'utilité générale que dans l'intérêt des propriétaires du sol. Ces difficultés se sont manifestées par des protestations, par des voies de fait, voire même, dans quelques cas, par la résistance à main armée.

La loi du 4 avril 1882, dite de restauration et de conservation des terrains en montagne, a eu pour but de supprimer ces difficultés; elle a placé l'opération du reboisement sous l'empire du droit commun en matière de travaux publics, elle a introduit le principe de l'expropriation pour les terrains soumis aux travaux.

En ce qui concerne les travaux facultatifs, la nouvelle loi maintient les dispositions de celle de 1860.

L'utilité publique des travaux de restauration rendus nécessaires par la dégradation du sol et les dangers nés et actuels, est déclarée, pour chaque bassin ou partie de bassin torrentiel, par une loi qui fixe le périmètre des terrains sur lesquels les travaux doivent être exécutés. Cette loi doit être précédée d'une enquête analogue à celle de la loi de 1860.

Dans les périmètres fixés par la loi, les travaux sont exécutés par les soins de l'administration et aux frais de l'État qui, à cet effet, est tenu d'acquérir les terrains nécessaires, soit à l'amiable, soit par la voie de l'expropriation, dans les formes prescrites par la loi du 3 mai 1841; toutefois, les particuliers et les communes peuvent conserver la propriété de leurs terrains, à charge par eux d'exécuter les travaux avant l'expropriation, avec ou sans subvention de l'État et en se réunissant au besoin en association syndicale sous l'empire de la loi du 21 juin 1865.

En vue de prévenir la dégradation des terrains en pente rapide, la loi édicte de plus des mesures de conservation : ce sont 1° la mise en défends, qui est prononcée par un décret délibéré en Conseil d'État, après l'accomplissement des formalités prescrites pour l'établissement des périmètres de restauration; la durée ne peut excéder 10 ans.

2° La réglementation du pâturage dans les communes dont les noms sont inscrits dans un tableau annexé au règlement d'administration publique rendu en exécution de la loi, le 11 juillet 1882; ces communes sont au nombre de 324 ainsi réparties.

Alpes.			Pyrénées.			Cévennes.		
Basses-Alpes	30	143	Basses-Pyrénées	12	45	Ardèche	17	136
Hautes-Alpes	51		Hautes-Pyrénées	5		Aude	9	
Alpes-Maritimes	1		Pyrénées-Orientales	28		Gard	10	
Drôme	24					Hérault	10	
Isère	33					Loire	13	
Var	4					Haute-Loire	38	
						Lozère	13	
						Puy-de-Dôme	26	

Enfin, dans ses dispositions transitoires, la loi règle le sort des anciens périmètres de la loi de 1860 et de la loi de 1864; elle spécifie que ces périmètres seront revisés dans les trois ans à partir de la promulgation de la loi, faute de quoi les propriétaires rentreront en possession de leurs terrains; dans les cinq ans à partir de la même époque, l'administration est tenue d'acquérir les terrains maintenus dans les périmètres revisés avec faculté de se libérer en dix annuités.

La loi du 4 avril 1882 constitue un réel progrès; l'expropriation des terrains est une mesure commandée aussi bien par l'équité que par la nécessité d'assurer à perpétuité la conservation de résultats qu'on n'obtient qu'à grands frais.

Travaux dans les bassins de réception. — Le but qu'on doit atteindre est de supprimer dans les torrents existants la possibilité de l'affouillement et par suite le transport des matériaux, de diminuer l'importance et la soudaineté des crues, c'est-à-dire transformer les torrents en ruisseaux inoffensifs et surtout bienfaisants; enfin, d'empêcher ou de prévenir tout affouillement pouvant donner lieu, soit à la formation de nouveaux torrents, soit au renouvellement de l'activité des torrents éteints.

Les opérations à exécuter dans les bassins de réception pour atteindre ce but peuvent se ramener à quatre principales : Délimitation du périmètre, boisement et gazonnement des zones de défense, consolidation du terrain par des banquettes et des clayonnages sur les berges, ou des barrages dans les thalwegs des ravins, boisement et gazonnement des berges.

a. **Délimitation du périmètre.** — Il est impossible de mieux définir le tracé du périmètre que ne l'a fait Surell :

« On commencerait par tracer, sur l'une et l'autre des deux rives du torrent, une ligne continue qui suivrait toutes les inflexions de son cours, depuis son origine la plus élevée jusqu'à la sortie de sa gorge. La bande comprise entre chacune de ces lignes et le sommet des berges formerait ce que j'appellerai une zone de défense. Les zones des deux rives se rejoindraient dans le haut, en suivant le contour du bassin et borderaient ainsi le torrent dans toute son étendue, de même qu'une ceinture. Leur largeur, variable avec les pentes et avec la consistance du terrain, serait d'environ 40 mètres dans le bas, mais elle croîtrait rapidement à mesure que la zone s'élèverait dans la montagne et elle finirait par embrasser des espaces de 400 à 500 mètres.

« Ce tracé s'appliquerait non seulement à la branche principale du torrent, mais encore aux divers torrents secondaires qui s'y déversent. Il s'appliquerait encore aux ravins que reçoit chacun des torrents secondaires et poursuivant ainsi une branche après l'autre, il ne s'arrêterait qu'à la naissance du dernier filet d'eau.

« De cette manière, le torrent se trouvera enveloppé jusque dans ses plus petites ramifications. Comme les zones de défense, en pénétrant dans le bassin de réception, s'élargissent beaucoup ; comme, d'un autre côté, les ramifications sont dans cette partie plus multipliées et plus rapprochées, il arrivera que les zones voisines se toucheront, se superposeront même, et qu'elles se confondront dans une zone générale qui couvrira toute cette partie de la montagne, sans y laisser de place vide. »

C'est cet espace compris entre les berges vives et les terrains qu'on juge pour le moment à l'abri de tout danger, qui constitue la zone de défense.

Le périmètre tracé, on lève le plan des terrains qu'il renferme, et l'on dresse les profils en long du torrent et des principales branches, avec un nombre suffisant de profils en travers.

Voici par exemple le périmètre de la Sigouste dans les Hautes-Alpes; sa superficie est de 1.308 hectares 68 ares 20 centiares; l'État s'est rendu possesseur de la totalité du périmètre en 1874 moyennant une somme de 136.449 fr. 15; il a dépensé 20.617 francs pour semis et regazonnement. Les travaux ont eu pour résultat la protection de la route nationale n° 94 et du chemin de fer de Gap à Marseille, établis tous les deux sur le cône de déjection.

b. **Boisement et gazonnement des zones de défense.** — Le périmètre étant défini, il s'agit d'y créer des forêts, surtout dans la partie haute du bassin de réception; mais cette opération est de longue haleine, et l'on a recours en attendant à des plantations d'arbrisseaux et à des gazonnements. Avant de procéder soit aux semis, soit aux plantations, la mise en défends des terrains est indispensable; cette mesure est appelée à produire deux effets également précieux : raffermir la superficie du sol primitivement déchirée et désagrégée par le piétinement, amener la recrudescence et l'extension de la végétation herbacée antérieurement livrée à la dent gloutonne des bestiaux.

Pour faire réussir les semis et plantations, il est nécessaire de tenir compte du climat et de l'exposition, et de ne choisir que des espèces indigènes ou réellement acclimatées à la suite d'expériences prolongées.

A ce point de vue, on peut distinguer quatre régions ou climats dans les Alpes françaises : 1° Le climat méditerranéen où réussissent l'olivier, le pin d'Alep, le pin pinier, le pin maritime, le chêne liège, le chêne yeuse et le chêne kermès, comme arbustes, les lauriers et les genêts.

2° Le climat moyen, jusque vers 1.000 mètres d'altitude environ au nord et 600 mètres au sud; cette région est caractérisée par la vigne, le châtaignier, le chêne rouvre, le pin sylvestre, le hêtre, le sapin, le buis et le thym.

3° La région alpestre (1.000 à 1.800 mètres d'altitude); c'est la zone pastorale par excellence; les gazons y sont continus, on y cultive le seigle, la pomme de terre, le lin; les essences qui conviennent à ce climat sont le hêtre, le sapin, l'épicea, le pin à crochets, la gentiane, l'arnica, le lis martagon.

4° La région alpine (1.700 à 2.500 mètres d'altitude) caractérisée par les gazons à espèces vivaces, le pin à crochet, le mélèze, le pin cembro, l'aune vert et, parmi les arbustes, la gentiane, l'anémone, le rhododendron.

Il faut tenir compte, dans le choix des essences, de la nature géologique du sol; ainsi, dans les Alpes françaises où le calcaire domine, il ne faut pas pousser au châtaignier ni au chêne liège, qui conviennent aux terrains granitiques ou siliceux. L'orientation des terrains a aussi son importance : le chêne et le pin conviennent à l'exposition du midi, le hêtre et le sapin à celle du nord.

Avant d'effectuer les plantations, on défonce le sol sur 0^m^40 ou 0^m^50; les plantations sont de beaucoup préférables aux semis; on se procure des sujets âgés de 2 ou 3 ans, au moyen de pépinières volantes, établies autant que possible dans des conditions analogues à celles du terrain où l'on doit planter.

Les plantations réussissent plus sûrement quand elles sont faites après des pluies. Ajoutons que, le plus souvent, on doit les protéger contre les éboulements par de petits travaux de consolidation exécutés au-dessus ou au-dessous des lignes.

c. **Consolidation du terrain.** — Le but final de toutes ces opérations est la consolidation du terrain, l'extinction définitive du torrent par la végétation; mais cette végétation ne peut réussir sur des terrains croulants soit partiellement, soit en grandes masses. Il faut donc de toute nécessité exécuter des travaux de consolidation; ce seront des banquettes, des clayonnages sur les berges, des bar-

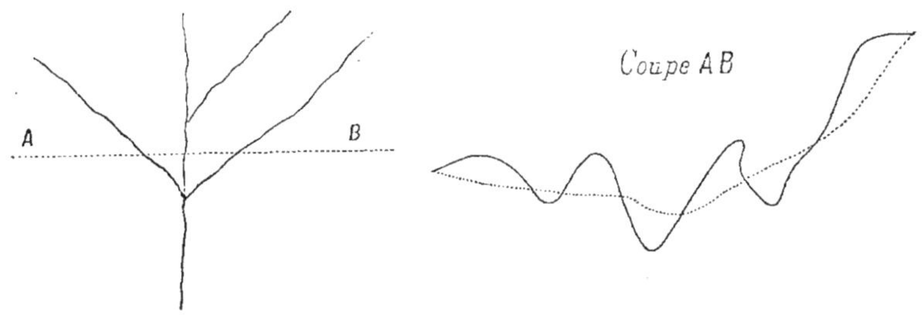

Fig. 218.

rages au fond des petits thalwegs; on exécutera aussi quelques terrassements sur les berges de manière à former des croupes arrondies (fig. 218) partout où le torrent est encaissé.

Nous consacrerons d'ailleurs plus loin un paragraphe spécial aux barrages.

d. **Boisement et gazonnement des berges.** — Ce qu'il faut rechercher avant tout dans le boisement des berges, c'est la résistance, à laquelle il faut sacrifier le revenu forestier ou pastoral.

Voici le tableau des espèces employées le plus généralement :

Arbres.		Broussailles.	Herbes.
Orme.	à croissance rapide convenant aux terrains mobiles.	Prunellier.	Fouasse.
Érable.		Épine noire.	Sainfoin.
Acacia.		Ronce.	Trèfle.
Noisetier.		Myrtille.	Luzerne.
Chêne.	Sur les contreforts secs et solides.	Genèvrier.	Bugrane.
Noyer.		Hyppophaé.	
Aunes.	Dans les fonds humides des ravins.	Épine vinette.	
Peupliers.			
Frênes.			
Osier.			
Saule blanc.			

Travaux accessoires. — Quand les berges sont constituées par des

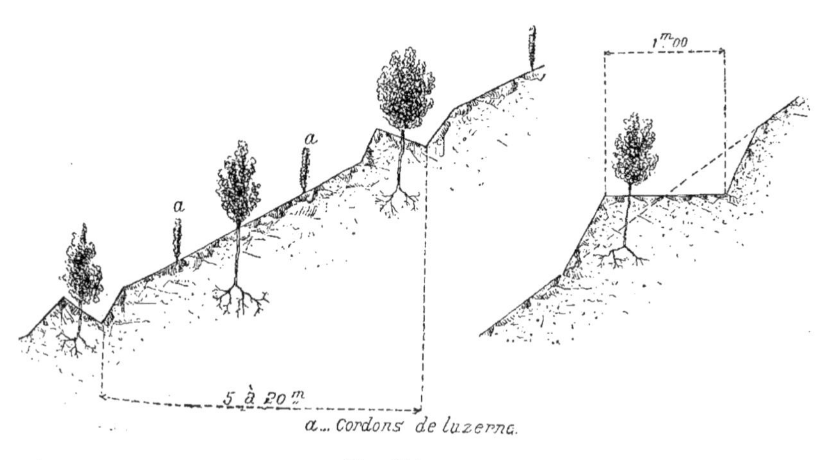

Fig. 219.

terrains ébouleux, on a soin de former des banquettes consolidées par des perrés ou des clayonnages, et distantes en projection horizontale de 5 à 20 mètres ; sur ces banquettes, on rapproche les plants jusqu'à se toucher les uns les autres et on les choisit parmi les essences feuillues à croissance rapide, susceptibles d'être recépées, marcottées et de former de nombreuses souches ; celles qui drageonnent le mieux sont préférées ; sur les talus compris entre les banquettes, on sème à la volée des plantes fourragères ou des herbages indigènes (fig. 219)

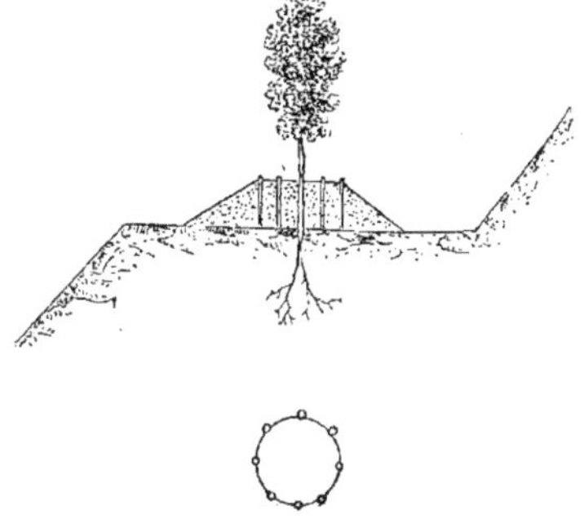

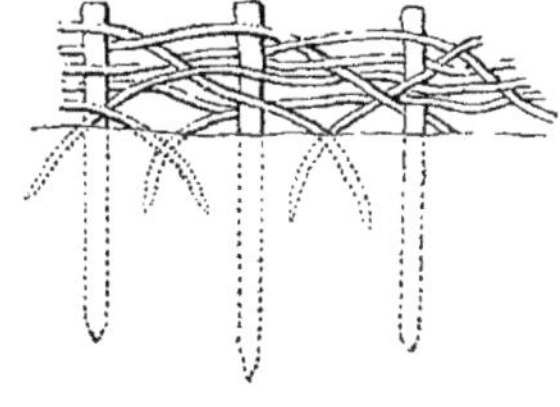

Fig. 220.

Fig. 221.

Les clayonnages (fig. 220) sont établis parallèlement suivant les courbes de niveau, à des distances variables de 1 à 4m00 suivant les terrains ; le pied de chaque talus est ainsi défendu par un clayonnage continu.

On emploie quelquefois des clayonnages en corbeille : on dispose des piquets en cercle sur la banquette, on en fait une sorte de gabion qu'on remplit de terre et l'on y plante un ou deux pins noirs d'Autriche (1) (fig. 221).

e. **Consolidation des thalwegs.** — C'est au moyen de barrages transversaux qu'on arrive à prévenir l'affouillement dans les thalwegs et à les consolider ; leur but n'est pas de retenir les eaux comme dans des réservoirs, mais d'arrêter les alluvions et débris, en produisant un atterrissement destiné à diminuer la pente du thalweg, et de consolider les berges vives en noyant leur pied et en empêchant les ravinements et par suite leur écroulement.

La forme et la constitution de ces barrages présentent une extrême

(1) Ce système est assez coûteux, 0 fr. 35 par plant.

variété; elles dépendent de l'importance de l'ondulation du sol, et de la nature des matériaux disponibles.

Petits barrages. — Pour les petits ravins latéraux, les ouvrages n'ayant besoin généralement que d'une durée limitée, jusqu'au moment où la végétation forestière se sera emparée du terrain, de petits barrages rustiques suffisent; on les formera (fig. 222) avec de simples troncs d'arbre munis de leurs branches principales que l'on tournera

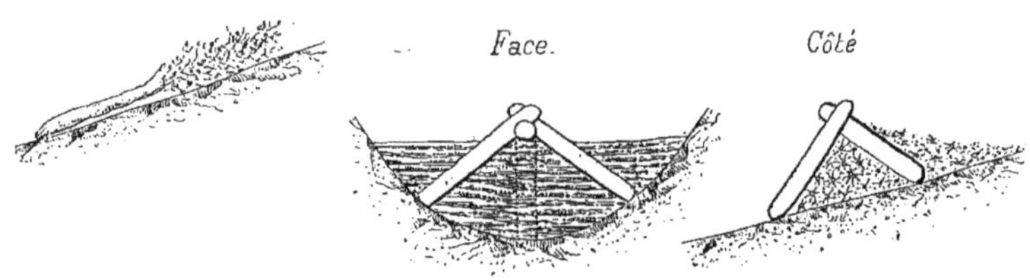

Fig. 222. Fig. 223.

vers l'amont, ou encore, avec des fagots et des branches soutenues par des piquets ou des pieds de biche (fig. 223). On emploiera autant que possible des bois verts, dans des conditions telles que la végétation puisse reprendre, afin que l'ouvrage gagne en solidité, et le terrain qui le supporte en consistance.

Les barrages en gabions sont assez résistants; les gabions sont formés de 11 ou 13 perches de 4 ou 5 mètres de longueur, disposées suivant les génératrices d'un cylindre et réunies par un clayonnage; leur diamètre est de 1^{m}30 à 1^{m}50. On les couche côte à côte suivant les lignes de plus grande pente, et on enterre la base inférieure dans une rigole transversale qui, retenant un peu d'eau, pourra faciliter la reprise des perches; sinon, le gabion est exposé à pourrir.

Les barrages en fascinages se construisent avec des fagots de 5 à 6 mètres de long, que l'on appuie sur des piquets distants de 1 à 2 mètres, et auxquels on donne en plan une flèche d'environ $\frac{1}{10}$ (fig. 224).

La figure 225 représente un barrage de plus grande dimension, en clayonnages, avec pertuis central; ces clayonnages se construisent avec des branches d'osier, de saule, de coudrier ou à la rigueur de sapin et d'épicea; elles n'ont pas plus de 1 pouce de diamètre au gros bout.

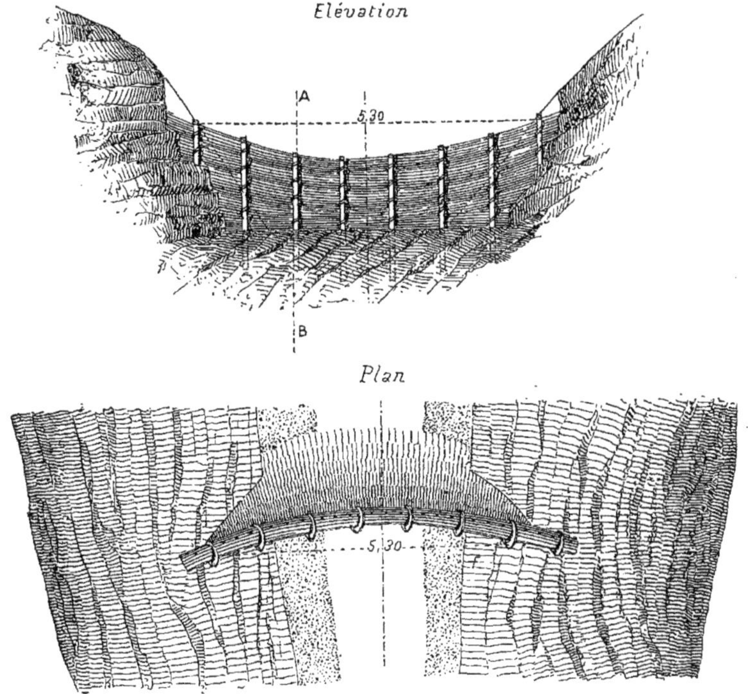

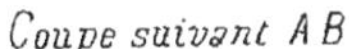

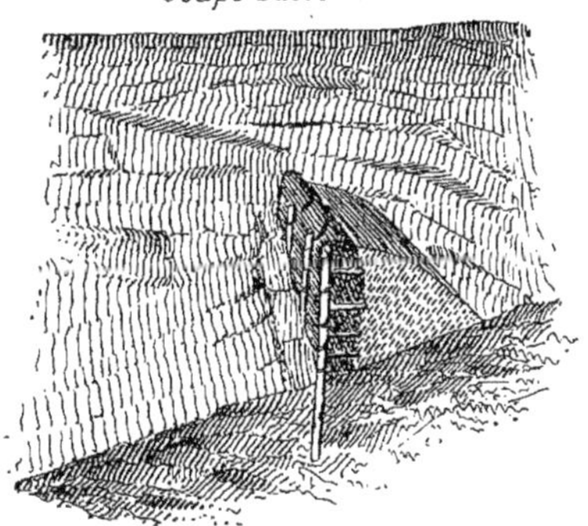

Fig. 224.

Grands barrages. — Pour les barrages plus importants, il faut abandonner le bois dont la durée est très limitée ; on peut cependant être obligé de l'employer, si la pierre est d'un prix trop élevé ; dans ce cas, une précaution est indispensable, c'est d'enraciner le barrage de 1 mètre au moins dans la terre, au pied de l'ouvrage et sur les

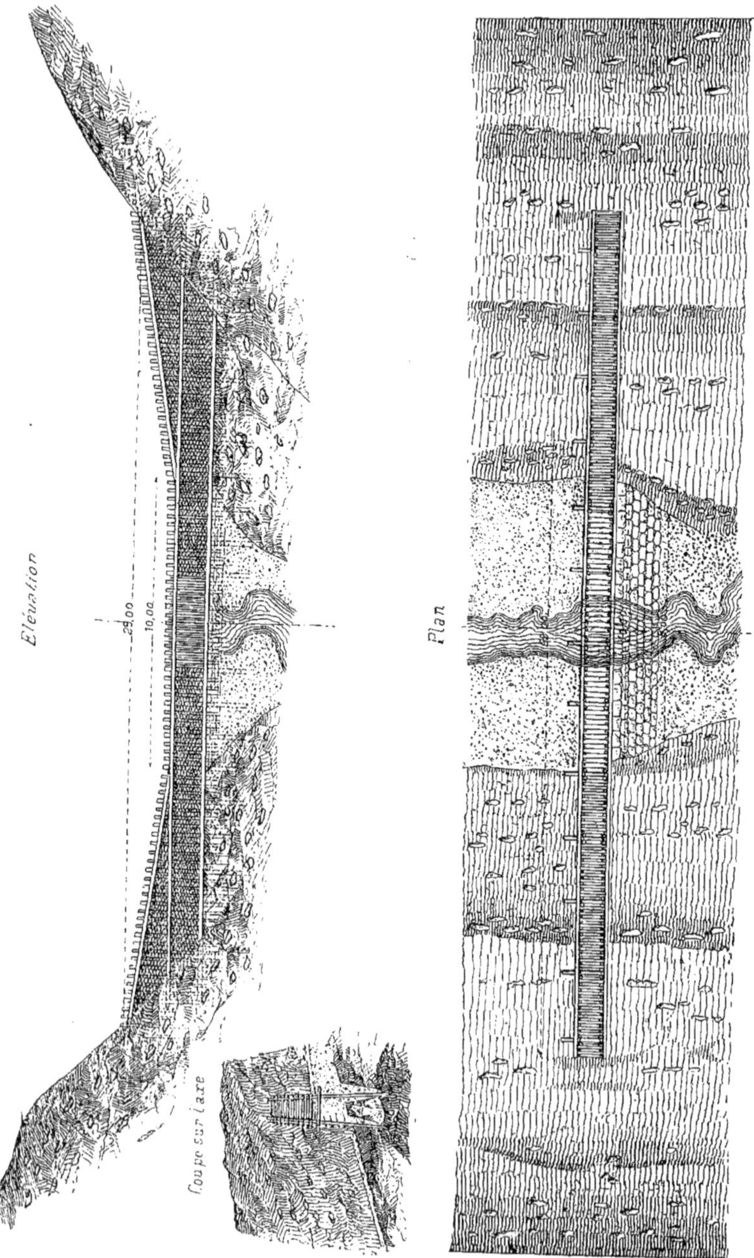

Fig. 225.

berges, et de réunir par des chevilles en fer les arbres transversaux qui concourent à l'enracinement dans les berges, avec les arbres disposés suivant la direction du thalweg.

Les barrages en pierres sont à pierres sèches ou en maçonnerie ordinaire; le premier mode de construction a l'avantage de l'économie, car on n'a pour ainsi dire que la peine de ramasser les matériaux dans le lit du torrent, mais leur entretien est coûteux, et la maçonnerie au mortier de chaux hydraulique, quoique plus chère, offre plus de garantie de durée; dans ce cas, on établit un aqueduc central garni d'un grillage en bois qui laisse passer les eaux et les boues, et il se forme alors en amont du barrage un bon remplissage sec et résistant. Par mesure d'économie, on compose quelquefois le barrage d'un noyau en pierres sèches, revêtu d'un parement et d'un couronnement maçonné sur $0^{m}20$ d'épaisseur.

En plan, on donne aux barrages en pierres une forme convexe vers l'amont, avec flèche de $\frac{1}{10}$ environ, pour les faire résister à la façon d'une voûte (fig. 226); il faut avoir soin d'appuyer les deux

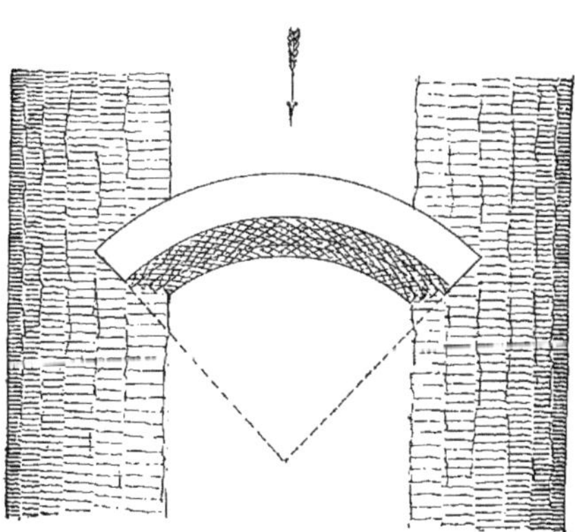

Fig. 226.

extrémités du barrage sur le rocher, ou de construire au besoin de solides culées en maçonnerie; en projection verticale, la crête devra être légèrement cintrée (flèche du $\frac{1}{10}$), la concavité du profil étant tournée vers le ciel, de manière à ramener les eaux vers le milieu et à éviter le déracinement pendant les crues, et l'on donnera au parement aval un fruit de 0 20, le parement amont étant vertical (fig. 227).

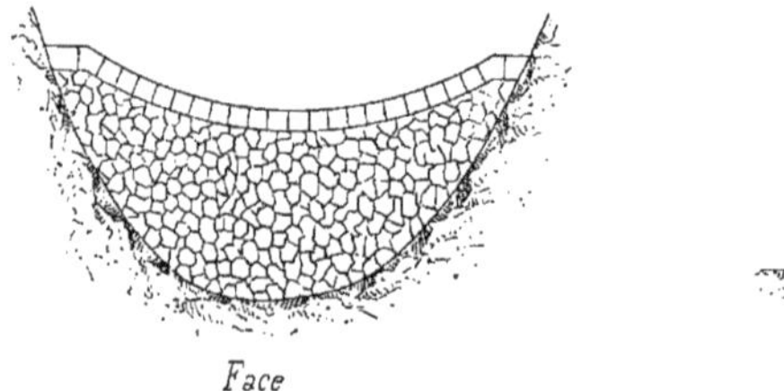

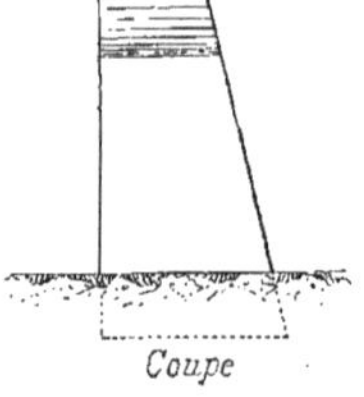

Fig. 227.

Quelques précautions sont nécessaires pour éviter l'affouillement par suite de la chute créée par le barrage; on pourra par exemple garantir son pied avec de gros blocs, ou mieux, établir un contrebar-

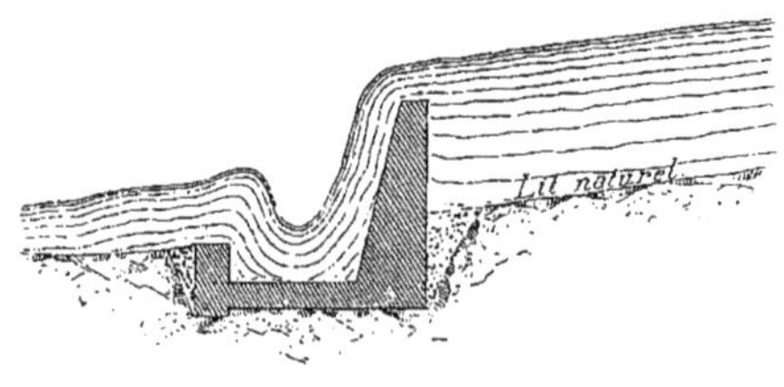

Fig. 228.

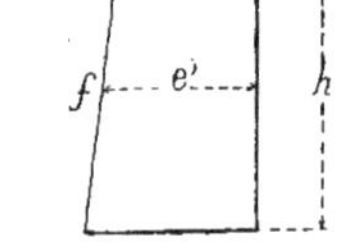

Fig. 229.

rage qui laisse au pied du barrage (fig. 228) une sorte de bassin rempli d'eau formant matelas; plus économiquement, on peut constituer en aval un radier en bois avec un treillis en charpente grossière, fixé par des pieux et garni de galets dans ses interstices. Quelquefois on accompagne le barrage de murs en retour qui garantissent les berges d'amont.

Si le barrage est en pierres sèches, on lui donne généralement au sommet une épaisseur égale à la moitié de sa hauteur (fig. 229) $e = \frac{h}{2}$ et au parement, un fruit $f = 25$ 0/0; s'il est du système mixte (pierres sèches et maçonnerie), on peut se contenter de prendre $e' = \frac{h}{2}$ (épaisseur moyenne). La hauteur h ne dépasse jamais 5 mètres.

Travaux accessoires. — Derrière chaque barrage, il tend à se former un cône élémentaire de déjection, avec divagations latérales et attaques alternatives des deux rives; il faut donc faire en sorte que les eaux soient ramenées vers le milieu du lit; on y parvient soit au moyen de perrés continus formant une cuvette légèrement concave, soit au moyen de clayonnages longitudinaux qui empêchent les affouillements des rives, soit enfin au moyen de clayonnages transversaux qui décomposent la pente totale en paliers élémentaires avec petites chutes de 0m40 à 0m60.

Importance des travaux de restauration des montagnes en France. — Les tableaux suivants résument la situation des travaux entrepris et des sommes dépensées par le service des forêts pour la restauration de nos montagnes (n'y sont pas compris les travaux spéciaux exécutés sur les canaux d'écoulement et sur les cônes de déjection, travaux dont il sera question plus loin).

Les périmètres décrétés en exécution des lois de 1860 et 1864 étaient au nombre de 219 comprenant 139.507 h. 28. Par suite des revisions, cette étendue se répartit ainsi :

A. Revision des périmètres décrétés d'utilité publique avant le 4 avril 1882.

Régions.	Départements.	Nombre de périmètres.			Contenance des terrains.		
		Total.	Maintenus.	Abandonnés.	Compris dans les périmètres décrétés.	Rendus à la jouissance des propriétaires.	maintenus dans les périmètres revisés.
					h. a.	h. a.	h. a.
Alpes.	Basses-Alpes. Hautes-Alpes. Alpes-Maritimes. Drôme. Isère. Var.	121	113	8	90.675 43	48.623 74	42.051 69
Pyrénées.	Aude. Basses-Pyrénées. Hautes-Pyrénées. Pyrénées-Orientales	19	6	13	10.856 85	5.121 22	5.735 63
Cévennes et plateau central.	Ardèche. Gard. Hérault. Loire. Haute-Loire. Lozère. Puy-de-Dôme.	79	58	12	37.975 »	15.449 »	22.526 »
	Totaux.......	219	177	42	139.507 28	69.193 96	70.313 32

On voit que les surfaces anciennement périmétrées ont été réduites de près de moitié.

Le tableau *B* montre que les terrains dont la restauration immédiate est d'intérêt public occupent en France moins de 250.000 hectares sur lesquels 3.000 kilomètres de ravins sont à corriger.

B. Évaluation approximative de la superficie des terrains dont la restauration constitue, pour la France, une œuvre de nécessité publique.

Régions.	Étendue des terrains à restaurer					Long. totale, évaluée en kilomètres des ravins dont la correction est d'intérêt public.
	Dans les périmètres d'utilité publique revisés.	A l'État.	Aux communes et établissements publics.	Aux particuliers.	Totale	
	hectares.	hectares.	hectares.	hectares.	hectares.	
Alpes........	46.300	12.000	60.000	20.000	138.300	2.500
Cévennes et plateau central.	22.700	10.000	15.000	12.000	59.700	150
Pyrénées	7.800	14.000	18.000	9.000	48.800.	350
Totaux......	76.800	36.000	93.000	41.000	246.800	3.000

Le tableau *C* donne la situation, au 31 décembre 1885, des travaux de reboisement entrepris par les soins et aux frais de l'État :

RÉGIONS.	Étendue des terrains à reboiser.		Surfaces reboisées au 31 décembre 1885		Développement en kilomètres des ravins corrigés.	Sommes dépensées depuis l'origine des travaux jusqu'au 31 décembre 1885, pour				Dépenses Totales.	Prix de revient de			Terrains rendus aux communes après revision.	
											l'hectare restauré.		un mètre courant de ravin orri-cgé.		
	Périmètres obligatoires.	Domaniaux non périmétrés.	Périmètres obligatoires.	Domaniaux non périmétrés.		Travaux forestiers.	Travaux de correction.	Travaux auxiliaires.	Frais généraux.		Reboisement.	Travaux de toute nature.		Surfaces reboisées.	Dépenses totales.
	h.	h.	h.	h.	k.	fr.	fr.	fr.	fr.	fr.	fr.	fr.	fr. c.	h.	fr.
Alpes	42.051	6.990	18.226	1.724	500	6.343.282	5.740.508	1.645.675	1.243.120	14.972.585	317	745	10 20	3.411	933.593
			19.950												
Cévennes et Plateau central	22.526	6.897	10.676	2.872	40	2.872.947	129.752	588.510	255.082	3.846.301	212	284	2 50	2.597	396.009
			13.548												
Pyrénées	5.736	16.002	3.669	2.967	60	1.314.783	633.698	317.831	96.335	2.362.647	198	356	10 »	798	104.154
			6.636												
Totaux	70.313	29.889	32.571	7.563	600	10.531.012	6.503.958	2.552.016	1.594.537	21.181.583	»	»	»	6.806	1.433.756
	100.202		40.134												

Observations. — Moyenne à l'hectare pour l'ensemble des terrains reboisés : Reboisement 262 francs. Travaux de toute nature 528 francs. Moyenne générale à l'hectare, y compris les terres rendues aux communes après reboisement : 482 francs.

Le tableau *D* montre que le montant des subventions allouées par l'État, pour travaux facultatifs, s'élève à la moitié de la dépense totale.

D. Reboisements facultatifs effectués avec subvention de l'État

RÉGIONS.	Contenances reboisées au 31 décembre 1885.			Sommes dépensées depuis l'origine jusqu'au 31 décembre 1885.				Prix de revient à l'hectare.
	Communes et établissements publics.	Particuliers.	Totales.	État.	Départements.	Propriétaires.	Totales.	
	hect.	hect.	hect.	fr.	fr.	fr.	fr.	fr.
Alpes	19.200	2.500	21.700					
Cévennes et plateau central	8.000	16.500	24.500					
Pyrénées	3.000	3.400	6.400	3.450.000	1.040.000	2.410.000	6.900.000	125
Vosges et Jura	2.000	200	2.200					
Corse	200	»	200					
Totaux	32.400	26.600	55.000					

Enfin le tableau *E* indique le résultat de l'étude générale entreprise par l'administration des forêts, à l'effet de reconnaître les terrains qui tombent sous l'application de la loi du 4 avril 1882.

RÉGIONS.	Nombre de communes intéressées.	Surface territoriale reconnue et parcourue.	Étendue des terrains à comprendre dans les périmètres de restauration.					
			Nouveaux périmètres.				Anciens périmètres.	Totale.
			A l'État.	aux communes.	aux particuliers.	Totale.		
		hect.	hect.	hect.	hect.	hect.	hect.	hect.
Alpes	611	1.822.587	8.064	107.069	33.344	148.477	42.051	190.528
				140.413				
Cévennes et plateau central	337	851.124	6.896	27.730	34.263	68.889	22.526	91.415
				61.993				
Pyrénées	210	547.649	16.002	11.114	2.197	29.313	5.735	35.048
				13.311				
Totaux	1.158	3.221 360	30.962	145.913	69.804	246.679	70.312	316.991
				215.717				

Avant de passer à un autre sujet, nous rappellerons que Surell avait indiqué l'irrigation à l'aide de petits canaux d'arrosage, comme un excellent moyen d'attirer la végétation sur les berges; il est à remarquer que cette idée n'a pas encore été mise en pratique et cela paraît regrettable, car il est certain que l'irrigation imprégnerait les terres déchirées et arides des berges, d'une humidité fécondante, et que son extension aux zones de défense en fertiliserait le sol.

D. — TRAVAUX DANS LES CANAUX D'ÉCOULEMENT.

Dans les torrents proprement dits, le canal d'écoulement est généralement net, réduit souvent à un simple goulot. Au contraire, comme nous le verrons ultérieurement, il a un plus grand développement dans les rivières torrentielles.

En ce qui concerne les torrents proprement dits, les travaux à exécuter dans le canal d'écoulement sont très simples; ils se réduisent au déblaiement des blocs qui l'obstruent et à leur rangement suivant des digues latérales.

E. — TRAVAUX SUR LES LITS DE DÉJECTION.

Formation des lits de déjection. — C'est sur le lit de déjection que le torrent dépose. Dans sa formation le lit de déjection passe par plusieurs phases : dans la première, le cône a une génératrice concave vers le ciel, c'est la courbe normale de l'écoulement stable de l'eau; il se forme des couches successives de dépôt jusqu'à ce que le sommet atteigne la gorge. Pendant toute cette période, le torrent tend à divaguer en tous sens (fig. 230).

Dans la seconde phase, la concavité des génératrices du cône disparaît, la forme générale est celle d'une pyramide conique avec une arête centrale, qui devient et se maintient plus élevée que les autres, dans le prolongement de la gorge et perpendiculairement à la rivière où le torrent se dégorge; cette direction correspond aux conditions du charroi le plus facile, et c'est elle que le torrent suit en coulant entre deux bourrelets (fig. 231). C'est une période de sécurité relative, le torrent ne divaguant généralement que vers l'extrémité de l'arête. Puis la pyramide s'allonge vers la rivière où afflue le torrent, laquelle coupe souvent le lit de déjection de manière à former une sorte de falaise (fig. 232); dans ce cas les déjections peuvent barrer la rivière, il se forme un lac artificiel qui, au jour de la débâcle, peut causer de véritables désastres. C'est ce qui s'est produit, par exemple, lors de l'inondation qui,

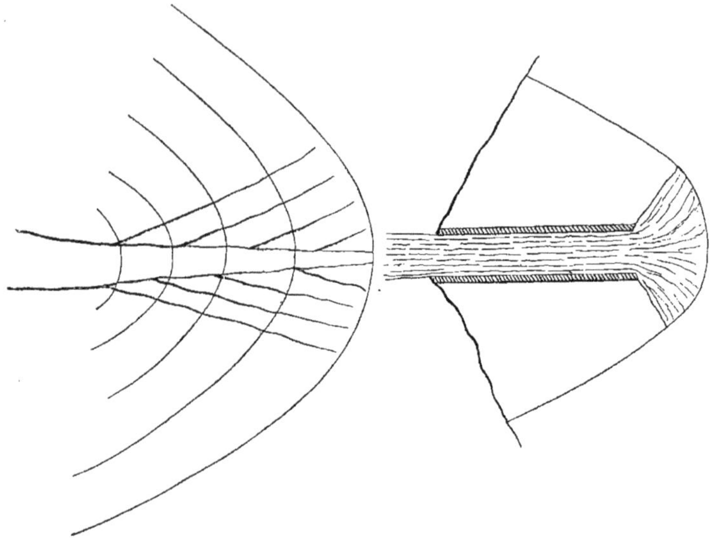

Fig. 230. Fig. 231.

au XIIIe siècle, faillit détruire Grenoble; la vallée de la Romanche, affluent de l'Isère, avait été ainsi barrée en amont de Vizille, par les déjections de deux torrents, vers l'année 1151; en 1219, la digue ainsi formée se rompit et la masse d'eau, accumulée en amont, se précipita dans la vallée du Grésivaudan en détruisant tout sur son passage.

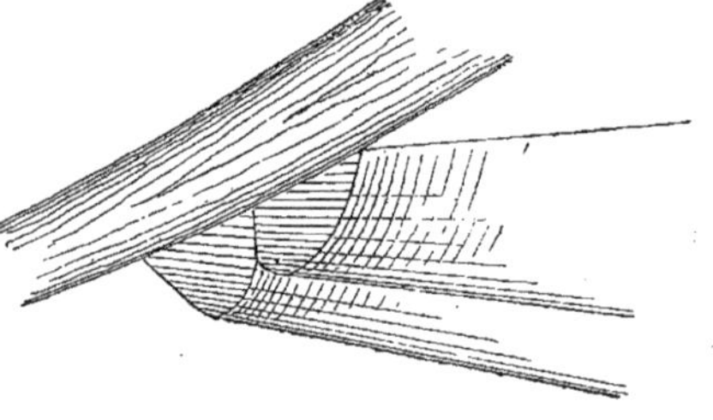

Fig. 232.

Enfin, dans la dernière phase, la pyramide étant achevée, le chenal s'encombre de matériaux et le torrent en sort sur divers points du cône de déjection, suivant des circonstances qu'on ne peut prévoir, semant la ruine et la désolation tantôt d'un côté tantôt de l'autre.

Moyens de défense. — Barrages. — Il est rare d'avoir affaire à des torrents qui en soient à la première phase; dans ce cas il n'y a rien à tenter en dehors du bassin de réception. Les anciens torrents qui en sont restés à cette première phase, par suite d'un arrêt naturel ou artificiel de l'alimentation, donnent lieu à la formation de cascades (Lac d'Oo, Gavarnie, Pissevache, etc.).

Pendant la deuxième phase, il n'y a pas encore à songer à établir d'ouvrage directement sur le lit de déjection, si ce n'est quelques barrages provisoires pour arrêter les graviers.

Pendant la troisième et la quatrième phases, le danger sur le lit de déjection est d'une imminence continue; les premiers travaux à faire consistent à relever les bourrelets de l'arête centrale pour encaisser le torrent et prévenir ses divagations; mais on ne peut les surélever indéfiniment et il faut toujours en revenir à l'attaque du mal dans son foyer, c'est-à-dire dans le bassin de réception. On peut cependant employer utilement, comme palliatif, des barrages de retenue des graviers : considérons (fig. 233) deux sections A B du lit d'un torrent sur le cône de déjection; à l'état naturel, le lit s'exhausse progressivement; donc le débit des matières solides en A est supérieur au débit en B jusqu'à la réalisation d'un profil de compensation qui devient un profil d'équilibre, quand les pentes sont partout égales ou inférieures aux pentes d'entraînement. Si l'on établit un barrage en A, le lit se remplit de graviers en amont suivant une pente douce; c'est de l'eau claire qui coule en aval et qui tend à affouiller les graviers pour les déposer plus loin; en obligeant les eaux à s'étaler sur la crête du barrage, on diminue leur violence, ce qui favorise l'atterrissement d'amont. Lorsque cet atterrissement atteint la crête du barrage, son action prend fin, les graviers passent au-dessus et reprennent bientôt leur mouvement naturel; il faut alors superposer un nouveau barrage en arrière, et ainsi de suite (fig. 234). Ces barrages ne sont en somme qu'un expédient transitoire; on doit les construire par séries en commençant par l'aval. Il ne faut pas confondre l'action de retenue, spéciale à ces barrages du lit de déjection, avec l'action régulatrice des

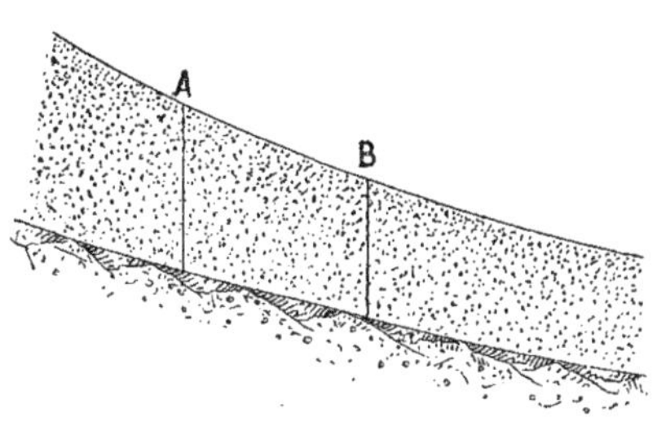

Fig. 233.

barrages établis dans les thalwegs du bassin de réception, et

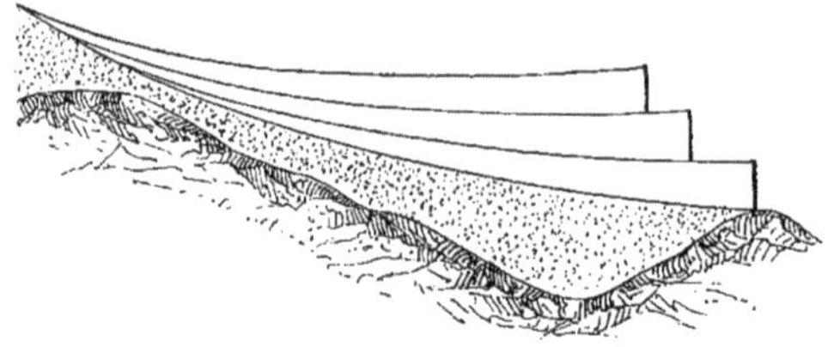

Fig. 234.

dont nous avons parlé plus haut; leur rupture n'est d'ailleurs pas à craindre, en raison de la faible poussée des graviers.

Comme travail accessoire, citons encore le curage du lit, qui peut donner de bons résultats; on relève les gros blocs charriés et abandonnés au milieu de la rivière et on les entasse le long de la rive; on produit ainsi un approfondissement qui favorise le maintien du lit.

Travaux de routes en pays de montagnes.—Lorsqu'une route ou un chemin de fer traverse un torrent, il faut les soustraire le plus complètement possible aux causes de dégradation; c'est là une des grandes difficultés du tracé des routes en pays de montagnes. C'est en général sur les lits de déjection que les routes traversent les torrents.

L'endroit le moins défavorable pour cette traversée, est le point où le torrent sort de la gorge, à l'issue du canal d'écoulement; là le torrent est encaissé par des berges insubmersibles et l'on se trouve dans des circonstances ordinaires pour établir un pont; mais il n'est pas toujours possible d'y conduire le tracé, parce que ce point est souvent d'un accès difficile.

On est alors conduit à établir le tracé au point où le torrent se jette dans la rivière, à l'extrémité de son lit de déjection; la route suit le fond de la vallée, sa pente est uniforme et douce, de plus elle est établie sur des terrains fermes et stables; les eaux n'y arrivent qu'après avoir parcouru le lit de déjection dans toute sa longueur, elles sont donc moins chargées de matières. Mais la difficulté est d'assujettir les eaux à passer précisément sous le pont.

On peut se servir pour cela soit de digues continues, soit de petits épis inclinés vers l'aval; il faut remarquer qu'il ne s'agit pas d'encaisser le torrent, mais seulement de l'amener sous le pont. Quelquefois l'on enferme le torrent dans un canal pavé et maçonné, c'est ce qui a été fait par exemple pour le passage d'un chemin de fer sur le torrent de la Grionne (canton de Vaud) : on a formé en amont de la voie une place de dépôt de 60 mètres de largeur sur 250 mètres de longueur, entourée de digues; le radier du pont est en gros blocs et le lit de la Grionne est encore pavé sur une longueur de 120 mètres à l'aval du pont (fig. 235).

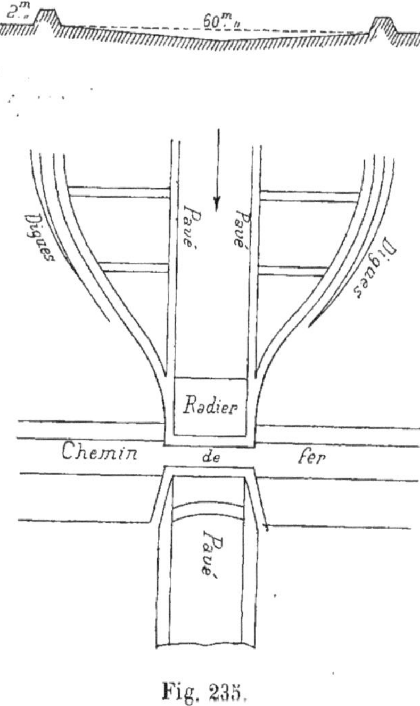

Fig. 235.

La convexité de quelques lits de déjections est telle qu'on peut les traverser en tunnels; la route est ainsi parfaitement à l'abri des dégradations, mais ce moyen de préservation est coûteux; aussi n'y a-t-on recours que rarement et sur de petits torrents.

Quant aux ponts jetés sur les torrents, il faut éviter de les établir avec des piles intermédiaires; leur construction doit être très soignée. il faut y employer de la pierre de taille à longues queues, avec arêtes arrondies, même celles de la voûte, et ne pas ménager les crampons en fer. Il y a souvent avantage à employer des tabliers en bois que l'on démonte à l'avance, quand on prévoit une crue, et qui sont emportés si la crue survient inopinément; mais les culées en maçonnerie restent au moins intactes et le dommage est alors peu considérable.

CHAPITRE II

FORME DES VALLÉES. — PROFIL EN LONG

Forme générale des vallées. — Nous avons déjà dit quelques mots de la forme générale des vallées (voir page 248).

Le travail que nous avons vu se produire avec une si grande intensité pour les torrents intervient dans la formation des vallées de tous les autres cours d'eau, mais son activité est infiniment moindre; les cours d'eau affouillent et déposent; ces deux actions concourent à la formation du lit. Comme pour les torrents, la gravité et les agents atmosphériques interviennent pour déterminer les corrosions et entretenir ce mouvement continuel des alluvions, du haut de la vallée vers la mer.

Si les flancs de la vallée sont formés de terrains imperméables argileux, le ruissellement des pluies produit des ravinements, entraîne l'argile, et la surface primitive de la vallée tend ainsi à prendre une forme adoucie, l'eau attaquant toutes les aspérités et des dépôts se formant aux points bas. Les terres entraînées par le ravinement des coteaux s'accumulent à leur pied qui vient mourir au thalweg en pente douce, et le fond de la vallée est concave (fig. 236).

Si les flancs de la vallée sont formés de terrains perméables, le ruissellement est nul, les pentes géologiques se maintiennent, le fond de la vallée reste plat et prend une forme adoucie de cône de déjection, le cours d'eau exhaussant son lit par suite de l'apport des matériaux détritiques empruntés à la partie haute de la vallée; il se produit, soit naturellement, soit artificiellement, des lits secondaires qu'on appelle fausses rivières, le cours d'eau n'occupant plus

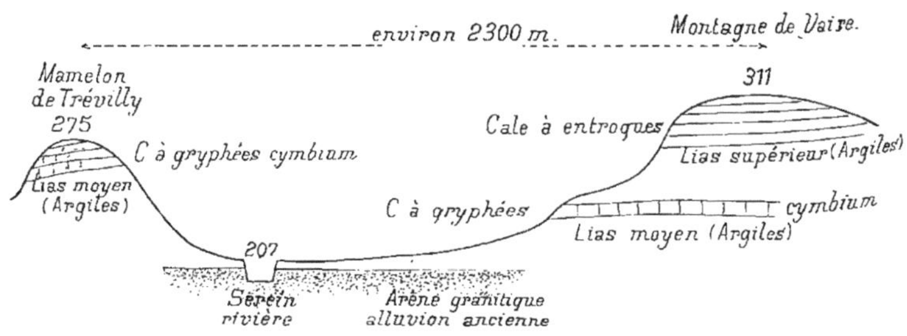

Coupe de la vallée du Serein, à Trévilly près de Guillon (Yonne)
Terrain argileux imperméable

Fig. 236.

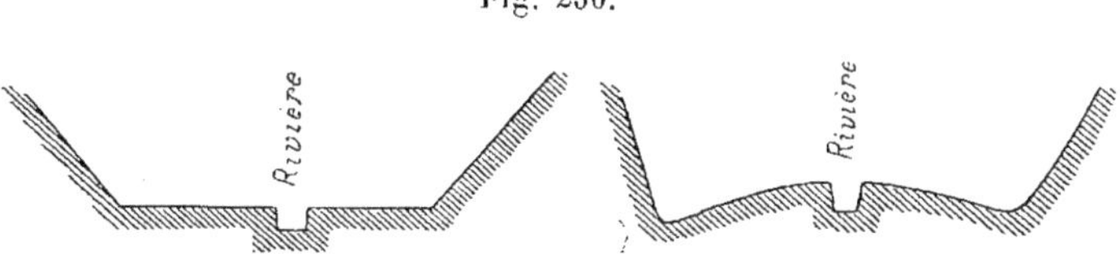

Forme habituelle des vallées dans les terrains à coteaux perméables

Fig. 237.

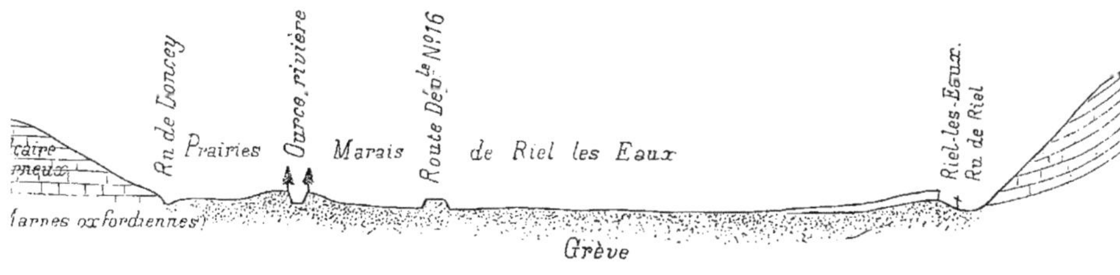

Fig. 238.

le thalweg de la vallée; le fond est alors convexe et le cours d'eau occupe le sommet de la convexité, disposition qu'on ne rencontre jamais dans les terrains imperméables. Cette modification de la forme des vallées a joué un rôle important dans la formation des marais et le développement des tourbières des vallées à versants perméables (fig. 237 et 238).

Le lit mineur est cette partie du lit que les eaux baignent en tout temps; l'espace recouvert par les crues constitue le lit majeur.

Formation du profil en long. — Dans la partie torrentielle des cours d'eau, les matériaux entraînés se classent par ordre de grandeur avec leurs pentes naturelles; il faut qu'il y ait équilibre entre la force d'entraînement de l'eau et la résistance des matériaux formant le fond; c'est ainsi que le lit se constitue progressivement, les plus gros matériaux se déposant les premiers avec une forte pente et ainsi de suite.

Nous donnons ci-dessous le tableau des vitesses limites auxquelles cesse l'entraînement de divers matériaux.

	Pente naturelle.	Vitesse limite Au fond (U)	Vitesse limite moyenne (u)	Observations.
Roches dures........	»	3m050	4m060	Les vitesses U et u sont liées à la vitesse à la surface V par les relations:
Roches en couches...	»	1 830	2 434	
Cailloux agglomérés, Schistes tendres...	»	1 520	2 021	
Pierres cassées, silex.	»	1 220	1 623	$u = \begin{cases} 0{,}80\ V \\ 1{,}33\ U \end{cases}$
Cailloux..........	»	0 614	0 817	
Graviers...........	54°	0 609	0 810	$V = \begin{cases} 1{,}25\ u \\ 1{,}66\ U \end{cases}$
Sables.............	54° à 55° / très fin 73°	0 305	0 406	$U = \begin{cases} 0{,}75\ u \\ 0{,}60\ V \end{cases}$
Argiles tendres.....	humides 50° à 60° / ramollies 66°	0 152	0 202	
Terres détrempées...	43° à 50°	0 076	0 101	

Dans la partie basse des vallées, les rivières divaguent ou ont divagué à l'époque de la formation de leur lit moderne; le cours d'eau s'écoule dans une masse graveleuse homogène et il y a par suite tendance à l'établissement d'une vitesse constante; les affluents interviennent pour augmenter progressivement le débit.

La formule générale de l'écoulement des liquides dans un canal régulier est :

[1] $Ri = au + bu^2$ dans laquelle i représente la pente par mètre, u la vitesse moyenne, R le rayon moyen de la section $\frac{\Omega}{\chi}$

D'après de Prony	D'après Eytelwein
$a = 0{,}000.044$	$a = 0{,}000.024$
$b = 0{,}000.309$	$b = 0{,}000.365$

Le coefficient a est très faible et le terme au est négligeable devant bu^2, lorsqu'il s'agit de vitesses modérées sans être très petites; dans ce cas la formule (1) peut s'écrire simplement :

$$Ri = bu^2 \text{ d'où l'on tire } u = \frac{1}{\sqrt{b}}\sqrt{Ri} = 52\sqrt{Ri}$$

C'est à peu de chose près la formule des hydrauliciens italiens ;

$$u = 50\sqrt{Ri}$$

MM. Darcy et Bazin ont fait intervenir la nature du fond et des parois tout en conservant la relation $Ri = Au^2$.

A est fonction du rayon moyen et varie suivant que les parois sont très unies (ciment lissé, bois raboté), unies (pierres de taille, briques), peu unies (maçonnerie de moellons) ou rugueuses (terre).

$$A = \left\{\begin{matrix} 0{,}000.15 \\ \text{à} \\ 0{,}000.28 \end{matrix}\right. \left(1 + \frac{0.03 \text{ à } 1.25}{R}\right).$$

Dans la pratique, la formule $u = 50\sqrt{Ri}$ ne donne qu'une approximation; la formule $u = \frac{1}{\sqrt{A}}\sqrt{Ri}$ est beaucoup plus exacte.

Il est facile maintenant de vérifier que la pente d'un cours d'eau va généralement en diminuant de l'amont vers l'aval : le régime d'une rivière est établi lorsqu'il y a équilibre entre la résistance du terrain et la force de corrosion qui dépend de la vitesse; dans un terrain qui reste sensiblement le même sur une grande étendue, la vitesse tend donc à être constante, Ri également; mais les affluents augmentent le débit Q, c'est-à-dire Ωu et par suite Ω; or Ω croît généralement plus vite que le périmètre mouillé χ (supposons un rectangle (fig. 239) de dimension l et h; $\Omega = lh$ $\chi = l + 2h$.

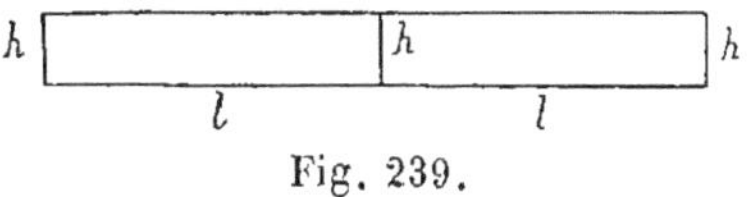

Fig. 239.

Doublons la section, $\Omega' = 2lh$ soit 2Ω et $\chi' = 2l + 2h$ soit $\chi + l$). Donc R augmente et le produit Ri devant rester constant, i, c'est-à-dire la pente, va en diminuant.

La présence de terrains résistants dans le lit peut augmenter la pente entre deux affluents; la vitesse u peut alors en effet devenir plus grande; Q étant constant, $\Omega = \frac{Q}{u}$ diminue et cela, plus vite que χ, donc R diminue et par suite i doit augmenter.

Le serpentement des cours d'eau est la conséquence naturelle de la formule du mouvement des eaux dans un terrain large et affouillable; les crues produisent sur le rayon moyen R le même effet que les affluents et nécessitent une diminution de la pente i, ce qui oblige le cours d'eau à serpenter pour la réaliser. Si le débit était constant et limité, il y aurait tendance à l'écoulement en ligne directe suivant la plus grande pente.

CHAPITRE III

RIVIÈRES TORRENTIELLES

Les rivières torrentielles sont à proprement parler de véritables canaux d'écoulement ; ce qui, dans les torrents considérés jusqu'ici, n'était pour ainsi dire que la transition du bassin de réception au cône de déjection, prend quelquefois un développement considérable, on a alors affaire à une rivière torrentielle. Les vallées où coulent les rivières torrentielles ont une pente générale assez faible, en raison de leur grande longueur ; les vitesses y sont donc moindres que dans les torrents proprement dits ; il s'y forme des dépôts sur toute la longueur du cours d'eau et il n'y a pas de cône de déjection bien distinct.

Plaines d'alluvion. — Les rivières torrentielles suivent des vallées dont le fond, souvent très plat, est formé par les apports du courant. A l'origine, ces vallées étaient plus irrégulières qu'elles ne le sont à notre époque ; elles formaient ordinairement des chapelets de lacs. C'est ce que l'on peut constater de nos jours dans les régions montagneuses de formation relativement récente : ainsi, sur la Durance, on retrouve les vestiges d'une suite de lacs séparés par des rapides ou cataractes : les lacs sont devenus des plaines et les rapides sont marqués par des défilés plus ou moins encaissés.

Peu à peu les lacs se sont comblés et l'on y trouve toujours les matériaux déposés dans le même ordre à partir du fond (fig. 240) : 1° de gros blocs, éboulés des berges et qui, une fois au fond des cavités, ne pouvaient plus être déplacés; leurs arêtes vives prouvent qu'ils

Fig. 240.

n'ont pas été roulés et que le travail de la rivière s'est opéré au-dessus d'eux; 2° des vases provenant des eaux qui avaient déjà déposé les matériaux un peu considérables dans les lacs d'amont; 3° des sables qui se sont déposés dans une des cavités quand les lacs d'amont étaient presque comblés; 4° enfin des graviers qui se déposent quand les cavités sont comblées, et peuvent même s'amonceler jusqu'à former un lit en relief sur les bords de la vallée.

Lits de graviers. — Les lits de graviers sur lesquels roulent les rivières torrentielles sont essentiellement affouillables; leur nature change constamment et les matériaux qui les composent sont sans cesse en mouvement. Au moment d'un orage, la vitesse de l'eau augmentant, les petits matériaux sont entraînés et remplacés par de plus gros qui se déposent à mesure que la vitesse diminue.

Il est rare qu'il y ait équilibre entre l'apport et l'enlèvement des graviers sur un point déterminé. Le cas de l'exhaussement est le plus fréquent; il peut être continu, ou intermittent s'il ne se produit qu'en cas de crue. L'abaissement du lit ne s'observe qu'en cas de rupture d'une retenue ou bien, quand la rivière cesse d'apporter dans les endroits encaissés où elle conserve sa force d'entraînement.

Stabilité et mouvements des galets et graviers. — Il est facile de se rendre compte par le calcul, de la condition de stabilité d'un corps abandonné au courant d'une rivière. Imaginons un solide cubique d'arête a (fig. 241); la force d'entraînement exercée par le

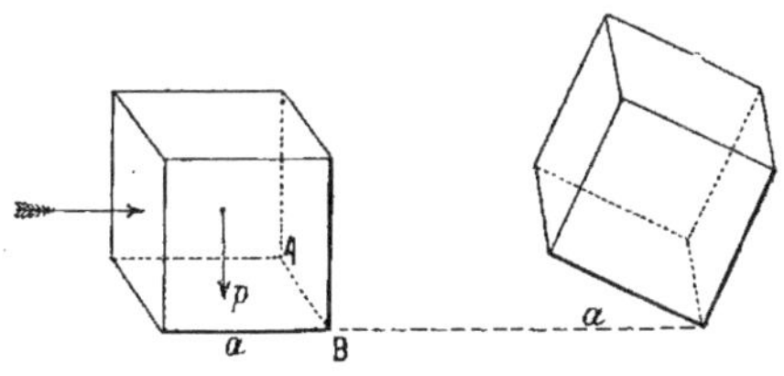

Fig. 241.

courant est proportionnelle à la surface a^2 et au carré de la vitesse V^2; elle peut s'exprimer par Ka^2V^2 et elle est appliquée au tiers de la hauteur; son moment par rapport à l'arête horizontale AB autour de laquelle le solide tend à tourner, est donc $\frac{Ka^3V^2}{3}$. La pesanteur s'oppose au mouvement de bascule et son moment est $\frac{K'a^4}{2}$..

La condition de stabilité est donc :

$$\frac{K'a^4}{2} \geq \frac{Ka^3V^2}{3} \text{ ou } \frac{K'a}{2} \geq \frac{KV^2}{3}$$

On voit que pour une vitesse déterminée, la résistance au roulement est proportionnelle à la dimension linéaire des pierres, et que les matériaux se classeront d'après cette dimension, les plus petits étant entraînés plus loin.

M. Alfred Durand-Claye a particulièrement étudié la question des affouillements qui se produisent au-devant de tout obstacle opposé au courant de l'eau, avant son entraînement.

Les résultats de ses expériences ont été consignés dans un article inséré aux *Annales des Ponts et Chaussées* (1873).

M. Durand-Claye opérait sur de petites piles en maçonnerie établies suivant l'axe d'un canal rectangulaire de 0^m75 de largeur sur 0^m40 de hauteur, et de 0^m014 de pente par mètre ; ses expériences ont porté sur une pile de forme rectangulaire, sur une pile terminée par deux demi-cercles, enfin sur une pile à avant-bec et arrière-bec

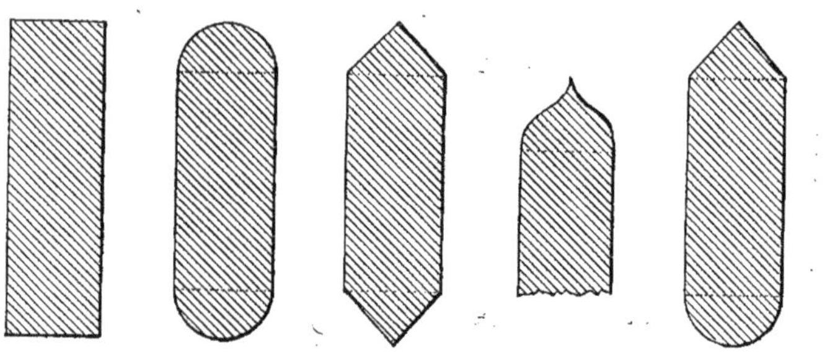

Fig. 242.

triangulaires (fig. 242). Une couche de sable tamisé était étendue uniformément sur 0^m04 environ d'épaisseur sur le fond du canal.

Les trois piles expérimentées ont conduit aux observations suivantes :

Dans les trois cas, les affouillements se sont accusés à l'amont et sur les côtés; les atterrissements à l'aval. La chute des ponts par l'amont trouve ainsi une justification expérimentale; il convient donc de veiller spécialement à la solidité des fondations dans le sens de l'amont.

La forme rectangulaire est la forme la moins convenable pour les piles; elle donne un affouillement considérable à l'amont, des affouillements latéraux continus. La forme triangulaire, fendant le courant, annule à peu près l'affouillement d'amont suivant l'axe, mais le maintient, en l'exagérant, aux épaulements d'amont où se manifeste ainsi l'inconvénient d'un changement brusque de direction dans la paroi solide de la pile. La pile ronde évite ce maximum par la continuité de sa forme et de son action, mais n'a pas l'avantage d'annuler l'effet d'affouillement sur l'axe; elle produit à l'amont un affouillement sur tout son pourtour, mais moins large que ne l'est celui de la pile rectangulaire. Il semble qu'on réunirait à l'amont les avantages des deux formes triangulaire et ronde en adoptant pour la pile une section à double courbure analogue aux intrados des voûtes de l'architecture persane et présentant la double propriété de faire diverger les molécules sur l'axe et de diriger progressivement le courant sous l'arche sans changement brusque de tracé. Si en pratique cette forme semble trop compliquée comme stéréotomie, il convient d'étendre suffisamment à l'amont les fondations des piles rondes ou de veiller à la solidité des épaulements des piles triangulaires ; ces dernières, adoptées universellement par les anciens constructeurs, semblent de nature à éviter tout affouillement exagéré à l'amont, et par suite un développement excessif des radiers généraux ou des massifs de fondation. A l'aval, la production constante des atterrissements ôte un intérêt bien majeur au choix d'une forme plutôt que de l'autre. La forme triangulaire présente un certain désavantage à cause de sa tendance à faire converger les courants latéraux vers l'axe avec production d'un sillon, lequel est avantageusement remplacé pour la pile ronde par un dos d'âne à pente douce. La combinaison d'un avant-bec triangulaire et d'un arrière-bec rond, comme au pont Saint-Ange, à Rome, paraît une solution à la fois pratique et rationnelle.

Travaux de défense et fixation du canal d'écoulement. — Quand on crée un obstacle au courant, il se produit deux effets dont il est nécessaire de tenir grand compte dans l'établissement des travaux de défense : 1° le lit se creuse au pied de l'obstacle par suite des affouillements; 2° les filets liquides, en venant frapper l'obstacle, ne suivent pas dans leur réflexion la loi de l'égalité des angles d'incidence et de réflexion, mais ils se collent pour ainsi dire contre l'obstacle; ainsi le filet AO ne se réfléchit pas suivant OA' mais prend la direction OC (fig. 243).

Il en résulte qu'une digue MO, dirigeant les eaux dans son prolon-

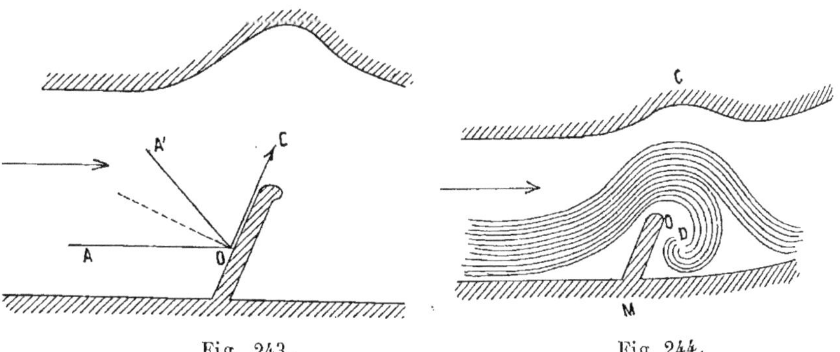

Fig. 243. Fig. 244.

gement OC, devient offensive pour la rive opposée; il se produit en D un remous avec tendance aux dépôts (fig. 244).

Si un cap naturel B tend à déterminer l'attaque de la rive opposée

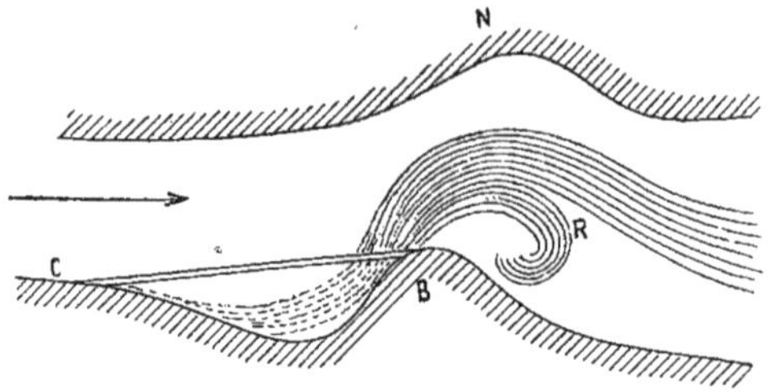

Fig. 245.

en N, une digue CB combattrait à la fois et cette tendance et les dépôts en R (fig. 245).

Il est très difficile d'obtenir pour les endiguements un bon tracé d'ensemble. Rien d'ailleurs ne peut remplacer les travaux à exécuter dans le bassin de réception qui seuls sont efficaces pour l'extinction des torrents : les travaux que l'on exécute dans les canaux d'écoulement ont, en résumé, un caractère provisoire.

Systèmes d'endiguement. — On peut recourir à deux systèmes d'endiguement ; dans le premier, on ne s'occupe que d'une rive et les défenses ne sont pas continues ; le second comporte des travaux sur les deux rives, de manière à produire l'encaissement du cours d'eau.

Digues transversales. — Nous avons vu que les digues transversales inclinées vers l'aval sont dangereuses pour la rive opposée. De plus, les affouillements qui se produisent à leur pied tendent à rapprocher le thalweg de l'extrémité A (fig. 246) et les vitesses excessives qui en résultent quelquefois sur ce point risquent de ruiner l'ouvrage.

Des digues transversales, normales à la rive ou légèrement incli-

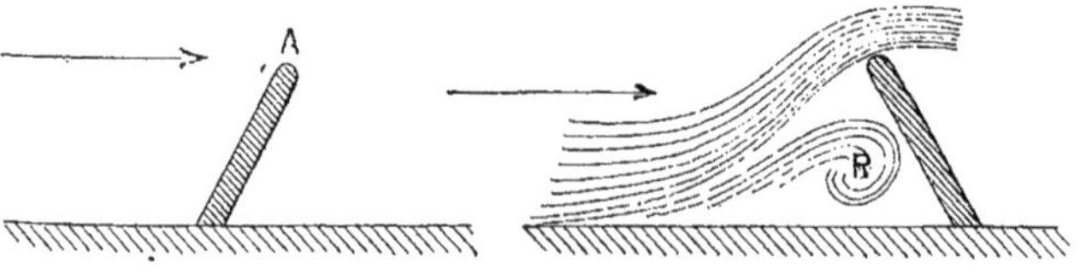

Fig. 246. Fig. 247.

nées vers l'amont, présentent les mêmes inconvénients, mais à un moindre degré; il se produit un remous en R et par suite des dépôts (fig. 247).

Les digues le plus souvent employées sont les digues en T, la branche principale étant normale au courant et prolongée jusqu'à l'endroit où l'on veut fixer le lit, et la branche transversale régnant normalement à l'extrémité dans les deux sens; on donne généralement à

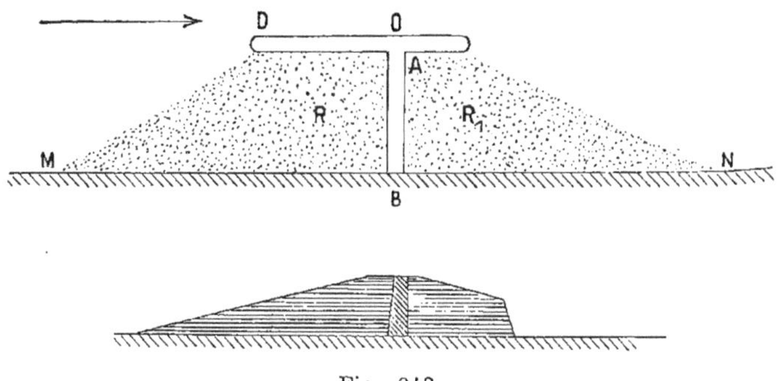

Fig. 248.

la branche OD (fig. 248) une longueur double de AB. Il se produit des remous en R et R_1, et les dépôts s'étendent généralement en avant à une distance BM égale à une fois et demie AB, à l'aval, jusqu'à une distance BN égale à trois ou quatre fois AB. Il est bon de disposer la digue longitudinale en pente des deux côtés à partir de l'épi, la branche d'amont allant se raccorder avec la plage (fig. 248).

Il y a avantage à combiner les opérations sur les deux rives du cours d'eau de manière à former un encaissement élémentaire qui fixe la direction du courant et restreint ses divagations, tout en favorisant le colmatage sur les bords.

Digues longitudinales. — Encaissement. — Les digues longitudinales continues ont l'avantage de protéger, contre les incursions de la rivière, une grande étendue de terrains; mais elles sont sujettes à des ruptures qui entraînent après elles de véritables désastres; elles sont cependant parfois indispensables pour la défense des centres de population.

Sur les torrents en activité, elles sont nécessaires et forment le complément des travaux exécutés dans le bassin de réception; mais ces défenses ne peuvent avoir qu'un caractère provisoire car, par suite de la tendance des torrents à exhausser leur lit, on est amené à relever aussi les endiguements, à moins que l'on n'ait pu réaliser de suite, par un tracé convenablement choisi, la pente limite à laquelle sont entraînés tous les matériaux que charrie le torrent.

Il y a des cas où ces exhaussements successifs sont inévitables; c'est ainsi que le Pô, à Ferrare, coule au-dessus du toit des maisons. L'on peut alors accepter franchement les dangers du système, à la condition de faire la comparaison, au point de vue économique, des chances de rupture d'une part et, d'autre part, de la sécurité, de la régularité des cultures, de la mise en valeur des terres à l'abri des incursions de la rivière.

Débouché. — Un point important est la détermination du débouché à laisser libre entre les endiguements pour l'écoulement du cours d'eau torrentiel. Le débouché doit être tel que les digues ne soient pas submergées en temps de crue.

Mais le débit dans les crues n'est guère susceptible d'une détermination rigoureuse; ce débit échappe aux formules ordinaires de l'hydraulique, à cause des irrégularités du lit, du grand développement des terrains sur lesquels l'eau coule en couche mince à travers toutes sortes d'obstacles, souvent avec des vitesses insignifiantes.

Le mieux est de chercher un débouché naturel bien défini comme une gorge; les crues y laissent des traces au moyen desquelles on peut mesurer la surface mouillée. On peut aussi se guider par assimilation sur les autres torrents de la contrée et arriver à une approximation suffisante, après des tâtonnements bien conduits.

Détails de construction. — *Rives naturelles à défendre.* — Si le tracé de la digue suit la rive naturelle, il n'y a qu'à consolider cette dernière. On y parvient au moyen de clayonnages, en ayant soin toujours d'employer des bois verts d'essences susceptibles de se reproduire par boutures.

On peut aussi faire usage de revêtements en gabions dont on enferme le pied dans une petite rigole, ou de saucissons et fascines, ou enfin de maçonnerie à pierres sèches; on a même quelquefois recours à la maçonnerie à bain de mortier (fig. 249, 250 et 251).

Nous ne parlons ici que des petits ouvrages, renvoyant les lecteurs au cours de navigation intérieure pour ce qui concerne les endiguements plus importants des rivières navigables.

Rives artificielles. — Ce sont les digues proprement dites. On les forme souvent de saucissons de 1 mètre à 1m20 de diamètre que l'on construit sur place, en disposant les branchages dans des formes

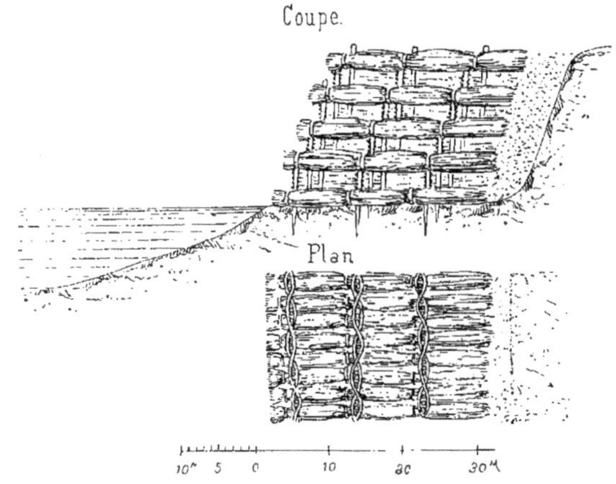

Fig. 249. — Revêtement en fascinage.

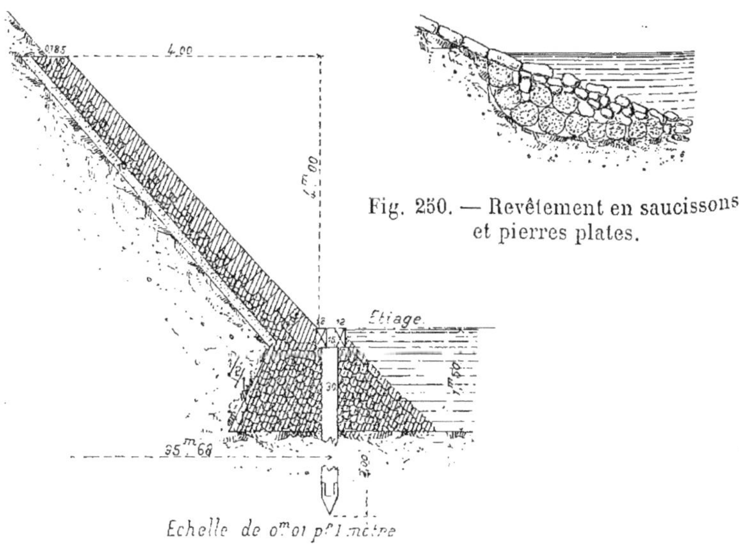

Fig. 250. — Revêtement en saucissons et pierres plates.

Fig. 251. — Type de perré de la Marne.

trapézoïdales ouvertes du côté de la grande base, et en les y serrant au moyen d'une chaîne attachée d'un bout, à l'extrémité d'une crémaillère, et de l'autre, au bâtis d'un pignon qui engrène sur cette crémaillère à la manière d'un cric ; le saucisson étant comprimé, on fait de mètre en mètre une ligature en fil de fer. On emploie aussi des chevalets en bois chargés de pierres et reliés par des fascinages.

Les digues en maçonneries sont ou à pierres sèches, ou maçonnées au mortier. Sur les torrents où les vitesses sont parfois considérables, il faut les établir avec des précautions spéciales.

On les élève au-dessus des hautes eaux ; on leur donne, au couronnement, une largeur de 3 à 4 mètres, permettant le croisement des voitures destinées au transport des enrochements de construction ou d'entretien. Les talus ont une inclinaison de 3 de base pour 2 de hauteur, du côté des rives ; on leur donne la même pente du côté de l'eau, quand le courant est relativement tranquille ; si le courant est rapide, on adopte un talus plus raide (45°), et dans ce cas on donne 2 mètres de plus au couronnement pour le dépôt des matériaux destinés aux réparations et rechargements (fig. 252 et 253).

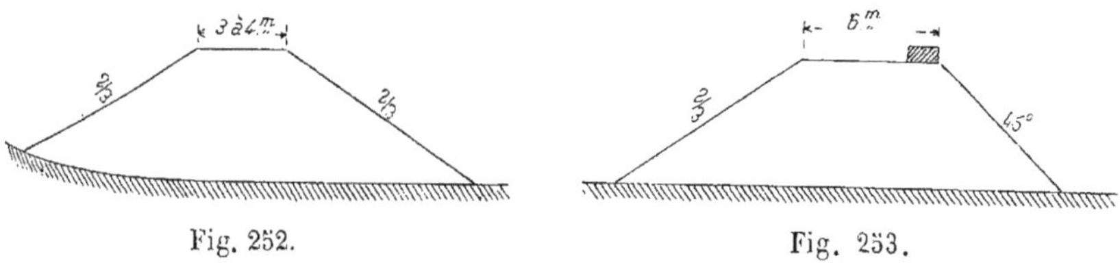

Fig. 252. Fig. 253.

Quand la digue est en pierres sèches, on construit un revêtement très soigné sur 0m30 ou 0m40 d'épaisseur.

Pour les maçonneries, on emploie la chaux hydraulique ou le ciment ; le béton hydraulique est assez économique. Le béton composé de ciment pur et de gravier, sans sable fin, est assez avantageux, parce qu'il est imperméable, et s'il se rompt, c'est suivant des brèches circulaires faciles à aveugler avec des bâches ou des arbres, et non pas sur toute la hauteur ; son épaisseur peut être réduite à 0m25 ou même 0m15.

Les fondations de ces sortes d'ouvrages doivent être particulièrement soignées, car la force d'affouillement des rivières torrentielles est considérable ; il est donc prudent de descendre ces fondations le plus bas possible.

Le mode d'entretien le plus usité consiste à faire glisser des blocs dans les affouillements qui se produisent ; c'est le système adopté pour les digues de la Durance. Sur la digue d'Orgon, par exemple, le talus du côté du courant est incliné à 45° et revêtu de blocs plats ayant 2 mètres de long sur 0m50 à 0m60 d'épaisseur; au fur et à

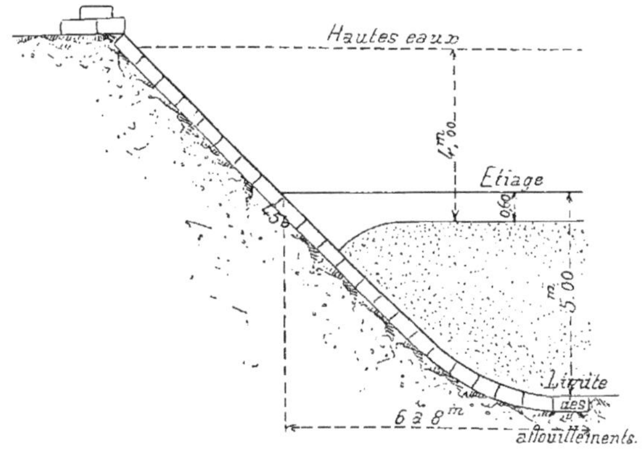

Fig 254.

mesure des affouillements, les blocs descendent en glissant sur la digue et on les remplace par le haut; ces dalles ont ainsi pénétré jusqu'à une profondeur de 5 mètres et se sont avancées de 6 à 8 mètres vers le milieu du lit (fig. 254).

Travaux accessoires. — Afin de conquérir les terrains protégés, on ouvre généralement au travers des digues des prises d'eau pour le colmatage. Les vannes de prise d'eau sont coûteuses et difficiles à établir avec solidité, de manière à éviter les affouillements; de plus il arrive souvent que le courant affouillant le long de la digue, le fond s'abaisse et le seuil de la vanne finit par se trouver trop élevé au-dessus du courant.

Il est bien préférable d'employer pour le colmatage les épis en forme de T que nous avons précédemment décrits.

CHAPITRE IV

COURS D'EAU ORDINAIRES. — RÉGIME INONDATIONS

Mouvement de l'eau dans les cours d'eau. — Les observations présentées et les règles posées à propos des torrents, spécialement dans les canaux d'écoulement, sont encore applicables aux cours d'eau ordinaires, mais la vitesse y est moindre; elle ne dépasse pas 0m30 à la seconde dans nos rivières.

Tout obstacle à l'écoulement d'un cours d'eau crée un tourbillon, c'est à-dire une partie soustraite au mouvement général, qui prend un mouvement de rotation à axe vertical et est entraînée de nouveau dans la translation générale. Les tourbillons se creusent au centre, où la vitesse de l'eau est maximum : ils présentent un bord rapide et un bord tranquille, analogues aux bords maniable et dangereux des cyclones, par suite de la composition des vitesses de rotation et de translation générale; en A la vitesse est maximum, en B elle est minimum (fig. 255). Il résulte de là que le point A est toujours du côté de l'axe de la rivière où la vitesse est la plus grande, et que les tourbillons amènent les troubles du milieu vers les rives.

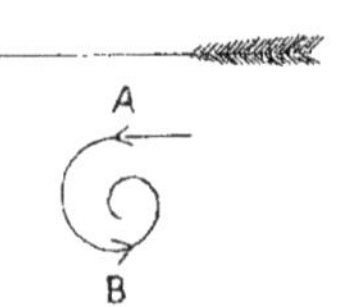

Fig. 255.

Dans les cours d'eau tranquilles, les courbes des tourbillons s'allongent, et ils disparaissent presque complètement dans les cours d'eau rectilignes et très tranquilles.

Les tourbillons créés par les changements brusques de direction des filets liquides consomment une quantité considérable de force vive, mais le théorème des quantités de mouvement reste applicable à l'ensemble, à cause de l'annulation des vitesses en projection sur l'axe.

Quand deux rivières d'égale importance se rencontrent, leurs eaux coulent en restant assez longtemps distinctes; c'est ainsi que les eaux de la Seine et de la Marne ne se confondent qu'après le coude du Champ-de-Mars; la loi du mouvement des tourbillons explique suffisamment la lenteur du mélange.

C'est aussi par les tourbillons que s'expliquent les dépôts d'alluvions au confluent de 2 rivières R R' en B et C, où les bords tranquilles des tourbillons concordent; la rivière R dépose en B, la rivière R' en C (fig. 256).

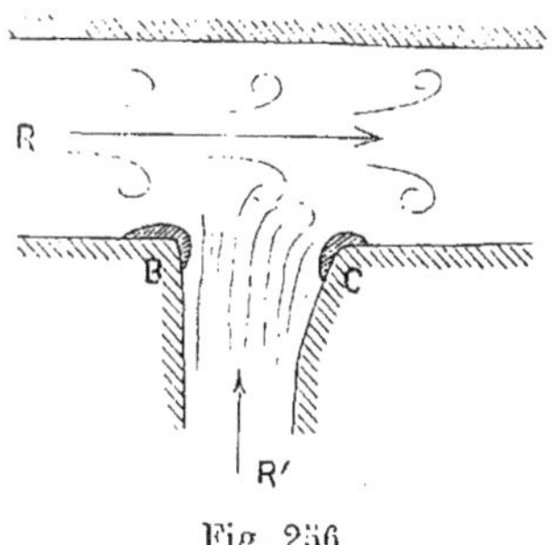

Fig. 256.

Dans les coudes, le courant principal se rapprochant de la rive concave, le bord tranquille des tourbillons est dirigé vers la rive convexe où, par suite, les dépôts d'alluvions sont favorisés; c'est ce qui s'est produit par exemple pour les 20 méandres que l'on rencontre sur le cours de la Seine entre Paris et Rouen.

Régime des cours d'eau. — L'étude du régime d'un cours d'eau est indispensable à un autre point de vue que celui de la navigation; car le volume débité et la hauteur des eaux influent sur les irrigations, les colmatages, les travaux de défense et les usines qui empruntent au cours d'eau leur force motrice.

Le régime d'un cours d'eau dépend de celui de la pluie et des sources ou des glaciers auxquels il doit naissance; il faut tenir grand compte de l'évaporation qui intervient pour détruire la proportionnalité des eaux affluentes, à la somme des eaux tombées mensuellement.

La Seine (1). — La figure 257 réunit les courbes des variations

(1) Bassin perméable.

annuelles de la pluie, de l'eau évaporée et de la hauteur de la Seine à Paris. La courbe des hauteurs du fleuve présente un maximum

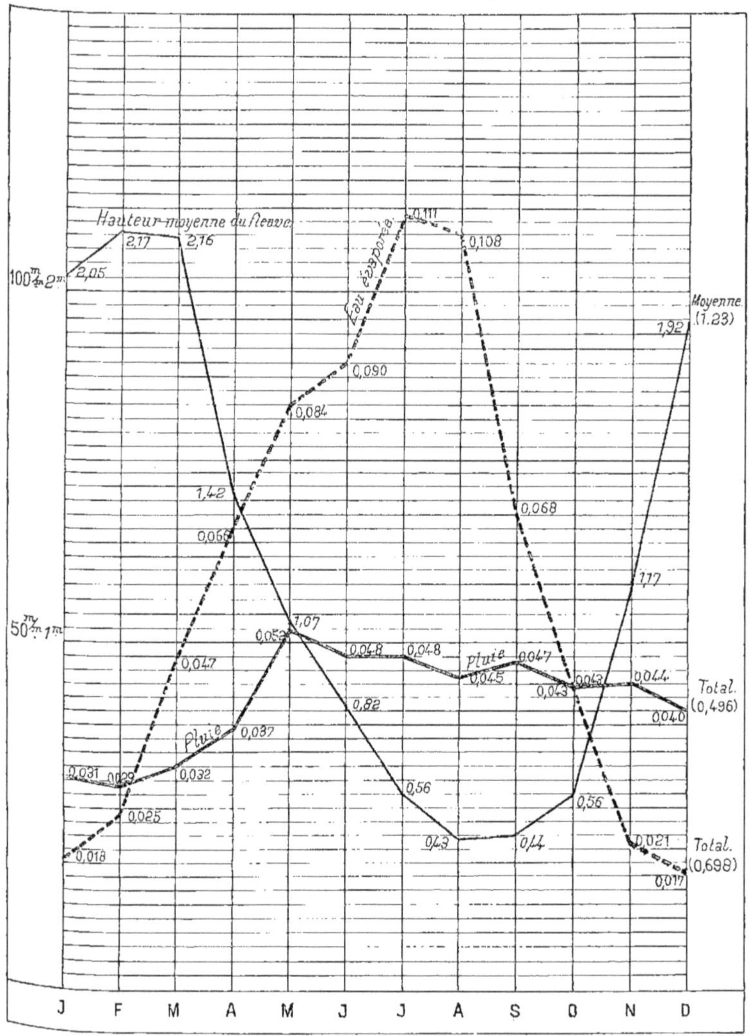

Fig. 257. — La Seine à Paris.

en mars et un minimum en août; en décembre, la hauteur remonte à 1^m92 au-dessus de l'étiage.

La courbe représentative de la pluie tombée présente un minimum en hiver (0^m029) et un maximum en été (0^m048).

La Garonne (1). — La figure 258 se rapporte aux variations du niveau

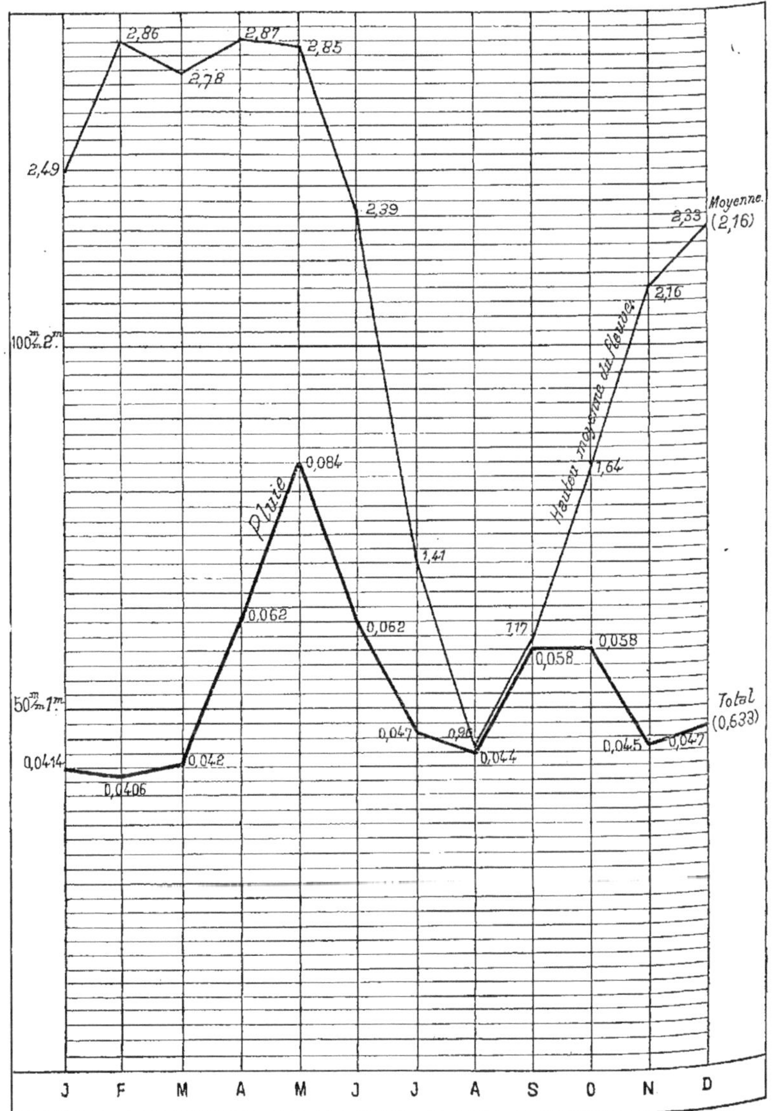

Fig. 258. — La Garonne à Tonneins.

de la Garonne à Tonneins ; le minimum a lieu en août, le maximum en mai. On voit à l'inspection de la courbe que l'étiage dure peu

(1) Bassin imperméable.

Quand une crue due à la fonte des neiges coïncide exceptionnellement avec une crue due au ruissellement, il peut se produire des inondations désastreuses ; c'est ce qui est arrivé pour la Garonne en 1875.

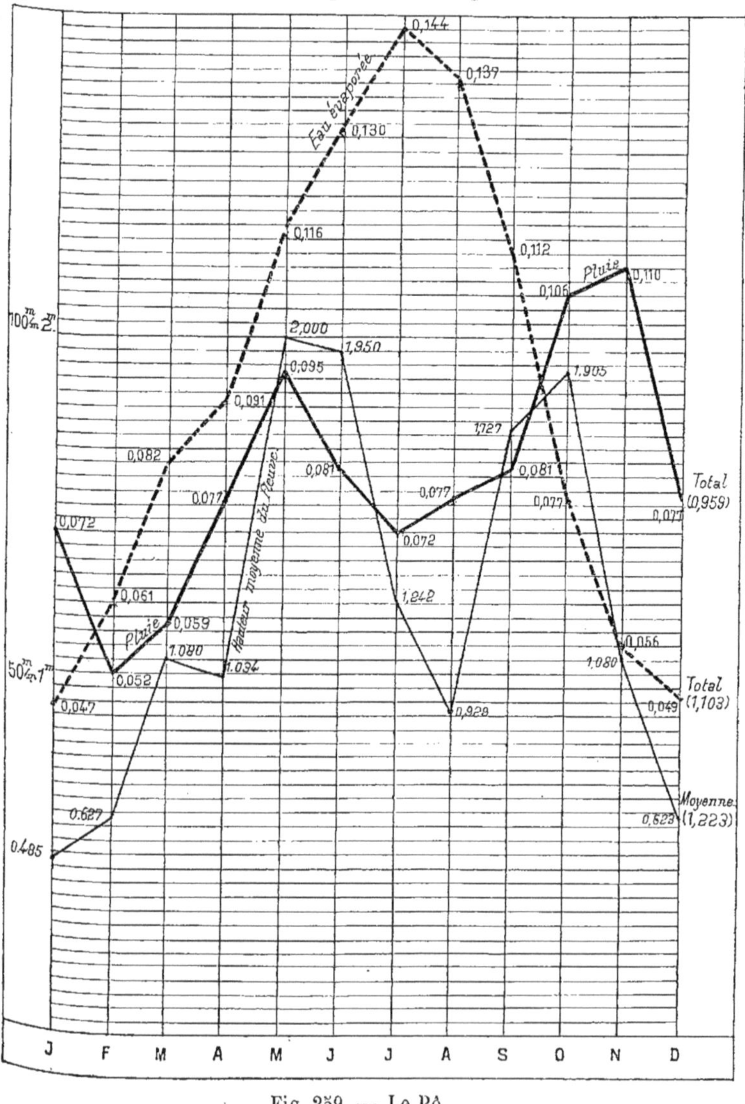

Fig. 259. — Le Pô.

Le Pô. — Le régime du Pô qui est alimenté par des glaciers, présente des particularités spéciales (fig. 259).

Il a deux étiages : un étiage d'été, dû à l'évaporation et aux irrigations; un étiage d'hiver, causé par la congélation de la pluie dans les glaciers de la source.

La fonte des neiges produit le maximum de la crue en mai.

Le Rhin. — Le Rhin, qui est aussi alimenté par des glaciers, a son

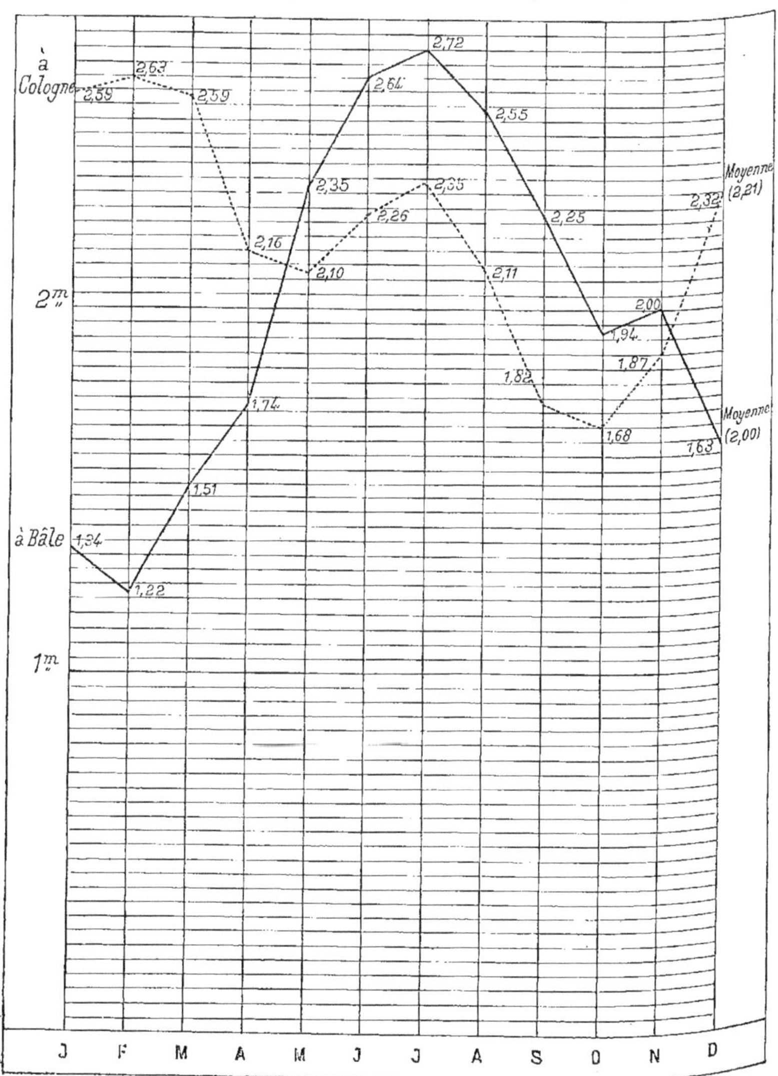

Fig. 260. — Le Rhin.

maximum en mai et juin, à Bâle, maximum dû à la fonte des neiges, pendant qu'il a une hauteur minimum à Cologne, en mai et un autre minimum en octobre, par suite de l'évaporation de l'été (fig. 260).

Influence des terrains sur le régime des cours d'eau. — Le régime d'un cours d'eau dépend dans une certaine mesure de la perméabilité des terrains sur lesquels il coule.

Nous rappellerons ici que dans les terrains imperméables, les cours d'eau sont nombreux, peu importants, et ne sont pas nécessairement alimentés par des sources; leurs crues sont violentes et de courte durée.

Dans les terrains perméables, les cours d'eau sont rares, au fond des grandes vallées, et alimentés par des sources voisines du thalweg; leurs crues sont lentes et de longue durée.

Ainsi, pour le bassin de la Seine, on compte :

Un cours d'eau pour

330	hectares dans	le granite.	Terrains imperméables
330	—	le lias.	
460	—	le crétacé inférieur.	
530	—	les marnes de Lorraine.	
4.500	—	les calcaires oolitiques.	Terrains perméables
7.400	—	la craie blanche du Vexin.	
14.300	—	la craie blanche du bassin de l'Eure.	
3.500	—	les Marnes lacustres.	
23.100	—	les sables de Fontainebleau et les calcaires de la Beauce.	

Dans les sables du Soissonnais, dans les plages de gravier au fond des vallées et dans les limons des plateaux drainés par le sous-sol, on ne rencontre pour ainsi dire pas de cours d'eau.

Influence des pluies sur les crues. — Les crues se produisent lorsque les terrains sont déjà saturés d'eau. Si l'on appelle saison chaude celle qui s'étend de mai à octobre, et saison froide, celle qui va d'octobre à avril, on peut énoncer les lois suivantes :

1° Les pluies de la saison froide, même peu importantes, donnent naissance à une crue.

Ainsi de janvier à mars 1868, par exemple, 3 à 4 pluies de 0^m010 à 0^m013 ont amené des crues de 0^m46 à 1^m30 au-dessus de l'étiage, dans le bassin de la Seine.

2° Les pluies de la saison chaude, même abondantes, ne profitent généralement pas aux cours d'eau, par suite de l'évaporation active de l'été.

3° Il ne peut y avoir de crue d'été qu'après une série de pluies préparatoires de printemps, ou de pluies persistantes d'été.

Cours d'eau torrentiels. — Sur les cours d'eau d'allure torrentielle, une crue comporte généralement deux phases; une première crue torrentielle dure 24 à 48 heures et est suivie d'une crue moins forte, mais soutenue et continue. Il en résulte que si la crue torrentielle des affluents d'un cours d'eau n'arrive aux confluents qu'après le passage de la crue torrentielle du cours d'eau lui-même, la crue excessive sera évitée.

Sur un cours d'eau torrentiel, une crue peut être déterminée par un phénomène météorologique unique et restreint.

Dans un bassin torrentiel, la crue augmente de durée en descendant vers l'aval, par suite de l'influence des affluents et de la superposition de leurs crues partielles; ainsi, une crue de la Loire dure un ou deux jours à Roanne et trois semaines à Saumur.

Cours d'eau tranquilles. — Les crues des cours d'eau tranquilles sont lentes et de longue durée. Il en résulte que l'ampleur de la crue va toujours en s'augmentant vers l'aval, des crues des affluents, et que sa durée n'augmente guère vers l'aval, par suite de la superposition simultanée des crues des affluents.

Il peut arriver que plusieurs crues successives se superposent, si elles se suivent à de courts intervalles.

Enfin quand un cours d'eau torrentiel se jette dans un cours d'eau tranquille, ou bien il fait passer dans ce dernier une crue violente mais courte, ou bien il cause un maximum d'effet, dans le cas où sa crue rapide vient s'ajouter à une crue préexistante du cours d'eau tranquille.

Régime des bassins français. — Le bassin de la Seine est perméable dans son ensemble, sauf dans la vallée de l'Yonne. Les crues sont lentes, prolongées et peu dangereuses.

La Loire a un tempérament torrentiel; dans sa partie haute les versants granitiques imperméables arrêtent les vents pluvieux de l'ouest et du nord-ouest.

Le Rhône est soumis à l'influence des fontes de neige, mais son régime torrentiel trouve dans le lac de Genève un puissant régulateur dont l'effet se fait sentir jusqu'à Lyon ; en aval de Lyon, ses affluents sont torrentiels et lui communiquent ce caractère ; les crues sont fréquentes aux équinoxes d'automne et de printemps ; les affluents ont une telle influence sur le régime du Rhône, qu'une crue isolée de l'Ardèche a donné à Avignon une crue de 5m50.

La Garonne a un régime analogue à celui du Rhône, mais elle est plus torrentielle dans la partie supérieure de son cours. Un de ses affluents, le Tarn, qui coule dans une contrée imperméable, donne lieu à des crues subites : une crue de 4m50 sur le Tarn produit une crue de 5m40 sur la Garonne.

Inondations. — Nous ne nous plaçons point ici au point de vue de la navigation, mais nous devons cependant nous occuper de la question des inondations parce qu'elle intéresse directement l'agriculture.

Les inondations sont produites par l'afflux rapide des eaux des versants supérieurs et par la concordance des crues de divers affluents. Leurs effets sont des ravinements et des exhaussements du lit dans la montagne, la ruine des terrains cultivés, la destruction des habitations et des voies de communication, enfin le dépôt sur les terrains agricoles de matériaux nuisibles à la culture.

Est-il besoin d'insister sur la ruine et la désolation que laissent derrière elles les grandes inondations ? Notre génération doit encore avoir présent à la mémoire le souvenir des désastres occasionnés par les inondations de la Garonne en 1875, de la Theiss à Szegedin en 1879, par les inondations de Murcie la même année, etc.

Nous allons passer brièvement en revue les moyens de combattre ce fléau.

Boisement et gazonnement. — Les forêts ne paraissent avoir aucune action sur le climat général d'une contrée, sur la température, la hauteur de pluie tombée, etc. ; leur influence à ce point de vue est toute locale et de faible importance. Mais le boisement et le gazonnement interviennent certainement pour retarder l'afflux des eaux torrentielles, en créant un sol où le ruissellement est contrarié, en évaporant ou retenant par les feuilles une partie de l'eau tombée.

Supposons par exemple qu'il tombe dans une combe de 500 hectares une tranche d'eau de 0m020 en une heure, les feuilles retiendront superficiellement la valeur d'une tranche d'eau de 0^{m}002, l'humus et les herbes, de 0^{m}008; le surplus, soit 0^{m}010, éprouvera, du fait du boisement, un retard de circulation égal au minimum, à deux fois la durée de l'averse.

Dans les contrées moins accidentées l'influence prépondérante est due à la perméabilité plus ou moins grande du sol et à l'activité plus ou moins grande de l'évaporation.

Belgrand a démontré que, dans le bassin de la Seine, les bois n'ont aucune action sur le régime des cours d'eau; ses observations ont porté sur deux petits cours d'eau à versants imperméables situés près d'Avallon; l'un, nommé le Bouchat, occupe un bassin entièrement déboisé; l'autre, le Ru de la Grenetière, coule au contraire dans un terrain complétement boisé. Belgrand a constaté que les deux ruisseaux ont le même régime en toutes saisons.

Les bois dans les pays plats n'agissent pas autrement qu'une culture quelconque, évaporant 1.000 mètres cubes à l'hectare en 100 jours.

Réservoirs. — L'idée d'emmagasiner les eaux de crue dans des réservoirs artificiels, de manière à augmenter la durée de l'écoulement et par suite diminuer la hauteur maxima de la crue, est une idée toute naturelle; c'est un système séduisant que celui qui consiste à établir des retenues manœuvrées *ad libitum* et à décomposer une crue considérable en crues successives et réduites.

En dehors de toute considération relative aux crues, on conçoit que ces réserves d'eau puissent devenir la base d'importantes améliorations agricoles.

Mais comme pour le reboisement, le rôle des réservoirs en tant que palliatif des inondations est forcément restreint à la partie haute des vallées; ils sont sans action sur le ruissellement et l'afflux des eaux dans les vallées cultivées et riches où il est impossible de les établir.

L'efficacité des lacs ou des réservoirs pour diminuer les crues des rivières est évidente. Mais les lacs sont rares et les réservoirs ne sont possibles qu'en certains lieux pour ainsi dire faits exprès; pour former des réservoirs, il faut en effet trouver des plaines fermées par des défilés où l'on puisse créer un barrage; encore est-il nécessaire que ces plaines n'aient pas une très grande valeur.

Pour être efficaces, les réservoirs doivent avoir de grandes dimensions; les petits réservoirs ne peuvent s'appliquer qu'à des cours d'eau élémentaires, comme les torrents, à fortes pentes, à gorges étroites et à faible capacité; de plus les atterrissements amènent bien vite l'exhaussement du fond. Un petit réservoir exerce une action insignifiante sur le cours d'eau principal et il serait difficile de manœuvrer en temps opportun une série de réservoirs commandant ce cours d'eau.

Il ne faut pas songer, pour les réservoirs, à des fermetures mobiles automotrices sous les fortes pressions (20 à 30^{m}) qu'elles ont à supporter; en effet, si au moment opportun les appareils étaient paresseux, à quelles catastrophes ne serait-on pas exposé? d'ailleurs il y a intérêt à profiter de l'emmagasinement de l'eau pour des usages divers : irrigations, alimentation des villes, etc.; il faut donc des ouvertures libres et des appareils de décharge coûteux.

Mode d'action des réservoirs. — Si le réservoir n'a d'action que sur un cours d'eau isolé (comme le réservoir du Furens par exemple) le mécanisme est simple, le réservoir a une efficacité certaine; à la courbe naturelle du débit A B C (fig. 261), le réservoir substitue une

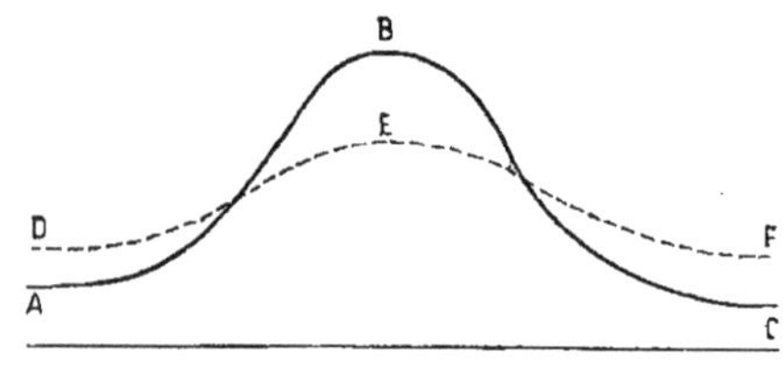

Fig. 261.

courbe plus aplatie DE F. Seulement il est nécessaire de lui donner des dimensions énormes; nous en donnerons une idée en citant par exemple l'Isère dont la crue du printemps de 1860 a débité 5 milliards de mètres cubes. L'exagération des dimensions est en outre impérieusement commandée par cette circonstance qu'un réservoir n'agit que par son vide disponible et qu'au moment d'une crue il peut être déjà partiellement rempli (fig. 262), soit par suite des circonstances

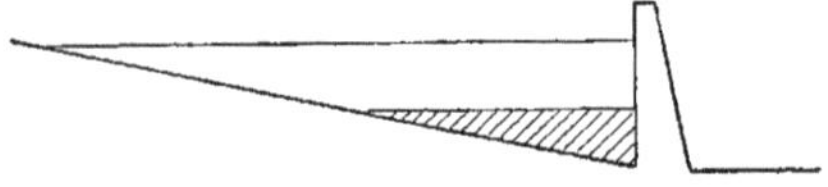

Fig. 262.

météorologiques antérieures, soit en vue de la satisfaction des besoins agricoles ou industriels, en raison de sa double destination.

Si le cours d'eau a des affluents, il importe d'examiner et de combiner les actions de tous ces affluents.

On peut dire que sous une même influence météorologique, l'affluent, plus petit, donne une crue en avance sur celle du cours d'eau principal. Il en résulte qu'une retenue a un effet variable suivant qu'elle est opérée sur l'affluent ou sur le cours d'eau principal. M. Kleitz dans sa théorie générale des réservoirs d'emmagasinement des crues, pour se rendre compte des effets des retenues destinées à diminuer les crues par la réduction des débits maxima, suppose qu'elles soient produites par des barrages ayant une ouverture permanente et agissant par conséquent sur le cours d'eau où ils sont placés, sans le secours d'aucune manœuvre ; et pour se rendre compte de l'effet produit au confluent de deux cours d'eau par un barrage, prenant pour abscisses les temps, il dessine la courbe des débits de l'affluent de haut en bas et celle du cours d'eau principal de bas en haut (1). Le débit en aval du confluent étant égal à chaque instant à la somme des débits des deux cours d'eau, on voit que c'est au moment où l'on peut mettre les deux courbes en contact (2), que le débit maximum a lieu. Le moment de ce maximum suit celui de l'affluent et précède celui du cours d'eau principal. Sauf le cas exceptionnel d'une coïncidence parfaite, le débit maximum en aval d'un confluent se compose donc toujours d'un débit décroissant de l'affluent et d'un débit croissant du cours d'eau principal.

Pour qu'une retenue faite sur l'affluent abaisse le débit maximum en aval du confluent, il faut qu'elle diminue ses débits dans la première partie de sa période de décrue. Pour qu'une retenue faite sur le cours d'eau principal soit utile, il faut qu'elle diminue, comme cela a naturellement lieu, le débit de la période de crue.

A la seule inspection de la figure 263 on voit que si, par un barrage à ouverture permanente, qui augmente les débits postérieurs au maximum du volume retenu, on modifiait la courbe des débits suivants NC' D', il faudrait remonter la nouvelle courbe pour l'amener en contact avec celle du cours d'eau principal; de sorte que le

(1) Nous empruntons les considérations qui suivent au mémoire de M. Kleitz.
(2) En faisant marcher l'une des figures parallèlement aux ordonnées (fig. 263).

débit maximum au confluent serait augmenté en même temps que le moment en serait retardé. Pour que la retenue n'augmente pas le

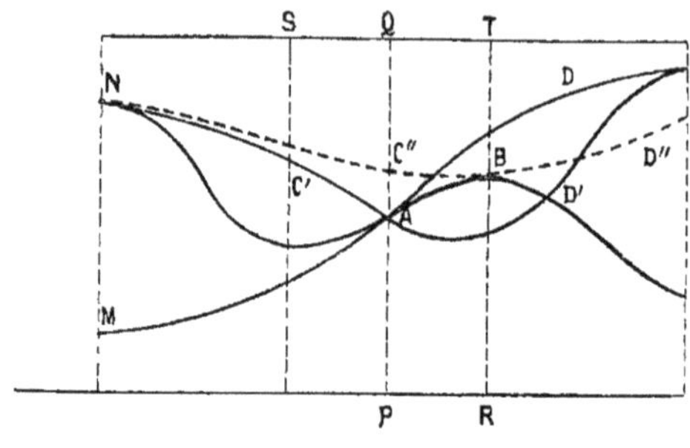

Fig. 263.

débit maximum en aval du confluent, il faut donc que la nouvelle courbe ne coupe pas celle du cours d'eau principal et pour cela il faut que le nouveau débit maximum de l'affluent soit plus petit que BT. Il faudrait par exemple que la nouvelle courbe des débits fût NC''D''. Cela revient à dire que pour que le barrage de l'affluent soit sûrement utile en aval du confluent, il faut modifier sa crue de manière qu'elle n'ait plus d'influence sensible sur celle du cours d'eau principal.

Si l'on désigne par Q_m le débit maximum du cours d'eau principal en amont du confluent, par Q_v le débit maximum en aval, par Q_a le débit maximum de l'affluent, on voit que pour remplir cette condition le nouveau débit maximum Q_a' de l'affluent doit être plus petit que (QP — RB) ou que $Q_v - Q_m$. La diminution du débit maximum de l'affluent devra donc satisfaire à l'inégalité.

$$(Q_a - Q_a' > Q_m + Q_a - Q_v)$$

Il en résulte que, dans un grand affluent, dont les crues précéderaient de beaucoup celles du cours d'eau principal, il faudrait que les retenues fussent très puissantes pour ne pas être dommageables immédiatement en aval du confluent.

Ces retenues pourraient néanmoins faire du bien dans les régions situées à une certaine distance en aval. En effet, si pendant le maximum de la crue dans ces régions, l'influence de l'affluent se fait sentir par un débit antérieur au moment où la nouvelle courbe des débits de l'affluent coupe la courbe ancienne, cette influence serait évidemment amoindrie, puisque les débits antérieurs à ce moment seraient réduits.

On peut donc dire que si, sur un affluent, on fait une retenue insuffisante pour réduire son débit maximum de la quantité représentée par ($Q_m \pm Q_a - Q_v$) cette retenue commencera par faire du mal sur une certaine longueur, mais que si le bassin est très étendu, elle finira par faire du bien.

Des barrages pleins qui ne se videraient pas naturellement ne pourraient jamais être dommageables pour la région située en aval du confluent, parce qu'ils retiennent jusqu'à la fin de la crue l'eau emmagasinée dans le réservoir et ne débitent à aucun moment plus que le débit entrant dans le réservoir. Mais sur des cours d'eau considérables ils exigeraient des réservoirs énormes pour agir jusqu'après le moment de leur débit maximum. Abstraction faite de l'inconvénient du comblement des réservoirs, les barrages pleins ne sont convenables que sur de petits cours d'eau et surtout sur ceux qui sont très éloignés des localités à défendre, parce que ce sont seulement les débits du commencement des crues de ces cours d'eau éloignés, qui s'y font sentir aux environs du maximum ; ils ont pour effet de soustraire d'une manière absolue un certain volume à l'inondation, et s'ils ne font pas grand bien, à cause de l'insuffisance des retenues, ils ne peuvent jamais faire de mal. Cependant il arriverait encore souvent, lorsqu'il se produit plusieurs crues successives, que les retenues n'auraient pas été vidées à temps pour fonctionner à nouveau, ou le seraient mal à propos.

Supposons maintenant que la courbe des débits de l'affluent reste la même et qu'on fasse un barrage sur le cours d'eau principal

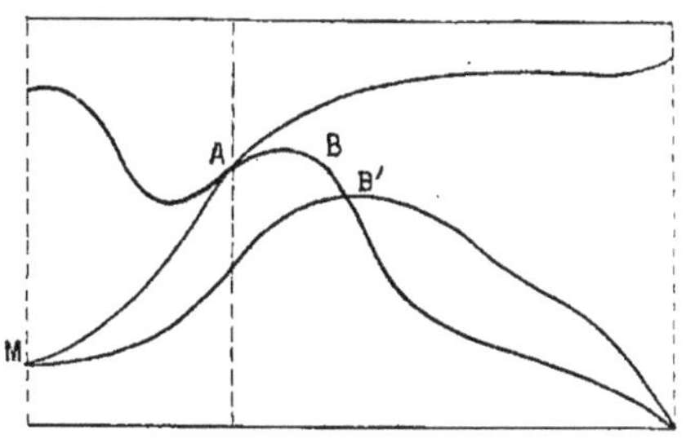

Fig. 264.

(fig. 264). Dans ce cas, le débit maximum sera nécessairement diminué en aval du confluent et généralement il sera un peu avancé; cet avancement sera évidemment sans inconvénient, puisque en définitive le nouveau maximum sera moindre que le débit qui, au même instant, avait lieu sans la retenue.

En opérant sur le cours d'eau dont le maximum arrive le dernier à un confluent, on est donc toujours assuré de diminuer la crue dans la région d'aval.

Les diagrammes des figures 265, 266, 267, 268 (1), empruntés à M. Kleitz, montrent que la retenue sur l'affluent produit un effet utile, nuisible ou nul, suivant que la courbe de l'affluent modifié est extérieure, a une portion intérieure, ou est tangente à celle du cours d'eau principal. Sur le cours d'eau principal, l'effet produit est toujours utile.

La question est plus complexe lorsqu'on a affaire à l'ensemble formé par un cours d'eau et tous ses affluents. Mais le choix des emplacements des barrages n'est pas arbitraire, et sous le rapport de leur facile construction et de la capacité des réservoirs; ce choix est plutôt commandé par la configuration du terrain que par des considérations théoriques et l'on est conduit en pratique à ne pas se guider uniquement d'après le plus grand effet utile à obtenir des retenues.

(1) Figures 265, 266, 267 et 268. Exemples d'effets produits immédiatement en aval d'un confluent, par des retenues opérées soit sur l'affluent, soit sur le cours d'eau principal.

Nota. — Les courbes des débits du cours d'eau principal sont rapportées de bas en haut, et celles relatives à l'affluent sont rapportées en sens contraire c'est-à-dire de haut en bas pour les débits naturels. La courbe des débits en aval du confluent s'obtient par l'addition des ordonnées des deux courbes. Le débit maximum en aval du confluent s'obtient en mettant les deux courbes en contact.

Courbe des debits du cours naturel principal......
Courbe des débits naturels de l'affluent..............
Courbe des débits naturels en aval du confluent

1° Retenue sur l'affluent produisant un effet utile.

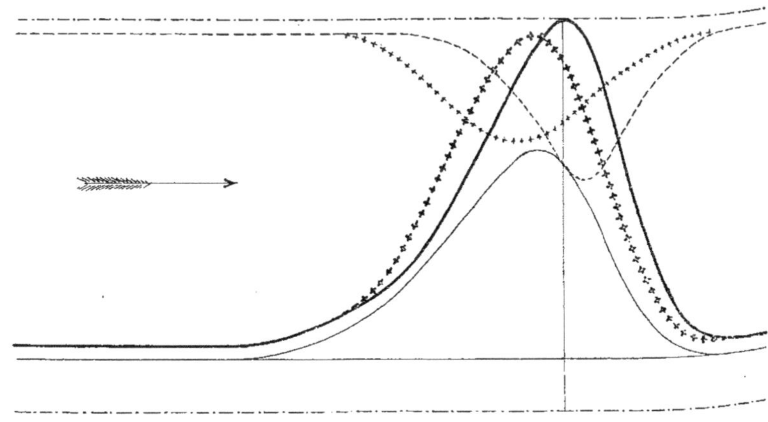

2° Retenue sur l'affluent produisant un effet nuisible.

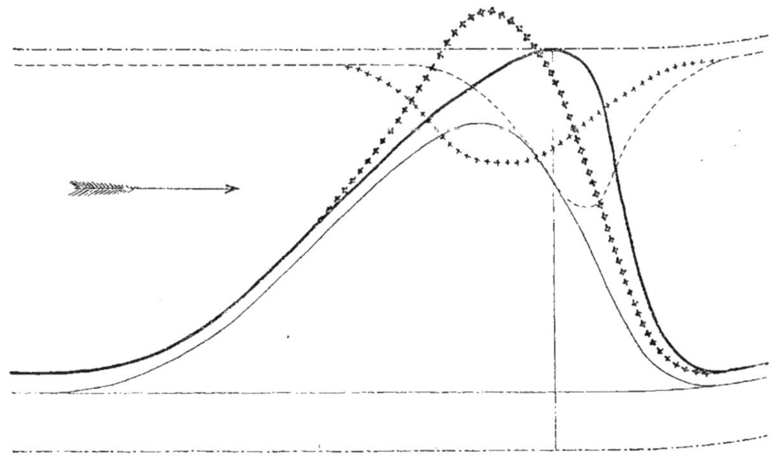

Fig. 265 et 266.

Courbe des débits modifiés de l'affluent ....++++++++++

Courbe des débits modifiés du cours principal ....+—+—+—+—+

Courbe des débits modifiés en aval du confluent ✚✚✚✚✚✚✚✚✚

3° Retenue sur l'affluent produisant un effet nul.

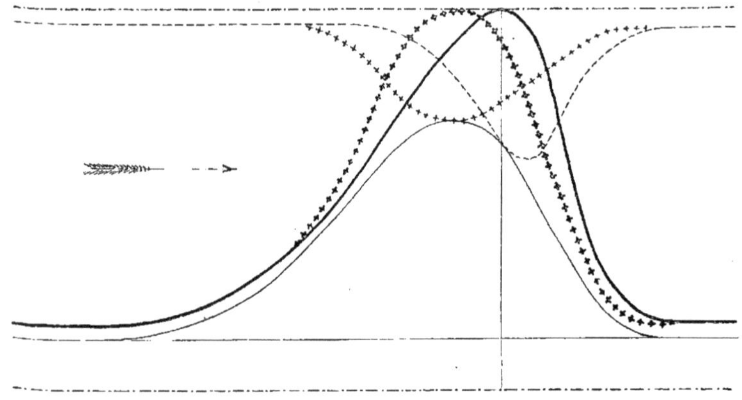

4° Retenue sur le cours principal produisant toujours un effet utile.

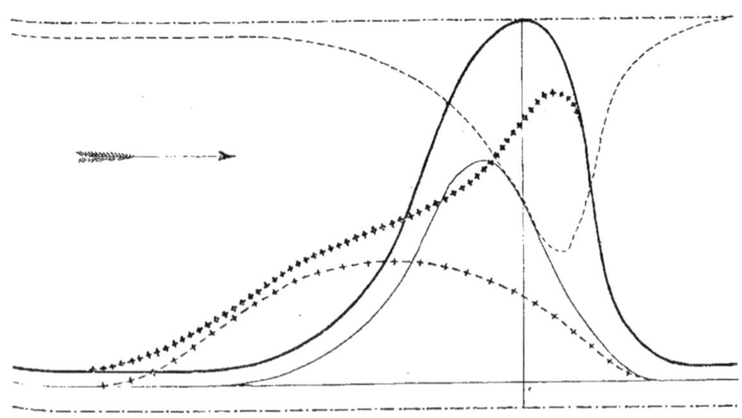

Fig. 267 et 268.

On a recours quelquefois à l'endiguement et même à la suppression de retenues naturelles sur un affluent, pour avancer la crue, la faire arriver plus tôt au confluent et diminuer le maximum de hauteur en ce point.

Insuffisance de l'effet utile des réservoirs. — La réduction du maximum de la crue obtenue en un point par des réservoirs supérieurs tend à diminuer à mesure qu'on descend vers l'aval, par suite de l'action des affluents successifs. Ainsi une réduction de un mètre dans la crue du Rhône, à Lyon, descend à 0^m40 après le confluent de la Saône et à 0^m20 à Valence.

Il faudrait donc, pour obtenir un effet véritablement utile, combiner des retenues multiples et considérables sur tous les affluents, ce qui est presque toujours impraticable, sans compter qu'on reste exposé à toutes sortes de dangers, comme par exemple celui de faire concorder le maximum modifié avec l'arrivée du maximum d'un autre affluent, ou celui de crues successives imprévues venant se superposer avant la fin de l'action des réservoirs.

Ainsi l'on a proposé d'appliquer le système des réservoirs au bassin du Rhône; on devait emmagasiner 65 millions de mètres cubes dans le lac de Genève, 165 millions dans le lac du Bourget, 55 millions dans le bassin de l'Ain et 322 millions dans le bassin de la Durance, soit au total 607 millions de mètres cubes, alors que la crue du Rhône en 1856, par exemple, a débité 16 milliards de mètres cubes. La dépense totale des travaux s'élèverait à 65 millions, et pour quel résultat? Il serait à peu près nul en amont du lac du Bourget, on obtiendrait un abaissement de 0^m70 à 1 mètre jusqu'à Lyon, de 1 mètre à Lyon, de 0^m25 à Tournon, de 0^m21 à Valence, et un abaissement insignifiant au delà. On peut juger par ces chiffres de l'insuffisance du remède.

En résumé, les réservoirs artificiels d'emmagasinement des crues ont contre eux trois graves inconvénients : grandes difficultés d'exécution, dépenses considérables, résultats incertains.

Les réservoirs ne sont admissibles que dans les vallées étroites, toutes disposées par la nature, quand on y peut établir la retenue à peu de frais, et qu'elle peut remplir à la fois plusieurs buts utiles, savoir : la diminution des crues, l'alimentation des villes, l'irrigation, etc. Il peut se faire alors que la dépense ne soit pas hors de proportion avec les résultats à obtenir.

Encore faut-il remarquer que deux intérêts contraires sont en présence : l'utilisation agricole ou industrielle des eaux exige que les réservoirs soient pleins le plus souvent ; pour les faire servir à diminuer les crues, il faut au contraire les maintenir vides et prêts à recevoir les eaux.

On pourrait, dans le bassin de l'Yonne, emmagasiner à peu de frais 100 millions de mètres cubes, au moyen de quinze à vingt réservoirs couvrant une étendue de 1700 hectares, dans les vallées granitiques de la Cure, du Serein, etc. Jusqu'ici on n'a exécuté que le réservoir des Settons, dans la vallée de la Cure; le volume emmagasiné est de 22 millions de mètres cubes, la dépense s'est élevée à 1.250.000 francs et les eaux sont utilisées pour l'alimentation estivale de l'Yonne (1).

Les réservoirs du Furens nous offrent l'exemple d'un cas où le problème de l'emmagasinement des crues s'est présenté dans des conditions particulièrement favorables.

Le Furens est une rivière torrentielle qui traverse la ville de Saint-Etienne. On a établi sur la partie supérieure, au gouffre d'Enfer, un réservoir destiné :

1° A mettre fin aux inondations périodiques de la ville ;

2° A fournir en été le complément de l'eau nécessaire à l'alimentation des habitants (2) ;

3° A augmenter en été le débit du Furens pour éviter le chômage des usines ;

4° A assurer en étiage un débit suffisant pour l'enlèvement des détritus industriels et des égouts (3) (fig. 269, 270, 271, 272, 273, 274).

La retenue est formée par un barrage de 56 mètres de hauteur; un tunnel inférieur sert à la vidange du réservoir; au-dessus du tunnel de fond en est percé un autre à 5^{m}50 au-dessous du niveau maximum de la retenue et qui sert à évacuer rapidement après chaque crue la tranche supérieure du réservoir; cette hauteur de 5^{m}50 doit toujours être disponible pour emmagasiner le produit d'une crue rapide.

---

(1) Voir mémoire de M. Cambuzat aux *Annales des Ponts et Chaussées* (1873).

(2) Saint-Etienne compte 125.000 habitants ; la base de son alimentation est fournie par des sources captées dans le haut du bassin du Furens.

(3) Voir les mémoires de M. Graeff et de M. Mongolfier aux *Annales des Ponts et Chaussées* (1866 et 1875).

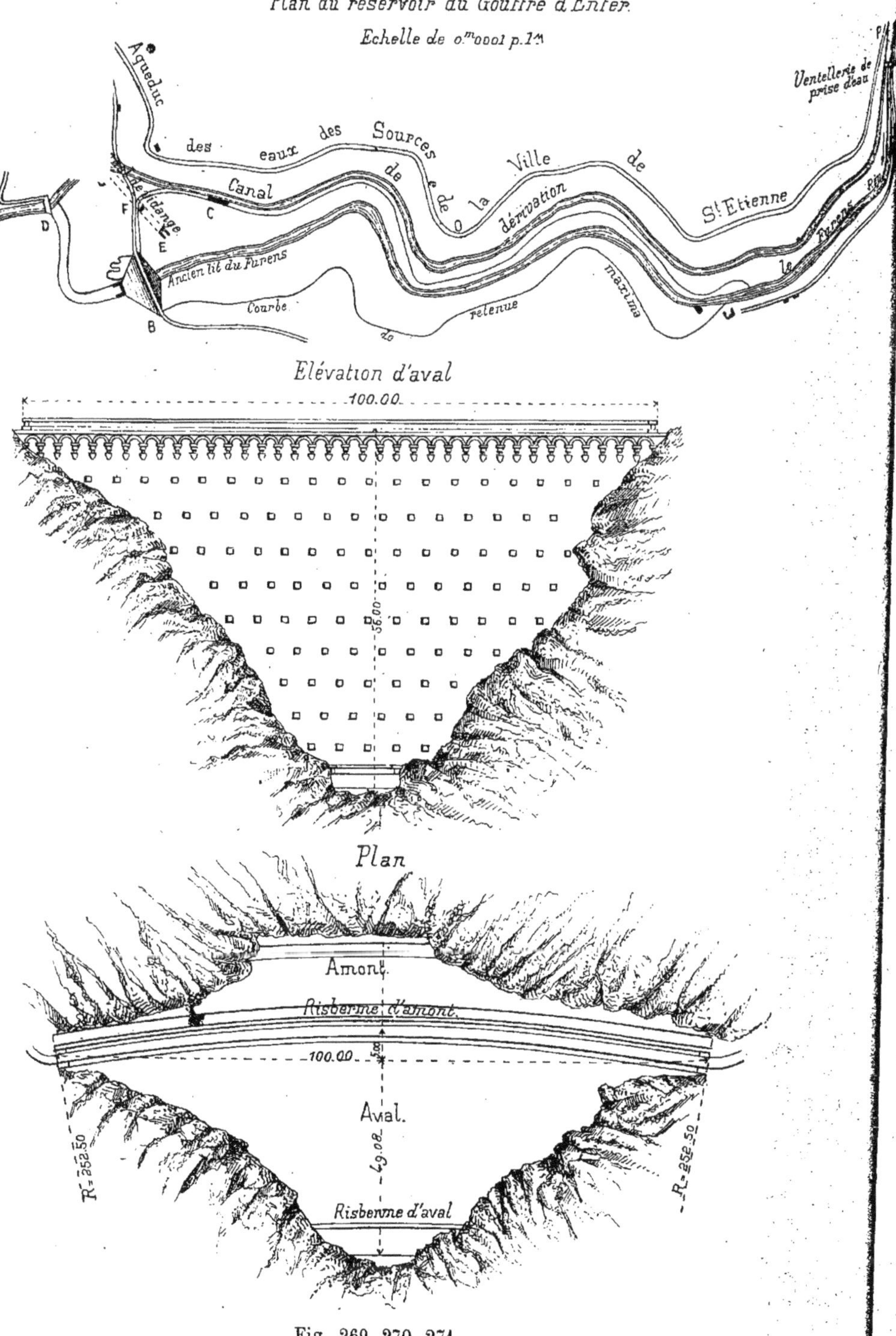

Fig. 269, 270, 271.

3.02
(765.82)
Niveau maximum de la retenue
Niveau de la retenue permanente
(737.92)
(729.82)

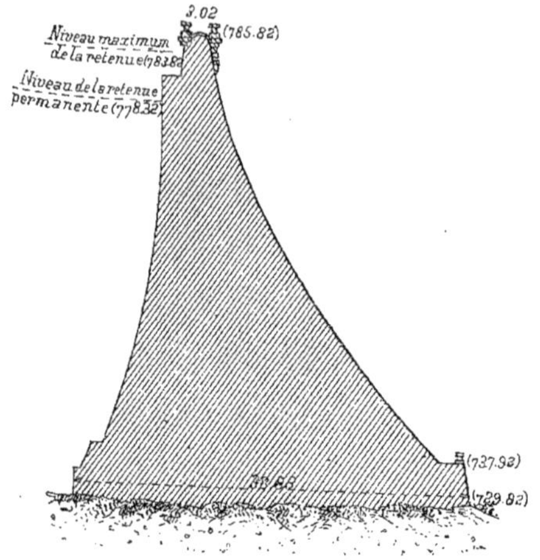

Fig. 272.

Coupe longitudinale de la tête amont du tunnel supérieur
2.50
Tige de manœuvre des clapets
2.50
2.00
Coupe longitudinale de la tête amont du tunnel inférieur
2.30
Conduite de prise d'eau
Tuyau de fond
1.00

Fig. 273.

Coupe longitudinale de la tête aval du tunnel inférieur
3.84
2.00
1.20
1.20

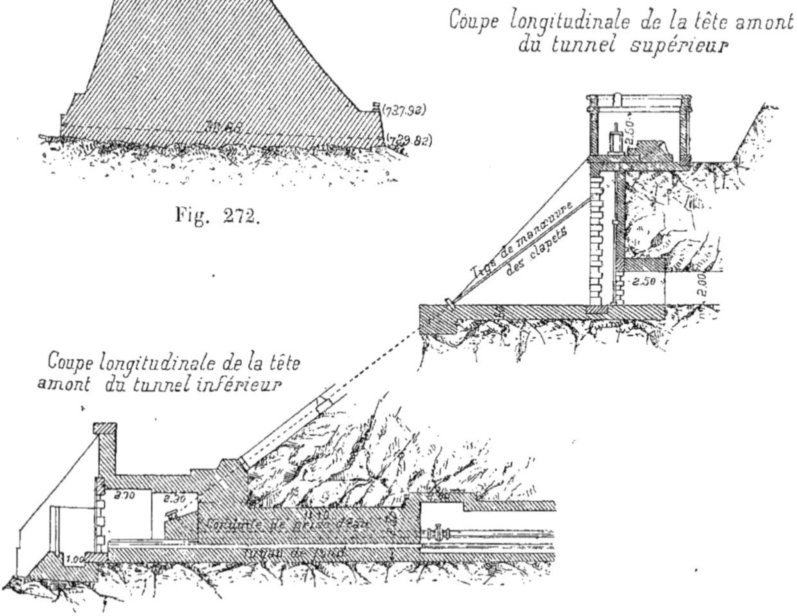

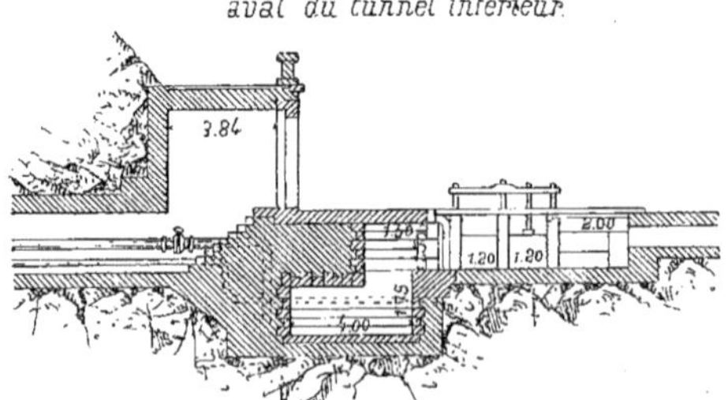

Fig. 274.

En crue, le débit du Furens s'élève à 131 mètres cubes par seconde et l'inondation de la ville commence au débit de 93 mètres cubes; le cube à emmagasiner est de 205.000 mètres cubes et la hauteur réservée au-dessus du niveau normal correspond à 400.000 mètres. Le réservoir plein contient 1.600.000 mètres cubes. Si l'on retranche les 400.000 mètres cubes qui doivent toujours rester disponibles pour l'emmagasinement des crues, il reste donc 1.200.000 mètres cubes à utiliser pour les usages divers.

En présence des besoins croissants de Saint-Etienne et pour améliorer encore le régime hydraulique de la vallée, la ville a fait construire un second barrage-réservoir au pas du Riot, à deux kilomètres en amont du premier; sa capacité est de 1.350.000 mètres cubes et la hauteur du barrage de $34^{m}50$.

Les dépenses se sont élevées à 1.590.000 francs pour le gouffre d'Enfer, à 1.280.000 francs pour le pas du Riot.

Rigoles horizontales. — A la suite des inondations de 1846, Polonceau avait proposé pour combattre et atténuer les ravages des inondations, d'établir sur tous les terrains en pente des rigoles horizontales fermées aux deux bouts, qui retiendraient une grande partie des eaux pluviales, en modéreraient l'écoulement, allongeraient les crues et en diminueraient la hauteur. Ce système présenterait un intérêt agricole évident: il favoriserait les irrigations, maintiendrait dans les terres une humidité favorable à la végétation et alimenterait les nappes souterraines et les sources par des infiltrations lentes.

Mais, il faut bien le reconnaître, l'idée est plus théorique que pratique, et cela pour plusieurs raisons; c'est d'abord l'impossibilité d'imposer le système aux terrains en culture, et son

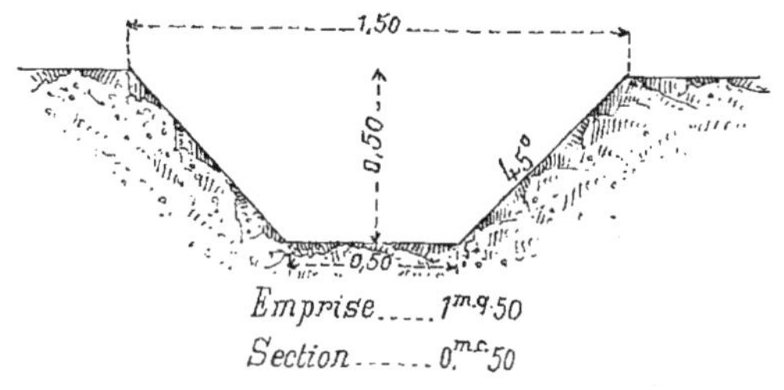

Fig. 275.

inefficacité dans les pays de montagnes où les terrains sont nus et à forte pente. Il exige de plus des emprises considérables; le type de rigole proposé, représenté par la figure 275, comporte en effet une emprise de 1m50 et un cube de terrassement de 0m50 par mètre courant; il en résulte que pour emmagasiner 1 mètre cube, il faut une surface de rigole de 3 mètres carrés et un terrassement de 1 mètre cube; un hectare de rigoles n'emmagasinerait que 3.000 mètres cubes, et avec des rigoles espacées de 67 mètres, il faudrait 100 hectares pour retenir 7.500 mètres cubes. On voit que ce système revient pour ainsi dire à éparpiller celui des réservoirs, qui paraît encore préférable à tous égards; un mètre cube emmagasiné dans un réservoir revient au maximum à 0 fr. 10 ou 0 fr. 15, tandis que dans le système Polonceau son prix s'élève au moins à 0 fr. 80, ainsi décomposé :

1 mètre cube de terrassement	à 0 fr. 50.......	0 fr. 50
3 mètres carrés d'emprise	à 0 10.......	0 30
	Total...	0 fr. 80

Endiguements. — Digues longitudinales. — Les endiguements ont été employés depuis longtemps pour lutter contre les inondations; ils constituent un remède plutôt défensif que préventif; c'est un procédé anciennement et universellement employé que celui très simple qui consiste à ne laisser à la crue que l'espace qui lui est nécessaire en affranchissant le surplus des terrains de la servitude de l'écoulement des eaux. Le grave inconvénient du système est d'exposer les terrains protégés aux dangers des ruptures de digues; ces cataclysmes se produisent rarement, il est vrai, mais il ne faut s'y exposer que lorsqu'il s'agit de la défense de centres importants et lorsque les résultats obtenus par la protection dans l'intervalle de ces cataclysmes sont de nature à compenser et au delà les désastres matériels qui en sont la conséquence.

Les digues sont insubmersibles ou submersibles.

Les digues insubmersibles offrent l'avantage de présenter une défense absolue, mais elles doivent être construites très solidement et par suite à grands frais. A la longue elles relèvent le niveau des cours d'eau et des crues, de sorte qu'on est toujours conduit à les surélever; si bien que quand on resserre un cours d'eau entre deux digues insubmersibles, on peut dire qu'on commence une lutte qui n'aura pas de fin (fig. 276).

Les digues insubmersibles sont indispensables dans le voisinage des centres habités (quais de Paris, de Lyon, de Tours, d'Orléans).

Les digues submersibles sont élevées à un niveau qui n'excède

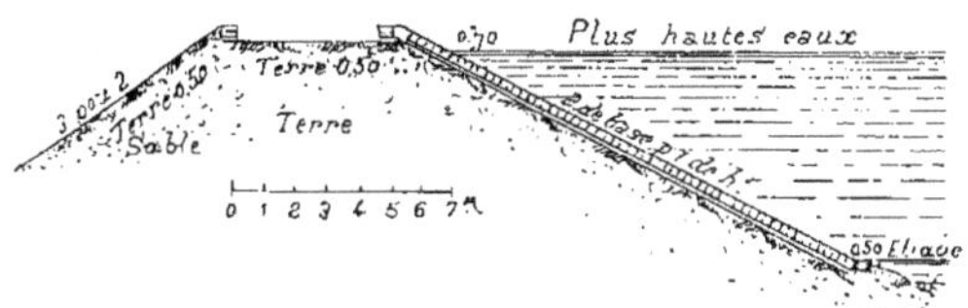

Fig. 276. — Type de digue insubmersible (Loire).

que légèrement celui des crues d'été, de manière à protéger les terrains contre les crues moyennes d'été, dommageables aux cultures, tout en permettant le passage des crues d'hiver qui sont colmatantes; mais elles constituent une défense incomplète, elles sont coûteuses néanmoins, parce que ce système d'endiguement exige la division du périmètre protégé en un grand nombre de compartiments, et par suite, un développement considérable des ouvrages.

On peut obtenir d'excellents résultats en combinant les deux systèmes, c'est-à-dire en enfermant le lit mineur du cours d'eau entre des digues submersibles derrière lesquelles des digues insubmersibles forment un lit majeur de 5 à 600 mètres de largeur (fig. 277).

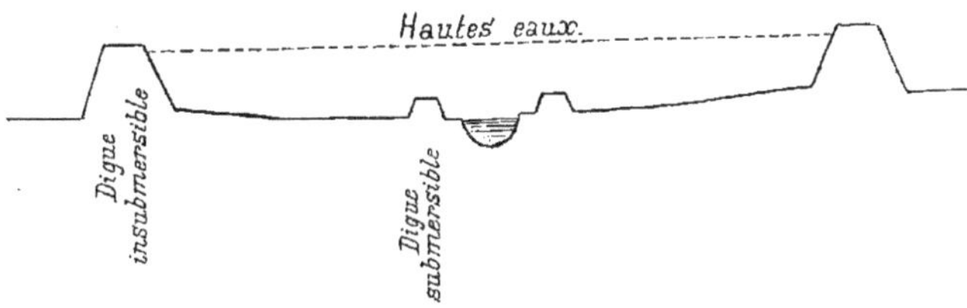

Fig. 277.

Enfin sur la Loire, on emploie des déversoirs (fig. 278) destinés à

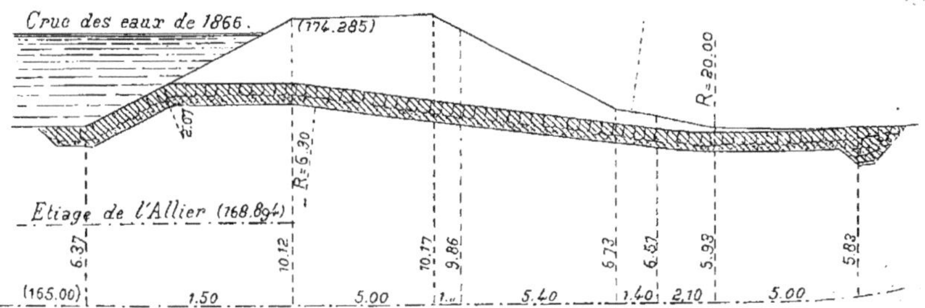

Fig. 278.

régulariser l'introduction de l'eau des crues dans les vals endigués, de manière à atténuer l'effet des grandes crues extraordinaires; les déversoirs sont assez élevés pour garantir les vals contre les crues ordinaires; les ravages dus à la vitesse sont évités et le val joue le rôle de réservoir naturel qu'il remplissait autrefois.

Législation des endiguements. — Que les digues soient longitudinales ou transversales, submersibles ou insubmersibles, elles constituent un système de défense qui est régi : 1° Par la loi du 16 septembre 1807 dont l'article 33 porte que : « Lorsqu'il s'agira de construire des digues à la mer, ou contre les fleuves, rivières et torrents navigables ou non navigables, la nécessité en sera constatée par le gouvernement et la dépense supportée par les propriétés protégées en proportion de leur intérêt aux travaux, sauf le cas où le gouvernement croirait utile et juste d'accorder des secours sur les fonds publics. »

2° Par la loi du 14 floréal an XI, dont l'article premier porte que : « Il sera pourvu au curage des canaux et rivières non navigables et à l'entretien des digues et ouvrages d'art qui y correspondent, de la manière prescrite par les anciens règlements ou d'après les usages locaux. »

Il existe sur quelques rivières d'anciens règlements encore actuellement en vigueur.

La législation en cette matière est d'ailleurs dominée par le principe inscrit dans la loi en forme d'instruction des 12-20 août 1790, qui a chargé les administrations départementales de rechercher et d'indiquer les moyens de procurer le libre cours des eaux.

Lorsque tous les propriétaires d'un ensemble de terrains susceptibles d'être défendus par un seul et même système d'ouvrages, sont d'accord pour l'exécution et l'entretien de ces ouvrages, ils peuvent former entre eux une association libre. Avant la loi du 21 juin 1865 sur les associations syndicales, en cas d'accord unanime, le préfet avait pleins pouvoirs pour constituer ces propriétaires en association syndicale autorisée, de manière à les faire jouir des bénéfices attachés à cette autorisation. Mais dans le cas où il n'y avait pas unanimité de la part des intéressés, le préfet n'était plus compétent; il fallait, pour exécuter des digues de défense collective, un décret délibéré en Conseil d'Etat qui en répartît la dépense par application de l'article 33 de la loi du 16 septembre 1807.

La loi du 21 juin 1865 complétée et modifiée par la loi du 22 décembre 1888, a étendu les pouvoirs du préfet au cas où il y a simplement majorité dans les conditions déterminées par l'article 12 de la loi de 1865. C'est donc à cette loi qu'il faut recourir pour instruire une affaire de défense commune des propriétés contre l'envahissement des eaux; ce n'est qu'à défaut de formation d'associations syndicales libres ou autorisées, qu'on peut appliquer l'article 33 de la loi du 16 septembre 1807 (décret délibéré en Conseil d'État), mais seulement lorsque la nécessité en est reconnue par le gouvernement et lorsque les travaux ont un véritable caractère d'utilité publique; le décret fixe alors la part contributive de l'État et des propriétaires.

Nous n'abandonnerons pas ce sujet sans signaler la loi du 28 mai 1858 relative à l'exécution par l'État, avec le concours des départements, des communes et des propriétaires intéressés, des travaux destinés à mettre les villes à l'abri des inondations, dans les vallées de la Seine, de la Loire, du Rhône, de la Garonne, et de leurs affluents désignés nominativement dans l'article 6. Des décrets rendus dans la forme des règlements d'administration publique déterminent pour chaque entreprise la répartition des dépenses entre les divers intéressés.

CHAPITRE V

COMPOSITION DES EAUX

Composition. — La composition des eaux des fleuves et rivières est en relation intime avec celle des nappes et sources, en ce qui concerne les matières dissoutes, et avec la nature du versant, en ce qui concerne les matières solides entraînées.

Matières dissoutes. — Près de leur source, les eaux des cours d'eau sont généralement claires et limpides, ne contenant que des matières dissoutes ; ainsi les eaux de la Somme Soude sont d'une pureté extrême, elles contiennent par litre :

0gr086 à 0gr106 de carbonate de chaux.
0gr020 à 0gr040 de chlorure de calcium.
Des traces de silice, d'alumine, de sesquioxyde de fer.
Des traces à peine sensibles de matières organiques.

Les rivières qui prennent leur source dans les terrains granitiques sont aussi très pures.

Durant leur parcours, la composition des cours d'eau se modifie ; aux matières de la source s'ajoutent d'autres éléments provenant des terrains traversés, des matières entraînées dans les vallées, des affluents rencontrés.

Le tableau suivant donne la composition des eaux du Var, de la Marne et de la Seine, d'après des observations de M. Hervé-Mangon, poursuivies pendant deuxannées :

Quantités contenues dans 1 m. c. d'eau.	Var.	Marne.	Seine.
Matières organiques............	0 k. 017	0 k. 012	0 k. 014
Alcalis........................	0 027	0 011	0 008
Chaux..........................	0 085	0 091	0 093
Autres matières minérales.......	0 140	0 134	0 099
Total............	0 k. 269	0 k. 248	0 k. 214

Le tableau ci-dessous donne la composition détaillée des eaux de la Seine et de l'Ourcq qui est le type des cours d'eau sulfatés :

	Composition de la Seine.		Composition de l'Ourcq.		
	au Port-à-l'Anglais.	à Passy.	à Bondy.	à la gare circulaire.	à la prise d'eau.
Ammoniaque........................	0^{k}000 19	0^{k}000 43	0^{k}056 1	0^{k}057 9	0^{k}060 1
Autres matières organiques et eau combinée........................	0 017	0 003 2			
Chaux..............................	0 087 4	0 104	0 145 5	0 146 7	0 161 7
Magnésie...........................	0 004 6	0 007 5	0 033 8	0 029 5	0 035 8
Alcalis............................	0 010 7	0 012 5	0 018 3	0 021 5	0 040 4
Acide sulfurique...................	0 009 3	0 028	0 114 5	0 117 4	0 126 1
Chlore.............................	0 007	0 007 8	0 010 6	0 010 6	0 011 6
Silice ou résidu insoluble..........	0 011 0	0 007 9	0 008 1	0 007 8	0 019 2
Total................	0^{k}216	0^{k}280	0^{k}440 8	0^{k}467 0	0^{k}499 1
			solide : 0^{k}015 1	solide : 0^{k}015 8	solide : 0^{k}009 3

Il est à remarquer que le sulfate de chaux reste dissous ; un cours d'eau sulfaté comme l'Ourcq ne dépose pas et sa composition reste constante sur tout son parcours ; il n'en est pas de même du carbonate de chaux qui se dépose en incrustations ; aussi la rivière est-elle moins riche en carbonate de chaux que les sources d'où elle provient ; ainsi dans le bassin de la Seine, le titre hydrotimétrique des sources est de 20, 23 ou 30° et celui des rivières de 15, 17 et 19°.

La composition générale des eaux d'une rivière varie suivant la prédominance de tel ou tel affluent spécial qui vient lui imprimer un caractère dépendant de la nature des terrains qu'il a traversés. Ainsi les eaux de la Seine marquaient à l'hydrotimètre, d'avril 1866 à mai 1867, un titre moyen de 20°79 ; mais en octobre 1866, à l'arrivée des eaux de crue provenant de la formation oolithique, le titre s'élevait à 24°60 ; en janvier et en mars 1867, il descendait à 17° après la fonte des neiges et l'arrivée des eaux granitiques du Morvan.

Altération des cours d'eau par les villes et l'industrie. — Il est une cause très puissante d'altération des rivières, nous voulons parler de la contamination des eaux par suite de leur passage au travers des centres habités qui y déversent les eaux ménagères, industrielles et autres ; il y a là une situation fâcheuse qui prend un caractère exceptionnel de gravité, lorsqu'il s'agit de grandes villes comme Paris et Londres, et qui appelle l'attention de l'ingénieur et de l'hygiéniste.

Le tableau suivant fait ressortir l'état d'infection de la Seine à l'aval de Clichy, point où les collecteurs parisiens versent les eaux d'égout dans la Seine ; il indique la quantité de matières azotées organiques non encore transformées en ammoniaque, que les eaux renferment en divers points ; cette dose spécifie la pollution vraie du fleuve en précisant les matières susceptibles d'entrer en fermentation ; les dosages d'oxygène forment le complément, ils fixent l'intensité de la fermentation déjà produite.

INDICATION des prises d'échantillons d'eau de la Seine.	AZOTE non encore transformé en sels ammoniacaux volatils, ou azote organique exprimé en grammes par mètre cube ou 1.000 litres d'eau. (Analyse de 1874.)	AZOTE total y compris les sels ammoniacaux volatils exprimés en grammes par mètre cube. (Analyses de 1869 et 1874.)	OXYGÈNE dissous exprimé en centimètres cubes par litre d'eau.
	Grammes.	Grammes.	Cent. cubes.
Pont d'Asnières, amont du collecteur	0,85	1,9	5,34
Débouché du collecteur de Clichy.	»	25,05	»
Clichy aval du collecteur — Bras droit	1,51	4,0	»
Clichy aval du collecteur — Bras central	1,28	»	4,60
Clichy aval du collecteur — Bras gauche	1,25	»	»
Saint-Ouen, bras droit	1,16	2,0	4,07
Saint-Denis, bras droit, amont du collecteur	»	2,0	2,65
Débouché du collecteur départemental	»	98,0	»
Saint-Denis, bras droit, aval du collecteur et du Croult	7,27	11,29	1,02
Épinay, bras droit	1,26	3,0	1,05
Bezons, toute la largeur du courant	0,87	1,9	1,54
Marly bras gauche, amont du barrage	0,78	3,5	1,91
Marly, aval du barrage	0,81	»	»
Saint-Germain	0,76	2,2	»
Maisons-Lafitte	0,79	2,5	3,74
Conflans	0,46	»	»
Poissy	0,45	2,2	6,12
Triel	0,50	»	7,07
Meulan	0,40	»	8,17
Mantes	»	1,4	8,96
Vernon	»	»	10,40
Rouen	»	»	10,42

Limon. — Outre les matières dissoutes, l'eau des rivières charrie des matières solides, soit qu'elle les entraîne en les roulant, soit qu'elle les tienne en suspension ; ces dernières constituent ce qu'on appelle le limon ; à l'état de repos, les molécules en suspension obéissent à l'action de la gravité et se déposent, au grand bénéfice des terrains sur lesquels on a amené les eaux : c'est le colmatage.

M. Hervé-Mangon a particulièrement étudié la composition du

limon de quelques-unes de nos rivières; ses observations ont porté sur : 1° La Durance pendant une période d'une année; 2° le canal d'irrigation de Carpentras, alimenté par la Durance. pendant la même période; 3° la Vienne à Châtellerault, pendant quarante-deux jours répartis sur trois années, aux époques de grandes crues; 4° la Loire à Tours, pendant quatre-vingt-deux jours répartis sur trois années aux époques des grandes crues; 5° le Var, pendant une période d'une année; 6° la Marne, pendant seize mois consécutifs; 7° la Seine, pendant trois années consécutives. Voici les résultats de ces observations :

	Durance.	Canal de Carpentras.	Vienne.	Loire.	Var.	Marne.	Seine.
1° COMPOSITION MOYENNE DU LIMON.							
Azote	0 08	0 10	0 47	0 35	0 13	0 59	0 54
Autres matières organiques	6 50	6 07	21 20	17 30	8 82	25 47	40 75
Matières minérales	93 42	93 23	78 33	82 35	91 05	73 94	58 71
	100 00	100 00	100 00	100 00	100 00	100 00	100 00
2° COMPOSITION DU LIMON PAR MÈTRE CUBE D'EAU.							
Azote	0k 001 2	0k 001 4	0k 000 9	0k 000 7	0k 004 7	0k 000 4	0k 000 2
Autres matières organiques	0 094 5	0 094 5	0k 038 4	0 033 2	0 315 5	0 019 1	0 016 3
Matières minérales	1 358 3	1 321 1	0k 141 7	0 158 1	3 256 8	0 055 5	0 023 5
3° QUANTITÉ MOYENNE DE LIMON PAR MÈTRE CUBE D'EAU	1k 454	1k 417	0k 181	0k 192	3k 577	0k 075	0k 040

Comme complément des renseignements précédemment fournis nous donnons ci-dessous la quantité totale de matières dissoutes ou en suspension, contenues dans le Var, la Marne et la Seine :

Matières contenues dans un mètre cube d'eau.		Var.	Marne.	Seine.
Matières organiques	Azote	0 k. 004 7	0 k. 000 4	0 k. 000 2
	Diverses	0 332 5	0 031 1	0 030 3
Matières minérales		3 508 8	0 291 5	0 223 5
Total		3 k. 846 0	0 k. 323 0	0 254 0
Poids moyen par mètre cube.	de limon	3 577	0 075	0 k. 040
	de matières dissoutes	0 269	0 248	0 214

On peut se rendre compte, par l'examen des tableaux qui précèdent, de l'énorme cube de matières charrié annuellement par les cours d'eau.

La Durance char. annuelt	11.077.071 mc	de limon à 1.600k	soit	17.723.321.767 kgr
Le Var	»	11.076.724	»	17.722.767.325
La Marne	»	104.801	»	167.684.276
La Seine	»	194.808	»	311.694.667
La Garonne	»	5.700.000	»	

La quantité moyenne de limon par mètre cube varie avec la hauteur du cours d'eau; elle s'accroît notablement en temps de crue comme on peut s'en convaincre par les exemples suivants :

La Seine charrie en temps d'étiage 0k005 par mètre cube (juin 1865); le minimum constaté a été de 0k001.35 (28 juillet 1864). En temps de crue, elle charrie 0k130 par mètre cube (septembre 1866); cette quantité s'est élevée jusqu'à 2k738 (26 septembre 1865).

La Marne charrie à l'étiage 0k004.6 par mètre cube (octobre 1864); en temps de crue, on a constaté 0k152 en décembre 1863 et un maximum de 0k516 le 4 décembre 1863.

Le Var charriait à l'étiage 9k15 par mètre cube en janvier 1865; cette quantité est descendue à 0k052 le 9 janvier 1865; en temps de crue, il charrie 11k157 (juin 1865) et il a charrié jusqu'à 36k617 après l'orage du 30 juin 1865.

La Durance a charrié 0k199 en août 1860, 0k300 en mars 1860 et 2k008 en juin 1860.

La quantité de limon varie suivant le point du cours d'eau que l'on considère; ainsi le volume annuel charrié par le Rhône est de 16.600.000 mètres cubes à son entrée dans le lac de Genève, et de 21.000.000 mètres cubes à son embouchure.

Citons quelques exemples pris à l'étranger.

Le Nil, auquel l'Egypte doit sa fécondité et même son existence, et dont la crue annuelle est spécialement caractérisée par sa grande régularité, contient 1k254 de limon par mètre cube; son débit en crue est de 10.000 m. cubes par seconde, soit par jour 864.000.000 m. cubes, ce qui donne 1.000.000 de tonnes de limon par jour et 162.000.000 de tonnes pendant les 150 jours que dure la crue.

La composition du limon du Nil est la suivante :

1° Produits volatils ou combustibles.

Eau	5,10	16,10
Azote	0,17	
Autres produits volatils ou combustibles	10,83	

2° MATIÈRES MINÉRALES.

Résidu insoluble dans les acides	54,91	
Albumine, peroxyde de fer et bases précipitées avec l'acide phosphorique	22,82	
Acide phosphorique	0,42	
Chaux	1,34	83,90
Magnésie	0,21	
Potasse	1,38	
Soude	0,59	
Acide carbonique et produits non dosés	2,23	
		100,00

L'eau du Nil filtrée et évaporée à sec a donné un résidu correspondant à 0k125 par mètre cube; la composition de ce résidu ressort du tableau suivant où l'on a reproduit en regard la composition du limon rapportée au mètre cube d'eau et déduite de l'analyse ci-dessus :

Matières contenues dans un mètre cube d'eau.	Limon.	Eau filtrée.	Totaux.
Eau	0 k. 064		
Azote	0 002	0 k. 016	0 k. 218
Autres matières organiques	0 136		
Résidu minéral insoluble dans les acides	0 689	0 001	0 690
Alumine et peroxyde de fer	0 286	0 002	0 288
Acide phosphorique	0 005	»	0 005
Chaux	0 017	0 034	0 051
Magnésie	0 003	0 018	0 021
Potasse	0 017	0 004	0 021
Soude	0 007	0 011	0 018
Chlore	»	0 015	0 015
Acide sulfurique	»	0 001	0 001
Acide carbonique et produits non dosés	0 028	0 023	0 051
	1 k. 254	0 k. 125	1 k. 379

Le Mississipi contient par mètre cube 1 litre 4 de limon, ce qui, pour un débit annuel de 480 à 550.000 millions de mètres cubes, correspond à un volume de limon de 664.000.000 de mètres cubes. Le delta du Mississipi avance de 100 mètres par an.

Le Pô contient par mètre cube 1 litre 6 de limon; le volume

annuel de limon est de 40.000.000 mètres cubes. Le delta avance chaque année de 70 mètres.

Le Gange contient, pendant la saison des pluies, 1k943 de limon par mètre cube.
— — en hiver.................. 0k446 — —
— — en été.................... 0k217 — —

Son débit à la seconde est, à ces trois époques, de 4.120 mètres cubes, de 2.034 mètres cubes et de 1.038 mètres cubes. Il transporte annuellement 42.000.000 de tonnes de limon.

Le fleuve Jaune charrie, dit-on, 5 kilogrammes de limon par mètre cube, soit, par an, 1 milliard de mètres cubes.

CHAPITRE VI

ENTRETIEN DES COURS D'EAU
CURAGE ET FAUCARDEMENT

Utilité des travaux de curage. — C'est en débarrassant le lit d'un cours d'eau des vases et des herbes qui tendent à l'encombrer, c'est-à-dire, par le curage et le faucardement, que l'on procure aux eaux un écoulement facile et régulier, que l'on en prévient les débordements, que l'on restreint le périmètre des terrains trop humides et que l'on assainit les vallées ; si l'on abandonne un cours d'eau à lui-même, la section naturelle s'obstrue par suite des éboulements de rives et de la croissance des végétaux aquatiques, les eaux sortent de leur lit et donnent naissance à des marécages insalubres. L'agriculture et la salubrité publique sont donc directement intéressées aux travaux de curage. La culture peut en outre tirer des opérations de curage un profit indirect, en ce sens que la vase qui en provient est presque toujours un riche engrais d'une grande valeur agricole : la vase, qui humide pèse de 1,100 à 1.400 kilogr. le mètre cube, et sèche de 700 à 800 kilogr., contient de 0.004 à 0.005 de son poids d'azote ; de même les plantes aquatiques provenant du faucardement, séchées à l'air, contiennent de 1 à 3 0/0 d'azote et quelquefois

1 0/0 d'acide phosphorique ; elles sont donc souvent plus riches en azote que le fumier de ferme, qui n'en renferme que 0.5 0/0.

Le bon entretien des cours d'eau n'intéresse pas moins l'industrie qui se sert des eaux pour la mise en mouvement des usines et moulins.

Le curage des cours d'eau navigables est à la charge de l'État ; les travaux d'entretien consistent dans ce cas en des dragages dont l'étude rentre dans le programme du cours de navigation ; nous ne nous occuperons bien entendu que du curage des cours d'eau non navigables, qui est à la charge des propriétaires intéressés.

Législation des curages et faucardements. — Et d'abord quels sont les propriétaires intéressés ?

Nous avons les riverains immédiats qui sont directement exposés aux débordements du cours d'eau, aux infiltrations, aux érosions, mais qui cependant sont souvent opposés aux opérations de curage, dans l'espoir de voir leurs propriétés s'augmenter de quelques atterrissements très fertiles ; puis, les voisins de seconde ligne, dans la zone rendue humide par la nappe et les infiltrations ; enfin, les usiniers ou propriétaires de barrages, qui ont intérêt à utiliser le plus de chute possible ; il faut pour cela que l'eau arrive en abondance à l'amont et s'écoule sans remous à l'aval du barrage.

L'État peut figurer parmi les intéressés, si par exemple la considération de salubrité est prédominante (en Sologne, l'État a contribué pour les 2/3 aux dépenses de curage) ; s'il s'agit de sauvegarder l'alimentation des villes, des canaux, ou des gares de chemins de fer, l'intérêt public de cette alimentation motive l'intervention, parmi les intéressés, de l'autorité correspondante.

Les curages sont régis par la loi des 12-20 août 1790 que nous avons déjà citée (1) et par la loi du 14 floréal an XI qui dispose :

« Article premier. — Il sera pourvu au curage des canaux et rivières non navigables de la manière prescrite par les anciens règlements ou d'après les usages locaux.

« Art. 2. — Lorsque l'application des règlements ou du mode consacré par l'usage éprouvera des difficultés, ou lorsque des changements survenus exigeront des dispositions nouvelles, il y sera pourvu par le gouvernement dans un règlement d'administration publique rendu sur la proposition du préfet, de manière que la con-

(1) Voir page 409.

tribution de chaque imposé soit toujours relative au degré d'intérêt qu'il aura aux travaux qui devront s'effectuer.

« Art. 3. — Les rôles de répartition des sommes nécessaires au payement des travaux d'entretien, de réparation ou de reconstruction, seront dressés sous la surveillance du préfet, rendus exécutoires par lui, et le recouvrement s'en opérera de la même manière que celui des contributions publiques. »

S'agit-il de prescrire un curage en vue de prévenir les inondations, ou commandé par les besoins sanitaires d'une localité ? Le préfet est compétent pour ordonner d'urgence les travaux nécessaires ; c'est l'application de la loi des 12-20 août 1790. Mais il ne peut statuer que par un arrêté spécial et temporaire et non par un arrêté général et permanent.

S'il s'agit d'un cours d'eau pour lequel il existe des anciens règlements (1) ou des usages locaux, le préfet a qualité pour prendre, par voie d'arrêté, des dispositions générales et permanentes en vue d'assurer le curage ; c'est l'application de l'article premier de la loi du 14 floréal an XI.

Il peut arriver qu'il n'existe ni anciens règlements ni usages locaux, ou que le mode consacré par l'usage éprouve des difficultés, ou que des changements survenus exigent des dispositions nouvelles ; dans ce cas, les préfets ne sont plus compétents, il faut recourir, conformément à l'article 2 de la loi de l'an XI, à la solennité du règlement d'administration publique délibéré en Conseil d'État. Il en est de même lorsque le curage n'est pas simplement à vif fond et vieux bords, mais comporte des élargissements ou des redressements, c'est-à-dire une atteinte à la propriété privée.

La loi du 21 juin 1865, aujourd'hui complétée par la loi du 22 décembre 1888, est venue apporter une modification importante à la loi du 14 floréal an XI, en étendant la compétence du préfet au droit de faire par simple arrêté, et dans certaines conditions de majorité précisées par l'article 12, ce qu'il ne pouvait faire auparavant que par application des anciens règlements ou des usages locaux et ce que faisaient les règlements d'administration publique (décrets délibérés en Conseil d'État). Sous l'empire de ladite loi du 21 juin 1865, les propriétaires intéressés au curage d'un cours d'eau peuvent

(1) Antérieurs à la loi de l'an XI.

être réunis, par arrêté préfectoral, en associations syndicales jouissant, pour l'exécution des travaux nécessaires à ce curage, des privilèges définis par l'article 3, savoir : faculté d'ester en justice par leurs syndics, acquérir, vendre, échanger, transiger. hypothéquer, et enfin de recouvrer les taxes et cotisations comme en matière de contributions directes.

En résumé, pour les curages urgents, les préfets ont le pouvoir de prescrire des mesures immédiates et temporaires, en vertu de la loi des 12-20 août 1790 ; pour les curages qui peuvent s'effectuer en vertu d'anciens règlements ou d'usages locaux, les préfets peuvent statuer par arrêtés rendus en vertu de l'article premier de la loi du 14 floréal an XI. Dans ces deux cas, il n'y a pas de formation de syndicat. Enfin, c'est seulement quand les anciens règlements prescrivent la constitution d'une association syndicale, ou dans les cas prévus par l'article 2 de la loi du 14 floréal an XI, qu'on doit remplir les formalités exigées par la loi du 21 juin 1865 pour la constitution d'une association syndicale des propriétaires intéressés; et l'administration ne doit agir d'office pour prescrire le curage par décret, aux termes de l'article 26 de la loi du 21 juin 1865, que si l'application de cette dernière loi ayant été tentée, on n'a pu obtenir le consentement des intéressés dans les conditions de majorité fixées par l'article 12 (1) et s'il y a véritablement un intérêt public en jeu.

Dans l'application des règles qui précèdent, la plus grosse difficulté réside dans la répartition des dépenses, qui sont à la charge des intéressés ; l'article 2 de la loi du 14 floréal an XI fixe le principe : la contribution de chaque imposé sera relative au degré d'intérêt qu'il aura aux travaux ; c'est simple et net, mais que de difficultés dans la pratique pour arriver à l'appréciation exacte de ce degré d'intérêt de chacun, et que de réclamations contentieuses sont soulevées par cette appréciation ? C'est un sentiment si humain que de trouver sa propriété trop imposée et la voisine pas assez ! Le jugement de toutes ces contestations est confié aux conseils de préfecture sauf recours au Conseil d'État.

Exécution des travaux. — Les travaux d'entretien des cours

(1) Le consentement de plus de la moitié des intéressés représentant au moins les deux tiers de la superficie des terrains, ou des deux tiers des intéressés représentant plus de la moitié de la superficie, suffit pour forcer la minorité à s'incliner.

d'eau non navigables ni flottables, généralement exécutés par les ingénieurs des ponts et chaussées ou sous leur direction, comprennent plusieurs opérations : ébergement, curage, élargissement, rectification et faucardement.

Dans tous les cas il est bon de dresser à l'avance un projet comportant un état indicatif des surfaces intéressées et par suite imposables, un plan général, un profil en long du cours d'eau et des profils en travers sur lesquels sont marqués par des lignes rouges, les tracés à réaliser en plan et en profil, pour le fond et les talus du cours d'eau. Ce sont ces documents qui permettent de procéder sur le terrain au piquetage nécessaire pour l'exécution des déblais.

Opérations préliminaires. — Il est utile de procéder au préalable à des jaugeages du cours d'eau et à la détermination de la section type nécessaire pour le facile écoulement des eaux.

Il y a intérêt, en effet, à connaître le débit des grandes crues, le débit des crues d'automne et de printemps, les plus funestes à la végétation, enfin le débit normal. L'observation des ouvrages régulateurs des usines établies sur le cours d'eau fournit des indications utiles à cet égard ; on se guide aussi d'après l'analogie avec les cours d'eau voisins.

La formule approximative suivante, relative aux variations du débit maximum d'un petit cours d'eau en crue, peut être utilement employée : le débit maximum d'un cours d'eau en un point est proportionnel à la racine carrée de la surface de la vallée au-dessus de ce point, c'est-à-dire $Q = K\sqrt{S}$ (1), K étant un coefficient qui

---

(1) On peut se rendre compte de l'exactitude de cette formule, de la manière suivante : La vallée a grossièrement la forme d'un triangle isocèle BAC, dont la ligne médiane AD serait le thalweg. En d'autres termes, elle se compose de 2 plans trangulaires BAD, CAD, dont l'intersection AD est le thalweg. (fig. 279.)

Les crues arrivent lorsqu'il survient une forte pluie embrassant tout le bassin, à la suite de temps humides.

Pour avoir le débit en D à un moment donné, il faut chercher le nombre de gouttes d'eau tombées sur le bassin qui se réunissent en D au même moment.

Or la goutte d'eau tombée en un point M suit le chemin MND (ligne de plus grande pente). De M en N elle circule avec la vitesse d'écoulement de la pluie sur le sol, avec une vitesse u, elle met donc un temps $\frac{y}{u}$; de N en D elle circule avec la vitesse v du courant ; l'espace ND $= x$ est donc parcouru en un temps $\frac{x}{v}$ — Ainsi la goutte tombée en M arrive en D après un temps $t = \frac{y}{u} + \frac{x}{v}$; toutes

varie suivant la contrée et croît avec l'imperméabilité du sol. Ainsi $K = 60$ en Sologne, S étant exprimée en hectares.

Dans la fixation de la section moyenne type, il importe en général de conserver la largeur en gueule antérieure, afin d'avoir peu de terrains à acheter; on disposera de la profondeur en conséquence; il sera bon de réaliser la section sur place en un cer-

---

les gouttes pour lesquelles t sera le même arriveront ensemble en D, et

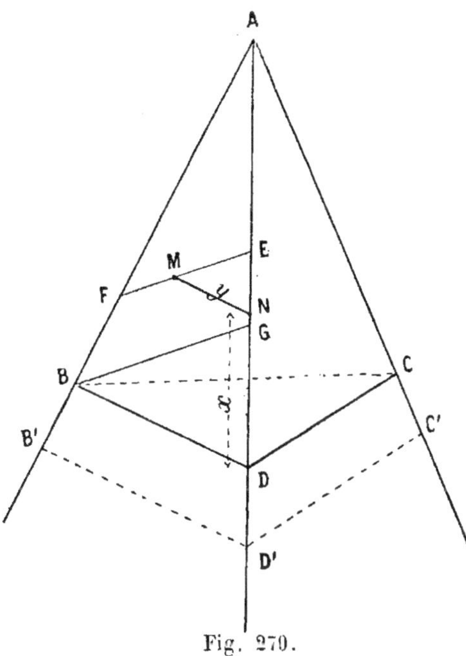

Fig. 270.

si l'on suppose u, v constants, le lieu des points M sera défini par l'équation $\frac{y}{u} + \frac{x}{v} =$ constante. Ce lieu est une droite EF.

Le débit est proportionnel à la longueur EF; son maximum a lieu lorsque le point F arrive à la limite B du bassin.

Ainsi le débit de la crue (Q) est proportionnel à la ligne BG dont la direction dépend de la vitesse relative de l'eau à la surface du sol et dans le lit du cours d'eau, de sorte que l'on peut poser $Q = p\,\overline{BG}$.

Mais presque toutes les droites telles que BG sont parallèles, quel que soit le point D. BG est proportionnel à BC et l'on peut dire avec une approximation grossière, que le débit des crues est proportionnel à la largeur de la vallée qui elle-même est proportionnelle à la racine carrée de la surface de la vallée comptée au point D.

Donc $Q = K\sqrt{S}$.

tain nombre de points (à tous les changements de pente ou de largeur) par un profil en maçonnerie, ou simplement au moyen de madriers reposant sur des pieux enfoncés de 1m50 dans le lit, soit directement,

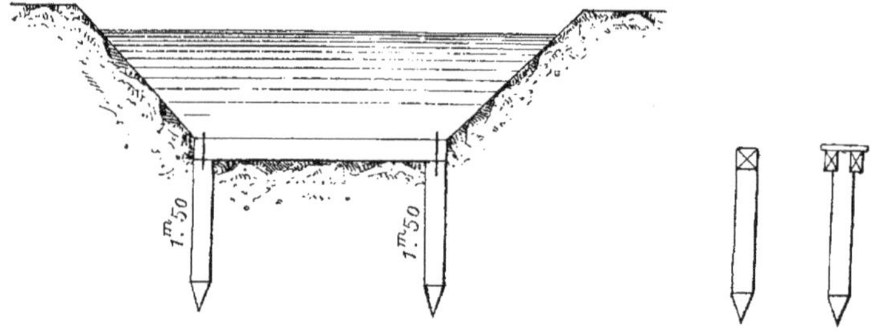

Fig. 280.

soit par l'intermédiaire de moises chevillées sur les pieux (fig. 280). Le prix de cette charpente est d'environ 15 à 18 francs.

Curages. — L'opération du curage s'effectue par des procédés très simples.

Il existe généralement des barrages de retenue pour les usines ou les irrigations, grâce à la manœuvre desquels on peut soit détourner les eaux, soit en abaisser le niveau le plus possible; les ouvriers s'établissent alors dans le cours d'eau et rejettent sur les berges les produits du curage.

Lorsqu'on ne peut abaisser suffisamment le plan d'eau, l'extraction des vases s'effectue au moyen de dragues à main, sortes de grandes pelles à longs manches, avec rebords latéraux (l'appareil est percé de trous pour le passage de l'eau en excès), de houes à long manche, de griffes ou crochets, pour les pierres et les vases dures; les souches et les branches, sur les rives ou sous l'eau, sont coupées au moyen de croissants et de coutres (fig. 281). Dans des conditions ordinaires, un curage ainsi effectué revient à un prix variant de 0 fr. 50 à 1 franc ou 1 fr. 25 par mètre courant de la rivière.

Si le cours d'eau est à profil régulier, on peut employer pour effectuer le curage des appareils analogues à celui que représente la figure 282, et qui est en usage sur la Garonne pour ouvrir, quand les eaux sont basses, des chenaux temporaires à travers les hauts fonds de graviers. Cet appareil, désigné sous le nom de *chasse mobile*, consiste essentiellement en un panneau de charpente avec lequel on obstrue momentanément une partie de la section de la rivière. Ce panneau, de 1 mètre de hauteur, présente une partie centrale de 3 mètres de long et deux ailes à charnières de 1 mètre qu'on replie

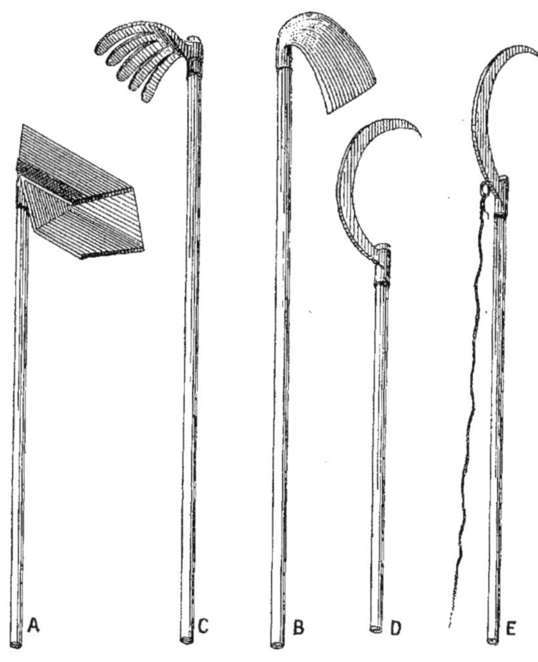

Fig. 281.

plus ou moins. Il est maintenu contre le courant par deux pièces de bois horizontales qui s'appuient contre un bateau retenu lui-même par deux cordes d'amarre. On descend ce panneau dans l'eau de manière qu'il se trouve à 0m15 environ du fond; la section du courant étant obstruée en partie, il se produit une dénivellation de l'amont à l'aval et par suite une grande vitesse sous le panneau. L'eau, animée de cette vitesse, désagrège le gravier que le vannage peut entraîner vers l'aval quand on lâche peu à peu les cordes d'amarre.

C'est le même principe qui est appliqué dans le bateau-vanne du curage des égouts parisiens et, au pont de l'Alma, pour le curage au moyen d'une boule, du siphon de l'égout collecteur de la rive gauche : entraînement des dépôts par un excédent de vitesse obtenu au moyen d'un rétrécissement de la section de l'écoulement, rétrécissement qui se déplace dans le sens du courant avec l'appareil qui le produit.

Faucardements. — Divers moyens sont employés pour couper les

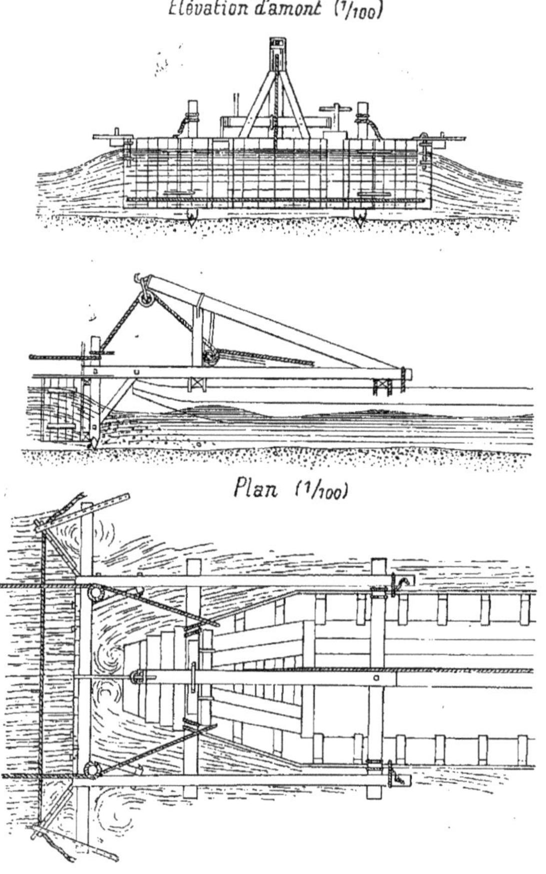

Fig. 282.

herbes aquatiques. On s'est servi autrefois de simples faulx armées de longs manches, mais le travail est pénible et peu parfait.

Tantôt l'on promène dans la rivière ou le canal une faulx en ciseau (1) composée de deux lames tranchantes (fig. 283 et 284), fixées sur deux lames de fer formant les deux côtés d'un triangle isocèle; le tout est adapté à l'extrémité d'un manche en bois; le plan de la faulx est incliné sur la direction du manche. Les ouvriers se tiennent

(1) Canal de l'Ourcq.

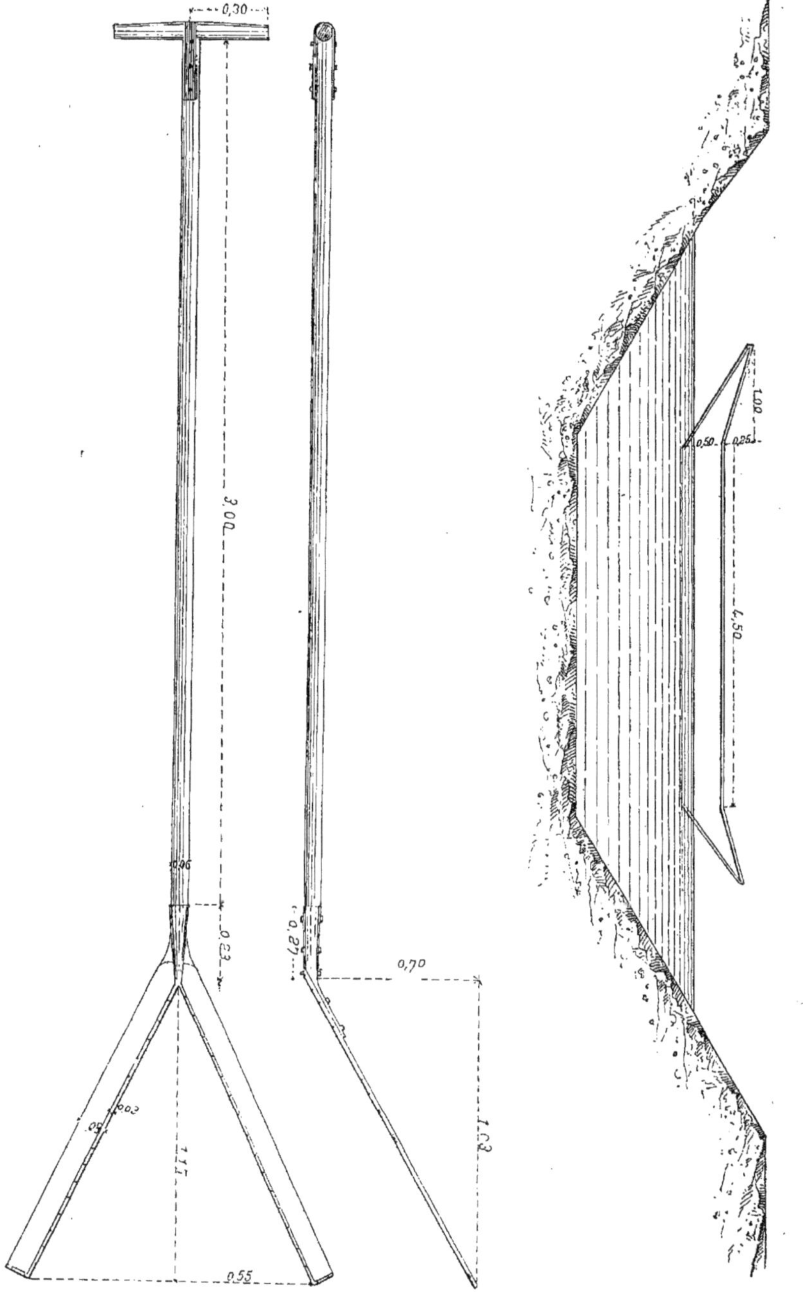

Fig. 283.

Fig. 284.

sur un bateau et tirent l'appareil en lui imprimant une succession de secousses en sens contraire du courant pour relever les herbes et les couper. La manœuvre de la faulx triangulaire exige une équipe de quatre à cinq hommes.

Tantôt c'est le faucard, c'est-à-dire une chaîne de faulx dont on a rabattu le talon au marteau sur l'enclume et réunies par des boulons suivant une ligne légèrement curviligne ; la largeur du faucard est celle de la rivière. Les ouvriers le tirent de chaque bout avec des cordes en sens inverse du courant. Des chaînes fixées de distance en distance au faucard et laissées à la traîne le maintiennent au fond par leur poids et en empêchent le renversement (1).

La difficulté réside dans l'enlèvement des herbes une fois coupées ; comme elles flottent généralement, on les arrête de place en place au moyen de poutrelles de retenue munies de dents en bois de 0m25

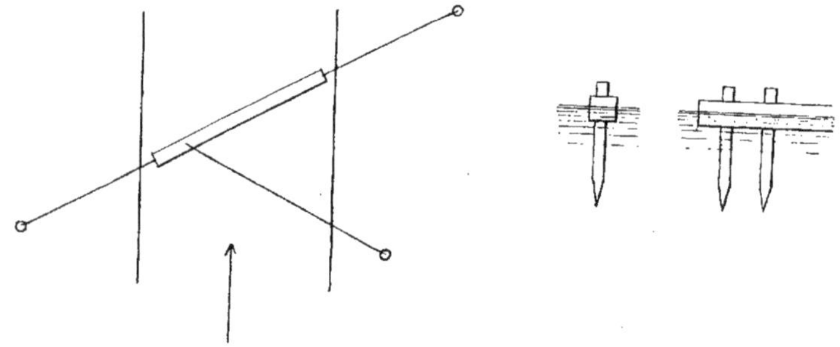

Fig. 285.

et qui flottent sur l'eau ; elles sont d'ailleurs reliées par des cordes à chaque rive (fig. 285).

Le prix d'un faucard est évalué à 91 fr. 65 ; ce prix se décompose ainsi :

12 lames de faulx de 0m95 à 5 fr. 80	69 90
Ajustage des lames à 0 fr. 75	9 »
11 boulons à clavette à 0 fr. 50	5 50
2 anneaux à pattes vissées à 1 franc	2 »
3 chaînes à 1 fr. 75	5 25
Total	91 65

La manœuvre du faucard exige une équipe de six ouvriers. Cet

(1) Voir l'article de M. l'inspecteur général Tarbé dans les *Annales des Ponts et Chaussées* (1852).

instrument réalise sur la méthode ordinaire de faucardement à la faulx simple, une économie de 90 %.

Les herbes aquatiques à faucarder varient suivant la nature des terrains; il en est une espèce qu'il est difficile d'enlever par les procédés ordinaires : nous voulons parler des mousses vertes gluantes qui forment des masses de 0m35 d'épaisseur et qui filent sous la faulx. Il n'est pas sans intérêt de donner ici la description d'un râteau spécial employé sur le canal de l'Ourcq pour combattre l'accumulation de ces mousses.

L'instrument consiste en une sorte de râteau d'une longueur suffisante pour embrasser toute la largeur du plafond du canal; sa longueur est de 3m10 (fig. 286, 287, 288, 289). Il est composé d'un bâtis en fer plat de 0m050 × 0m010 formant deux retours à angles droits AB, CD et garni sur chaque retour de cornières de même longueur formant ailes sur 0m050.

A chacun des points *a* et *b* du bâtis se trouve un tire-fond taraudé et muni d'un écrou à l'extérieur. Ces tire-fond servent à supporter une série de dents, au nombre de trente, reliées et mobilisées à la base par des anneaux en fer.

L'ensemble forme une sorte de chaîne que l'on peut tendre ou détendre suivant les besoins, au moyen des écrous placés aux extrémités *a* et *b*; cette disposition a pour avantage de permettre à l'ensemble du râteau de fonctionner dans toutes les inégalités du plafond.

La configuration de ces dents, qui ont la forme d'une S, est représentée par les figures 288 et 289.

Un système de chaînage *cd* maintient les distances entre les dents en même temps que les chaînes *eh*, maintiennent les dents en action quand leur extrémité est ramenée, par l'effet de la traction, de *j* en *k*.

L'instrument fonctionne à main d'homme, au moyen de cordeaux fixés aux anneaux AD et tirés de la berge, de chaque côté du canal.

Pour faire un travail continu et manœuvrer facilement l'instrument, il faut une équipe de quatre hommes sur chaque rive.

Une barque, remorquée par l'équipe de la rive droite, sert à passer le cordeau de la rive droite sur la rive gauche, pour remonter le râteau, quand il est plein.

On s'aperçoit que le râteau est plein, aussitôt qu'il n'offre plus de résistance à la traction. Dans ce cas, un des hommes de l'équipe

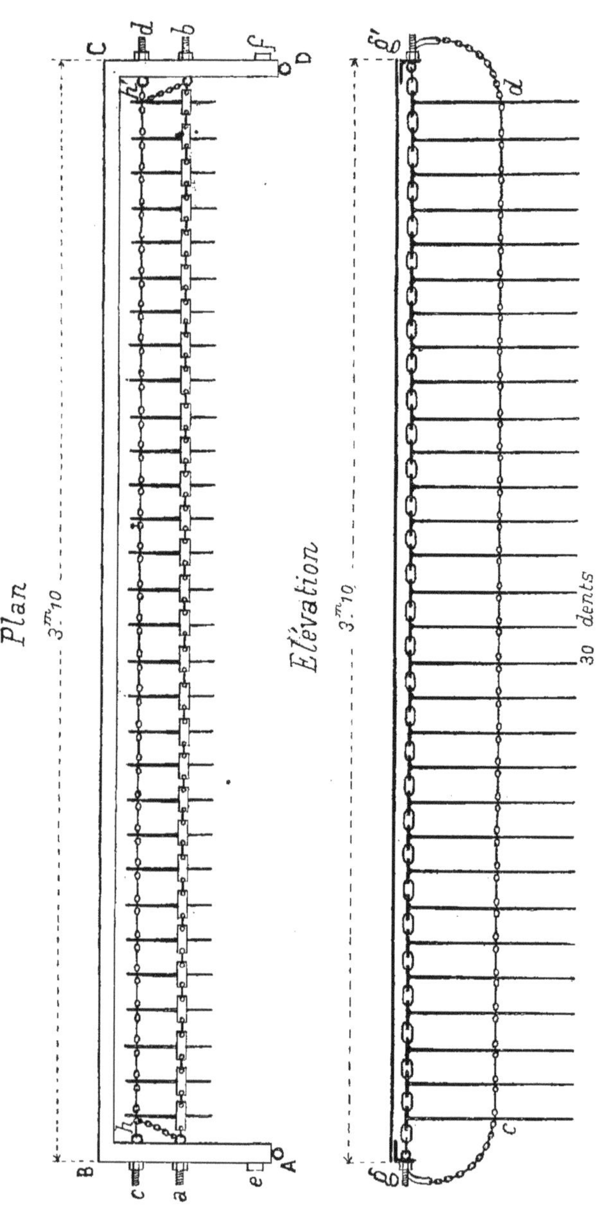

Fig. 286.

Fig. 287.

de la rive droite passe dans la barque sur la rive gauche avec le cordeau de la rive droite et aide à remonter le râteau plein qui est immédiatement vidé au moyen de griffes à dents rapprochées, pen-

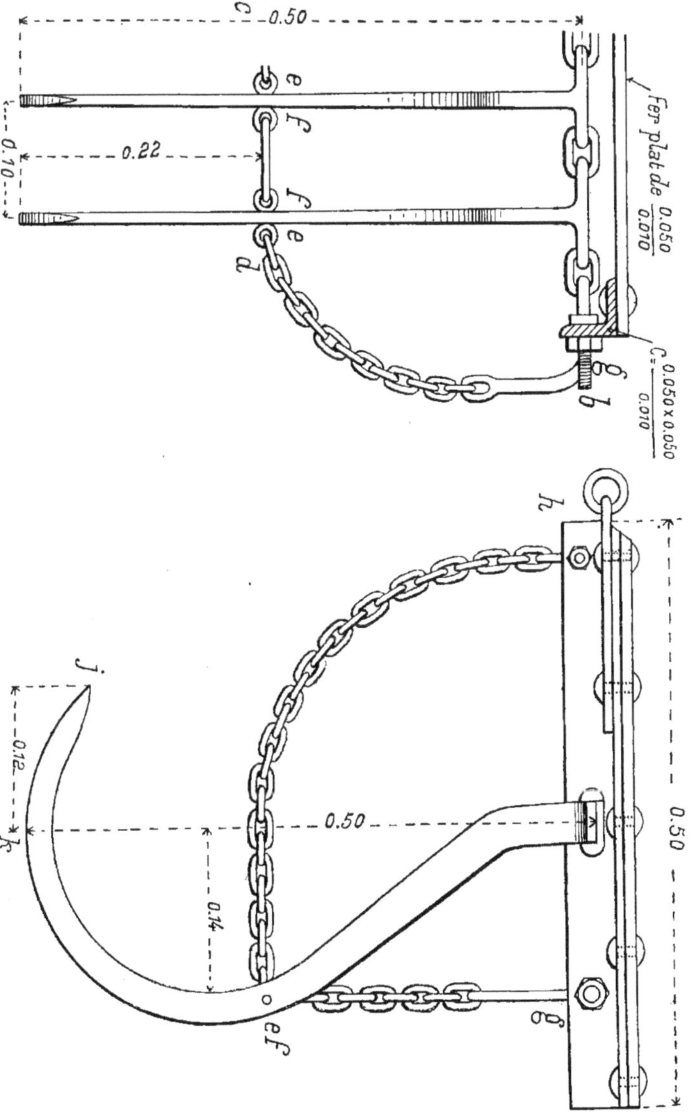

Fig. 288 et 289.

dant que le même homme repasse le cordeau sur la rive droite pour redescendre l'instrument et recommencer un nouveau parcours.

Le travail étant plus fatigant pour l'équipe de la rive gauche qui est obligée de vider l'instrument, chaque équipe prend à tour de rôle le service de la rive gauche après un travail de trois ou quatre heures.

Chaque opération dure en moyenne dix minutes, de sorte qu'en une journée de dix heures on peut opérer sur 600 mètres de longueur, et enlever, indépendamment des mousses, une quantité de 15 mètres cubes de vase molle à raison de 0^{mc}250 par opération.

Le prix du râteau est de 180 francs et son poids de 72 kilogrammes.

Travaux divers. — La rectification du lit d'un cours d'eau est souvent nécessaire; en supprimant les sinuosités, on diminue la longueur et l'on augmente la pente, ce qui facilite l'écoulement; l'opération, très simple au point de vue technique, soulève généralement beaucoup de difficultés au point de vue du droit, car elle fait surgir des questions de propriété et d'attribution du lit abandonné, qui sont les plus épineuses du droit administratif, par suite de la rareté des textes législatifs qui régissent la matière.

En dehors des travaux de curage proprement dits, l'ingénieur a souvent à exécuter des travaux de réparation des berges; nous en dirons quelques mots.

Lorsque les berges ont une pente trop rapide et sont ébouleuses, il faut les consolider. On peut à cet effet recouper la berge suivant

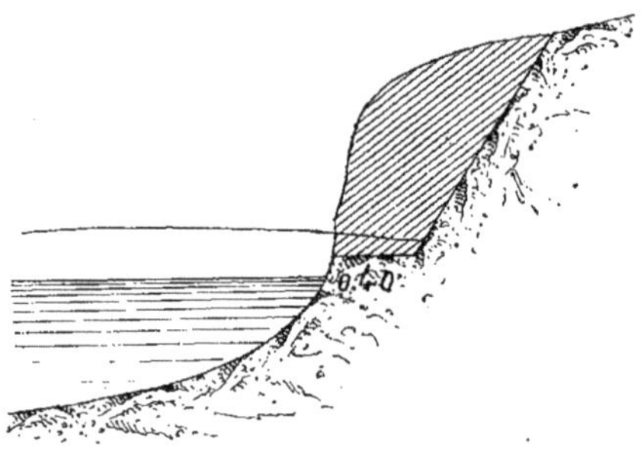

Fig. 290.

une pente moins raide et ménager au pied une petite banquette de 0^{m}40 sur laquelle on plante des roseaux (fig. 290).

On peut aussi consolider la berge avec des terres rapportées et des plaques de gazon maintenues provisoirement par des panneaux formés de pieux et de madriers.

Si la berge est par trop ébouleuse, on fait une paroi à demeure

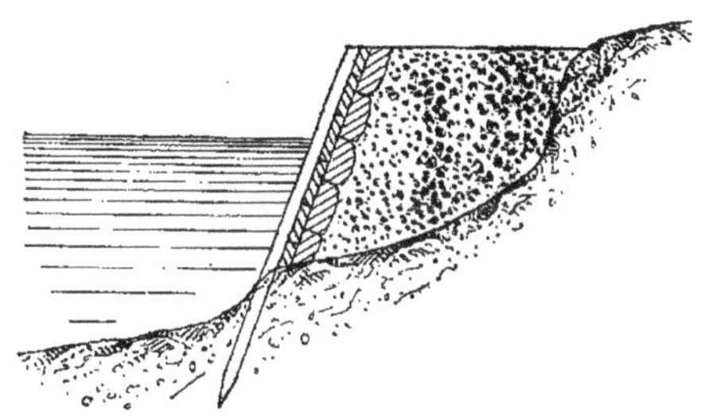

Fig. 291.

avec pieux maintenant des planches horizontales ou des fascines, derrière lesquelles on pilonne du remblai (fig. 291).

Importance des travaux de curage. — La longueur totale des cours d'eau en France est de 266.000 kilomètres dont 135.660 kilomètres de fleuves et rivières et 130.340 kilomètres de cours d'eau moyens et petits; l'opération du curage, modeste par elle-même, a cependant une grande importance eu égard à cette longueur considérable et à la surface intéressée qu'on ne saurait évaluer à moins de 30 mètres × 130.340 mètres, soit 400.000 hectares.

Ces travaux sont régulièrement exécutés par les soins des ingénieurs du service hydraulique, dans tous les départements; les budgets départementaux renferment d'ailleurs un article spécial intitulé « Avances pour travaux d'intérêt public à la charge des particuliers » et qui permet d'assurer l'exécution d'office des travaux négligés par les riverains sauf recouvrement ultérieur des dépenses faites pour leur compte.

Nous ferons encore mieux ressortir le profit qu'on peut tirer des travaux de curage, en rappelant que c'est à ce procédé de dessèchement par abaissement du plan d'eau général, que nous devons trois des plus grandes œuvres d'amélioration territoriale de ce siècle : l'assainissement de la Sologne, l'assainissement des Dombes et l'assainissement des Landes.

CHAPITRE VII

RÈGLEMENTS D'EAU

Objet des règlements d'eau. — Les rivières non navigables ni flottables sont au nombre des choses dont parle l'article 714 du Code civil, qui n'appartiennent à personne, mais dont l'usage est commun à tous (res nullius). Les riverains n'ont que les droits d'usage déterminés par l'article 644 du Code civil (1), le droit de pêche et un droit éventuel à la propriété des îles qui peuvent s'y former.

La pente d'un cours d'eau, qui peut être utilisée pour la production de la force motrice, n'est pas susceptible d'appropriation : la concession de l'emploi de cette pente doit être faite par l'administration. Quand on veut en effet constituer une force motrice utilisable, une usine hydraulique, on établit généralement une retenue au moyen d'un barrage pour créer une chute; on conçoit que ce barrage produise un exhaussement du niveau des eaux qui exposerait les propriétés d'amont à des submersions, si l'administration n'intervenait pas pour prendre des mesures assurant l'écoulement des eaux malgré les obstacles créés. Aussi l'intervention de l'administration est-elle nécessaire et c'est à elle qu'il appartient de fixer la hauteur des rete-

(1) Article 644 : Celui dont la propriété borde une eau courante, autre que celle qui est déclarée dépendance du domaine public, peut s'en servir à son passage pour l'irrigation de ses propriétés.

Celui dont cette eau traverse l'héritage peut même en user dans l'intervalle qu'elle y parcourt, mais à la charge de la rendre à la sortie de ses fonds à son cours ordinaire.

nues et de disposer, dans l'intérêt de l'industrie, de la pente des rivières non navigables.

Les droits de l'administration sont établis :

Par le chapitre VI de la loi des 12.20 août 1790 qui charge :

Les administrations centrales de rechercher et d'indiquer les moyens de procurer le libre cours des eaux, d'empêcher que les prairies ne soient submergées par la trop grande élévation des écluses des moulins et par les autres ouvrages établis sur les rivières, et de diriger enfin toutes les eaux de leur territoire vers un but d'utilité générale, d'après les principes de l'irrigation.

Par l'article 16 du titre II de la loi des 28 septembre, 6 octobre 1791 qui porte que :

Les propriétaires des moulins seront garants de tous dommages que les eaux pourront causer aux chemins ou aux propriétés voisines par la trop grande élévation du déversoir ou autrement, et seront forcés de tenir les eaux à une hauteur qui ne nuise à personne et qui sera fixée par l'administration du département.

Et par l'arrêté du gouvernement du 19 ventôse an VI qui prescrit :

Aux administrations départementales de prendre toutes les mesures nécessaires pour empêcher que les eaux ne soient détournées de leur cours naturel sans autorisation préalable et que les usines, barrages et chaussées ne puissent excéder le niveau qui aura été déterminé.

Les propriétaires riverains ne peuvent donc établir ni ponts, ni barrages, ni usines, sans autorisation et c'est aux préfets qu'il appartient de la délivrer sur la proposition des ingénieurs des ponts et chaussées, en limitant la hauteur maximum à laquelle le niveau de l'eau peut être relevé par le riverain et fixant les dispositions des ouvrages à établir dans ce but en rivière, de manière à ne porter aucune atteinte à l'intérêt public de la salubrité, de l'industrie et de l'agriculture.

Ces arrêtés préfectoraux d'autorisation ont reçu le nom de règlements d'eau et leur préparation rentre dans les attributions des ingénieurs des ponts et chaussées; aussi nous y arrêterons-nous quelque temps.

Dispositions générales des usines sur cours d'eau. — Les différentes dispositions des ouvrages qui composent une usine sur cours d'eau se ramènent aux deux types suivants : si la pente du lit est suffisante, on barre la rivière, un remous se produit à l'amont et la dénivellation de l'amont à l'aval constitue la chute qu'on utilise en faisant passer l'eau dans les engins moteurs; dans le cas d'une faible pente on est généralement amené à établir une dérivation du cours d'eau (avec ou sans barrage) comme l'indique la figure 292 :

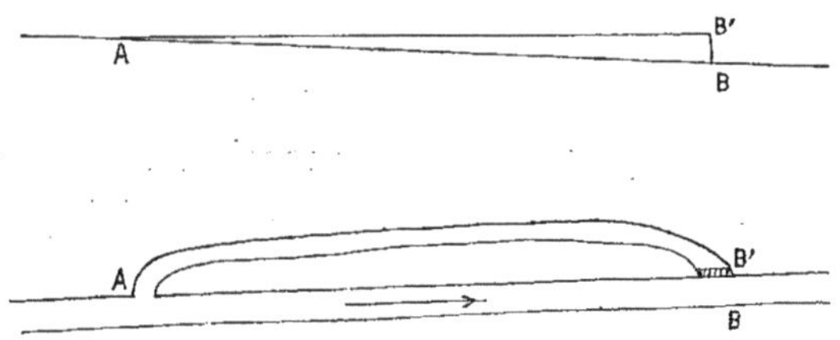

Fig. 292.

la dérivation prend l'eau en A et l'amène en B par une pente plus faible que celle du lit de la rivière; c'est en B qu'on utilise la chute comme force motrice.

Quelle que soit la disposition des ouvrages, extrêmement variable

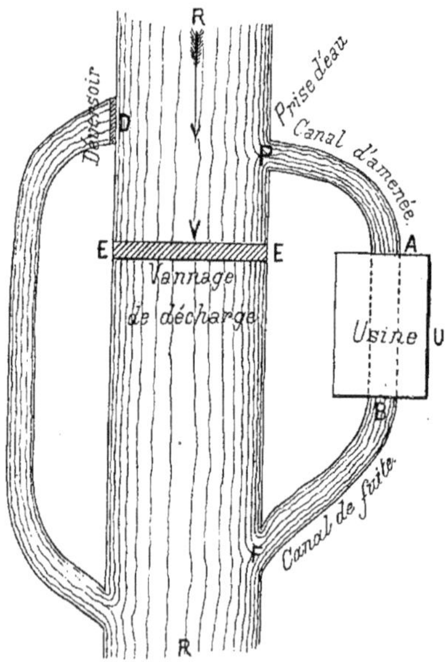

Fig. 293.

avec les circonstances et la configuration des lieux, une retenue d'usine doit toujours comporter deux éléments essentiels en dehors des vannes motrices dont la forme et les dimensions sont laissées à l'entière disposition des propriétaires de la retenue : nous voulons parler du déversoir et des vannes de décharge, qui constituent les ouvrages régulateurs de la retenue et sont destinés à empêcher que la retenue ne soit nuisible.

La figure 293 représente schématiquement une retenue d'usine sur cours d'eau; RR est le cours d'eau, EE, le barrage de retenue au travers duquel sont ouvertes les vannes de décharge V; en P, se trouve la prise d'eau qui amène, par le canal PA, les eaux sous les engins moteurs, roues ou turbines; après avoir été utilisées, les eaux sont ramenées à la rivière par le canal de fuite BF; en D est le déversoir au-dessus duquel peuvent s'écouler les eaux surabondantes.

La position relative de ces divers ouvrages peut varier, mais on les retrouve toujours dans toute retenue bien réglementée; ainsi il arrive souvent que le déversoir et les vannes de décharge sont réunis, ou bien que le barrage est éloigné de l'usine vers l'amont et placé à l'origine de la dérivation qui amène les eaux à l'usine, il sert alors naturellement de déversoir, etc.; le régime du cours d'eau, l'état des lieux, la destination de l'usine sont autant de circonstances qui influent sur les dispositions de détail des ouvrages.

Déversoirs. — Le déversoir de superficie a pour objet d'assurer immédiatement un moyen d'écoulement aux eaux, lorsque quelque variation dans le régime de la rivière fait accidentellement dépasser le niveau légal, c'est-à-dire le niveau maximum déterminé par le règlement et au-dessus duquel l'usinier ne doit pas, par son fait, laisser les eaux s'élever; c'est la hauteur à laquelle l'usinier doit s'efforcer de maintenir les eaux en temps ordinaire et les ramener autant que possible en temps de crue.

Le déversoir est le véritable régulateur de la retenue; sa longueur doit être, en général, égale à la largeur du cours d'eau aux abords de l'usine et sa crête doit être dérasée suivant le plan de pente de l'eau retenue au niveau légal, de sorte que l'état des eaux devant le déversoir permet d'apprécier si le niveau légal est observé.

Vannes de décharge. — Le débouché des vannes de décharge doit être calculé de telle sorte que la rivière, coulant à pleins bords et étant prête à déborder, toutes les eaux s'écoulent comme si l'usine n'existait pas. Dans ce calcul on ne tient pas compte du débouché des vannes motrices dont le propriétaire reste toujours libre de disposer dans le seul intérêt de son industrie, mais on doit avoir égard à la lame d'eau qui peut alors s'écouler par le déversoir de superficie. Les ingénieurs doivent se guider dans cette détermination délicate sur les résultats de jaugeages bien faits ou sur des exemples tirés d'usines ou d'autres ouvrages existant sur le même cours d'eau et dont les débouchés sont convenablement établis. Le niveau de l'arête supérieure des vannes de décharge se détermine d'après les mêmes règles que celui du déversoir ; la hauteur de leur seuil doit être fixée de manière à conserver la pente moyenne du fond du cours d'eau et à ne produire dans le lit aucun encombrement nuisible.

Niveau légal. — Les ingénieurs doivent s'attacher à fixer le niveau légal de la retenue de telle sorte que l'usine immédiatement supérieure et les terres riveraines en amont de la retenue n'aient pas à souffrir du relèvement des eaux. La différence à maintenir entre le niveau de la retenue et les points les plus déprimés des terrains qui s'égouttent directement dans le bief de retenue, varie avec le régime du cours d'eau et la nature du terrain ; elle ne doit pas descendre au-dessous de 0^{m}16 (1).

Quand au lieu de recevoir directement les eaux de la vallée, le bief de l'usine est supérieur à une partie des terrains qui le bordent, l'administration a le droit de prescrire l'établissement et l'entretien de digues ayant au moins 0^{m}30 de hauteur au-dessus du niveau légal et 0^{m}30 de largeur en couronne ; mais ces digues artificielles ne peuvent être prescrites que sur les terrains appartenant à l'usinier, le règlement d'une retenue ne devant renfermer aucune clause impérative à l'égard des tiers ; pour pouvoir établir ces digues sur des terrains appartenant à des tiers, il faut le consentement formel et écrit de ceux-ci.

Barrages sur les rivières torrentielles. — Sur les rivières torrentielles fortement encaissées, il est souvent inutile d'établir des vannes de décharge en vue d'assurer l'écoulement des crues. Il suffit dans ce cas de fixer la hauteur et la longueur du barrage, de manière à n'apporter dans la situation des propriétés riveraines aucun chan-

(1) Quand le barrage d'usine est utilisé pour des irrigations et que ces irrigations ont lieu d'une manière intermittente, cette revanche des terrains riverains au-dessus du niveau légal peut être réduite à 0,08 pendant les périodes d'irrigation.

gement qui leur soit préjudiciable ; s'il paraît nécessaire d'empêcher l'exhaussement du lit, on peut prescrire l'établissement de vannes de fond ou même d'une simple bonde.

Si ces vannes de fond sont insuffisantes, il est utile soit de rendre le barrage mobile sur une partie de sa longueur, au moyen de poutrelles ou d'aiguilles, soit de le construire assez légèrement pour qu'il puisse être facilement emporté par les crues, en totalité ou en partie.

Ouvrages accessoires. — Les règlements d'eau ne doivent comprendre que les prescriptions qu'il est nécessaire d'imposer à l'usinier au point de vue de l'utilité générale ; les ingénieurs doivent donc s'abstenir d'y insérer des clauses qui n'affecteraient pas directement le régime des cours d'eau ou trouveraient une garantie suffisante dans la réserve des droits des tiers, qui est de style dans tous les règlements d'eau.

Nature géologique des cours d'eau. — La nature géologique des bassins des cours d'eau influe sur les conditions d'établissement des usines. A ce point de vue on peut distinguer les bons, des mauvais cours d'eau.

Les bons cours d'eau sont ceux dont le débit est régulier et où par suite la force motrice des usines n'est pas exposée à des variations trop brusques ni trop considérables : tels sont les cours d'eau à bassin perméable ; dans le bassin de la Seine, les cours d'eau de la Bourgogne (grande oolite), de la Champagne (craie), du pays de Caux, de la Picardie, de la vallée de l'Eure, l'Essonne, le grand Morin peuvent être considérés comme de bons cours d'eau au point de vue de l'utilisation de la force motrice.

Au contraire les cours d'eau des contrées granitiques (Yonne) et liasiques (plateau de Langres), de l'argile de la Brie, c'est-à-dire des terrains imperméables, sont de mauvais cours d'eau : il y a excès d'eau en hiver, pénurie en été ; les usines y sont exposées à des chômages plus fréquents.

Détails de construction. — Lorsque les eaux de la rivière sont amenées à l'usine par une dérivation, il y a lieu de rechercher la pente à adopter pour obtenir la force motrice maximum (fig. 294); on comprend en effet que AB représentant le profil en long de la rivière, si la dérivation suit l'horizontale AC pour arriver à l'usine, la chute CB sera maximum, mais le débit sera nul et par suite aussi

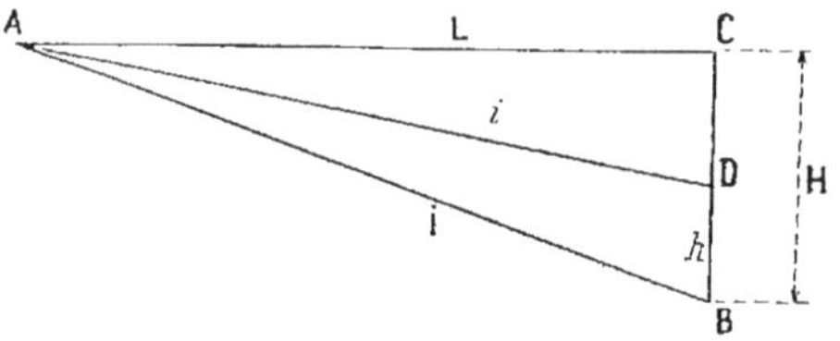

Fig. 294.

la force motrice ; si la dérivation suit AB, le débit sera maximum, mais la chute sera nulle et le travail également nul. — On conçoit qu'entre ces deux extrêmes on puisse trouver une ligne AD (pente i) pour laquelle le travail en D sera maximum.

Désignons le débit par q, la hauteur BD par h, la vitesse dans la dérivation par u, la section par Ω et sa longueur par L; nous aurons

$$q = \Omega u = \Omega\, 50 \sqrt{Ri} = Ki$$

Par suite le travail $\quad T = qh = Kh\sqrt{i}.$

Or $h = L\,(I - i) \qquad$ Donc $T = KL\,(I\sqrt{i} - i\sqrt{i}).$

Le maximum de cette expression a lieu quand la dérivée par rapport à i est nulle c'est-à-dire lorsque l'on a $\frac{1}{2}\,I\,i^{-\frac{1}{2}} - \frac{3}{2}\,i^{\frac{1}{2}} = 0$

$$\text{d'où } i = \frac{I}{3}$$

Mais comme une fonction varie peu au voisinage de son maximum, on peut se permettre en pratique des écarts assez considérables ainsi que cela résulte du tableau ci-dessous où nous donnons les valeurs du rapport du travail obtenu à sa valeur maximum, en regard des valeurs du rapport $\frac{i}{I}$

$\frac{i}{I} =$	Rapport des travaux			
0.1	Rapport des travaux		0.552	
0.2	—	—	0.739	
0.3	—	—	0.930	
0.33	—	—	1.000	
0.4	—	—	0.996	Il est bon de se tenir entre $\frac{I}{2}$ et $\frac{I}{3}$
0.5	—	—	0.986	
0.6	—	—	0.919	
0.7	—	—	0.805	
0.8	—	—	0.652	
0.9	—	—	0.247	

Nous avons peu de chose à dire du mode de construction des barrages.

Les figures 295, 296, 297, 298, 299 indiquent suffisamment les

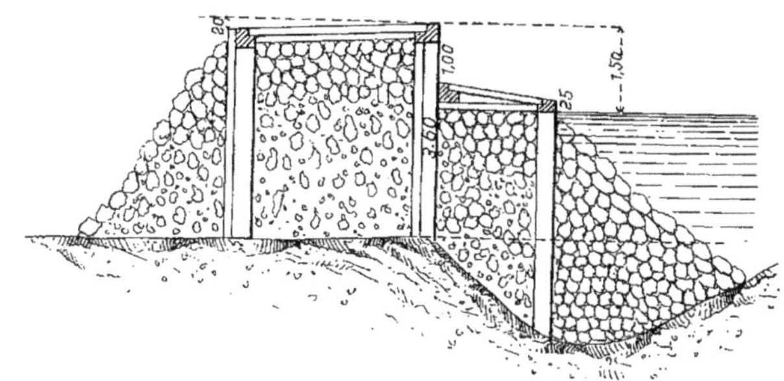

Fig. 295.

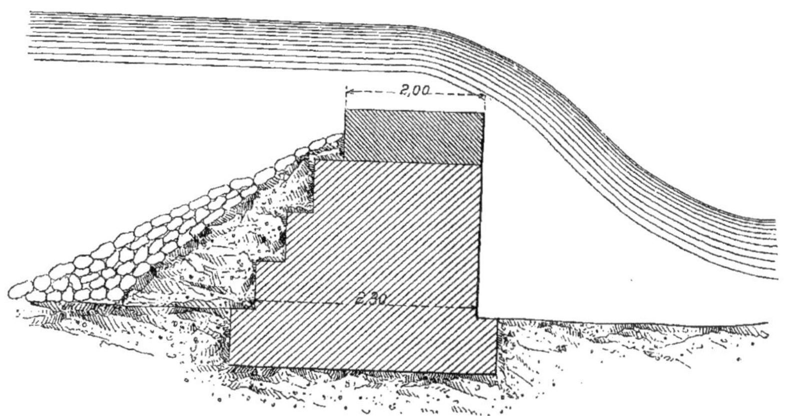

Fig. 296.

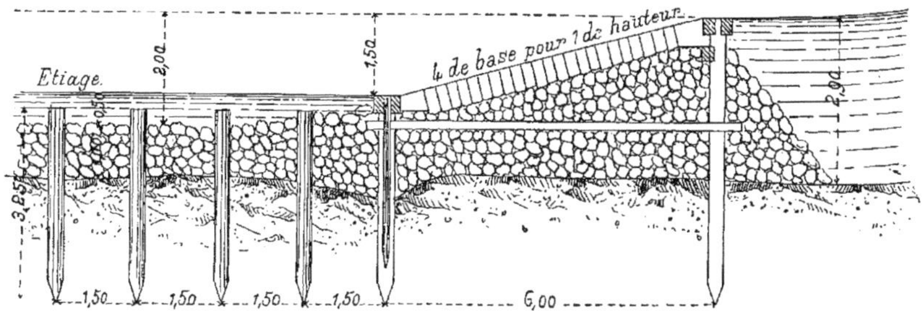

Fig. 297.

dispositions de quelques types de barrages fixes, soit en terre, soit en pierres sèches, soit en maçonnerie.

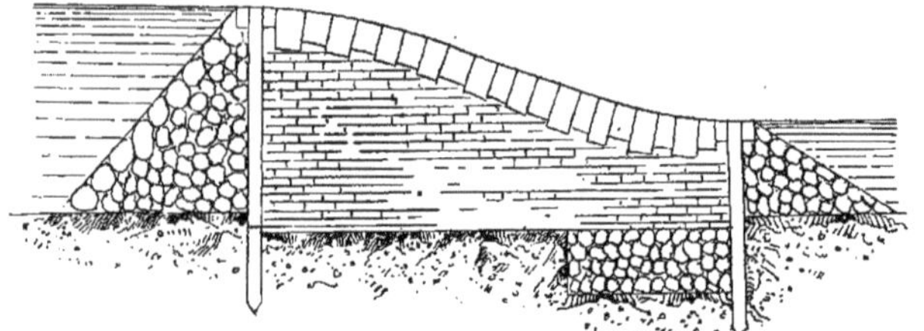

Fig. 298.

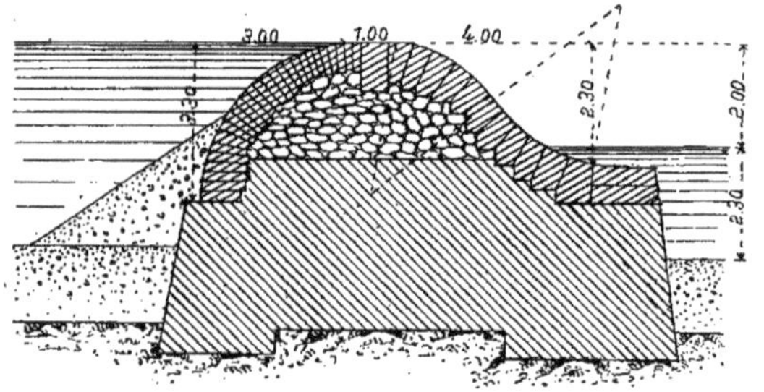

Fig. 299.

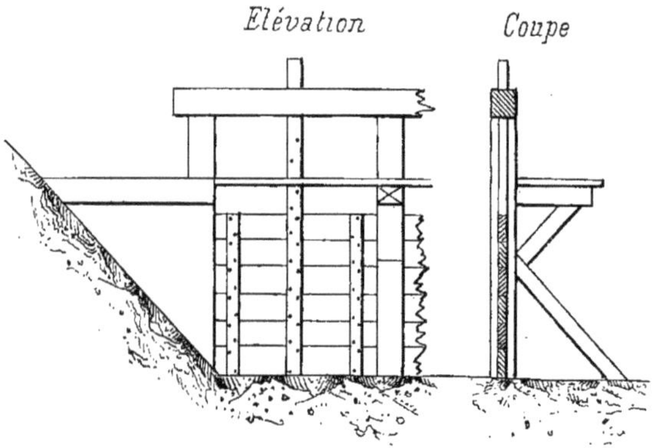

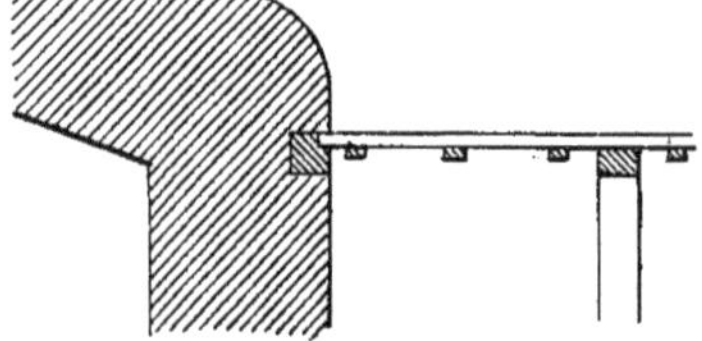

Fig. 300.

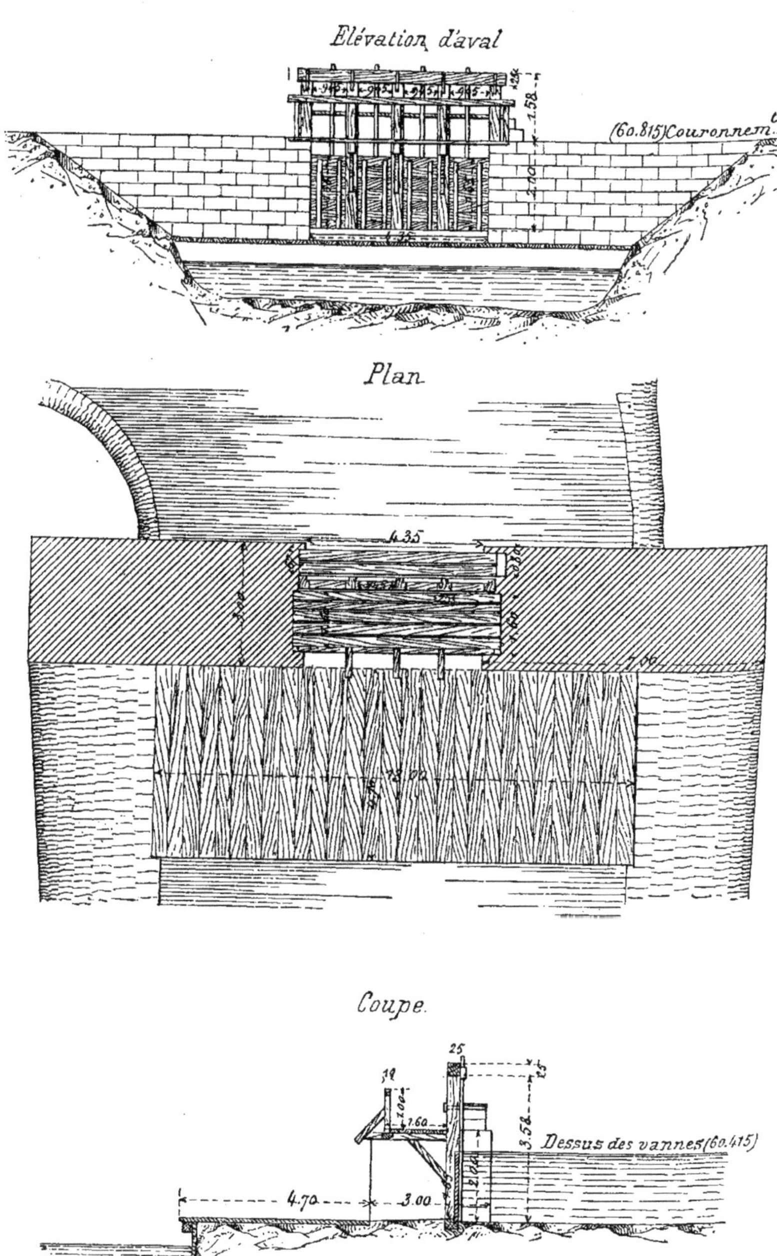

Fig. 301. — Déversoir de Mareuil à la prise d'eau du canal de l'Ourcq.

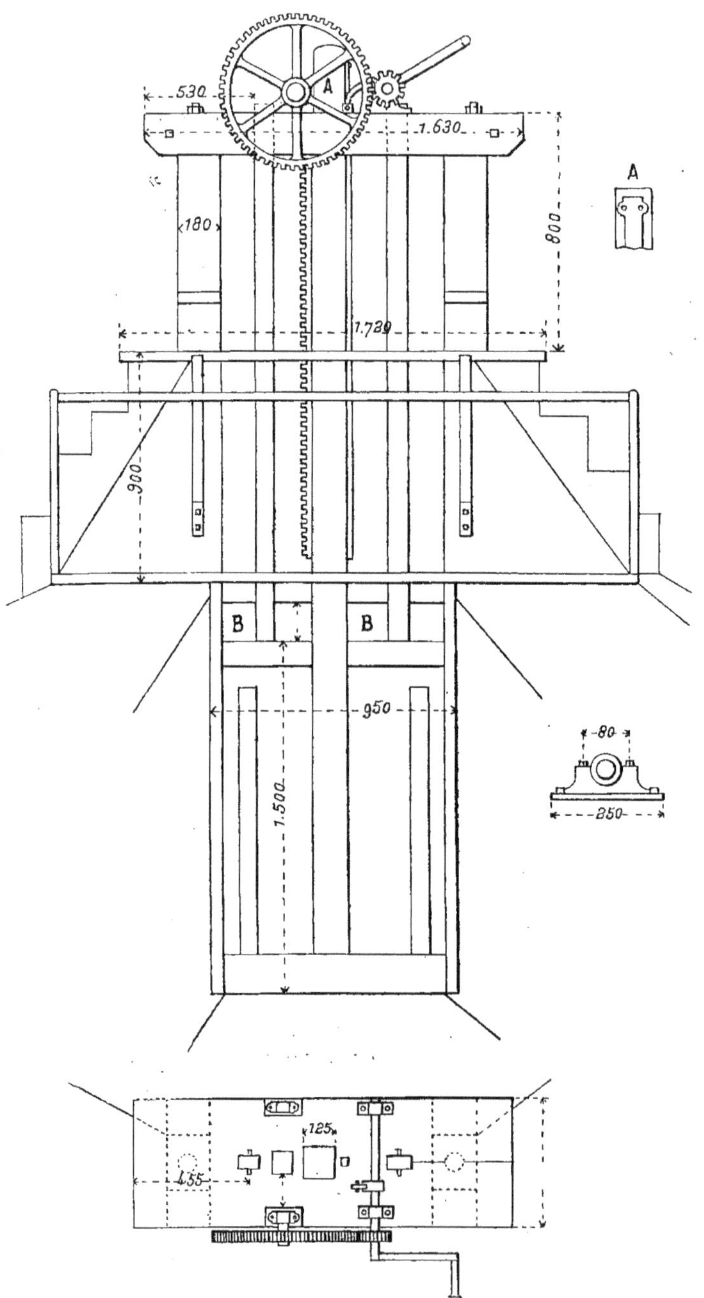

Fig. 302.

En fait de barrages mobiles, sans nous arrêter aux vannes Chaubard et Lévy, dont la description est donnée dans le cours de mécanique, nous nous bornerons à citer le type simple de la martelière qui est le plus fréquemment employée comme ouvrage régulateur et qui se manœuvre très simplement au moyen d'une tige percée de trous dans lesquels on passe une cheville (fig. 300 et 301) ou munie d'une crémaillère engrenant un pignon mû par une manivelle (fig. 302).

L'emploi de ventelles mobiles automotrices dans les déversoirs est à recommander, car elles permettent aux ouvrages de décharge de fonctionner au moment d'une crue sans l'intervention de l'usinier, et donnent par suite aux riverains une garantie contre l'inertie ou le mauvais vouloir de ce dernier : ce système se compose (fig. 303) d'une vanne ordinaire dont la partie supérieure ABC est

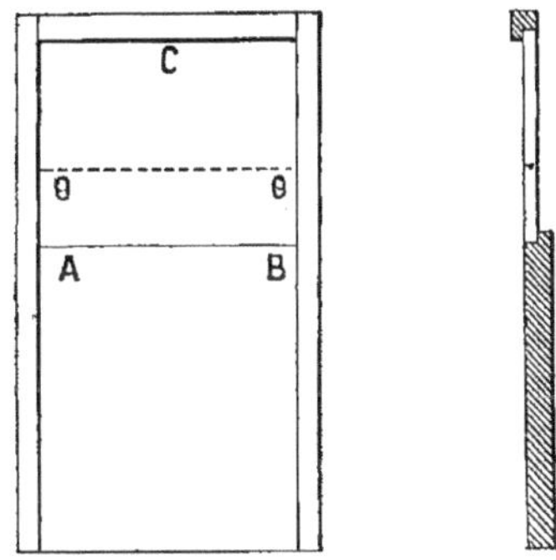

Fig. 303.

mobile autour d'un axe O porté par les montants invariablement fixés au cadre de la vanne; lorsque le niveau de l'eau s'élève, le centre de pression sur la partie mobile passe au-dessus de l'axe O et la ventelle mobile s'abat.

Les figures 304 et 305 donnent les détails d'une disposition de ce genre adoptée au moulin de la Ferté sur le Beuvron dans la Sologne.

Tous les règlements d'eau imposent à l'usinier l'obligation de placer aux abords des ouvrages de la retenue un repère dont le zéro en indique le niveau légal; ce repère doit toujours rester accessible aux agents de l'administration qui ont qualité pour vérifier la hauteur des eaux et visible aux tiers intéressés.

Le repère est généralement constitué par une pierre de forme

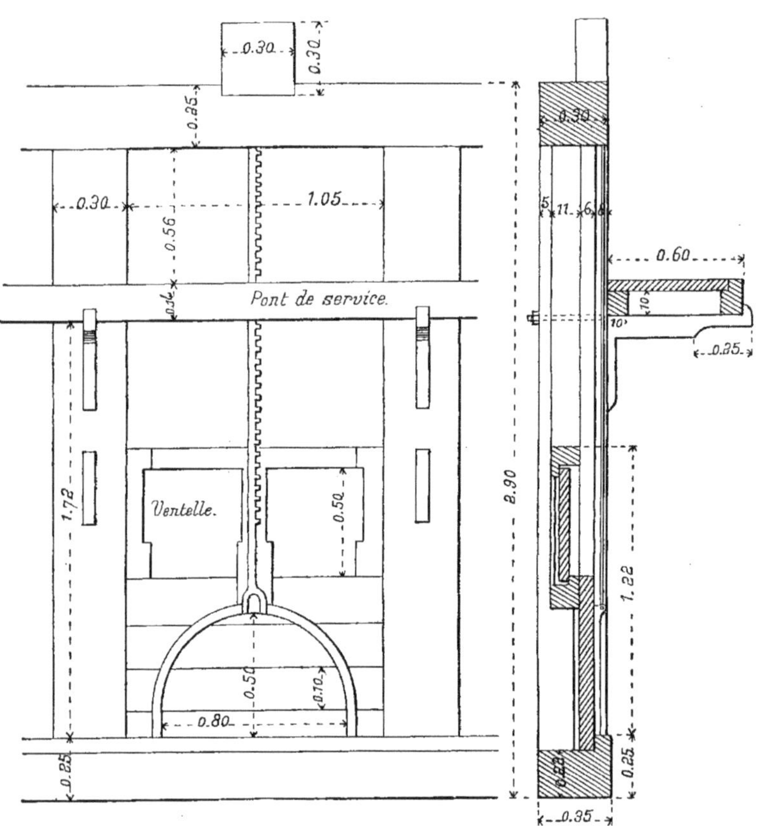

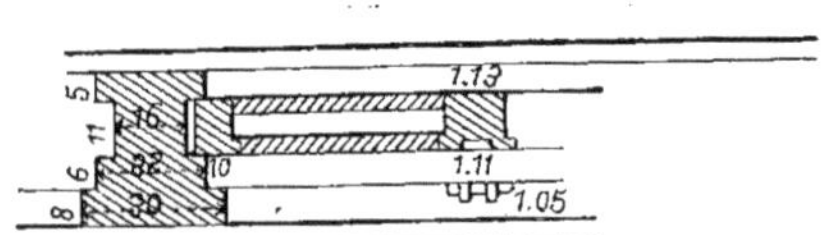

Elévation latérale (1/100)

Fig. 304.

parallélipipédique faisant saillie sur le bajoyer des ouvrages et dont la face horizontale supérieure est dans le plan légal de la retenue ; à côté de ce repère est fixée une échelle en fonte graduée jusqu'à

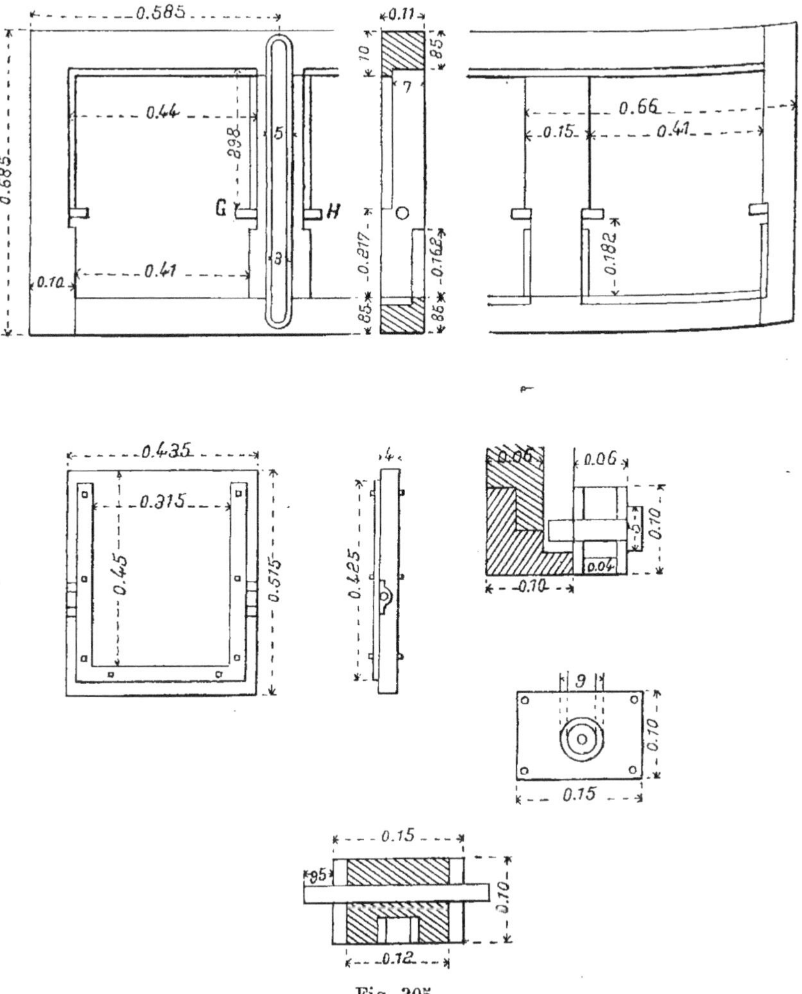

Fig. 305.

0^m20 au-dessus et au-dessous du zéro qui est marqué par un talon placé au niveau légal.

Législation et procédure. — Nous avons indiqué au commencement de ce chapitre les bases légales de l'intervention de l'administration en matière de règlements d'usines sur les cours d'eau non navigables ni flottables. Ajoutons aux textes que nous avons déjà cités l'article 645 du Code civil qui prescrit aux tribunaux, en cas de contestation sur l'usage des eaux, de concilier l'intérêt de l'agriculture avec le respect dû à la propriété, tout en observant les règlements particuliers et locaux sur le cours et l'usage des eaux.

Ainsi la loi d'une part a confié à l'autorité administrative le soin de régler l'usage des eaux en vue de l'intérêt général; elle charge d'autre part les tribunaux de régler entre les riverains leurs droits respectifs, mais uniquement au point de vue des intérêts privés.

Les règlements d'eau soulèvent donc des questions dont l'étude se trouve confiée à une double autorité, l'autorité administrative et l'autorité judiciaire ; et la mission, délicate entre toutes, des agents de l'administration, est de connaître et de bien suivre dans chaque cas la limite à laquelle doit s'arrêter l'intervention de l'administration pour ne pas empiéter sur les attributions de l'autorité judiciaire. La mission est délicate car les intérêts privés sont égoïstes et difficiles à concilier, s'agissant de l'eau qui est une propriété commune dont plusieurs personnes ont le droit de jouir au même titre, et l'on sait que les mots : *rivalité* et *riveraineté* ont le même radical ; elle exige une connaissance approfondie de la jurisprudence qui a dû combler les lacunes de la législation.

Il importe d'abord de faire une distinction qui domine la question, entre les usines nouvelles et les usines *anciennes* ou *fondées en titres*. On doit entendre, sur les cours d'eau non navigables ni flottables, par *ancienne usine fondée en titres*, celle qui a été construite antérieurement aux lois abolitives du régime féodal et à la loi des 19-20 août 1790, ou celle qui a fait l'objet d'une vente nationale.

S'il s'agit d'un établissement nouveau, il ne peut se créer sans une autorisation de l'administration qui peut refuser l'autorisation d'établir un barrage, si elle croit que la modification que ce barrage apporterait dans le régime des eaux soit de nature à nuire à des droits antérieurement acquis.

Si au contraire l'administration croit pouvoir autoriser, elle doit concilier autant que possible les dispositions de l'établissement nouveau avec les droits des établissements anciennement existants.

En ce qui concerne les usines anciennes, c'est-à-dire ayant une existence légale, l'administration conserve son droit de réglementation, mais elle n'a pas à les autoriser. Elle peut prendre des mesures soit à l'égard d'une série de barrages, soit à l'égard d'un barrage isolé, dans un intérêt de police ou de salubrité publique; elle peut faire abaisser par exemple des ouvrages qui occasionneraient des inondations, même si ces ouvrages ont une existence légale. Mais elle ne doit user de ce pouvoir qu'avec une extrême réserve.

D'ailleurs, bien que l'administration dans l'exercice de son pouvoir réglementaire doive s'abstenir de s'immiscer dans les questions d'intérêt privé, il est des cas où elle est obligée d'en tenir compte et elle le fait sans excès de pouvoir lorsqu'il n'y a pas de contestation et qu'elle ne se trouve pas en présence de droits acquis. Ainsi il est certain qu'elle peut refuser une autorisation quand elle croit que la formation de l'établissement peut nuire à des établissements déjà existants. Quand elle accorde une autorisation elle doit même concilier autant que possible l'intérêt des usines déjà existantes avec celui des établissements nouveaux, et les jurisconsultes sont d'accord sur ce point que la conciliation des intérêts divers, prescrite aux tribunaux par l'article 645 du Code civil, doit être aussi la règle dans les actes émanés de l'administration.

Notre opinion personnelle est qu'en ces matières il y a un réel avantage à ne pas trop restreindre le rôle de l'administration ; son abstention devient souvent en effet la source de nombreux procès civils qui pourraient être évités par une intervention opportune que permettent et le texte de la loi et la jurisprudence.

Instructions relatives aux règlements d'eau. — L'instruction des affaires relatives à la réglementation des usines sur les cours d'eau non navigables ni flottables est une des attributions les plus fréquemment exercées par les ingénieurs des ponts et chaussées chargés du service de l'hydraulique agricole dans les départements.

Il nous reste maintenant à faire connaître les règles générales qui ont été tracées par l'administration supérieure, pour cette partie du service, dans un but d'uniformité favorable à la bonne et prompte expédition des affaires.

La marche à suivre pour l'instruction des règlements d'eau est très clairement indiquée par la circulaire du ministre des travaux publics en date du 23 octobre 1851, laquelle a été complétée par une circulaire du ministre de l'agriculture en date du 26 novembre 1884.

Nous résumerons brièvement ces deux documents en indiquant les formalités auxquelles est soumise toute demande relative soit à la construction d'usines nouvelles, soit à la régularisation d'établissements anciens, soit à la modification des ouvrages régulateurs d'établissements déjà autorisés.

Toute demande de cette nature doit être adressée au préfet, sur papier timbré; le pétitionnaire doit justifier qu'il est propriétaire des rives dans l'emplacement du barrage projeté ou produire le consentement écrit du propriétaire de ces terrains; il doit fournir une copie des titres d'existence de l'usine, s'il s'agit d'établissements anciens.

La demande est d'abord soumise à une enquête de vingt jours et déposée à la mairie de la commune de la situation des lieux. Le dossier est ensuite renvoyé à l'ingénieur qui procède alors à la visite des lieux après avoir prévenu le maire de la commune et tous les intéressés pour qu'ils puissent y assister et présenter leurs observations; procès-verbal est dressé par lui de cette opération.

L'ingénieur dresse ensuite les plans et nivellements nécessaires à l'instruction de l'affaire, il en discute toutes les circonstances dans un rapport dont il résume les conclusions dans un projet de règlement qui est transmis au préfet pour être soumis à une nouvelle enquête en tout semblable à la première, sauf réduction du délai à quinze jours.

Si, d'après les résultats de cette seconde enquête, les ingénieurs croient devoir apporter à leurs premières conclusions quelques changements qui soient de nature à provoquer de nouvelles oppositions, il convient de soumettre l'affaire à une troisième enquête de quinze jours.

Après l'accomplissement de ces formalités, le préfet prononce le rejet de la demande, ou son admission en convertissant en arrêté le projet de règlement ainsi élaboré.

Lorsque l'acte d'autorisation a été rendu, l'ingénieur, à l'expiration du délai imparti par cet acte, se transporte sur les lieux pour vérifier si les travaux ont été exécutés conformément aux dispositions prescrites, et rédige un procès-verbal de récolement dans les mêmes conditions que le procès-verbal de visite des lieux. Si les travaux sont conformes aux prescriptions, le préfet en prononce la réception; l'inexécution du règlement peut entraîner, après mise en demeure préalable, le retrait de l'autorisation, la mise en chômage de l'usine et la démolition d'office des ouvrages nuisibles au libre écoulement des eaux.

Tout ce qui précède et qui est relatif aux règlements d'usines s'applique également, sauf de bien légères modifications, à toutes les autres prises d'eau sur les cours d'eau non navigables ni flottables :

prises d'eau industrielles, d'arrosage, d'irrigation, de submersion ou d'alimentation.

La circulaire du 26 décembre 1884 a indiqué la marche spéciale à suivre pour l'instruction des règlements concernant les prises d'eau d'alimentation des villes et communes et les prises d'eau d'alimentation des canaux de navigation ou des gares de chemins de fer; nous y renvoyons le lecteur.

Ajoutons enfin qu'à cette circulaire sont annexés des modèles pour la rédaction de toutes les pièces nécessaires à l'instruction des règlements d'eau, modèles que l'administration a pris soin de mettre en harmonie avec la dernière jurisprudence du Conseil d'Etat.

Revision des règlements. — Il est procédé à la revision des règlements dans la même forme qu'à leur préparation. Les préfets sont compétents pour reviser les autorisations antérieures. Mais il importe de ne modifier qu'avec une grande réserve les règlements déjà existants ; aussi la circulaire du 23 octobre 1851 a-t-elle prescrit aux préfets de ne statuer dans ce cas, qu'après avoir soumis au préalable la demande en revision à l'examen de l'administration supérieure (1), et cette prescription est toujours en vigueur.

Nous sommes loin d'avoir tout dit en ce qui concerne les règlements d'eau; la solution des questions délicates et complexes qu'ils peuvent soulever, exige non seulement des connaissances techniques, mais encore des connaissances juridiques que l'ingénieur n'acquiert que par le maniement des affaires. Nous croyons cependant avoir donné des indications suffisantes pour le guider dans cette partie du service et lui permettre de combler, par des recherches personnelles, les lacunes que présente nécessairement une étude aussi succincte.

(1) Aujourd'hui, le ministre de l'agriculture.

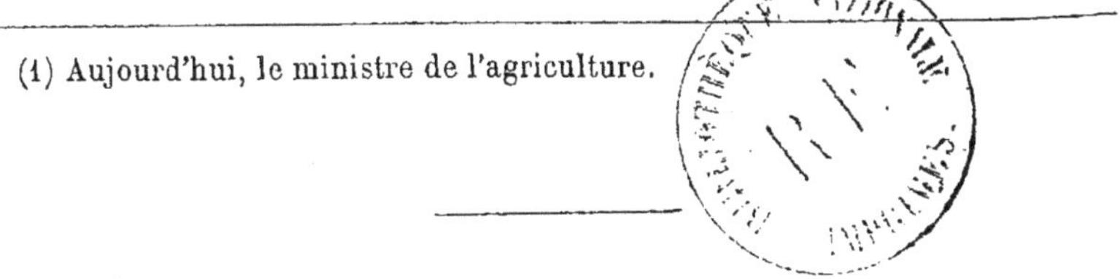

TABLE DES MATIÈRES

CONTENUES DANS LE PREMIER VOLUME

INTRODUCTION

LIVRE PREMIER

MÉTÉOROLOGIE

I. — COMPOSITION DE L'AIR

II. — TEMPÉRATURES

III. — LUMIÈRE

IV — PRESSIONS

V. — VENTS

VI. — ÉLECTRICITÉ

VII. — HYGROMÉTRIE

VIII. — PLUVIOMÉTRIE

LIVRE DEUXIÈME

GÉOLOGIE HYDRAULIQUE ET AGRICOLE

I. — CONSTITUTION ET COMPOSITION DU SOL

II. — PROPRIÉTÉS PHYSIQUES ET CHIMIQUES DES TERRES

LIVRE TROISIÈME

PHYSIOLOGIE VÉGÉTALE

LIVRE QUATRIÈME

RÉPARTITION DES EAUX

I. — TOPOGRAPHIE. — CONFIGURATION DU SOL

II. — ÉVAPORATION

III. — INFILTRATION ET RUISSELLEMENT

LIVRE CINQUIÈME

COURS D'EAU

I. — TORRENTS

A. — GLACIERS. — TORRENTS GLACIAIRES

B. — TORRENTS

C. — TRAVAUX D'EXTINCTION DES TORRENTS

D. — TRAVAUX DANS LES CANAUX D'ÉCOULEMENT DES TORRENTS

E. — TRAVAUX SUR LES LITS DE DÉJECTION DES TORRENTS

II. — FORME DES VALLÉES. — PROFIL EN LONG

III. — RIVIÈRES TORRENTIELLES

IV. — COURS D'EAU ORDINAIRES. — REGIME. — INONDATIONS

V. — COMPOSITION DES EAUX

VI. — ENTRETIEN DES COURS D'EAU. — CURAGE ET FAUCARDEMENT

VII. — RÈGLEMENTS D'EAU

FIN DE LA TABLE DES MATIÈRES

Paris. — Imprimerie F. Levé, rue Cassette, 17.